Kultur des Diagramms

BAND VIII

ACTUS et IMAGO

Berliner Schriften für Bildaktforschung und Verkörperungsphilosophie

Herausgegeben von Horst Bredekamp

Schriftleitung: Marion Lauschke

John Bender / Michael Marrinan

Kultur des Diagramms

Übersetzt von Veit Friemert

Akademie Verlag

Einbandgestaltung unter Verwendung von Francesco Colonna: „Hypnerotomachia Poliphili", 1499 (Vorderseite) und Ian W. Hunter et al.: „Ophthalmic Microsurgerical Robot and Associated Virtual Environment", in: Computers in Biology and Medicine 25, 2 (1995) (Rückseite).

ISBN 978-3-05-005765-1
eISBN 978-3-05-009379-6

Bibliografische Information der Deutschen Nationalbibliothek
Die Deutsche Nationalbibliothek verzeichnet diese Publikation in der Deutschen Nationalbibliografie; detaillierte bibliografische Daten sind im Internet über http://dnb.dnb.de abrufbar.

Library of Congress Cataloging-in-Publication Data
A CIP catalog record for this book has been applied for at the Library of Congress.

Ein Unternehmen von De Gruyter
www.degruyter.com

Reihengestaltung: Petra Florath, Berlin
Druck und Bindung: DZA Druckerei zu Altenburg GmbH, Altenburg

Printed in Germany

Dieses Papier ist alterungsbeständig nach DIN/ISO 9706.

INHALTSVERZEICHNIS

Vorwort von Horst Bredekamp

DAS DIAGRAMM ALS PROZESS

Das Vermögen des Diagramms, Zahlenkolonnen, Informationsbündel und Ideen mithilfe von Punkt und Linie auf einen Schlag überschaubar werden zu lassen, gehört zu den Grundbedingungen der Ausbildung des menschlichen Geistes. Erste Spuren eines solch reflektierten Denkens, die bis auf die Zeit um 80.000 v. Chr. zurückzuführen sind, stellen Ritzgebilde dar, welche dieser Definition des Diagramms entsprechen.[1] Die Möglichkeit, Gedanken in flächigen Zeichen zu entwickeln und begreiflich zu machen, wurde in der Philosophiegeschichte spätestens seit Platon kontinuierlich eingesetzt und gepflegt.[2]

Im Diagramm wird ein Maximum an Daten und Begriffen mit einem Minimum von Materie und Form präsentiert. Dieses Vermögen hat dem Diagramm in Zeiten, in denen sich die Bildkünste angesichts eines latenten Ikonoklasmus bewähren mußten, einen besonders hohen Stellenwert eingebracht. Hierin liegt der Grund, warum das Diagramm im Mittelalter seine bislang höchste Geltung erreicht hat.[3] Als zwei Kunsthistoriker im Jahr 2003 einen *diagrammatic turn* konstatierten, stand diese Epoche zu Recht modellhaft vor

1 Christopher Henshilwood / Francesco d'Errico / Ian Watts: Engraved ochres from the Middle Stone Age levels at Blombos Cave, South Africa, in: Journal of Human Evolution (57), 2009, S. 27–47.

2 Petra Gehring / Thomas Keuner / Jörg F. Maas / Wolfgang Maria Ueding (Hg.): Diagrammatik und Philosophie: Akten des 1. Interdisziplinären Kolloquiums der Forschungsgruppe Philosophische Diagrammatik, Amsterdam 1992; Sybille Krämer, Diagrammatische Inskriptionen. Über ein Handwerk des Geistes, in: Horst Bredekamp / John Michael Krois (Hg.): Sehen und Handeln (Actus und Imago. Berliner Schriften für Bildaktforschung und Verkörperungsphilosophie, Bd. I), Berlin 2011, S. 225–237.

3 Bianca Kühnel: The End of Time in the Order of Things. Science and Eschatology in Early Medieval Art, Regensburg 2003; Kathrin Müller: Visuelle Weltaneignung. Astronomische und kosmologische Diagramme in Handschriften des Mittelalters, Göttingen 2008.

Augen.[4] Die mittelalterliche Basis der Diagrammatik gab der Ausbildung einer Wissensgesellschaft in der Frühen Neuzeit eine eigene Kontur.[5]

Unabhängig von der Übermüdung, die angesichts der immer neu ausgerufenen *turns* eingetreten ist, wird das Diagramm seine überragende Geltung bewahren, weil es zu einem Schlüsselphänomen der gegenwärtigen Kommunikationsformen geworden ist. Die riesigen digital erzeugten Datenmengen so gut wie sämtlicher Lebens-und Erkenntnisräume sind sprachlich und numerisch nur mit einem gewaltigen Aufwand aufzuschließen, wohingehen sie durch Diagramme instantan zu erfassen sind. Aus diesem Grund gewinnen Diagramme den Charakter einer *conditio sine qua non* gegenwärtiger Verstehensweisen.

Die Theorie des Diagramms geht auf einen der gedanklichen Impulse Leonardos da Vinci zurück. Leonardo verband mit der Visualisierung selbst hochkomplexer Inhalte die Möglichkeit, in der Kürze eines Augenblicks, im *nunc* und *subito* des saugenden Blickes, das Gesamte erfassen zu können. Gottfried Wilhelm Leibniz hat diese Fähigkeit als *coup d'oeil* zu einem Wesensbegriff seiner Philosophie gemacht.[6]

Die jüngere Reflexion über dieses Phänomen hat wesentlich mit der erst spät einsetzenden Wertschätzung der Philosophie von Charles Sanders Peirce zu tun. Peirce hat das Diagramm in seine Trias von ikonischen, indexikalischen und symbolischen Zeichen eingefügt, um es dem Dominium der Bilder zuzuordnen.[7] In diametraler Gegenposition hat Nelson Goodman zu begründen versucht, dass der Bildcharakter in Diagrammen insofern keine Rolle spiele, als die Gestalt bei ihnen keinen Eigenwert besitze; vielmehr sei das Diagramm unmittelbar an die zu visualisierenden Inhalte gebunden.[8]

4 Steffen Bogen / Felix Thürlemann: Jenseits der Opposition von Text und Bild. Überlegungen zu einer Theorie des Diagramms und des Diagrammatischen, in: Alexander Patschovsky (Hg.): Die Bildwelt der Diagramme Joachims von Fiore. Zur Medialität religiös-politischer Programme im Mittelalter, Ostfildern 2003, S. 1–22. Vgl. auch den grundlegenden Überblick: Ulrike Maria Bonhoff: Das Diagramm. Kunsthistorische Betrachtungen über seine vielfältige Anwendung von der Antike bis zur Neuzeit, Phil. Diss., Münster 1993.

5 Steffen Siegel, Tabula. Figuren der Ordnung um 1600, Berlin 2009, S. 54–56 und passim.

6 Horst Bredekamp: Die Erkenntniskraft der Plötzlichkeit. Hogrebes Szenenblick und die Tradition des Coup d'Oeil, in: Joachim Bromand / Guido Kreis (Hg.): Was sich nicht sagen lässt. Das Nicht-Begriffliche in Wissenschaft, Kunst und Religion, Berlin 2010, S. 455–468.

7 Charles Sanders Peirce: Collected Papers, hg. von: Charles Hartshorne / Paul Weiss, Bd. 2, Cambridge/MA 1932, S. 156–173.

8 Nelson Goodman: Sprachen der Kunst. Entwurf einer Symboltheorie, Frankfurt am Main 195, S. 212f. Vgl. zu dieser Opposition: Astrit Schmidt-Burkhardt: Die Kunst der Diagrammatik. Perspektiven eines neuen bildwissenschaftlichen Paradigmas, Bielefeld 2012, S. 41ff.

Die unter den Begriffen *Diagrammatology* und *Diagrammatik* firmierende Lehre der Diagramme ist *grosso modo* nicht Goodman, sondern Peirce gefolgt, weil die Eigendynamik der Gestaltung, auch und gerade wenn sie rein passiv zu illustrieren sucht, im Sinne des lateinischen *illuminare* etwas Eigenes aufblitzen lässt, das die niemals aufzuhebende Distanz gegenüber den wiederzugebenden Inhalten beleuchtet. In dieser Autonomie des Visuellen liegt einer der Ursprünge dessen, was als *Bildakt* bezeichnet werden kann. Ein paradigmatisches Beispiel bietet das Diagramm der Evolution, das Charles Darwin seinem epochalen Werk *Origin of Species* beigegeben hat. Goodmans zufolge liegt in Darwins Eintragung der Entwicklung der Arten in die Tabelle einer nach oben gerichteten Zeitachse kein eigenes ikonisches Element; in Wahrheit aber ist sie das höchst komplexe und in sich auch widersprüchliche Ergebnis einer ästhetisch begründeten Entscheidung.[9]

Mit der Favorisierung der von Peirce vertretenen Diagrammatik ist eine Absage an alle Spielarten des Dualismus verbunden, der als Zwist zwischen Inhalt und Form, Begriff und Materie, Zahl und Referenz sowie Moment und Prozess auftreten kann.[10] Im Sinne dieser allgemeinen Frontentschärfung ist von kunsthistorischer Seite dazu aufgerufen worden, mithilfe der Diagrammatik die unproduktive Spaltung zwischen Bild und Text zu überwinden und in den Diagrammen das Modell einer Hegelschen „Aufhebung" der Gegensätze zu nutzen. Im Diagramm läge in diesem Sinn ein „Versöhnungsmotiv".[11] Die Verbindung von Raum und Zeit, für die das Diagramm prädestiniert ist, hat zu höchst aufschlussreichen Visualisierungen insbesondere der kunsthistorischen Entwicklungsgeschichte geführt.[12] Das überragende Beispiel ist das Diagramm einer Mischung aus Wal und Torpedo, mit dem der Gründer des Museum of Modern Art, New York, Alfred Barr, die Geschichte der Avantgarde symbolisiert

9 Horst Bredekamp: Darwins Korallen. Die frühen Evolutionsdiagramme und die Tradition der Naturgeschichte, Berlin 2005.

10 Etappen waren: W. J. T. Mitchell: Diagrammatology, in: Critical Inquiry (7/3), 1981, S. 622–633; Frederik Stjernfeld: Diagrammatology. An Investigation on the Borderlines of Phenomenology, Ontology, and Semiotics (= Synthese Library, Studies in Epistemology, Logic, Methodology, and Philosophy of Science, Nr. 336), Dordrecht 2007; Matthias Bauer / Christoph Ernst: Diagrammatik. Einführung in ein kultur- und medienwissenschaftliches Forschungsfeld, Bielefeld 2010.

11 Schmidt-Burkhardt (wie Anm. 8), S. 24 und 45, hier mit Blick auf Steffen Bogen: Schattenriss und Sonnenuhr. Überlegungen zu einer kunsthistorischen Diagrammatik, in: Zeitschrift für Kunstgeschichte (68/3), 2005, S. 153–176.

12 Astrit Schmidt-Burkhardt: Stammbäume der Kunst. Zur Genealogie der Avantgarde, Berlin 2005; Wolfgang Cortjaens / Karsten Heck (Hg.): Stil-Linien diagrammatischer Kunstgeschichte, Berlin 2014. Vgl. auch: Susanne Leeb: Materialität der Diagramme. Kunst und Theorie, Berlin 2012.

hat.[13] Schließlich ist das Diagramm zum Gegenstand einer bemerkenswerten künstlerischen Produktion geworden, die mit eigenen Versionen der Verräumlichung zeitlicher Abläufe das kritische Potential dieser konstruktiven Gestaltung realisierte.[14]

Diese Diagramme unterschiedlich symbolisierter Evolutionsgeschichten kommen dem Grundzug der von John Bender und Michael Marrinan entfalteten Diagrammatik nahe. Die Autoren knüpfen an Goodman an, um dessen Pole der *Beschreibung* und der *Abbildung* in eine Definition des Diagramms zu überführen, die das Prozessuale betont und damit einen Peirce verpflichteten Rahmen stärkt. Ihnen zufolge sind Diagramme Verkoppelungen unterschiedlicher Datenselektionen, die aufeinander bezogen sind, um in ihrer Offenheit eine nie zur Ruhe kommende Motorik von Binnen- und Außenbezügen zu realisieren.[15] Modell dieser Definition ist Denis Diderots und Jean Le Rond d'Alemberts *Encyclopédie*, insofern deren textlich und numerisch versetzte Bildtafeln Konnexe aus unterschiedlichen Perspektivpunkten herstellen.[16] Mit der Rekonstruktion dieses vektoriellen Grundzuges ist dem Verständnis des Diagramms ein bildaktives Element eingeschrieben.[17]

Das Buch ist in seiner prozessualen, Bildgegenstände, Personen und Tätigkeiten verbindenden Definition des Diagramms als Ergänzung, aber auch als Alternative zu Michel Foucaults *Les mots et les choses* zu lesen, insofern dieses höchst einflussreiche Werk die historische Durchtrennung dieser Bezüge hervorhebt.[18] Dies gilt umso mehr, als Bender und Marrinan die Wiederkehr jener prozessualen Diagrammatik, für welche die *Encyclopédie* Pate steht, über die Chronophotographie Étienne-Jules Mareys bis zur Parallele der Quantenmechanik Max Plancks und der *Passage*-Malerei Pablo Picassos sowie schließlich, als

13 Kirk Varnedoe: The Evolving Torpedo. Changing Ideas of the Collection of Painting and Sculpture of the Museum of Modern Art, in: The Museum of Modern Art at Mid-Century. Continuity and Change, New York 1995, S. 12–73; Schmidt-Burkhardt (wie Anm. 8), S. 161–165. Eine monographische Geschichte dieses Diagramms entwickelt Jana August, "A Torpedo Moving through Time", 1933. Diagrammatische Praktik und Sammlungspolitik am Museum of Modern Art New York, erscheint 2014. Vgl. zur Geschichte eines weiteren Torpedo-Diagramms: Daniel Rosenberg / Anthony Grafton: Cartographies of Time. A History of Timeline, New York 2010, S. 219–223.

14 Schmidt-Burkhardt (wie Anm. 8), S. 177–184.

15 Im vorliegenden Band, S. 18f.

16 Im vorliegenden Band, S. 20–35.

17 In diesem Zug nähern sich Diagramm und Modell: Horst Bredekamp: Theorie des Bildakts. Frankfurter Adorno-Vorlesungen 2007, Berlin 2010, S. 288–293. Mit dem prozessualen Verständnis ist auch eine Absage an zeichentheoretische Gewissheiten verbunden (im vorliegenden Band, S. 33; zur Kritik an Roland Barthes' strukturlinguistischer Gewissheit: ebd., S. 44f.).

18 Michel Foucault: Les mots et les choses, Paris 1966 [Die Ordnung der Dinge (Übers.: Ulrich Köppen), Frankfurt am Main 1971].

das sich durch das gesamte Buch ziehende Beispiel, bis in die ikonisch organisierten Operationsräume großer Kliniken fortführen.[19]

Die den Phänomenen des Bildakts und der Verkörperungsphilosophie gewidmete Buchreihe *Actus et Imago* schätzt sich glücklich, den Rahmen für Benders und Marrinans Buch in deutscher Übersetzung geben zu können, weil es in besonderer Weise eine von Beginn an gezogene Linie dieses Unternehmens verstärkt. Bereits der erste Band enthielt eine programmatische Überlegung zur philosophischen Diagrammatologie,[20] und der zweite, gesammelte Aufsätze von John Michael Krois enthaltende Band zeigt, welch hohen Stellenwert das Diagramm in dessen Versuch eingenommen hat, die Philosophie der Verkörperung mit der Geschichte des Bildes zu verquicken. Als ein Kronzeuge trat Peirce auf.[21] Den in die Zehntausende gehenden Zeichnungen dieses Philosophen, die ein unausgeschöpftes Arsenal der diagrammatischen Praxis darstellen, galt schließlich der fünfte Band der Reihe *Actus et Imago*.[22]

Als ein Produkt von Überlegungen, die über mehr als ein Jahrzehnt gereift, formuliert und überprüft worden sind, gehört das Buch von Bender und Marrinan zu den herausragenden Werken der Diagrammatik. Im Spiegel vornehmlich des 18. Jahrhunderts wird das Denken in Diagrammen in einem seiner Ursprünge reflektiert, um die gegenwärtig ablaufenden Prozesse in ihrer historischen Tiefe und ihrer prozessualen Entwicklung begreiflich werden zu lassen.

Das Buch zeigt, auf welche Weise sich über die Sprachgrenzen hinweg Ergänzungen, Besonderheiten und unterschiedliche Ausprägungen der Arbeit am selben Phänomen des Diagramms offenbaren. Es ist zu den genannten diagrammatischen Überlegungen komplementär, und hierin ist es geeignet, die Konstitutionsbedingungen des erkennenden und sich artikulierenden Geistes grundlegend zu überdenken.

19 Im vorliegenden Band, S. 230–255.

20 Krämer (wie Anm. 2).

21 John M. Krois: Image Science and Embodiment, or: Peirce as Image Scientist, in: ders.: Bildkörper und Körperschema. Schriften zur Verkörperungstheorie ikonischer Formen, hg. von Horst Bredekamp / Marion Lauschke (Actus und Imago. Berliner Schriften für Bildaktforschung und Verkörperungsphilosophie, Bd. II), Berlin 2011, S. 195–209.

22 Franz Engel / Moritz Queisner / Tullio Viola (Hg.): Das bildnerische Denken: Charles S. Peirce (Actus und Imago. Berliner Schriften für Bildaktforschung und Verkörperungsphilosophie, Bd. V), Berlin 2012.

1. DAS SZENARIO

Ein Chirurg betritt einen hell und gleichmäßig ausgeleuchteten Operationssaal, in welchem der Patient, für die Behandlung vorbereitet, auf dem Operationstisch liegt, umgeben von der zu erwartenden Reihe von Monitoren, mehreren Beatmungsgeräten und den sterilisierten Instrumenten. Statt aber seinen üblichen Platz unmittelbar beim Patienten einzunehmen, setzt sich der Chirurg vor ein in der Nähe befindliches Bedienpult. Dort stülpt ihm ein Mitarbeiter einen Helm über den Kopf, der mit einem Computer verbunden ist und vollständig die Augen des Chirurgen und den größten Teil seines Gesichts bedeckt. Der Arzt ergreift zwei virtuelle, mikrochirurgischen Skalpellen nachempfundene Instrumente und signalisiert einem technischen Assistenten, der an einem Computer sitzt, dass er bereit ist: Eine heikle Operation an einem der Augen des Patienten steht unmittelbar bevor.[1]

Was geschieht hier? Ohne den Patienten körperlich ein einziges Mal zu berühren und ohne ihn auch nur direkt zu sehen, vollführt der Arzt eine komplizierte Operation im Inneren des Auges des Patienten. Der „Helm", den er trägt, ist ein Datenhelm („head-mounted display", HMD), der vor seinen Augen zwei kleine Farbmonitore positioniert, die mit einem 3D-Bilder erzeugenden Gerät verbunden sind. Was der Arzt „sieht", ist ein räumliches Echtzeit-Bild der Bewegung und Position seiner mikrochirurgischen Werkzeuge (Bild 1/Tafel 1 und Bild 2/Tafel 2). Mit der Bewegung seines Kopfes ändert sich die Position der Miniaturkamera, wodurch der Eindruck entsteht, der Arzt befinde sich innerhalb des Auges und könne die Bewegungen des Skalpells und die Auswirkungen der Skalpellbewegungen aus nächster Nähe betrachten.

1 Für diese Beschreibung einer virtuellen Umgebung eines ophthalmologisch chirurgischen Eingriffs siehe I. W. Hunter et al., Ophthalmic Microsurgerical Robot and Associated Virtual Environment, in: Computers in Biology and Medicine 25, 2 (1995), S. 173–182.

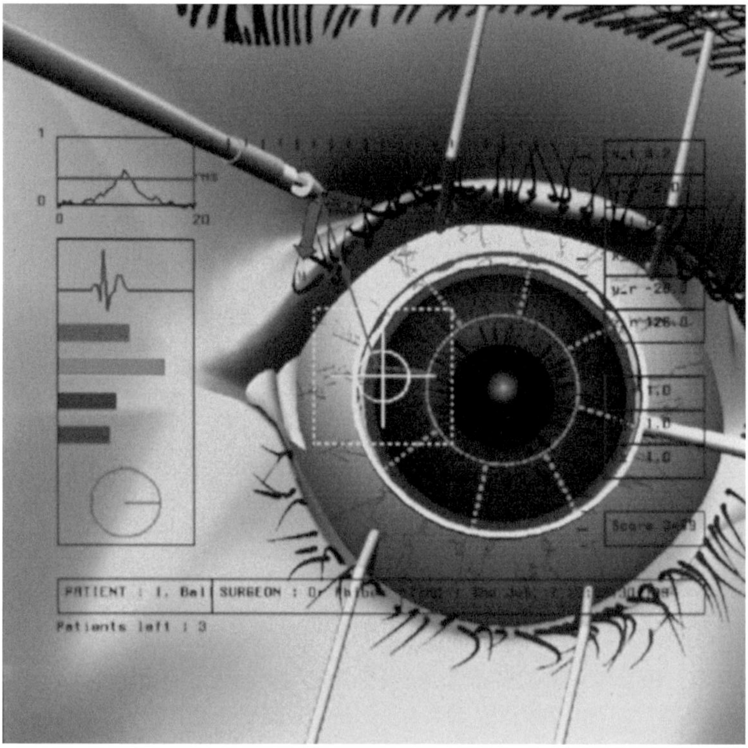

Bild 1 Virtuelle Operationsumgebung mit virtuellen chirurgischen Instrumenten, 3D-Orientierungshilfe, dem Tremoranalysediagramm des Chirurgen und den Vitalparametern des Patienten (links), computergenerierte Schnittstelle, aus: Ian W. Hunter et al.: „Ophthalmic Microsurgerical Robot and Associated Virtual Environment", in: Computers in Biology and Medicine 25, 2 (1995).

Diese Bewegungen werden durch einen leistungsstarken Rechner kontrolliert, der auf die Betätigung der skalpellartigen virtuellen Instrumente reagiert, die der Chirurg in beiden Händen hält. Der Einsatz dieser Instrumente erfolgt jedoch mit einer Präzision und Stetigkeit, die der Arzt nie fähig wäre, aus eigenem Vermögen zu verwirklichen. Der den Roboter automatisch steuernde Computer vermindert die Bewegungen des Arztes um den Faktor 100 und beseitigt nahezu jeden physiologischen Tremor seiner Hände. Auch überwacht er ständig die Handbewegungen des Chirurgen, indem er diese mit der Struktur eines mathematisch generierten virtuellen Auges vergleicht, das in seinen Datenbanken gespeichert ist. Sollte der Arzt also zu ungestüm in empfindlichen Gewebeabschnitten des wirklichen Auges vorgehen, wird der Rechner dieses Manöver verhindern oder korrigieren. Am Skalpellmechanismus angebrachte Sensoren

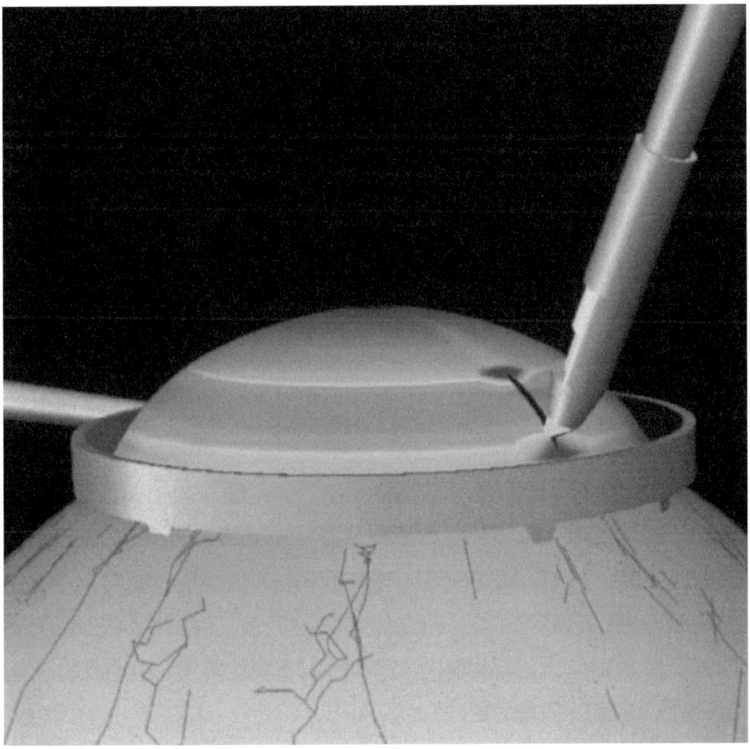

Bild 2 Kalkulierte Belastungskonturen an einer eingeschnittenen menschlichen Cornea während der Simulation einer radialen Keratotomie, computergenerierte Schnittstelle, aus: Ian W. Hunter et al.: „Ophthalmic Microsurgerical Robot and Associated Virtual Environment", in: Computers in Biology and Medicine 25, 2 (1995).

registrieren den Grad des Widerstands, den der Schneidevorgang erzeugt, und übermitteln diese Daten an den überwachenden Computer, der sie um den Faktor 100 vervielfacht und an die virtuellen Instrumente des Arztes weiterleitet. Auf diese Weise „fühlt" der Chirurg die Wirkung seiner Handlungen innerhalb des Augapfels des Patienten.

In einem vermutlich durch eine – mittlerweile obsolete – Bedeutungsüberlagerung des deutschen Wortes „Operateur" (Chirurg/Filmvorführer) motivierten Vergleich stellte Walter Benjamin eine Analogie zwischen der Arbeit eines Chirurgen und der eines Kameramanns her. „Der Chirurg", so Benjamin, „vermindert die Distanz zu dem Behandelten sehr – indem er in dessen Inneres dringt ... [Der Chirurg] verzichtet ... im entscheidenden Augenblick darauf, seinem Kranken von Mensch zu Mensch sich gegenüber zu stellen; er dringt vielmehr operativ in ihn ein." Benjamin beschreibt ein bekanntes Szenario, das sich in einer frühen Version in Denis Diderots und Jean Le Rond d'Alemberts *Enzyklopädie* abgebildet findet (Bild 3). Das Verhältnis des Kameramanns zur Welt sei, so Benjamin weiter, gleich dem instrumentell vermittelten des Chirurgen zu seinem Patienten durch die Apparatur der Kamera depersonalisiert; auch dringe der Kameramann „tief ins Gewebe der Gegebenheit ein".[2] Im Jahre 1936 war für Benjamin die Tatsache unvorstellbar, dass Fortschritte auf dem Feld miniaturisierter Automation, der elektronischen Bildverarbeitung und der Rechenleistung seine Metapher zur Wirklichkeit machen sollten: Unser Augenarzt, der den Patienten weder berührt noch ihn direkt sieht, ist buchstäblich ein chirurgisch arbeitender Kameramann, der völlig umschlossen von einer Welt elektronisch generierter Bilder dennoch mit einem Skalpell am lebenden Gewebe des Auges seines Patienten arbeitet.

Die technische Ausstattung eines modernen Operationssaals scheint eine Vielzahl der tagtäglich genutzten Vorstellungen des gesunden Menschenverstands in Frage zu stellen, die Benjamin als gegeben galten: die Integrität des menschlichen Körpers, dessen Undurchsichtigkeit für andere sowie eine eher unproblematische Beziehung zwischen dem, was Locke „die primären Qualitäten der Dinge" nannte, „die wir mit Hilfe unserer Sinne entdecken", und unseren komplexen Ideen „der körperlichen Substanzen", die sich aus den sinnlich wahrnehmbaren sekundären Qualitäten ergeben.[3] In der Tat beinhalten einige Voraussagen über den Operationssaal der Zukunft Szenarien, denen zufolge ganze Prozessabläufe durch computerüberwachte Roboter umgesetzt werden, die an hochentwickelte bildgebende Geräte (wie etwa MRT-Geräte) gekoppelt sind und mit digital abgespeicherten Modellen des Patienten arbeiten (die durch CAT-Scanner ermittelt wurden), deren Bewegungen durch Programme künstlicher Intelligenz gesteuert werden.[4] Vorerst jedoch sind es die physischen Grenzen

2 Walter Benjamin, Das Kunstwerk im Zeitalter seiner technischen Reproduzierbarkeit, in: ders., Gesammelte Schriften, Bd. I/2, Frankfurt/M. 1991, S. 496.

3 John Locke, Versuch über den menschlichen Verstand, in vier Büchern, Band 1, Hamburg 1981, Buch 2, Kapitel 23, § 9, S. 372 f.

4 Das Gebiet der Roboterchirurgie erweitert sich rasant und wir erheben nicht den Anspruch, die entsprechende Literatur umfassend aufzuführen. Zu den Beiträgen, die in unsere Überlegungen eingeflossen sind, gehören: Jeffrey V. Rosenfeld, Minimally Invasive Surgery, Australian and New Zealand Journal of Surgery 66 (1996), S. 557–558; Raymond Sawaya et al., Advances in Surgery of Brain Tumors, Neurologic Clinics 13, 4 (November 1995), S. 757–771; S. Hassfeld et al., Intraoperative Guidance in Maxillofacial and Craniofacial Surgery, Proceedings of the Institution of Medical Engineers: Part H, Journal of Engineering in Medicine 211, 4 (1997), S. 277–283. NeuroMate ist eines der mittlerweile auf dem Markt erhältlichen Produkte, das roboterchirurgische Eingriffe auf MRT-Datenbasis projektiert. Es wird von Integrated Surgical Systems in Sacramento, Kalifornien, hergestellt. Eine positive Einschätzung von NeuroMate bei der chirurgischen Behandlung von

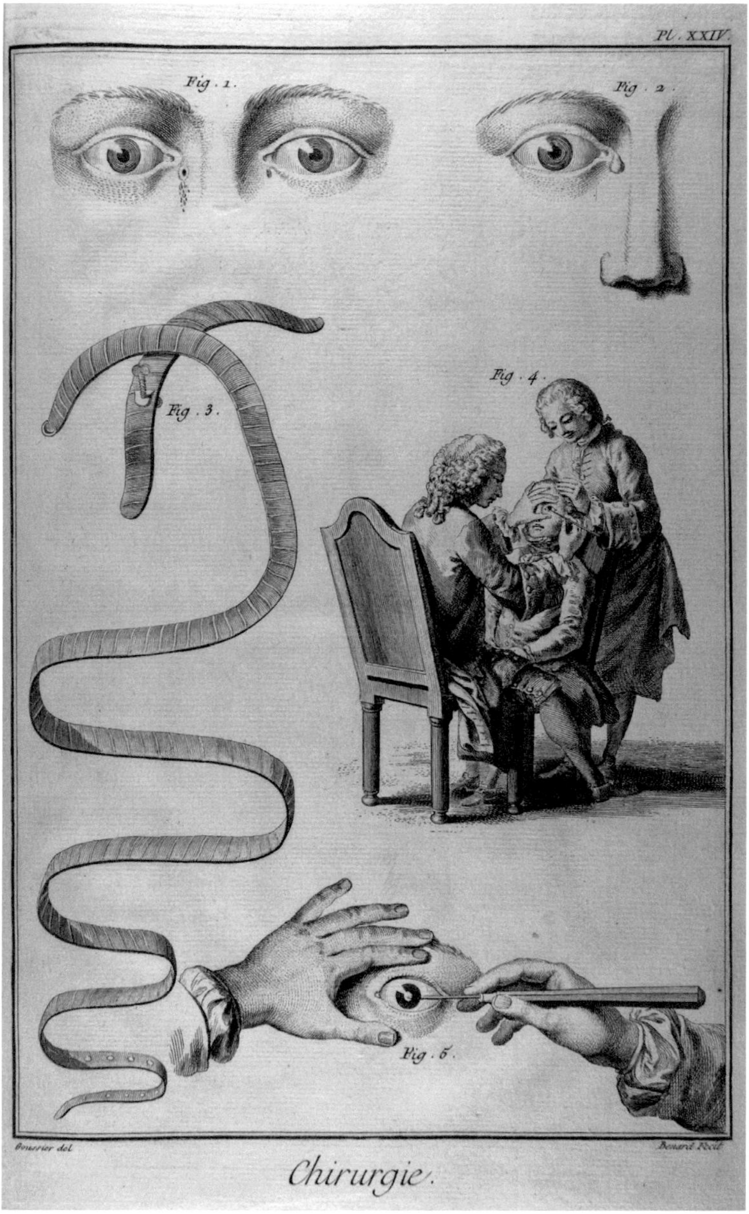

Bild 3 Chirurgie, Tafel XXIV, Stich von Robert Bénard nach einem Entwurf von Louis-Jacques Goussier für Diderot und d'Alembert, Recueil des Planches, Bd. 3.

der Robotermechanik, der Mangel an angemessenen mathematischen Beschreibungen komplexer Gewebestrukturen (die für die Roboterprogrammierung erforderlich sind), die erheblichen Anforderungen, die an die Computerprozessoren gestellt werden, um die nötige Rechenleistung zu erbringen, sowie die hohen Kosten für Forschung und Entwicklung, die solche umwälzenden Szenarien am fernen Horizont der Medizintechnik verharren lassen.[5] Auf dem Markt erhältliche Robotertechnik für chirurgische Zwecke, wie der da Vinci, wurden für die laparoskopische minimalinvasive Chirurgie unter Aufsicht eines vor Ort befindlichen Arztes genehmigt. Völlig autonom agierende Roboter sind erst noch zu entwickeln.[6]

Neben diesen praktischen, auf Sicherheit und Erschwinglichkeit entsprechender chirurgischer Eingriffe gerichteten Bedenken befürchten Chirurgen, den Situationszusammenhang nicht mehr unmittelbar kontrollieren zu können. Die Bedienung hochentwickelter computergesteuerter Roboter erfordert speziell geschultes Personal, was bedeutet, dass Chirurgen diesen Mitarbeitern Anweisungen erteilen müssen, statt direkt am Körper des Patienten arbeiten zu können.[7] Wie eine Gruppe Mediziner schrieb, ziehen Ärzte im Allgemeinen den Einsatz eines für eine bestimmte Operation vorprogrammierten Roboters

Bewegungsstörungen findet sich bei T. R. K. Vasna et al., Use of the NeuroMate Stereotactic Robot in Frameless Mode for Movement Disorder Surgery, Stereotactic and Functional Neurosurgery 80 (2003), S. 132–135. Für einen allgemeinverständlichen Überblick über das Feld der Roboterchirurgie siehe M. Andrews, A Guiding Hand, U.S. News & World Report 141, 4 (31. Juli 2006), S. 59–62.

5 James M. Drake et al., Computer- and Robot-assisted Resection of Thalamic Astrocytomas in Children, Neurosurgery 29, 1 (1991), S. 32; Karol Miller, Kiyoyuki Chinzei, Constitutive Modeling of Brain Tissue: Experiment and Theory, Journal of Biomechanics 30, 11/12 (1997), S. 1115–1121; Michael L. J. Apuzzo, New Dimensions of Neurosurgery in the Realm of High Technology: Possibilities, Practicalities, Realities, Neurosurgery 38, 4, (April 1996), S. 625–637; R. S. Douglas, Robotic Surgery in Ophthalmology: Reality or Fantasy?, British Journal of Ophthalmology 91, 1 (Januar 2007), S. 1. Eine kurzgefasste Geschichte der Nutzung von Robotertechnologie in der Neurochirurgie findet sich unter http://biomed.brown.edu/Courses/BI108/BI108_2005_Groups/04/neurology.html.

6 Für nähere Informationen zum da Vinci siehe die Webseite des Herstellers www.intuitivesurgical.com. Zu dessen Gebrauch siehe G. H. Ballantyne, F. Moll, The da Vinci Telerobotic Surgical System. The Virtual Operative Field and Telepresence Surgery, Surgical Clinics of North America 83 (2003), S. 1293–1304; J. Bodner, F. Augstin et al., The da Vinci Robotic System for General Surgical Applications: A Critical Interim Appraisal, Swiss Medical Weekly (19. November 2005), S. 674–678; C. J. Mohr, G. F. Nadzam, M. J. Curet, Totally Robotic Roux-en-Y Gastric Bypass, Archives of Surgery 140 (2005), S. 779–786; A. Tsirbas, C. Mango, E. Dutson, Robotic Ocular Surgery, British Journal of Ophthalmology 91 (2007), S. 18–21.

7 H. Vasarius et al., Man-Machine Interfaces in Computer Assigned Surgery, Computer Aided Surgery 2, 2 (1997), S. 102–107.

unter unmittelbarer Aufsicht des Chirurgen vor. Denn in diesem Fall sei „sowohl aus dem Blickwinkel des Chirurgen als auch aus dem des Patienten gesehen der Roboter nur ein ‚Werkzeug'. Es ist in diesem Fall offensichtlich, dass der Chirurg die Operation durchführt und nicht der Roboter."[8] Dies deutet auf einen nach wie vor bestehenden Zweifel hin, ob der direkte Datentransfer von elektronischen Sensoren auf operierende Roboter wirklich verlässlich ist, und besagt, dass von beiden Seiten der chirurgischen Erfahrung her lieber ein menschlicher Experte den Informations-/Handlungs-Kreislauf beherrschen oder zumindest (auch physisch präsent) überwachen soll. Es scheint Menschen nicht hinnehmbar, dass völlig selbstständig operierende medizintechnische „Apparaturen" (so Benjamins Bezeichnung), unabhängig von deren Perfektion, in ihren Körper eindringen.

Wir eröffnen dieses Buch mit einer Darstellung moderner Medizin, die nahezu Science-Fiction-Charakter hat. Denn sie setzt die Erfahrung virtueller Realität in ausgesprochen plastischer Weise in Szene – indem sie den realen Körper des Patienten unter ein wirkliches Skalpell platziert, das aus dem imaginären Raum einer Computersimulation heraus gesteuert wird. Dieser ungewöhnlichen Begegnung von Chirurg und Patient, die nahezu ausschließlich durch maschinelle Sensoren, digitales Abtasten einem und algorithmisierten Befehlsvorrat [algorithmic instruction sets] vermittelt wird, liegt ein unausgesprochenes Vertrauen in die dem Chirurgen übertragenen Informationen zugrunde sowie in dessen Fähigkeit, sich eine klare und getreue Vorstellung davon zu machen, wie die Mängel des betroffenen Auges physisch zu beheben sind. Jeder würde hoffen, der Chirurg sei über die Verfassung des Patienten genau im Bild, sodass die Operation erfolgreich durchgeführt werden kann. Dies führt allerdings zu der ebenso einfachen wie schwerwiegenden Frage: Liefert der Datenstrom, den der Helm in Echtzeit übermittelt, eine Beschreibung des Auges?

Befürworter einer Abbildtheorie der Darstellung würden vermutlich mit „nein" antworten. Paradoxerweise würden Fürsprecher einer nichtmimetischen Theorie der Darstellung, wie etwa Nelson Goodman, schwerlich mit „ja" antworten können. Goodman unterscheidet zwischen Beschreibung [description] und Abbildung [depiction], weil die erstere syntaktisch „artikuliert" und die letztere „dicht" sei. Damit meint Goodman, die Bestandteile der Beschreibung seien disjunkt und messbar diskontinuierlich, jene der Abbildung hingegen schienen nicht teilbar – auch wenn man sie endlos weiter untergliedern kann, um eine höhere Auflösung zu erhalten. Die digitalisierte Datensammlung und deren

8 B. L. Davies et al., Active Compliance in Robotic Surgery – The Use of Force Control as a Dynamic Constraint, Proceedings of the Institution of Medical Engineers: Part H, Journal of Engineering in Medicine 211, 4 (1997), S. 286.

numerische Anzeige im Datenhelm des Chirurgen erweisen sich als artikulierte Systeme, das Echtzeitvideo hingegen, das er gleichzeitig betrachtet, bietet ein visuelles Kontinuum und ist in jedem seiner Teile so „dicht" wie eine gewöhnliche Abbildung.[9]

Unüblich am Beispiel des chirurgischen Eingriffs ist die Zusammenführung unterschiedlicher Daten – eine Art überlegter Kombination der beiden syntaktischen Schemata Goodmans –, welcher der Chirurg wie der Patient vertrauen. Dieses Vertrauen erwächst allerdings nicht aus ihrer vermeintlichen Überzeugung, man sehe das Sehorgan im Datenhelm vollständiger als mit bloßem Auge, sondern deshalb, weil dies für die höchst fachspezifische Begegnung, welche die chirurgische Praxis darstellt, die funktionell optimale Weise ist, das Auge zu betrachten. So kümmert es den Chirurgen nicht, ob der Patient grüne oder blaue Augen hat. Das Display im Datenhelm ignoriert diese Eigenschaften

9 N. Goodman, Sprachen der Kunst. Entwurf einer Symboltheorie, Frankfurt/M. 1995. Goodman würde durchaus das Nebeneinander zweier unterschiedlicher syntaktischer Systeme auf dem Display des Datenhelms, den unser Chirurg trägt (Bild 1), eingestehen und das Feld analoger und digitaler Daten als Mischtyp-Diagramm betrachten. Er würde auch behaupten, dass sich dessen digitale und dessen analoge Bestandteile von der Sache her unterscheiden. Für Goodman kommen Mischtyp-Diagramme ihrer formalen Eigenschaften wegen möglicherweise der Erscheinung von Darstellungen nahe (siehe seinen Vergleich eines Elektrokardiogramms mit einer Hokusai-Zeichnung des Fujisan, S. 212 f.), beide lassen sich auch als dichte statt als artikulierte Schemata betrachten. Ein Diagramm ist für Goodman durch eine „ausdrücklich[e] und eng begrenzt[e]" Vorstellung der Eigenschaften charakterisiert, die das Feld bilden. Jedes außerhalb dieser engen Festlegung liegende Merkmal gilt als „kontingent" und wird beim Erfassen des Diagramms ignoriert (ebd.). Pikturale Schemata sind demgegenüber „voll". Welche Elemente eines Gemäldes kontingent sind – falls es solche überhaupt geben sollte –, kann nicht bestimmt werden. Goodman folgert, dass Unterschiede zwischen Diagrammen und pikturalen Schemata allenfalls „eine Frage des Grades" seien (S. 213). Getragen wird Goodmans ganze Diskussion von Regeln der Deutung [protocols of reading] im Zusammenhang „begründete[r] technische[r] Erfordernisse für eine notationale Sprache" (S. 164). Diese Grundregeln vorausgesetzt, kann Goodman zu Recht behaupten, dass „Diagramme flache und statische Modelle" (S. 165) sind, die endliche und feststehende Wissensportionen übermitteln. Demgegenüber sind wir der Auffassung, dass es sich bei Diagrammen um Arbeitsgegenstände [working objects] handelt, die in der Lage sind, dadurch neue Erkenntnisse zu erzeugen, dass sie andernfalls unvereinbare Informationen zusammenfügen. In dem von uns gerade erwähnten Beispiel des chirurgischen Eingriffs ist das Display im Datenhelm einfach nur eine der Komponenten einer Echtzeit Konfiguration von Körpern, Sensoren, Computern und Displays, welche die für einen chirurgischen Eingriff erforderlichen Informationen generiert. Dieses gesamte Kognitionssystem ist es, was wir unter „Diagramm" rubrizieren. Für eine detaillierte Auseinandersetzung mit Goodmans Ideen, die zugleich unsere Überlegungen befördert hat, siehe J. Elkins, The Domain of Images, Ithaca N.Y. 1999, S. 68–81.

und meldet doch mit großer Genauigkeit jede minimale Positionsänderung des Skalpells. Wir werden somit unter Rückgriff auf einen von Goodman genutzten, obwohl nicht in seinem Sinne verwendeten Terminus antworten: Der digitale Datenfluss ist keine Beschreibung des Auges, sondern ein *Diagramm*. Ein Diagramm ist eine Vervielfältigung offensichtlich selektiver Pakete verschiedenartiger Daten, die in einer explizit prozessorientierten Ordnung aufeinander bezogen sind. Es gleicht in einigen seiner Eigenschaften einer Darstellung, befindet sich jedoch wie ein Objekt in der Welt. Von ihrer Art her ähneln Diagramme eher einem Jackson Pollock als einem Rembrandt.

Diagramme gibt es seit Jahrhunderten. Wir haben weder die Absicht, diese lange Geschichte zu erzählen noch eine allumfassende, überhistorische Definition herauszuarbeiten.[10] Dennoch seien hier einige ihrer formalen Eigenschaften genannt: Diagramme sind eher abstrakte Gestaltungen [reductive renderings],

10 Der Terminus „Diagramm" findet Anwendung auf einen großen Bereich von Sachverhalten, von denen einige außerhalb unseres Interesses liegen. Diskussionen, die sich mit unserem Interesse überschneiden, finden sich bei Goodman und Elkins (siehe vorhergehende Fußnote); P. Galison, Image and Logic: A Material Culture of Microphysics, Chicago 1997, ein Buch, das im Zusammenhang mit der Besprechung durch James Elkins gelesen werden sollte: Logic and Images in Art History, Perspectives on Science 7, 2 (Sommer 1999), S. 151–180, wie auch der Erwiderung durch Galison: Reflections in Image and Logic: A Material Culture of Microphysics, Perspective on Science 7, 2 (1999), S. 255–284; des Weiteren R. Netz, The Shaping of Deduction in Greek Mathematics: A Study in Cognitive History, Cambridge 1999; B. M. Stafford, Good Looking: Essays on the Virtue of Images, Cambridge MA 1996; B. Rotman, Thinking Dia-Grams: Mathematics, Writing, and Virtual Reality, Mathematics, Science, and Postclassical Theory, hg. v. B. Herrnstein Smith und A. Plotnitsky, Durham NC 1997, S. 17–39; S. Helmer Poggenpohl und D. R. Winkler, Diagrams as Tools for Worldmaking, Visible Language 26, 3/4 (Sommer/Herbst 1992), S. 252–269. Diskussionen, die Diagramme als Objektivationen oder Formulierungen der Resultate von Experimenten betrachten, finden sich bei: Galison, Image and Logic; M. Lynch und S. Woolgar (Hg.), Representation in Scientific Practice, Cambridge MA 1990; M. Lynch, Science in the Age of Mechanical Reproduction: Moral and Epsitemic Relations between Diagrams and Photographs, Biology & Philosophy 6, 2 (April 1991), S. 205–226; M. Lynch, Discipline and the Material Form of Images: An Analysis of Scientific Visibility, Social Study of Science 15 (1985), S. 37–63. In einer weiteren Forschungsrichtung werden Diagramme als Darstellungs- oder Herleitungsmittel für Zwecke der Logik und Kalkulation betrachtet. Eine Einleitung zu den von Leonhard Euler, Charles Sanders Peirce und John Venn geleisteten Beiträgen findet sich bei S.-J. Shin und O. Lemon, Diagrams, Stanford Encyclopedia of Philosophy, hg. v. E. N. Zalta, http://plato.stanford.edu/entries/diagrams. Des Weiteren wären in Betracht zu ziehen: S.-J. Shin, The Logical Status of Diagrams, Cambridge 1994; E. M. Hammer, Logic and Visual Information, Stanford CA 1995; M. Greaves, The Philosophical Status of Diagrams, Stanford CA 2002; D. Kaiser, Drawing Theories Apart: The Dispersion of Feynman Diagrams in Postwar Physics, Chicago 2005.

die häufig als Zeichnungen unter Verwendung weniger Farben, zumeist aber im schwarz/weiß-Modus ausgeführt werden. Im Allgemeinen sind sie mit Bezeichnungen versehen, die auf erklärende Texte verweisen, wobei Teile mithilfe eines geometrischen Notationssystems korreliert werden. Laut des *Oxford English Dictionary* (*OED*) ist die Etymologie des Wortes hingegen etwas umfassender angelegt, wobei darauf verwiesen wird, dass Notationen in der Musik und geschriebene Register zu ihren frühen Gebrauchsweisen zählen. Ab Mitte des 19. Jahrhunderts, so das *OED*, wurde „diagram" genutzt, um „symbolisch den Verlauf oder das Resultat einer beliebigen Handlung oder eines beliebigen Vorgangs darzustellen oder Abweichungen, die für die Handlung oder den Vorgang charakteristisch sind". Die sich abzeichnende Fähigkeit, Prozesse zu konkretisieren, bildet das Zentrum unseres Buches. Die moderne Geschichte des Wortes kaschiert etwas am Wesen der Diagramme, das jedoch wiedergefunden werden kann, indem man sich des altgriechischen Wortgebrauchs von *diagramma* in mathematischen Beweisführungen erinnert. „Das wahrgenommene Diagramm erschöpft nicht das geometrische Objekt", schreibt Reviel Netz. „Dieses Objekt ist teilweise durch den Text bestimmt [...] Jedoch bilden die Eigenschaften des wahrgenommenen Diagramms eine wirkliche Teilmenge der wirklichen Eigenschaften des mathematischen Objekts. Aus diesem Grunde sind Diagramme dem Denken nützlich."[11] Bedeutsam ist, dass d'Alemberts kurzer Eintrag für „Diagramme" in der *Enzyklopädie* die antike wie die moderne Bedeutung zusammenführt: „Es ist eine Darstellung oder Konstruktion von Linien, die bezweckt, eine Behauptung zu erläutern oder zu veranschaulichen."[12]

Zwischen dem frühen 17. Jahrhundert und der Mitte des 19. Jahrhunderts waren Diagramme in wachsendem Maße zu dem Zwecke entwickelt worden, die komplexen Prozesse darzustellen, die durch wissenschaftliche Untersuchungen aufgedeckt oder durch mechanische Erfindungen beispielhaft realisiert wurden. Geschah dies zufällig? Wir behaupten, dass die hybriden Bildeigenschaften von Diagrammen deren Einwanderung in diese vielschichtigen Aufgaben der Darstellung vermitteln. Aufgrund ihrer charakteristischen Eigenschaften, separate Pakete verschiedenartiger Daten zu verbreiten und zu mehren, lassen sich Diagramme reihenweise oder, paradox ausgedrückt, aus verschiedenen Blickwinkeln erfassen. Dieses nichteinheitliche, durch Änderungen des Maßstabs, des Schwerpunkts oder der Auflösung fragmentierte Feld der Darstellung löst seriell

11 Netz, The Shaping of Deduction, S. 35.

12 Denis Diderot und Jean Le Rond d'Alembert, Encyclopédie, ou dictionnaire raisonné des sciences, des arts et des métiers, 17 Bde., Paris 1751–1765, Diagramme, 4, S. 933, im Folgenden zitiert als „Enzyklopädie", gefolgt vom Namen des Artikels, der Bandnummer und der Seitenangabe. Aus praktischen Gründen haben wir für unsere Arbeit den 1969 von Pergamon Press veröffentlichten Reprint der Pariser Edition herangezogen.

laufende [seriated] kognitive Prozesse aus, die eine aktive Korrelation von Informationen erfordern. Der generelle Denkansatz, dem wir in diesem Buch folgen, besteht darin, dieses Potenzial für die Darstellung von Prozessen – sowohl kognitiver als auch historischer Art – hervorzuheben, die den Typen visueller Konfiguration zugehören, die für gewöhnlich „Diagramm" genannt werden. Das von uns bereits angeführte Zitat des *Oxford English Dictionary* formuliert den Ausgangspunkt für dieses Buch, der im 18. Jahrhundert liegt und den die Publikation von Diderots und d'Alemberts *Enzyklopädie* bildet. Die diagrammatischen Voraussetzungen für deren Zugang zur Visualisierung von Wissen werden in Kapitel 2 untersucht.

Unsere Auffassung von Diderots und d'Alemberts intellektuellem Projekt der *Enzyklopädie* ist mit unserem prozessorientierten Diagrammbegriff verbunden und steht der Analyse von Jean Starobinski näher als der von Michel Foucault. Für Foucault bildet die *Enzyklopädie* ein *Tableau* – eine Sammlung zur nahezu uneingeschränkten Einsichtnahme. Für Starobinski hingegen stellt sie einen Schauplatz des Wissens dar, voller interner Brechungen, die durch ihre „imposante Fassade im barockem Stil" und ihren „ausgesprochen stoischen Charakter" kaum verborgen werden kann, wobei sich hinter dieser Fassade eine „im Ganzen moderne Tätigkeit diskontinuierlicher Aneignung verbreitet, uneingedenk der veralteten Anforderungen organischer Einheit".[13] Starobinski deutet darauf hin, dass die arbiträre alphabetische Ordnung der *Enzyklopädie* in Wirklichkeit Unordnung säht, indem sie mit dem geschlossenen Kreislauf des Wissens bricht, der zur Geschichte dieser Wissensform gehört. Besonders charakteristisch für Starobinskis Darstellung ist die Aufmerksamkeit auf das komplexe System von Querverweisen, die dem alphabetischen Arrangement entgegenwirken und eine zweite Ordnung generieren – eine Ausbreitung von Lesarten, welche mittels der Querverweise zwar in Gang gebracht, aber erst durch die individuellen Wissensvorlieben des Lesers und Nutzers mit Leben erfüllt werden. In der *Enzyklopädie* liegt, wie Annie Becq schreibt, das Paradox beschlossen, „die Kontinuität zu würdigen, während sie die Tatsache anerkennt, dass Diskontinuität erforderlich ist".[14] Das gleiche Paradox strukturiert und belebt das, was wir Diagramm nennen.

Statt uns auf die disziplinäre Einteilung des Wissens in der *Enzyklopädie* zu konzentrieren, liegt unser Schwerpunkt auf der Verbreitung des Wissens, die durch die *Enzyklopädie* realisiert wird. Als Einsatz dient uns das Plädoyer

13 Jean Starobinski, Remarques sur l'Encyclopédie, Revue de Métaphysique et de Morale 75, 3 (1970), S. 284; Michel Foucault, Die Ordnung der Dinge. Eine Archäologie der Humanwissenschaften, Frankfurt/M. 1990, insbes. Kap. 7.

14 Annie Becq, Continu et discontinu dans l'écriture de l'Encylopédie: Le choix de l'ordre alphabétique, in: L'Encylopédie et ses lectures, Caen 1987, S. 31.

für Integration, das sich in einem bekannten Passus von Diderots *Prospekt der Enzyklopädie* findet:

> „Das ist alles, was wir dem Publikum in Hinblick auf die Wissenschaften und die schönen Künste auseinandersetzen mußten. Der Teil der mechanischen Künste erheischte nicht weniger Ausführlichkeit und Sorgfalt. Nie gab es vielleicht so viele Schwierigkeiten auf einmal und so wenige Hilfsmittel zu ihrer Überwindung. Man schrieb bisher zu viel über die Wissenschaften und zu wenig über die meisten freien Künste und fast nichts über die mechanischen Künste."[15]

Diderot hatte nicht nur die Absicht, jene große „Verknüpfung der Wissenschaften" zu erzeugen, welche eine Enzyklopädie ausmacht, sondern auch einen Katalog der verwirrenden Vielfalt und Verwobenheit der Aktivitäten, welche das menschliche Leben umschließen.[16] Um dem Leser dabei zu helfen, seinen Weg durch dieses Labyrinth zu finden, übernahmen die Autoren die alphabetische Ordnung eines Wörterbuches, welche, wie von vielen Schriftstellern bemerkt, eine Spannung zwischen der enzyklopädischen Geschlossenheit und einer seriellen Akkumulation von Wissen bildete.[17] Diderot war sich dieses Problems bewusst.

> „Wenn man uns entgegenhält, daß die alphabetische Ordnung den Zusammenhang unseres Systems des menschlichen Wissens zerstöre, so antworten wir, daß dieser Zusammenhang weniger in der Anordnung der Stoffe besteht als in ihren Korrelationen, daß also nichts ihn zunichte machen kann und daß wir dafür sorgen werden, ihn durch die Glie-

15 D. Diderot, Prospekt der Enzyklopädie, in: ders., Enzyklopädie. Philosophische und politische Texte aus der „Enzyklopädie", München 1969, S. 48.

16 Diderot, Eintrag „Enzyklopädie", in: ders., Enzyklopädie. Philosophische und politische Texte aus der „Enzyklopädie", S. 79.

17 Siehe z.B. K. M. Baker, Épostémologie et Politique: Pourquoi l'Encyclopédie estelle un dictionnaire?, in: L'Encyclopédie: Du réseau au livre et du livre au réseau, hg. v. R. Morrissey und P. Roger, Paris 2001, S. 51–58; D. Bates, Cartographic Aberrations: Epistemology and Order in the Encyclopedic Map, in: Using the Encyclopédie: Ways of Knowing, Ways of Reading, hg. v. D. Brewer und J. Candler Hayes, Oxford 2002, S. 1–20; J. Ehrard, L'arbre et le labyrinthe, in: L'Encyclopédie, Diderot, l'esthétique: Mélanges en hommage à Jacques Chouillet, hg. v. S. Auroux et al., Paris 1991, S. 233–239; Becq, Continu et discontinu dans l'écriture de l'Encylopédie; H. Dieckmann, The Concept of Knowledge in the Encyplopédie, in: Essays in Comparative Literature, hg. v. H. Dieckmann, H. Levin und H. Motekat, St. Louis MO 1961, S. 73–107; Starobinski, Remarques sur l'Encyclopédie.

derung der Stoffe in jedem Artikel und durch die Genauigkeit und Häufigkeit der Verweise wahrnehmbar zu machen."[18]

Was Diderot hier beschreibt, insbesondere mit seinem Verweis auf die „wechselseitigen Beziehungen" und die „Häufigkeit der Verweise", ist ein Prozess des Lernens und der Erkundung, der sich mit der Ordnung des Wörterbuches in komplexer und unvorhersehbarer Weise überschneidet. Das Ziel dieses Prozesses bestand darin, und dies ist für uns das Wesentliche des Diagramms,

> „die fernen oder nahen Verbindungen zwischen den Dingen anzudeuten, welche die Natur bilden und von jeher die Menschen beschäftigt haben; an der Verflechtung der Wurzeln und an der Verflechtung der Zweige zu zeigen, warum es unmöglich ist, einige Teile des Ganzen gut zu kennen, ohne auf viele andere zurückzugreifen oder einzugehen".[19]

Diderot meint hiermit nicht, wie Starobinski und Herbert Dieckmann nahelegen, dass Wissen absolut inklusives Wissen wäre, sondern dass es aus einem Prozess der durch Querverweise gesteuerten Verkettung (enchaînement) hervorgeht, das heißt aus der relationalen Urteilsbildung, die der Nutzer aktiv betreibt.

In den meisten der kritischen Interpretationen der *Enzyklopädie* wird deren Darstellungsweise mit einem rationalistischen Unternehmen analytischer Unterteilung in Verbindung gebracht, demzufolge große und komplexe Gegenstände zwecks Untersuchung in kleine Teile heruntergebrochen – oder fragmentiert – werden. Unserem, durch Diderots Vorstellung der Beziehung der Teile zum Ganzen informiertem Verständnis zufolge geht es nicht darum, die Einträge oder Illustrationen als Fragmente einer idealisierten Entität zu behandeln, sondern als Ausbreitung und Vervielfältigung selbstständiger Elemente, die ein Wissen des Ganzen bilden, wenn sie miteinander in Beziehung gesetzt werden. Diese Unterscheidung ist sinnvoll, denn sie lässt fragen, ob die *Enzyklopädie* aus dem Blickwinkel absoluten Wissens heraus geschrieben wurde, der dazu befähigt, komplexe Gegenstände nach Belieben zu zerlegen (Foucaults Tableau), oder ob es sich bei ihr um eine Sammlung von Arbeitsgegenständen [working objects] handelt – die ad hoc in der Art einer *Bastelei* (*bricolage*) entwickelt werden –, welche die Verwobenheit der Welt mittels einer begrenzten Zahl materialer Sondierungen vergegenwärtigt.[20]

18 Diderot, Prospekt der Enzyklopädie, S. 67 (Übersetzung geändert, A.d.Ü.). Zur Diskussion siehe B. Ludwig, L'Utilisation des renvois dans la lecture de l'Encyclopédie, in: L'Encyclopédie et ses lecteurs, Caen 1987, S. 35–54.

19 Diderot, Prospekt der Enzyklopädie, S. 37.

20 Wir nutzen den Begriff ‚Arbeitsgegenstände' [‚working objects'], wie er von Lorraine Daston und Peter Galison in The Image of Objectivity, Representations 40 (1992), S. 81–128, entwickelt worden ist. Siehe auch L. Daston, Objectivity and the

Arbeitsgegenstände sind sowohl Werkzeuge als auch Erzeugnisse von Forschungsprozessen, die vertraute Entgegensetzungen in der Praxis miteinander in Verbindung bringen: Welt und Bild, Darstellung und die wirkliche Welt, die Physiologie des Sehvermögens und die Verarbeitung des Gesehenen im Geist sowie Goodmans artikulierte und dichte syntaktische Systeme.[21] Aber auch an dieser Stelle stoßen wir auf die Rolle, die das Diagramm in der mathematischen Beweisführung der Griechen spielte. Das Diagramm ist, so Netz, „keine Darstellung von etwas anderem; es ist die Sache selbst".[22] Diagramme sind Gegenstände, mit denen man arbeitet. Indem wir unseren Diagrammbegriff als ein flexibel einsetzbares Werkzeug der Forschung konzipieren, verbinden wir ihn mit der Idee Diderots, dass die *Enzyklopädie* Wissen durch ihr System von Korrelationen [rapports] einsichtig macht, statt es in ihrer Anordnung von Materialien zu gewinnen. Als Kompendium versagt die *Enzyklopädie*, aber ihr gelingt es, die Matrix eines diagrammatischen Wissens zu etablieren.[23]

Espace from Perspective, The Science Studies Reader, hg. v. M. Biagioli, New York 1999, S. 110–123. Daston und Galison haben die in diesen beiden früheren Abhandlungen entworfenen Argumente in umfassender Weise in einer umfänglichen Studie in Buchform erweitert und mit Sorgfalt historisch kontextualisiert. Siehe L. Daston, P. Galison, Objectivity, New York 2007. Den Begriff ‚bricolage' verwenden wir in Anlehnung an Claude Lévi-Strauss, Das wilde Denken, Frankfurt/M. 1973, S. 34–48 (in dieser deutschen Übersetzung als „Bastelei" wiedergegeben, A. d. Ü.). Unsere Akzentsetzung überschneidet sich mit Nelson Goodmans Begriff der Welterzeugung, demzufolge der „Mann auf der Straße" in einer „vertrauten und dienstbaren Welt" agiert, die er „aus Fragmenten der wissenschaftlichen und künstlerischen Überlieferung und aus seinem eigenen Überlebenskampf zusammengebastelt hat". Siehe N. Goodman, Weisen der Welterzeugung, Frankfurt/M. 1990, S. 35. Wir möchten uns jedoch nicht an Diskussionen über die Natur oder die Relativität der Wirklichkeit beteiligen.

21 Zu den Abhandlungen, die unsere Überlegungen zu diesen Fragen inspiriert haben, gehören: J. Crary, Techniken des Betrachters. Sehen und Moderne im 19. Jahrhundert, Dresden/Basel 1996; J. Crary, Suspensions of Perception: Attention, Spectacle, and Modern Culture, Cambridge MA 1999; Galison, Image and Logic; I. Hacking, Representing and Intervening. Topics in the Philosophy of Natural Science, Cambridge 1983; M. Jay, Downcast Eyes: The Denigration of Vision in Twentieth-Century French Thought, Berkeley 1993; H. Putnam, Realism and Reason, Cambridge 1983, und Representation and Reality, Cambridge MA 1988; B. M. Stafford, Body Criticism: Imaging the Unseen in Enlightenment Art and Medicine, Cambridge MA 1991 und Good Looking.

22 Netz, The Shaping of Deduction, S. 60.

23 Eine Entsprechung findet unsere Überlegung in Stephen Werners Buch über die Bildtafeln der *Enzyklopädie*. Siehe ders., Blueprint. A Study of Diderot and the Encyclopédie Plates, Birmingham AL 1993, insbes. S. 109–112. Bei seiner Beschreibung der Tafeln führt Werner die Metapher einer Blaupause ins Feld. Für Werner sind die Tafeln mit „Fragen verbunden, die sich auf die Ästhetik der Darstellung und die Funktion des Mimetischen beziehen". Er behauptet, dass eine Blaupause

Die *Enzyklopädie* schien eine neue Art der Organisation und Darstellung von Wissen zu verkörpern und verkörperte sie auch. Gleichzeitig bedienten sich die Autoren nach Belieben der Enzyklopädien, Wörterbücher, Handbücher und Bildersammlungen, welche die neuzeitlich-moderne Tradition bildeten, in der sie intellektuell lebten. Sie wurden von Francis Bacon inspiriert und ließen sich von Persönlichkeiten wie Pierre Bayle, Antoine Furetière, John Harris, vor allem jedoch von Ephraim Chambers leiten, dessen zweibändige *Cyclopedia* von 1728 sie ursprünglich übersetzen wollten.[24] Diderot und d'Alembert bekundeten, Chambers' Vision einer Enzyklopädie verpflichtet zu sein, die für sie darin bestand, eine „Verkettung" zu erzeugen, „durch die man von den Grundprinzi-

„niemals ein vollständiges Bildnis ihres Gegenstands" sein kann, statt dessen eine „virtuelle" Seite dieses Gegenstands darstellt, dessen Potential, Dinge – wirkliche Gegenstände – zu erzeugen, die virtuell in den „das Handwerk betreffenden Bildtafeln der *Enzyklopädie* gegenwärtig sind". Werner versteht dies als eine Art Prozess, der „an keiner Stelle ausdrücklich definiert oder erläutert wird", dessen „innere Verfassung vom Leser intuitiv verstanden werden muss". Er betrachtet den fraglichen Prozess als eine „Freisetzung von Bildern" mit dem Zweck, letztere „ans Licht" zu bringen. Unsere weniger metaphorische und poetische, sondern eher am buchstäblichen Sinn orientierte Analyse überschneidet sich mit jener von Werner, insofern wir den Prozesscharakter des Gebrauchs betonen. Korrelation ist unserer Auffassung nach eine autonome Form der Wissenserzeugung, die mittels Diagrammen, das heißt Gebrauchsgegenständen, erfolgt. Für uns sind Bildtafeln Diagramme, Beispiele für Arbeitsgegenstände, nicht aber einfache Zeichnungen, durch welche sich ein Gebäude oder eine vorher nur „in Umrissen" existierende Maschine „in abschließender und endgültiger Gestalt" rekonstruieren lässt. Zu den weiteren Abhandlungen über die Bildtafeln der *Enzyklopädie*, die Einfluss auf unsere Überlegungen hatten, gehören D. Brewer, The Discourse of Enlightenment in Eighteenth-Century France, Cambridge 1993, insbes. Kap. 1; M. Pinault, Diderot et les illustrateurs d'Encyclopédie, Revue de l'Art 66 (1984), S. 17–38.

24 Diderots nachträglich 1755 veröffentlichter Artikel „Encyclopédie" anerkennt eine Vielzahl der Vorgänger seines Projekts. Lehrreiche Studien zum Verhältnis von Diderot und d'Alembert zu Chambers sowie anderen Vorläufern enzyklopädischen Denkens bieten u. a. J. Bernet, La Cyclopaedia d'Ephraïm Chambers (1728), ancêtre de l'Encyclopédie de Diderot et d'Alembert in: Les sources anglaises de l'Encyclopédie, hg. v. S. Albertan-Coppola und M. Descargues-Grant, Valencienne 2005, S. 25–38; R. Yeo, Encyclopedic Visions: Scientific Dictionaries and Enlightenment Culture, Cambridge 2001, S. 35–58, 120–144; R. Collison, Encyclopaedias. Their History throughout the Ages, 2. Aufl. New York 1966, S. 114–137; Werner, Blueprint, S. 43–50. Zur Auseinandersetzung um Diderots Aneingnung der Materialien, die für die Tafeln von René Antoine Ferchault de Réamurs *Description des Arts et Métiers* vorgesehen waren, siehe J. Lough, The Encyclopédie, New York 1971, S. 86–91. Zur Darstellung von Maschinen und zu anderen technischen Zeichnungen vor dem 18. Jahrhundert siehe den von Wolfgang Lefèvre herausgegebenen Sammelband Picturing Machines 1400–1700, Cambridge MA 2004. Eine gute Auswahl aus der Vielzahl von bildlichen Darstellungen von Enzyklopädisten und anderen Sammlern vor Diderot findet sich in: B. Stafford, Artful Science. Enlightenment, Entertainment, and the Eclipse of Visual Education, Cambridge MA 1994.

pien einer Wissenschaft oder Kunst ohne Unterbrechung zu den letzten Konsequenzen vorangehen und von diesen […] bis zu ihren Grundprinzipien zurückgehen" kann.[25] Sie würdigten die Querverweise als Chambers' bedeutendste Neuerung, wiewohl sie glaubten, dass dieser deren Potenzial nicht vollständig ausschöpfen konnte. Auch vermerkten sie, Chambers habe „Bücher gelesen, aber Künstler kaum besucht", sodass seinem Werk „viele Dinge" fehlten, die „man nur in den Werkstätten [erfährt]". In einer *Enzyklopädie* würden, so behaupten sie, solche Auslassungen „den Zusammenhang" zerreißen und „der Form und dem Inhalt" des Werkes schaden.[26] Ein aufschlussreicher Passus aus Diderots *Prospekt* über den intellektuellen Dank, den sie Chambers schuldeten, wurde in der veröffentlichten Fassung des *Discours préliminaire* absichtlich getilgt: „[D]ie allgemeine Gliederung" sei „das einzige […], was unser Werk mit dem seinigen gemeinsam hat."[27] Demgegenüber unterschieden Diderot und d'Alembert ihr Projekt von der *Cyclopedia* schon durch den bloßen Umfang ihrer Bestrebungen: Gegen Chambers' zweibändiges Werk beabsichtigen sie eine mehrere Folianten Text umfassende Publikation, die schließlich auf siebzehn Bände anwachsen sollte. Aus dieser immensen Umfangserweiterung ergab sich die Notwendigkeit, eine Vielzahl von Autoren einzubeziehen und mit ihnen eine Vielzahl unterschiedlicher Perspektiven. Über letztere hatten letztlich die Leser zu befinden, die zu ihrem Urteil über Querverweise fanden. Der vollständige Einsatz der Technik des Querverweises setzte diese Umfangserweiterung voraus, der die *Enzyklopädie* kennzeichnet, und ermöglichte sie zugleich.

Wesentlicher für unsere Zwecke ist, dass Diderot und d'Alembert sich ausdrücklich vorstellten, die enorme, für die Bildtafeln vorgesehene Sammlung visuellen Materials in ihr System der Querverweise einzubeziehen. Dass ein Bild so wertvoll sei wie tausend Worte, ist eine Auffassung, die sie voll und ganz teilten.

> „Aber der Mangel an Übung im Verfassen und Lesen von Schriften über die Künste erschwert die verständliche Erklärung der Gegenstände. Daher kommt das Bedürfnis nach Abbildungen. Wir könnten durch tausend Beispiele beweisen, daß ein bloßes, einfaches Wörterbuch der Sprache, so gut es auch sein mag, nicht auf Abbildungen verzichten kann, ohne in unklare und ungewisse Definitionen zu verfallen. Um wieviel

25 Jean Le Rond d'Alembert, Discours préliminaire. D'Alemberts *Discours préliminaire* wurde ursprünglich im ersten Band der *Enzyklopädie* veröffentlicht, der 1751 erschien. Der Abschnitt über Chambers wurde wortwörtlich von Diderots 1745 veröffentlichtem *Prospekt* übernommen. Hier nach dieser Erstveröffentlichung zitiert: Diderot, Prospekt der Enzyklopädie, S. 39.

26 D'Alembert, *Discours préliminaire*, Prospekt der Enzyklopädie, S. 40.

27 Diderot, Prospekt der Enzyklopädie, S. 40.

> mehr bedurften also wir dieses Hilfsmittels! Ein Blick auf den Gegenstand oder die Darstellung sagt mehr als eine Seite voller Erläuterungen."[28]

Ursprünglich waren von ihnen nicht weniger als 600 Tafeln in zwei Bänden vorgesehen.[29] Das endgültige Werk umfasste erheblich mehr Abbildungen: 2 569 Tafeln, verteilt auf elf Bände, deren Umfang und Vielfalt die 30 Tafeln von Chambers' *Cyclopaedia* in den Schatten stellten.[30] Gleichermaßen bedeutsam ist die Funktion, die diesem Schatz der Bilderwelt im alltäglichen Gebrauch der *Enzyklopädie* zugemessen wurde. Diderot und d'Alembert hatten nicht die Absicht, eine Maschine in aller Detailtreue oder einen Vorgang in jedem seiner Momente darzustellen. „Die Abbildungen aber haben wir beschränkt auf die wichtigsten Bewegungen des Handwerkers, auf solche Momente, die sehr leicht darzustellen und sehr schwer zu erklären sind."[31] Sie gestehen ein, dass ein erfahrener Handwerker in ihren Tafeln vermutlich nicht viel Neues entdecken wird, ausgenommen einige neuartige Ansichten oder aber „Beobachtungen, die er erst nach mehreren Arbeitsjahren gemacht hätte". Im Unterschied dazu werde der eifrige Leser darin das finden, „was er von einem Künstler lernen könnte, wenn er ihm bei der Arbeit zusähe". Ferner werde jede Tafel mit einer Erklärung verknüpft, „und zwar mit Hinweisen auf die Stellen des Wörterbuches, auf die jede Abbildung sich bezieht".[32] In folgender Weise wird der über Korrelationen laufende Prozess des Erkennens und Entdeckens von d'Alembert und Diderot beschrieben:

> „Ein Leser schlägt einen Band von Bildtafeln auf, erblickt eine Maschine, die seine Neugierde erregt, z.B. eine Pulvermühle, Zuckermühle, Papiermühle, Seidenmühle usw. Er liest gegenüber: Abbildungen 50, 51, 60 usw. ‚Pulvermühle', ‚Zuckermühle', ‚Papiermühle', ‚Seidenmühle' usw. und findet schließlich eine kurze Erklärung dieser Maschinen, mit Hinweisen auf die Artikel ‚Pulver', ‚Papier', ‚Zucker', ‚Seide' usw."[33]

28 D'Alembert, *Discours préliminaire*, Prospekt der Enzyklopädie, S. 50.
29 Ebd., S. 52.
30 Philip Stewart schreibt Chambers die Gestaltungsidee zu, einer Gruppe von Illustrationen mit einem erläuternden Text zu verknüpfen. Er räumt jedoch ein, dass die realisierte *Cyclopaedia* weit davon entfernt war, ihrer Idee zu entsprechen. Siehe Philip Stewart, Illustration encyclopédiques: de la Cyclopaedia à l'Encyclopédie, in: Recherches sur Diderot et sur l'Encyclopédie 12, (1992), S. 75 f.
31 D'Alembert, Discours préliminaire, Prospekt der Enzyklopädie, S. 51.
32 Ebd., S. 52.
33 Ebd.

Es gibt keine prägnantere Beschreibung der Korrelation zwischen Abbildung, Wörterdefinition und Texterklärung als dieses Szenario, demzufolge ein idealer Anwender mit den Materialien der *Enzyklopädie* tatsächlich arbeitet. Wir behaupten nicht, dass die *Enzyklopädie* spezifische formale Kunstgriffe erfindet. Indem sie aber den Prozess des Entdeckens in den Vordergrund rücken und dessen Nutzung befördern, setzen die Bände der Erkenntnistätigkeit der Leser neue Maßstäbe, die in der Lage sind, der durch die von den Herausgebern getroffenen Auswahl der Tafeln eine „Kenntnis der Umstände" zu entnehmen, „die man nicht sieht".[34]

Das Bedürfnis, dichte und artikulierte Systeme miteinander zu korrelieren, wurde in jenem historisch kritischen Augenblick akut, als es nicht mehr möglich war, sie an eine feste und stabile Welt zu binden. Der *Enzyklopädie*-Artikel über Beschreibung [description] stellt diesen Aspekt heraus. Während Gotthold Ephraim Lessing und andere hervortraten, um das *ut pictura poesis*-Prinzip zu entlarven, das eine Identität von Wort und Bild postuliert hatte, ersannen die Autoren der *Enzyklopädie* ein System von Korrelationen, das die lineare Ordnung eines Wörterbuches übernahm, diese aber verschränkte und wieder umkehrte, indem diagrammatische Gesten die Aufmerksamkeit auf die Verknüpfung von Texten, Tafeln und Legenden in einem vom *Prospekt* vorhergesagten Prozess richteten.[35] Unser Beispiel der Augenoperation deutet darauf hin, dass Goodmans Unterscheidung von artikulierten und dichten Systemen nicht mehr die komplexen Beziehungen erklären kann, die computergenerierte Umgebungen charakterisieren. Allerdings möchten wir unseren wesentlichen Gedanken nicht ausschließlich auf gegenwärtige Fortschritte der Hochgeschwindigkeitsrechentechnik gründen. Stattdessen wird in diesem Buch für den Zeitraum der *Enzyklopädie* eine Genealogie visueller Korrelation als einer Form des Wissens umrissen – ein Prozess, der durch Fortschritte in der Mathematik wie der Optik unterstützt und begünstigt wurde –, der das konstituiert, was wir die Kultur des Diagramms nennen.

Welche Art Beobachter beseelt diesen Prozess? Welche Rolle spielt er physisch und welchen Stellenwert besitzt er ontologisch? Welche Art Beobachter stellt ein solcher Chirurg dar, der mit einem Datenhelm ausgerüstet einen heiklen Eingriff vornimmt? Offensichtlich ist er kein solches Wesen, dessen

34 Ebd., S. 51.

35 Gotthold Ephraim Lessing, Laokoon. Oder: Über die Grenzen der Malerei und Poesie. Mit beiläufigen Erläuterungen verschiedener Punkte der alten Kunstgeschichte, Stuttgart 1994. Ernst H. Gombrich hat die Originalität von Lessings Essay infrage gestellt, ohne Lessing aber ernsthaft aus seinen Betrachtungen auszuschließen. Siehe Ernst H. Gombrich, Lessing (Lecture on a Master Mind), Proceedings of the British Academy 43 (1957), S. 133–156.

cartesianische Skepsis ihn von seinem Körper entfremdet. Denn seine gestischen Bewegungen werden zu Skalpellschnitten im Gewebe einer anderen Person. Obwohl umstellt von Maschinen, ist der Chirurg doch niemand, der den Lockeschen Rückzug aus der Welt in die Camera obscura des Verstandes wiederholte oder der Jonathan Crarys entmachtetem und der technischen Manipulation unterworfenem Subjekt gliche. Einer Gruppe von Echtzeitbildschirmen und Digitalanzeigen von Instrumenten zugewandt, vollbringt der Chirurg aktiv eine kognitive Leistung, die quer zu Peter Galisons Unterscheidung von Abbilden (picturing – image) und Zählen (counting – logic) steht. Was der Chirurg sieht, ist kein Spiegelbild des Auges. Überhaupt hat sich die Frage der visuellen Realität oder visuellen Wahrheit durch das Vertrauen erübrigt, mit dem Chirurg wie Patient der Operation begegnen. Weshalb? Weil das System funktioniert. Vor allem aber ist unser Chirurg ein Nutzer und Fachmann, dessen *métier* Diderot sicherlich fasziniert hätte.

Nutzer und *métiers* bringen uns zur physischen Welt der Menschen und Dinge zurück sowie zu dem fortwährenden Austausch, der alltäglich zwischen ihnen stattfindet. Dinge erscheinen nicht aus einem einzigen, privilegierten Blickwinkel heraus; sie werden im Gegenteil auf verschiedenste Weisen betrachtet, gehandhabt oder manipuliert. Menschen und Tiere, selbst einige Maschinen, sind zur aufmerksamen Wahrnehmung in der Lage – Objekte hingegen nicht. Aufmerksamkeit beinhaltet eine Befähigung, die Art zu formen, wie andere die Welt betrachten, und im weiteren Sinne das Vermögen, kollektiv geteilten Ansichten über die Welt durch Konvention und Bildung Gestalt zu verleihen. Seit der Renaissance ist bildliche Darstellung in Europa eine Geschichte des Verfügens über die Welt und die in ihr befindlichen Objekte vermittels ihrer erneuten Darstellung (ihres re-präsent-Machens) unter genau festgelegten Bedingungen, wobei die dafür fraglichen Größen u.a. der Blickpunkt, die Auflösung und der räumliche Zusammenhang sind. Für uns sind Perspektivenverfahren – ob nun Albertis Zentralpunktkonstruktion, das Distanzpunktverfahren, das Svetlana Alpers niederländischen Künstlern zuschreibt, oder aber alternative Vorstellungen, die James Elkins diskutiert – Weisen der Formalisierung von Beziehungen, die sich in der Welt vorfinden. Darüber hinaus sind sie alle diagrammatisch. Diese gemeinsame diagrammatische Grundlage ist charakteristischer als die Auffassung, die einen physischen Betrachter in den Mittelpunkt stellt (Alberti), oder jene andere, die ihn tilgt, um den Schein zu befördern, Dinge beschrieben sich selbst (Alpers). Historisch gesehen hatten, wie Samuel Edgerton zeigt, die auf Albertis Modellvorstellung gegründeten Diagramme im Italien der Renaissance schnell die Vorherrschaft gegenüber anderen erlangt. Denn in seiner *construzione legittima* stellten die „Szenen eine harmonische Übereinstimmung mit dem Naturgesetz" her und unterstrichen „damit zugleich die moralische Verantwortlichkeit des Menschen in Gottes geometrisch geordnetem Universum". Peter de Bolla zufolge dominierte dieses Modell bis ins 18. Jahrhundert hinein die Praxis als ein Mittel, das zunehmende Kontingenzbewusstsein hinsichtlich der physischen Handlungen des Sehens und der gesellschaftlichen Räume des Schauens unter Kontrolle zu halten – die Einbildungskraft hatte das bisherige Gefüge des Sehens beschädigt. All diese Perspektivendiagramme sind funktional identische Versuche, die räumlichen Leerstellen zwischen Menschen oder Dingen im Sinne wohlgeordneter Verständlichkeit zu füllen.[36]

Einige Diagramme stellen einfach nur dar – Dinge, Vorgänge oder auch geöffnete menschliche Körper (Bild 4) –, worin ein Betrachter mit einbegriffen sein mag oder auch nicht. Von Albertis *construzione legittima* bis hin zu Foucaults Verständnis von Jeremy Benthams *Panopticon* gibt es Diagrammarten, die in der Tat einen bestimmten Blickwinkel vorschreiben. Die uns interessierenden Diagramme unterscheiden sich jedoch von diesen hierarchischen Modellen, denn sie befinden sich wie Objekte in der Welt: Sie befördern viele verschiedene Sichtweisen, Blickwinkel und einen Sinn für verschiedene Größenverhältnisse, die sowohl Nähe als auch Abstand bedeuten. Die wissenschaftliche Praxis und die Vervollkommnung von Instrumenten wie etwa Teleskop und Mikroskop erforderten spezielle Diagramme, die funktionsgerechter als Perspektivendarstellungen waren. Datenverarbeitende Instrumente reduzieren womöglich das Erfordernis bildlicher Darstellung auf ein Minimum. Dennoch bleiben, wenn wir eine zufriedenstellende Darstellung der Wetterlage vorlegen wollen, die Datenaufzeichnungen von Luftdruckänderungen an die visuelle Erfahrung der Wolkenbildung geknüpft. Gegenwärtig greifen Meteorologen stets auf Satellitenbilder zurück, um das Zahlenmaterial ihrer Instrumente zu ergänzen.

36 Das erste Zitat stammt von Samuel Y. Edgerton, Die Entdeckung der Perspektive, München 2002, S. 56. Edgerton verleiht dem von William M. Ivins (On the Rationalization of Sight, 1938, ND New York 1973) entwickelten Argument, die Perspektive sei eine durch ihre Zweckdienlichkeit und Vertrautheit gebildete Konvention, einen metaphorischen Dreh. Eine starke Befürworterin der charakteristisch niederländischen Darstellungsweise ist Svetlana Alpers (Kunst als Beschreibung. Holländische Malerei des 17. Jahrhunderts, Köln 1985, insbes. Kap. 2). Zur Fortdauer des Modells von Alberti siehe Peter de Bolla, The Education of the Eye. Painting, Landscape, and Architecture in Eighteenth-Century Britain, Standford 2003 (insbes. Einleitung und Kap. 1). Für eine Darstellung der Perspektive, die sich mit ihrem Übergang vom optischen Werkzeug zur metaphorischen Symbolisierung beschäftigt, siehe James Elkins, The Poetics of Perspective, Ithaca NY 1994, sowie dessen etwas früher erschienene Abhandlung Clarification, Destruction, and Negation of Pictorial Space in the Age of Neoclassicism, 1750–1840, Zeitschrift für Kunstgeschichte 53 (1990), S. 560–582.

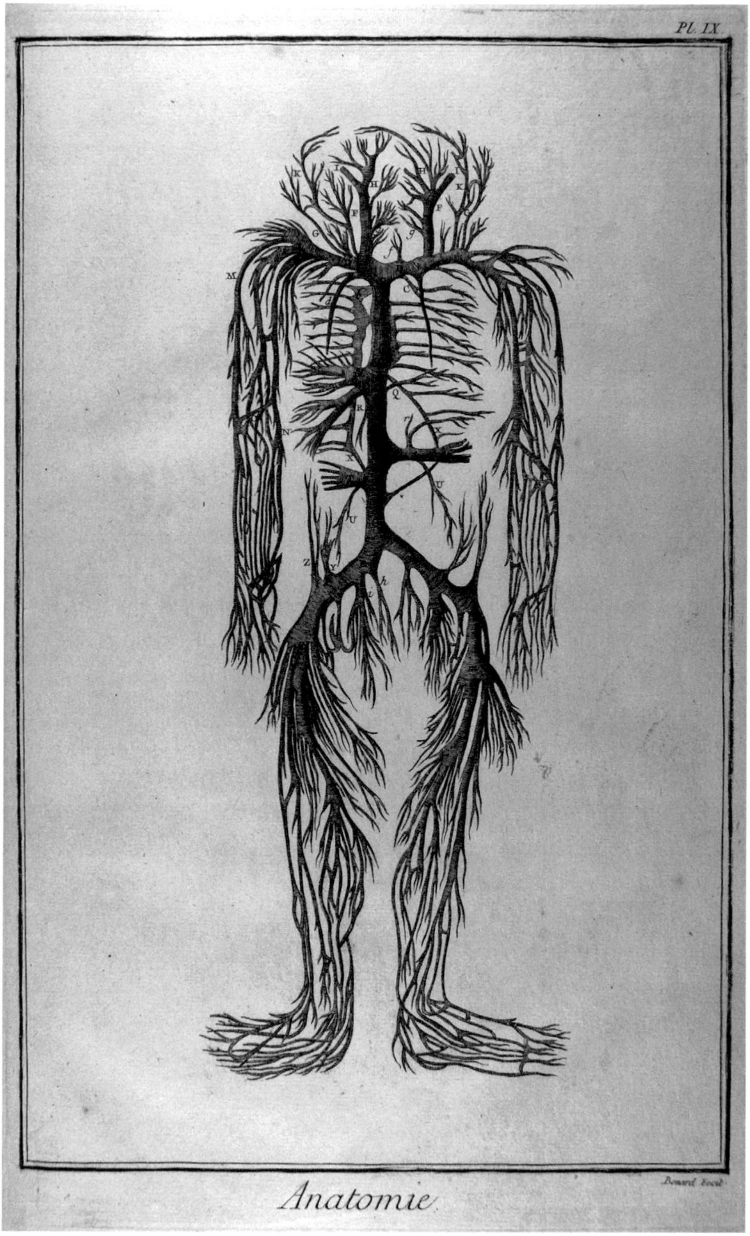

Bild 4 Anatomie, Tafel IX, Stich von Robert Bénard für Diderot und d'Alembert, Recueil des Planches, Bd. 1.

Die zweite Hälfte des 18. Jahrhunderts erlebte, wie wir zeigen werden, eine Art kriegerische Auseinandersetzung, die zwischen Vertretern unterschiedlicher Diagrammauffassungen um den Erklärungsgehalt ausgefochten wurde. Die Eigenart dieses Kampfes wird in den Spalten des *Enzyklopädie*-Eintrags zum Lemma „Beschreibung" („description") aus dem Jahr 1754 deutlich, der ausführlich in Kapitel 3 diskutiert wird. Dieser Artikel wurde von vier Autoren verfasst, die vier verschiedene Standpunkte einnahmen – in der Tat handelt es sich um vier Diagramme zur Beschreibung von Dingen und den Verhältnissen, die diese zueinander haben.[37] Louis-Jean-Marie Daubenton fordert eine auf der Komplexität des zu untersuchenden Objekts gründende Differentialanalyse. Edmé-François Mallet hält unerschütterlich an der Einheitlichkeit von Zeit und Ort fest, in Übereinstimmung mit den Vorschriften der Rhetorik zur Steuerung der Emotionen. Dem widerspricht Louis de Jaucourt, indem er ein Modell vorstellt, das einer emotionalen Reaktion (*une secrette émotion*) den Vorzug gibt, die im Betrachter erregt werden könnte und all diesen Vorschriften nicht ausgesetzt wäre. Schließlich vermerkt Le Rond d'Alembert eine Paralleldebatte unter zeitgenössischen Mathematikern: Scheinbar teilt er die anerkannte Darstellung von Kurven als buchstäblich mit geometrischen Instrumenten gezogenen Figuren, jedoch zeigt der Querverweis auf seinen umfänglichen Artikel über „Kurven" seine Faszination hinsichtlich der Aussicht auf eine rein rechnerische Beschreibung auf Grundlage der Infinitesimalrechnung. Zwanzig Jahre später hat dann Jean-François Marmontel in seiner Ergänzung zum ursprünglichen Artikel nochmals die Wirksamkeit der Zentralperspektive in Betracht gezogen, indem er den emotionalen Effekt inszenierter Aufführungen beschwört, die er *tableaux* nennt und die sich in einem streng durch Blickachsen organisierten Theaterraum entfalten. Marmontels Neufassung und deren Kontext zeitgenössischen Theaters und zeitgenössischer Malerei bildet den Schwerpunkt von Kapitel 4.

In der Inkommensurabilität dieser Einzelanalysen offenbart sich ein dem *Enzyklopädie*-Begriff der Beschreibung wesentliches Spannungsverhältnis. Der Artikel bildet eine historische Momentaufnahme in der sich ausprägenden Diagrammkultur, die Wissensbereiche ausdifferenziert und Bereiche kartiert, in denen die beschreibende Darstellung an fachspezifische Grenzen stößt. Die Neuerung der *Enzyklopädie* lag im Ehrgeiz, diese Grenzen dadurch zu überwinden, dass sie in ihren Texten und Tafeln einen bisher ungekannten Nachdruck auf eine Korrelation [rapport] von Daten legt. Ihre Möglichkeiten, dieses Ziel zu erreichen, beschränkten sich auf die medialen Ressourcen des Buch-

37 Encyclopédie ou Dictionnaire raisonné des sciences, des arts et des métiers, Tome quatrième, „Description", S. 878 f.

drucks. Barbara Stafford schätzt an Diderot, dass dieser sich „wirklich zueigen gemacht hat, alle sinnlichen und intellektuellen Bereiche in ein Verhältnis ideenreicher und dialogischer Kommunikation zu bringen". Dennoch sieht sie eine Tendenz, „Bildlichkeit zu trivialisieren, zu entwerten und als Täuschung zu erklären", was im Bereich der Theorie zu deren „Ausgrenzung" geführt habe.[38] Obwohl Stafford die Komplexität und das im Werden begriffene Moderne der visuellen Felder der *Enzyklopädie* einräumt, unterstreicht sie doch die „hygienisch herbe Schlichtheit und emotionale Zurückhaltung" ihrer Szenerien als Plätzen einer „Choreografie von Gesten der Sauberkeit".[39] Diese asketische Auffassung der Wissenschaft der *philosophes*, die Stafford der Sinnesvielfalt und den verlockenden Zaubereffekten populärer pseudowissenschaftlicher Vorführungen gegenüberstellt, weicht von unserer Lesart der Tafeln als überaus strukturierter bildlicher und diagrammatischer Objekte ab.[40] Die Tafeln vergegenständlichen die sinnliche Wahrnehmung des Gravurdrucks, während sie Korrelationen zwischen Menschen, Plätzen und Gegenständen kartieren, um durch größere Tiefenschärfe ein umfassendes Verständnis der Praktiken, *métiers* und Erzeugnisse des zeitgenössischen Lebens zu gewinnen.

Unserer Auffassung nach hatte sich das intellektuelle Projekt der *Enzyklopädie* nicht in der Entgegensetzung von Welt und Bild blockiert, die vielen Denkern in der Mitte des 18. Jahrhunderts den Blick verstellte und die von Lessing auf unvergessliche Weise zusammengefasst worden war. Wir sind der Überzeugung, dass es das übersteigt, was Stafford ein „fortwährendes Unvermögen der Bilder" unter der „linguistischen Hegemonie" nennt.[41] Die *Enzyklopädie* umgeht den vereinfachenden Dualismus von Welt und Bild, indem sie sich, auf die Kraft der Mathematik berufend, ein Begriffsfeld für Korrelationen erschließt, die weder in der unmittelbaren Erfahrung gründen noch sinnlich verifizierbar sind. Diese konzeptionelle Öffnung, die für unsere Darstellung von entscheidender Bedeutung ist, findet in d'Alemberts Beitrag zum Beschreibungsbegriff nur eine kurze Erwähnung. Er deutet auf eine zukünftige Mathematik transzendenter Kurven (Gegenstände des Wissens, die nicht in der Natur vorkommen), die möglicherweise optisch nicht wahrnehmbare Korrelationen zwischen erfahrbaren Gegebenheiten erlauben. In der auf d'Alembert folgenden Geschichte der Mathematik als eines Beschreibungsmittels wird nichtempirischen Weisen des Verstehens zunehmend Beachtung geschenkt und auf diese gesetzt: Modelle von Korrelation, die auf der Extrapolation verifizierbarer Daten

38 Die Zitate von Barbara Stafford entstammen: Artful Science, S. 220; Good Looking, S. 110; Body Criticism, S. 5.

39 Dies., Good Looking, S. 97.

40 Dies., Artful Science, S. 292.

41 Dies., Body Criticism, S. 179 f.

beruhen, werden (allerdings auf dem Wege scharfer Meinungsverschiedenheiten unter Wissenschaftlern) durch prognostische Modelle ersetzt, die auf probabilistischen Beweismethoden beruhen. Solche Verfahrensweisen stellen grundsätzlich die mechanistische und kausalitätsorientierte Weltsicht infrage, die in der Folge Newtons die vorherrschende war. Prognostische Modelle wiederum bildeten die Grundlage für die Quantenmechanik und die Erforschung von Erscheinungen, die höchstens für wenige Mikrosekunden in speziellen Detektorkammern erkennbar sind. Obwohl sie im Grenzbereich des Sichtbaren existieren, lässt sich die Realität solcher Erscheinungen nur mittels mathematischer Formeln erfassen. Die Entfaltung der Kultur des Diagramms, die in Kapitel 5 diskutiert wird, ist abhängig vom Auftreten der Mathematik als des einzigen Werkzeugs, das mächtig genug ist, voneinander verschiedene Datenformen zu korrelieren.

Korrelieren ist das Auffinden von Beziehungen zwischen veränderlichen Größen. Der Erfolg einer Korrelation wird daran gemessen, ob eine Konvergenz der Daten erkennbar ist. Eine solche Konvergenz kann real sein, wie etwa dann, wenn das Betätigen der Türklingel den Freund in der zweiten Etage zum Fenster kommen lässt und ihm einen Willkommensruf entlockt; sie kann grafisch sein, wie in dem Fall, dass die Kurvenlinie der gemessenen Luftfeuchtigkeit den eingezeichneten Verlauf der Außentemperatur kreuzt; sie wird dann rein mathematisch sein, wenn verschiedene Gleichungen übereinstimmen, um eine Reihe gemeinsamer Variablen zu bestimmen; oder aber praktisch, wenn ein Architekt ein CAD-Programm dazu nutzt, um das mögliche Schwingungsverhalten einer tragenden Wand zu erfassen. Gegenwärtig können Korrelationen auch virtuellen Charakter haben, wie etwa in dem Fall, dass computergesteuerte Systeme der Bildgebung, Datenerfassung und mathematischen Vektorkonstruktion einen nichtexistenten Raum digital generieren, um das Steuern eines Flugzeugs oder die Durchführung einer Augenoperation erfahrbar zu machen.

Mathematisch generierte, in Echtzeit erfolgende Hochgeschwindigkeitskorrelationen bilden die Grundlage virtuell realer Umgebungen und unterstützen unseren Chirurgen auf seiner Reise, die ihn ins Auge des Patienten führt. Wichtig ist dabei, dass der Chirurg die Situation nicht beherrscht – denn der Computer verwehrt jede falsche Bewegung –, sondern stattdessen ein *métier* innerhalb einer diagrammatisch vollintegrierten Matrix ausübt. Die Fähigkeit des Chirurgen, den komplexen Datenfluss zu korrelieren, den sein Datenhelm sichtbar macht, ist von seiner aktiven Teilnahme an einem Prozess abhängig, in dem der menschliche Wille außer Kraft gesetzt wird, soweit Instrumente diesen Prozess steuern. Das Eintauchen in eine virtuelle Umgebung bedeutet nicht, sich einer hochentwickelten Form der Perspektivenherrschaft – oder ultimativen mimetischen Darstellung – zu unterwerfen, sondern heißt nur, eine zugewiesene Rolle innerhalb eines Komplexzusammenhangs von Worten, Bildern, numerischen Daten und virtueller Berührung zu übernehmen. Man könnte sagen, dass virtuelle Umgebungen die Objekthaftigkeit von Diagrammen ernst nehmen. Denn sie erzeugen eine Erfahrung, die sich auf einen einzigen Blickwinkel nicht reduzieren lässt – in den Hochgeschwindigkeitskorrelationen der virtuellen Realität werden Diderots *rapports* homolog zur Welt selbst.[42]

42 Damit wird nicht behauptet, dass Shooter-Videospiele oder Flugsimulatoren mit der zu Beginn des Kapitels geschilderten Umgebung einer augenchirurgischen Operation gleichgesetzt werden sollen. Der Grund dafür ist einfach: Während in einem Videospiel niemand wirklich getötet wird oder beim Absturz während des Landeanflugs keiner wirklich stirbt, schneidet der Chirurg tatsächlich ins Gewebe eines lebenden Patienten. Unser Szenario ist Teil des radikal interdisziplinären Projekts, das Barbara Stafford in *Good Looking* (S. 39) umrissen hat. Allerdings möchten wir nicht in eine Welt des Analogischen entgleiten, wie sie sie im letzten Kapitel jenes Buches anzudeuten scheint. Wir befassen uns mit dem materialen Zusammenspiel von korrelierten Daten, die möglicherweise keine visuellen Angaben sind, sondern solche, die durch das digitale Auslesen nichtoptischer Instrumente gewonnen werden. Für diese Art von Korrelationen sind alle Datenformen relevant. Möglicherweise ist sogar ein direkt im Hirn des Nutzers verpflanzter Mikrochip, der diesem Nutzer die Bilder vor die Augen stellte, einem Datenhelm vorzuziehen. Stafford und mit ihr viele der Verteidiger bildbasierten Wissens sind, wie wir annehmen, nicht bereit, einen solch radikalen Schritt zu machen.

2. DIAGRAMM

I.

Wie funktionieren Diagramme als Arbeitsgegenstände? Wie können sie dem Denken nützlich sein? Dies sind gewichtige Fragen, die sich abstrakt betrachtet schwer diskutieren lassen. Um sich ihnen zu nähern, sollte man die Fähigkeiten und Gewohnheiten des Wahrnehmens betrachten, vermöge welcher wir im Allgemeinen Darstellungen erfassen und verstehen. Diagramme als Dinge an sich selbst zu begreifen heißt, sich von der Vorstellung zu verabschieden, dass es sich bei ihnen um bloße Abstraktionen der Wirklichkeit handelt, um abgespeckte Versionen der Erfahrungswelt. In diesem Kapitel möchten wir Diagramme in der Erfahrung verorten und die Kette der Gedanken und die Gesten der Aufmerksamkeit erfassen, die ihnen Bedeutung verleihen.

Wir beginnen mit einem Gemälde von François Desportes, das eine Fülle von Informationen bietet (Bild 5/Tafel 3). Desportes stellt uns eine kunstvoll gravierte Silberschüssel mit Früchten vor Augen, deren Darstellung sich durch zwei auf Hochglanz polierte Servierteller zu einem Panorama entfaltet. Eine prunkvolle Kommode, deren Marmorabdeckung unten rechts sichtbar ist, dient als Darstellungsfläche. Deren Großteil verdeckt jedoch ein schwerer Samtvorhang, der sich hinter der Aufstellung erhebt, um mit den senkrechten Ebenen des Raumes zu verschmelzen. Der leicht angeschlagene Stein einer Mauer lässt eine Raumöffnung nach rechts vermuten, in die wir jedoch nicht vordringen können, weil drei tote Rebhühner uns den Blick verstellen. Eine meisterhaft gestaltete Wasserkanne, hinter der eine Schale steht, schränkt unsre Erkundung der Umgebung weiter ein. Der Bildraum wird von Desportes vollständig mit Dingen gefüllt, denen er eine klar fassbare Ordnung verleiht: Seine Darstellung der Pfirsiche ist mit einer Künstlichkeit in Szene gesetzt, die dem widerstreitet, was alltäglich in Erscheinung tritt. Das Stillleben, gleichfalls ein delikates Objekt, inszeniert eine Fülle bildlicher Informationen. Dennoch ist ein jeder Gegenstand an einen einzigen Blickwinkel zurückverwiesen, von dem her wir einen Pfirsich vom hinteren Teil der Schüssel auswählen könnten, ohne unsere Position wechseln zu müssen. Diese unterstellte Fähigkeit, sich bewegen zu können, verdunkelt nur die Tatsache, unweigerlich in dieser Stellung vor dem Bild verharren zu müssen. Im Unterschied dazu kann man sich einer wirklichen Pfirsichschale aus unzähligen Richtungen nähern.

Die meisten Bilddiagramme sind auf einer planen Oberfläche angeordnet, die der Leinwand von Desportes gleicht. Aber statt einen einzigen Blickwinkel auf einen mit verschiedenen Dingen zugestellten Raum festzulegen, vervielfältigen sie Sichtweisen, indem sie Ordnungen zur Darstellung bringen. Diagramme regen dazu an, Sinnesdaten mit dem geistigen Schema lebendiger Erfahrung zu korrelieren und damit die Art und Weise nachzubilden, in der wir in der Welt befindliche Gegenstände erkunden. Sie sind eher Dinge als Darstellungen von Dingen. Betrachten wir im Vergleich zur ästhetisierten und versiegelten Welt von Desportes' Pfirsichen die *Enzyklopädie*-Tafel einer Konditorei (Bild 6).[1] Der

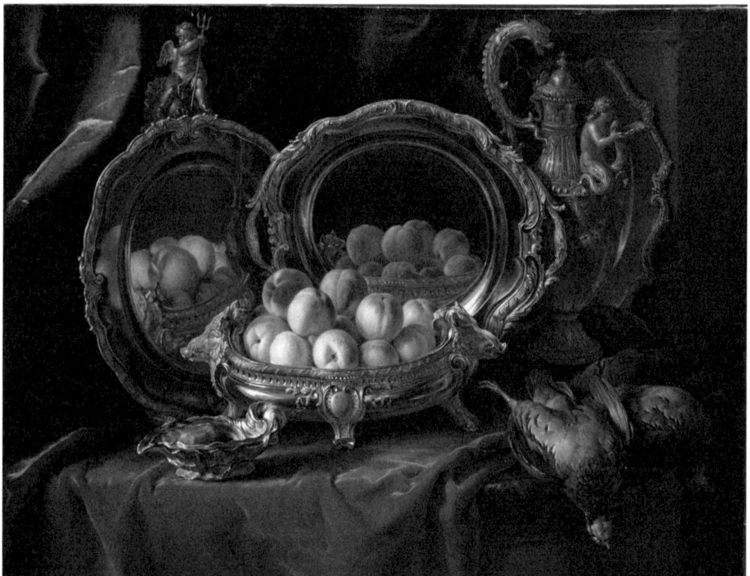

Bild 5 François Desportes, Silberschale mit Pfirsichen, Öl auf Leinwand, 91 × 118 cm, Stockholm, Nationalmuseum, Inv.nr. NM 800.

1 [Denis Diderot und Jean Le Rond d'Alembert], Recueil de Planches sur les Sciences, les Arts libéraux, et les Arts méchaniques, avec leur Explication, II Bde. (Paris 1762–1772). Alle Verweise in unserem Text auf Tafeln und Bildtexte der *Enzyklopädie* beziehen sich auf diese Bände.

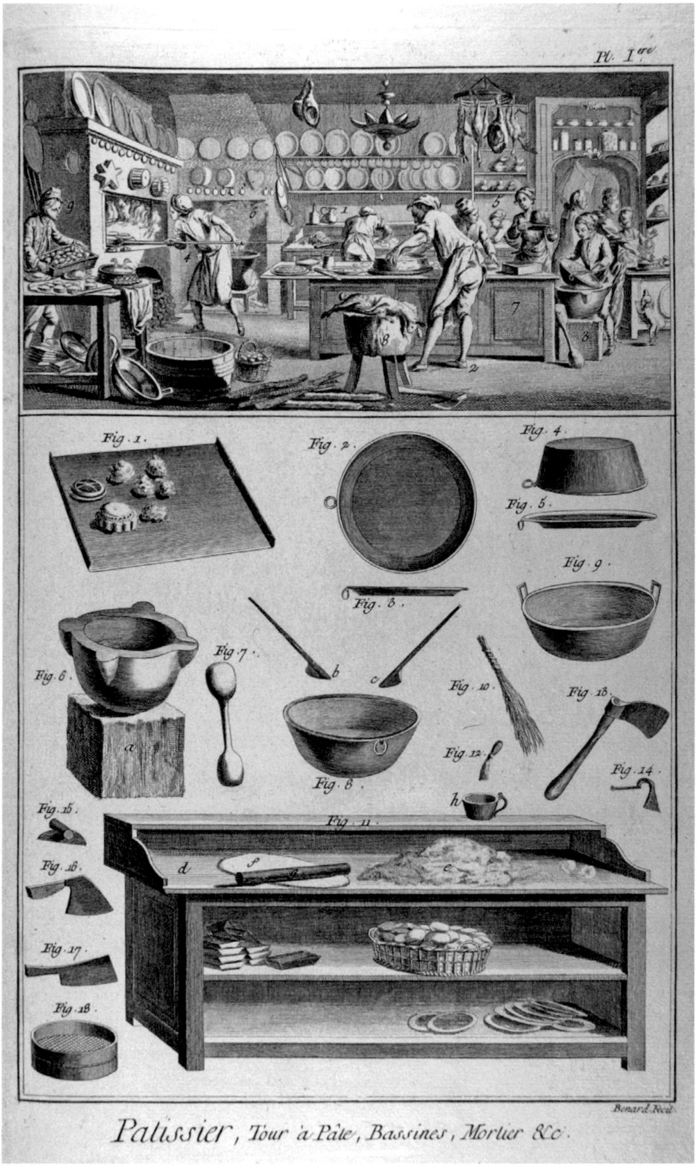

Bild 6 Patissier, Tour à Pâte, Bassines, Mortier, &c., Tafel I, Stich von Robert Bénard für Diderot und d'Alembert, Recueil des Planches, Bd. 8.

obere Teil bietet einen Blick in die Backstube, in der viele Gegenstände und Zutaten – darunter Jagdvögel und ein Wildhase – auf Tischen angeordnet sind, auf Regalbrettern stehen und an den Wänden eines klar gegliederten Bildraums hängen. Die bloße Anzahl von Gegenständen erzeugt eine geordnete Unordnung, wobei es aber sehr viele Freiräume gibt: der leere Vordergrund, die angedeuteten Raumöffnungen nach links und nach rechts, die deutlichen Abstände zwischen den einzelnen Arbeitsplätzen, an denen jede Person ihrer speziellen Tätigkeit nachgeht. In Desportes' Stillleben hinterlässt eine Gruppe eng beieinander liegender Gegenstände einen beengenden Raumeindruck. Die einzelnen Elemente der Konditorei sind hingegen räumlich und funktional von einander geschieden. Sie präsentieren sich einer Vielzahl von Sichtweisen und Nutzern. Auch schaffen sie eine Leere, die zur Bewegung einlädt.

Im unteren Teil der Konditorei-Tafel begegnen wir aufs Neue und aus nächster Nähe sowie aus verschiedenen Gesichtswinkeln einigen der Geräte, die in der Gesamtdarstellung der Backstube sichtbar sind. Der Arbeitsplatz, an dem der Teig geknetet wird, ist in der Gesamtdarstellung fast gänzlich verborgen, erscheint im unteren Teil aber in Dreiviertelansicht, die seine Größe und seine Nutzungseigenschaften verdeutlicht. Er wird perspektivisch dargestellt, seine Beziehung zum Bildraum der oberen Darstellung muss allerdings erschlossen werden. Den Konventionen der Bilddarstellung gemäß scheint der Gegenstand in seiner Dreidimensionalität erfasst zu sein, ohne dass er jedoch irgendwie merkbar raumfordernd wäre: So fehlt der Raum, um vor dem Arbeitsplatz stehen zu können, letzterer wirft auch keine Schatten auf der umliegenden weißen Oberfläche. Diese paradoxe Darstellung bedeutet einem aufmerksamen Betrachter, dass das Weiße der Seite weder Leere noch einen Raum bedeutet, sondern einfach ein materiales Weiß darstellt.[2] Letzteres ist ein Schauplatz der Möglichkeiten, der Zusammenhänge denkbar macht, ohne sie festzuschreiben oder Gedankenexperimente zu verhindern. Auf der weißen Oberfläche liegende und neben den Gegenständen befindliche Zahlen verweisen auf Erklärungen in der beigefügten Legende. Räumlichkeit suggerierende Darstellungen durchstoßen die Weiße mit der Materialität der im Raum befindlichen Dinge und befördern visuelle Korrelationen mit ihrer Erscheinung in der Gesamtdarstellung.[3] Dieses

2 In seiner Auseinandersetzung mit Nelson Goodmans Vorstellungen nutzt James Elkins den Begriff des „negativen weißen Raums", um die begrifflichen Beziehungen zwischen Schreiben, Bild und Notation zu diskutieren. Siehe Elkins, The Domain of Images, S. 85–89.

3 Die von uns beschriebenen Wirkungen stimmen in verschiedener Weise mit denen überein, die Steven Shapin und Simon Schaffer erläutert haben. Siehe dies., Leviathan and the Air-Pump: Hobbes, Boyle, and the Experimental Life, Princeton NJ 1985, S. 60–65. Oftmals gehen die Wirkungen von Licht und Schatten auf den Tafeln über den strikten Zweck der Beschreibung der dargestellten Gegenstände hinaus. Sie dienen vielmehr dazu, Überzeugungen hinsichtlich der Funktionsweisen

Weiße verbreitet sich über die Tafeln der *Enzyklopädie* und prägt deren Darstellungsweise. Es dient als Medium mimetischer Nachahmung innerhalb der perspektivischen Darstellungen sowie als neutrales Darstellungsfeld der sich verändernden Welt visueller Verzeichnisse, welche die anderen Bereiche der Tafeln bilden. Dieses Weiße ist das Feld von Diderots *rapports,* die wir Korrelationen nennen. Wir betrachten es als einen virtuellen Raum, in dessen materialer Präsenz sich verschiedenartige Teile der Tafeln der *Enzyklopädie* zusammenfügen und welches das facettenreiche Spiel zwischen geistiger Vorstellung und Erkenntnis unterstützt, das Diagrammen ihre Dynamik verleiht.

Dass die *Enzyklopädie* in starkem Maße mit der Technik befasst ist, privilegiert sie dazu, die Vorstellung einer taktilen Manipulation von Dingen als wirksamen Modus der Korrelationsbildung zu nutzen. Die Tafel, welche die Herstellung von Teigwaren zeigt, bietet eine präzise Beschreibung der ordnungsgemäßen praktischen Anwendung der betreffenden Werkzeuge. So folgen wir tatsächlich der Spur, die uns zum Knettisch und zu anderen genutzten Gegenständen führt, die entsprechend ihrer Auflistung in der Legende Verwendung finden. Zugleich erlaubt der Modus der Korrelation Flexibilität, und zwar sowohl auf unserem Weg über das weiße Feld der Darstellung hin zum Ort der Anwendung wie auch beim Gewahrwerden eines zweckentfremdeten schöpferischen Gebrauchs der Geräte. So dient in der Abbildung der Konditorei der schwere steinerne, auf einem Holzklotz ruhende Mörser in perfekter Weise einem jungen Mann dazu, in der Kupferschale Eiweiß zu schlagen. Das weiße Darstellungsfeld im unteren Teil und der weiße Arbeitsraum darüber sind konzeptionell nicht zusammenhängend. Dennoch befördert das sie verbindende Weiße Projektionen und Korrelationen, die andernfalls in den Gewohnheiten des üblichen Gebrauchs verloren gehen würden.

Die auf den Tafeln der *Enzyklopädie* dargestellten Arbeitsräume lassen – mit den auf weißen Darstellungsfeldern beigeordneten katalogisierten Gegenständen – an mimetische Abbildungen der Genre-Malerei denken. Wir naturalisieren die Tafeln nicht auf eine solche Weise. Vielmehr heben wir das Getrenntsein ihrer visuellen Felder hervor, um die Vorstellung wachzuhalten, dass Diagramme Dinge de-naturalisieren, um Räume schöpferischer Zweckentfrem-

der abgebildeten Werkzeuge und Geräte zu vermitteln, die diese im wirklichen Leben haben. Shapin und Schaffer erklären virtuelle Bezeugung [virtual witnessing] als ein System der Meinungsbildung, ein Worte und Bilder umfassendes Mittel, um die Richtigkeit und Wahrheit von Experimenten nachzuweisen, die in Wirklichkeit nur von wenigen Mitarbeitern beobachtet wurden und schwer zu reproduzieren waren. Was uns an Boyles Stich der Luftpumpe bemerkenswert erscheint, sind nicht die Elemente der mimetischen Darstellung, die das bedeuten, „was wirklich getan wurde", sondern der Bereich jener Elemente eines grafischen Felds, der dem Betrachter abverlangt und ihn zugleich dazu animiert, das Verfahren in der eigenen Vorstellung nachzubilden.

dung zu öffnen. Ein Bild wie Jean-Baptiste-Siméon Chardins *Der kupferne Wasserkessel* (Bild 7/Tafel 4) teilt mit den Tafeln eine Reihe zufälliger Eigenschaften: Auch hier werden Gegenstände auf einer einfachen Darstellungsfläche und vor dem Hintergrund eines nahezu leeren, homogenen Farbfeldes aufgestellt. Dennoch sind die Unterschiede zwischen der Tafel und Chardins Gemälde geeignet, unsere Diagrammauffassung zu präzisieren. Der auffallendste Unterschied betrifft die Farbe. Eng damit verbunden ist das Spiel von Licht und Schatten, das Chardins intimem Weltwinkel auf subtilere Weise Gestalt verleiht als eine präzise geometrische Perspektive. Chardins Licht fällt gleichmäßig über alle Gegenstände und wirft Schatten über sie, der sie zueinander sowie zu dem gemeinsam geteilten Raum vor der im Hintergrund befindlichen Wand in Beziehung setzt. Das Licht in der Konditorei hingegen verbreitet sich auf andere Weise. Es fällt intensiv von rechts auf die Gegenstände und wirft an allen Stellen der Backstube die üblichen Schatten. Diese Gesetzmäßigkeit gilt allerdings nicht für die weißen Abschnitte im unteren Teil. Dort empfängt jedes Werkzeug sein eigenes Licht, wirft aber keinen Schatten. Chardins Gegenstände leben in einer festgefügten formalen Ordnung, in welcher der Wasserbehälter und die ihm zugehörigen Gegenstände eine klar ersichtliche Pyramide von Formen beschreiben. In ihnen verbirgt sich auch eine Geschichte alltäglichen Gebrauchs. Wenn unser Blick von der Schöpfkelle links zum Behälter unter dem Zapfhahn wandert und dann rechts auf den Krug mit seinem Deckel fällt, denken wir an das Auffüllen eines Wasserkrugs für den Gebrauch bei Tisch.

Chardins treffende Darstellung eines trüben Schimmers auf den Oberflächen und Kanten eines jeden Gegenstands lässt an eine Patina der Abnutzung denken, welche die wiederholte Ausführung solcher Gesten des Gebrauchs über viele Jahre hinweg hat entstehen lassen. Das Bild ist ein Stillleben [nature morte], dessen Bildzeichen den Gegenständen jedoch eine Aura vergangener Geschichte und früherer Zeiten verleihen. Die Konditorei-Tafel (Bild 6) beschreibt in der Tat den Gebrauch von Gegenständen, dennoch folgen deren verschiedene Betätigungen nicht der Choreografie eines Erzählstrangs. Die Arbeiter erfüllen ihre spezifischen Aufgaben mit einem solchen Maß an Zuwendung, dass sie die Gegenwart der jeweils anderen nahezu vergessen – eine Versunkenheit in das je eigene Tun, die nur ganz rechts außen aufgehoben wird, wo eine Bedienstete einem Kunden ein Stück Pastete abschneidet. Die Tafel bringt verschiedene separate Handlungen wie in der Unmittelbarkeit eines Augenblicks zum Stillstand, verhindert so den Verlauf der Zeit und das Eintreten physisch zufälliger Ereignisse während der Herstellung.[4] Anders als Chardins Gegenstände zeigen

4 Eine andere Interpretation der relativen Leere in den *métier*-Tafeln bietet Ken Alder, Engineering the Revolution: Arms and Enlightenment in France, 1763–1815, Princeton NJ 1997, S. 136–139. Siehe auch William H. Sewell, „Visions of

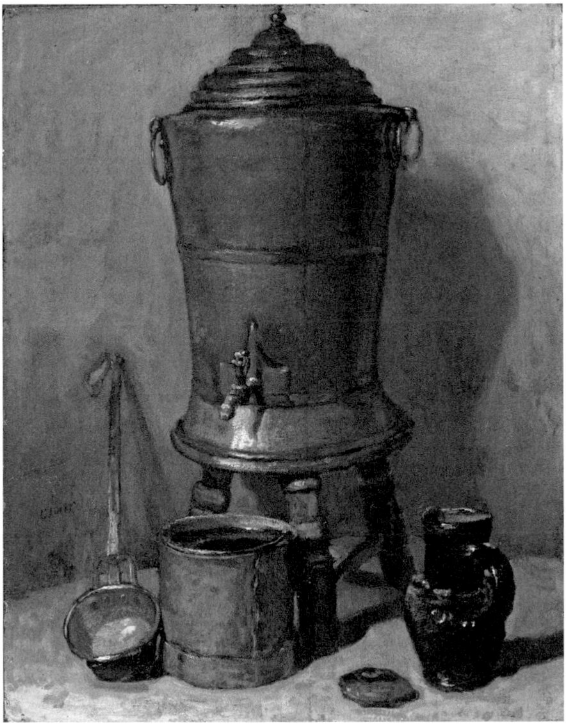

Bild 7 Jean-Baptiste-Siméon Chardin, Der kupferne Wasserkessel, ohne Datum, Öl auf Holz, 25,8 × 23 cm, Paris, Musée du Louvre, Inv.nr. MI 1037.

die der *Enzyklopädie* nicht die leichtesten Anzeichen der Abnutzung. Das Fehlen jeder Patina des Gebrauchs ist eine bemerkenswerte Leerstelle der Tafeln der *Enzyklopädie*, eine Abwesenheit, die darauf verweist, dass diese Bilder nicht vergangene Zeiten verzeichnen, sondern das Hier und Jetzt eines realen Zusammentreffens aktualisieren. Die Vorstellung, Wasser aus Chardins Behälter zu schöpfen, um den Krug zu füllen, verbindet uns mit der Geschichte jener, die dies früher getan haben oder später tun werden. Im Unterschied dazu bringt uns die Tafel der *Enzyklopädie* mit Techniken in Kontakt, die bar jeder ersichtlichen Geschichte sind, mit Praktiken, die jedes Mal neu einsetzen und auf Dauer neu bleiben.

Labor: Illustrations of the Mechanical Arts before, in, and after Diderot's Encyclopédie", in: Work in France: Representations, Meaning, Organization, and Practice, hg. v. Steven L. Kaplan und Cynthia Koepp, Ithaca NY 1986, S. 258–286.

II.

Entbindet man die Tafeln von der Aufgabe der Darstellung und verleiht ihnen eine Existenz, die der von Gegenständen ähnelt, so verortet man sie in einer visuellen Kultur der Druckmedien, die nicht durch die Erfordernisse technischer Illustration abgegrenzt und nicht durch die Struktur der Sprache beherrscht ist, die sie aber auch nicht als Gegenstände der Ästhetik isoliert. Der charakteristische Gewinn dieses Zugangs wird deutlich, wenn wir Roland Barthes' Diskussion der Konditorei-Tafel betrachten.[5] Im unteren Teil des Bildes findet Barthes „verschiedene, für das Gewerbe jeweils notwendige Werkzeuge versammelt", ein jedes „reglos, in seinen wesenhaften Zügen erstarrt [...] gleich der quasi-akademischen Form eines verbalen oder nominalen Paradigmas". Im Unterschied dazu präsentieren die Vignetten die verschiedenen Gegenstände „in einer lebendigen Darstellung [...] verbunden mit anderen Gegenständen innerhalb einer tatsächlichen Situation: Hier begegnen wir erneut der syntagmatischen Dimension der Botschaft".[6] Barthes' Verständnis der Tafeln gründet auf der strukturalistischen Vorstellung, die Sprache entlang zweier Achsen begreift: einer paradigmatischen Achse, welche Ersetzungen und Metaphern berücksichtigt, und einer syntagmatischen Achse, welche den Ausdruck von Zeit und Handlung ermöglicht. Das „Bild der *Enzyklopädie* hat", so schreibt er, „einen menschlichen Charakter; und zwar nicht nur deshalb, weil der Mensch in ihm dargestellt ist, sondern auch, weil es eine *Informations*struktur bildet. Diese Struktur ist – obwohl ikonografischen Charakters – im Großteil der Fälle wie die wirkliche Sprache artikuliert (jene, die wir in der Tat *artikuliert* nennen), deren zwei Dimensionen, wie durch die strukturelle Linguistik aufgezeigt, sie reproduziert." Das linguistische Modell, das Barthes den Tafeln der *Enzyklopädie* unterlegt, macht ihre problematischen visuellen Sprünge unkenntlich. Seiner Darstellung zufolge zeigen sie weder mehr noch weniger Unstetigkeit als die Sprache des Alltags – trotz seiner späteren Erklärung ihrer monströsen Poetik.

5 Roland Barthes, „Les planches de l'Encyclopédie", in: Le degré zéro de l'écriture suivi de Nouveaux essais critiques, Paris 1972. Unsere Überlegungen hinsichtlich des nicht-repräsentationalen Charakters der Tafeln der *Enzyklopädie* sind durch Überlegungen Michael Lynchs geprägt, obwohl Lynch hauptsächlich mit dem Ertrag der wissenschaftlichen Untersuchung beschäftigt ist. Siehe ders., „The Externalized Retina: Selection and Mathematization in the Visual Documentation of Objects in the Life Sciences", in: Representation in Scientific Practice, hg. v. Michael Lynch und Steve Woolgar, Cambridge MA 1990, S. 153–186.

6 Barthes, „Les planches de l'Encyclopédie", S. 95 f.

An keiner Stelle opfert Barthes das „Voranschreiten der Vernunft". Die Tafeln bewahren einen „logischen Charakter", insofern „das Bild analysiert, zuerst die Elemente des Gegenstands oder des Arbeitsgangs zusammenhanglos aufführt und sie dem Leser gewissermaßen auf einen Tisch geworfen vor die Augen bringt, diese dann aber wieder zusammen-, ihnen sogar etwas hinzufügt, um ihm die Dichte der szenischen Aufführung zu verleihen, das heißt des Lebens."[7] Barthes hebt in der Tradition von Lessing mit der Behauptung an, dass die Tafeln sich von den Texten der *Enzyklopädie* unterscheiden. Die Tafeln mobilisieren einen Lesevorgang, ohne den ausschließlichen logischen Vektor zu beinhalten, den die Linearität der Sprache erfordert.[8] Für die Tafeln behauptet er „eine kostbare Zirkularität. Man kann sie ausgehend vom Erlebten lesen, oder im Gegenteil vom Intelligiblen her. Die wirkliche Welt wird nicht beschränkt, sondern zwischen zwei großen, in der Tat unüberwindbaren Ordnungen der Wirklichkeit aufgehoben [suspendu]."[9] Obwohl es sich bei den Tafeln um visuelle Gestaltungen handelt, sind sie – wie die Sprache – zwischen den beiden großen Ordnungen des Erlebens und des Verstehens aufgehoben. Aus diesem Grunde unterscheidet Barthes an ihnen eine paradigmatische und eine syntagmatische Komponente. Seine Homologie verrät eine tief sitzende Neigung, die Tafeln zu *lesen*, unabhängig von der Ordnung, in der sie erfasst werden. In ihrer Lesbarkeit, letztlich ihrer Erzählbarkeit, findet er den wesentlichen Baustein, der ihren Wert als Information ausmacht.

Zum Schluss entwickelt Barthes für die Tafeln eine „Poetik [des Bildes der *Enzyklopädie*]", womit er „eine Sphäre unendlicher Bedeutungsvibrationen" meint, „in deren jeweiligem Zentrum sich der buchstäbliche Gegenstand befindet". Wiederholt erregen die Bilder im Betrachter ein Vibrieren der Verwunderung – eine Wirkung, welche er mit einem speziellen Beispiel erläutert:

7 Ebd., S. 95, 99.

8 Lessing schreibt im 16. Kapitel des Laokoon: „Ich schließe so. Wenn es wahr ist, daß die Malerei zu ihren Nachahmungen ganz andere Mittel, oder Zeichen gebrauchet, als die Poesie; jene nämlich Figuren und Farben in dem Raume, diese aber artikulierte Töne in der Zeit; wenn unstreitig die Zeichen ein bequemes Verhältnis zu dem Bezeichneten haben müssen: so können nebeneinander geordnete Zeichen auch nur Gegenstände, die nebeneinander, oder deren Teile nebeneinander existieren, aufeinanderfolgende Zeichen aber auch nur Gegenstände ausdrücken, die aufeinander, oder deren Teile aufeinander folgen." Lessing, Laokoon, S. 214. Eine ausführliche Diskussion von Lessings Laokoon findet sich bei David E. Wellbery, Lessing's Laocoon. Semiotics and Aesthetics in the Age of Reason, Cambridge UK 1984, insbes. Kap. 3. Ernst Gombrich hat Lessings Darstellung infrage gestellt. Siehe ders., „Moment and Movement in Art", in: Journal of the Warburg and the Courtauld Institutes 27 (1964), S. 293–306.

9 Barthes, Les planches de l'Encyclopédie, S. 100.

> „Betrachten wir das befremdliche Bild eines auf das Geflecht seiner Gefäße reduzierten Menschen; hier verbindet sich die anatomische Kühnheit mit der bedeutenden, Poetik und Philosophie betreffenden Frage: *Was ist das?* Welchen Namen soll man dem verleihen? Wie soll man einen Namen verleihen? Tausende Namen tauchen auf und verdrängen einander: ein Baum, ein Bär, ein Ungetüm, ein Haarkleid, ein Gewebe – alles, was die menschliche Figur entgrenzt, sie überdehnt, sie in ihr ferne Bereiche zieht und sie die Einteilungen der Natur überschreiten lässt; dennoch werden – wie sich in der Skizze eines Meisters das Durcheinander der Striche des Zeichenstifts letztlich zu einer fehlerlosen und genauen Form klärt – auch hier all die Bedeutungsvibrationen darauf hinwirken, uns eine bestimmte Vorstellung des Gegenstands aufzuerlegen."[10]

Barthes' angesichts der *Enzyklopädie*-Darstellung des menschlichen Gefäßsystems (Bild 4) gestellten Frage „Was ist das?" wird unversehens zu einem Problem der *Beschreibung* der Zeichnung: „Welchen Namen soll man dem verleihen? Wie soll man einen Namen verleihen?" Konfrontiert mit einer Reihe auf dem Blatt befindlicher verwirrender Zeichen, gesteht Barthes, dass viele Namen möglich seien, vermeidet jedoch ein Verstehen mit unbestimmtem Ausgang, indem er in den Wortschatz der Kennerschaft greift – „wie in der Skizze einer Meisters". Nach einem Moment des Zögerns gelangt er „zu jener großen unterschiedslosen Materie, welche die Poesie des Wortes oder des Bildes die Erkenntnisweise bildet" – und er schließt: „Die Ikonographie der *Enzyklopädie* ist poetisch [...]." Letztendlich ist Barthes' Verständnis ästhetisch.[11]

Trotz größter Bemühungen, eine die Tafeln der *Enzyklopädie* verbindende Einheit ausfindig zu machen und zu benennen, verweilt Barthes oft bei ihren absonderlichen Brüchen. Er bemerkt, dass die Tafeln die Natur überschreiten, indem sie Monströses als Erklärungen verkleidet vorstellen. Dennoch entschärft er die Folgen der Monstrosität: „[A]ll diese Überschreitungen der Natur lassen uns verstehen, dass das Poetische (denn das Monströse kann nur poetisch sein) sich nie anders herausbildet als durch Verschiebungen auf der Ebene der Wahrnehmung [...]" Seltsamerweise fasst er diese Variationen in normalisierende ästhetische Kategorien, selbst während er anerkennt, dass „einer der großen Schätze der *Enzyklopädie*" darin besteht, „die Ebene, auf welcher ein und derselbe Gegenstand wahrnehmbar ist, (im musikalischen Sinn des Wortes) zu *variieren*, und auf diese Weise die wirklichen Geheimnisse der Form freizulegen". Ihn faszinieren Veränderungen von Maßstäben und Blickwinkeln, welche die Tafeln aufweisen, wie im Fall des monströsen Flohs und der labyrin-

10 Ebd., S. 101, Hervorhebung im Original.
11 Ebd.

thischen Schneeflocke. Aber er beschränkt seine Antworten auf die streng bewachte Enklave des Ästhetischen: „Besteht die Poesie nicht in einem bestimmten Vermögen, *Missverhältnisse* zu schaffen, wie dies Baudelaire klar gesehen hat, als er die Wirkungen von Minderung und Konzentration beschrieb, die Haschisch verursacht?"[12] Viele Tafeln der *Enzyklopädie* ordnen Sensibilia – als ob diese durch Instrumente oder aus synthetischen Blickwinkeln aufgezeichnet worden seien – Daten bei, die dem menschlichen Wahrnehmungsniveau und -umfang entsprechen. Diese visuellen Ordnungen neuer und zuweilen überraschender Wissensformen müssen nicht den Charakter einer Wahrnehmung haben, noch weniger müssen sie ästhetisch sein.

In der Tat erkennt Barthes an, dass die Tafeln ein erkenntnistheoretischer Riss auszeichnet:

> „Es ist das Wagnis der *Enzyklopädie* (in ihren Tafeln), ein didaktisches Werk zu sein, das sich konsequent den strengen Anforderungen der Objektivität (der ‚Wirklichkeit') verpflichtet, und zugleich ein poetisches Werk zu sein, in welchem das Wirkliche unaufhörlich durch *irgendeine andere Sache* überschritten wird (das *Andere* ist das Zeichen aller Mysterien). Durch rein grafische Mittel, die sich niemals der noblen Ausflucht, *Kunst* zu sein, bedienen, bringt die Zeichnung der *Enzyklopädie* die exakte Welt zum Bersten, die sie sich zum Gegenstand genommen hat […] Aus dieser ihrer Ordnung heraus (hier geschildert anhand der Gattungen des Syntagmatischen und Paradigmatischen, der Vignette und des Bildunterteils) vollzieht die Tafel der *Enzyklopädie* dieses *Wagnis* der Vernunft."[13]

Barthes zufolge bedeutet die zweigliedrige visuelle Struktur, die viele Tafeln kennzeichnet, eine transzendente „Erschließung" der Natur; sie erzeugt im Innersten eines scheinbar didaktischen Programms „eine Art ungestümen Surrealismus". Dennoch geht ihrer Welt, bei aller Zerrissenheit und allem Durcheinander, bei aller Begeisterung für „die *Kehrseite* der Dinge", nie die Verständlichkeit verloren. Denn Barthes fasst die zweigliedrigen visuellen Anordnungen – die Vignetten und die analytischen Bilder – als einfache Spiegelungen der Doppelgliederung der Sprache.[14]

Um eine Tafel wie jene zu verstehen, die eine Hand und einen Fuß im sezierten Zustand zeigt (Bild 8), sind Erstaunen, Verwunderung und ein durch Gewalt geprägter Blick hilfreiche Mittel. Auch ein linguistisches Paradigma ließe sich hier verwenden – der Notwendigkeit wegen, die nahezu unverständliche

12 Ebd., S. 102, Hervorhebung im Original.
13 Ebd., S. 103 f., Hervorhebung im Original.
14 Ebd., S. 105, Hervorhebung im Original.

Ansicht der Unterseite eines Fußes zu enträtseln. Auch die Buchstaben und Ziffern, die einzelne Teile mit der gedruckten Legende verknüpfen, bedeuten einen Entschlüsselungsvorgang. Sicherlich gibt es hier eine paradigmatische und eine syntagmatische Dimension – allerdings nicht in der von Barthes bevorzugten Zusammenstellung des obenstehenden *tableaus* mit dem darunter befindlichen visuellen Verzeichnis. Unsere Diagrammauffassung erweitert Barthes' Fähigkeit, die Analyse über eine Vielzahl von Tafeln hinweg zu vollziehen. Wir konzentrieren uns nicht auf einzelne Bilder oder begrenzte Gruppierungen, sondern heben improvisierte visuelle Vergleiche zwischen diesen hervor. Solche Korrelationen, die Kategorien überspringen und aus einzelnen Gruppen von Tafeln ausbrechen, die miteinander verbunden sind, werden die Grenzen von Barthes' Betrachtungsweise ausloten.

Die Tafeln zu „Dessein" sind Beispiele, die weder mit Barthes' Methode von Überraschung und Gewalt noch mit seinem linguistischen Paradigma übereinstimmen. Für Tafeln dieser Art zeigt er wenig Interesse. Unser visuelles Diagrammkonzept widmet sich den nahezu unsichtbaren internen Rissen in der Tafel, die Beine und Füße zeigt (Bild 9). Zwei verschiedene Darstellungen von Beinen im Raum verschmelzen nahezu unmerklich, als ob sie ein tableau wären, während oben die Frontal- und Seitenansicht eines Fußes als mit Anmerkungen versehene Zeichnungen vorgestellt werden. Die Skalen unterhalb der beiden Füße im oberen Teil der Seite deuten auf einen Raum gleich dem des visuellen Verzeichnisses jener Tafeln, die in offenkundigerer Weise zweigeteilt sind. Allerdings durchdringt dieser Bereich das Weiße, um sich mit der herausgehobenen Masse eines räumlich dargestellten Beines zu verbinden. Gleich der Konditorei-Tafel lässt hier das materiale Weiße ein diagrammatisches Potenzial vermuten und berechtigt zu einem Sprung von der Tafel mit den Beinen und Füßen zu jener, auf der Hände zu sehen sind (Bild 10). Auf dieser Tafel finden vier verschiedene, von körperlosen Händen in äußerst begrenzter Umgebung ausgeführte Gesten Darstellung: Angeschnittene Schatten verorten das Fragment und geben Körpern Gestalt, die das Licht zum Vorschein bringt. Aber nahezu sofort weichen die Schatten weißer Farbe und verbinden sich über das unbedruckte Feld hinweg sowohl miteinander als auch mit einer sechsten, im hellen Licht dargestellten Hand, die mit Buchstaben versehen ist und keine äußeren Schatten wirft. Das Weiße löst einen nahezu unmerklichen Übergang zwischen *tableau* und visuellem Verzeichnis aus – das ist Diderots *rapport* in Aktion. Es ermöglicht auch einen weit größeren Sprung – um zwei ganze Bände der Bildtafeln zurück – von den „Dessein"-Darstellungen zu denen der „Anatomie" (Bild 8). Betrachtet man Diagramme als materiale Gegenstände, dann besitzt ihre gesamte Oberflächte Relevanz und das Weiße ist niemals leer. Der Übergang zwischen Fächern wie Zeichnen und Anatomie wird zum Standardverfahren in einem Prozess des Korrelierens, der neue Formen von Wissen und

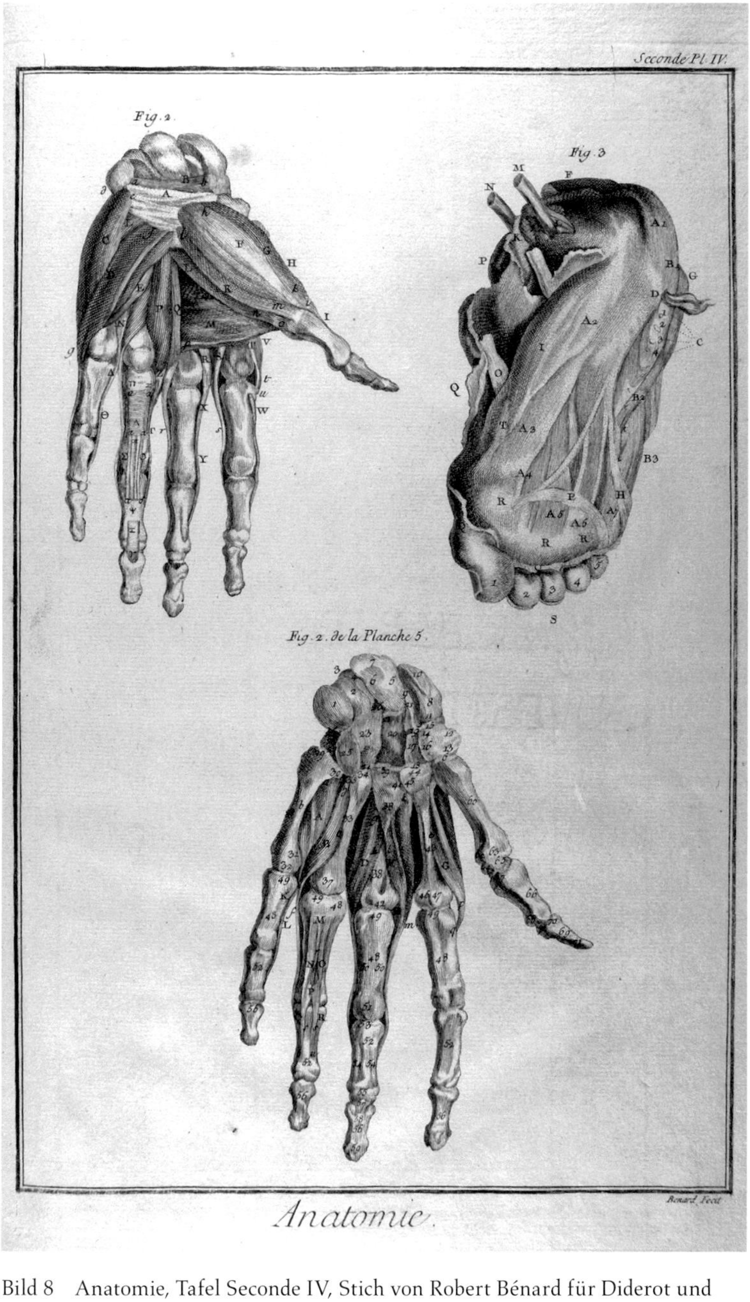

Bild 8 Anatomie, Tafel Seconde IV, Stich von Robert Bénard für Diderot und d'Alembert, Recueil des Planches, Bd. 1.

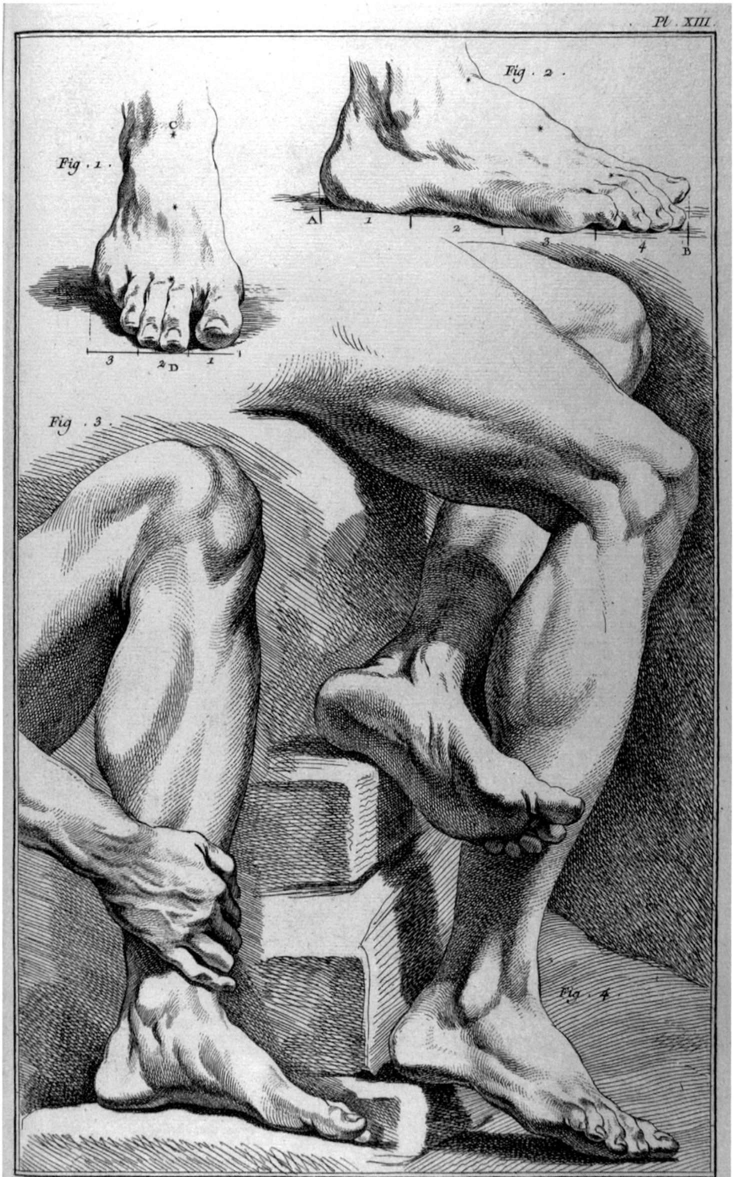

Bild 9 Dessein, Jambes et Pieds, Tafel XIII, Stich von Robert Bénard nach einem Entwurf von Edmé Bouchardon für Diderot und d'Alembert, Recueil des Planches, Bd. 3.

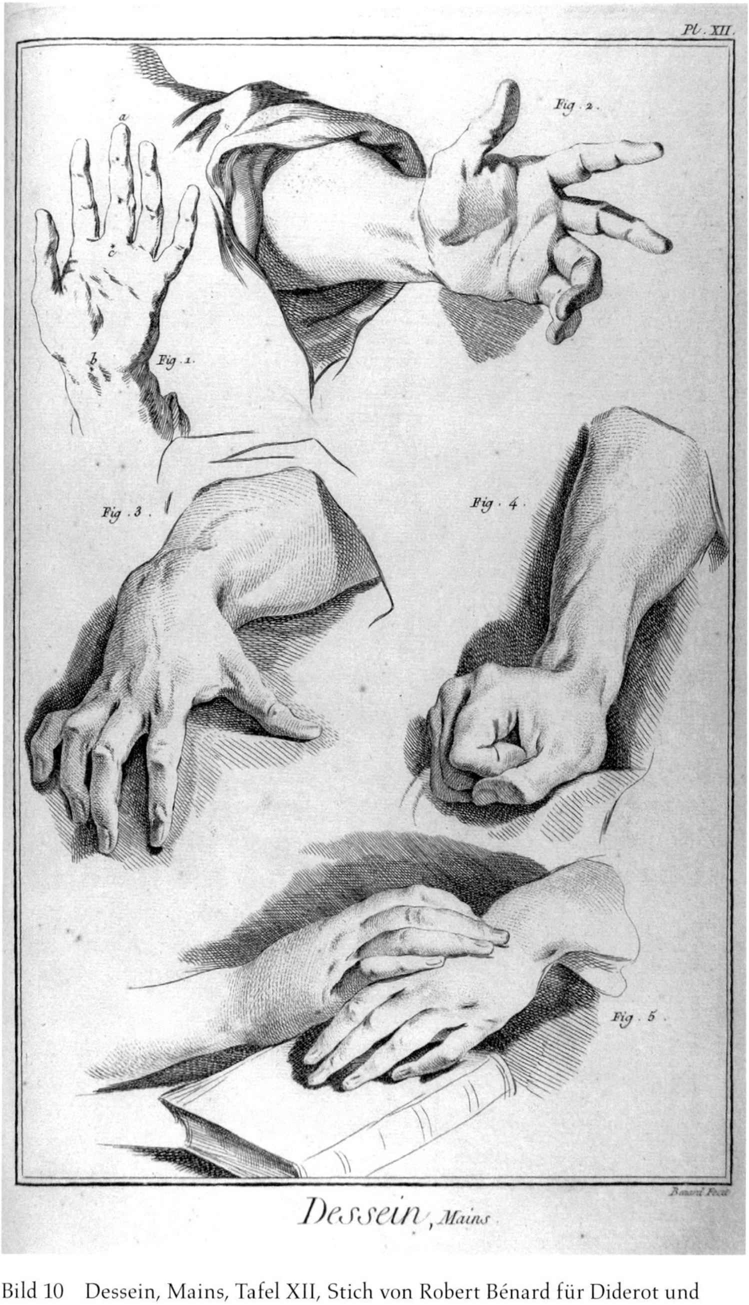

Bild 10 Dessein, Mains, Tafel XII, Stich von Robert Bénard für Diderot und d'Alembert, Recueil des Planches, Bd. 3.

Verstehen schafft. Wird dem anatomischen, unter die Haut dringenden Blick die Oberfläche gegenübergestellt, der wir im täglichen Leben begegnen, so verweist dies den Nutzer auf das eigene körperliche Sein wie auf die eigene Erkenntnistätigkeit. Dieses Gewahrwerden ist in keinem der Bilder einzeln für sich verortet, sondern wird allein in der Tätigkeit des Korrelierens lebendig.

Angesichts der Tafel des menschlichen Gefäßsystems fragte Barthes: „Wie soll man einen Namen verleihen?". Wir möchten solche Bilder Diagramme nennen – das ist ein gewöhnlicher Terminus, der ein wirkungsvolles Werkzeug dafür zu sein verspricht, die radikale Art der Beschreibung zum Ausdruck zu bringen, welche die Blätter der *Enzyklopädie* enthalten. Wir verstehen Diagramme als visuelle Formen der Beschreibung, die der Nachahmung kaum Zugeständnisse machen, wobei „Nachahmung" heißen soll, einen Inhalt zu inszenieren, als ob dieser zu einer Welt gehörte, die mit der unsrigen zusammenhängt und ihr gleicht. Unsere Diagrammauffassung deckt sich funktionell mit den „Arbeitsgegenständen" der Atlanten des späten 18. Jahrhunderts, die von Lorraine Daston und Peter Galison diskutiert wurden. „Wenn Arbeitsgegenstände keine rohe Natur sind", so scheiben sie, „sind sie auch noch keine Begriffe, geschweige denn Hypothesen oder Theorien. Sie sind das Material, aus dem Begriffe gebildet und auf welches diese angewandt werden."[15] Daston und Galison beschäftigen sich mit einer bestimmten Gattung wissenschaftlicher Atlanten als Teil eines umfassenderen Unternehmens, das sich zur Aufgabe macht, das „Aufkommen und die Eigenart neuer Vorstellungen von Objektivität und Subjektivität" im Zeitraum des 19. und des frühen 20. Jahrhunderts „aufzuzeichnen". Ihre Schilderung hebt die in jener Zeit unternommenen Versuche hervor, ein Gleichgewicht zwischen Einzelnem und Typus zu erzielen, das als wesentlich dafür erachtet wurde, etwas als „objektiv" gelten lassen zu können. Im 18. Jahrhundert umgingen Verfasser von Atlanten die Idealisierung und ästhetische Interpretation durch Künstler, indem sie von Gitternetzen, Messverfahren und Einrichtungen wie der Camera obscura Gebrauch machten. Daston und Galison schlagen vor, Atlanten „als eine Mischform von idealisierendem und naturalisierendem Verfahren zu betrachten: Obwohl ein einzelner Gegenstand dargestellt wird (statt eines eingebildeten Kompositums oder eines bereinigten Ideals), soll dieser doch für eine ganze Klasse gleicher Gegenstände stehen." Die aus „Idealisierung" und „Naturalisierung" bestehende Mischung, die Daston und Galison in den Atlanten finden, entspricht historisch dem pro-

15 Daston und Galison, „The Image of Objectivity", S. 85. Weitere Zitate aus diesem Text sind den Seiten 81 und 94 entnommen. Das in dieser Abhandlung umrissene Thema wird umfassend dargestellt in Daston und Galison, Objectivity, Kapitel 2 und 3.

duktiven Bruch, der in den Diagrammen der *Enzyklopädie* durch den Gebrauch visueller Verzeichnisse und *tableaux* erzeugt wurde. Dies wird deutlich werden, wenn wir erklären, welches Potenzial diese Termini besitzen.

III.

Visuelle Verzeichnisse und *tableaux* bieten Informationen in ikonischer Form. Beide organisieren ihre Informationen entsprechend einer internen Bedeutungsordnung, setzen Größenvorstellungen hinsichtlich anderer Gegenstände in der Welt fest und unterstellen eine bestimmte Art von Betrachter oder Wahrnehmendem der vorliegenden Informationen. *Tableaux*, wie zum Beispiel Chardins *Kupferner Wasserkessel*, verorten diese Informationen bezeichnenderweise in einer fiktiven Welt, die in Raum- und Größenverhältnissen der Welt menschlicher Erfahrung gleicht. *Tableaux* setzen voraus, dass Betrachter menschliche Wesen sind, die über ein normales Wahrnehmungsvermögen verfügen. Wichtiger ist jedoch, dass sie eine feste und beständige Beziehung zwischen Ordnungen der Wichtigkeit, der Bezugsgrößen und den unterstellten Betrachtern unterhalten. Im Unterschied dazu variieren visuelle Verzeichnisse die konstitutiven Elemente der Ordnung, des Maßstabs und der subjektiven Orientierung jeweils unabhängig voneinander. Sie liefern Informationen über Dinge, die außerhalb des Bereichs normaler menschlicher Wahrnehmung liegen, ziehen Parallelen zwischen Dingen, die in Größe oder Funktion stark voneinander abweichen, und übermitteln Daten gleich Instrumenten ohne jede Präferenz.

Diagramme bringen zwei Arten von Informationen zusammen, stellen sie nebeneinander und einander gegenüber: einerseits solche, die eigenständig plötzlich hervorbrechen – das ist bei visuellen Verzeichnissen der Fall –, andererseits Informationen, die gleichmäßig fließend auftreten und in *tableaux* präsentiert werden. Der Bildersprache hinzugefügte Texterklärungen können versuchen, diesen Informationsstrom zu stabilisieren. Möglicherweise ist dies ein den Diagrammen wesenseigenes Element. Allerdings kann die Sprache nicht all die Weisen eindeutig festlegen, in denen Nutzer das diagrammatische Material anwenden. Diese nicht festgelegte Interaktion unterschiedlicher Bestandteile erzeugt Weisen des Wissens, die unmöglich von einem der Elemente abgeleitet werden können: Die Konditorei-Tafel im Ganzen ist ein *Diagramm* des Gewerbes, nicht aber einfach eine Darstellung seiner Ausübung in der Art der Genre-Malerei und auch kein Inventarverzeichnis seiner speziellen Werkzeuge.

Unser Programm, welches visuelles Verzeichnis und *tableau* unter der Schirmherrschaft des Diagramms versammelt, entfaltet für die Idee des *tableau* einen neuen Kontext. Der illusionistische „räumliche Kasten" westeuropäischer Malerei nach der Renaissance ist die seit dem Spätmittelalter in Europa vorherrschende Form der visuellen Organisation und bleibt ein bevorzugtes Modell zur Präsentation visueller Informationen.[16] Die Verwandtschaftsbeziehungen zwischen visuellen Verzeichnissen und *tableaux* zu skizzieren heißt anzuerkennen, dass es sich bei der von Leon Battista Alberti konzipierten Zentralperspektive und der von holländischen Künstlern bevorzugten Distanzpunktperspektive selber um Diagramme handelt. In Albertis Konzeption sind Annahmen über Ordnung, Maßstab und Zusammenhang der Wahrnehmungen der Welt in den Augen eines Betrachters aufeinander abgestimmt, um die humanistische Vorstellung eines Subjekts zu befördern, für das visuelle Informationen organisiert werden.[17] Albertis Diagramm der Vorstellung war eigenartig, verschloss es doch eher Korrelationsmöglichkeiten als diese zu eröffnen. Denn an die Stelle der Welt in ihrer Fülle setzte Alberti die Schlüsselloch-Geometrie eines eingeengten Wahrnehmungskegels: Der Nutzer seines Diagramms hat nur diese eine Wahl.[18] Das Distanzpunktverfahren verzichtete auf den Absolutismus von Albertis Kegelschema, um einen größeren Bereich von Beschreibungsmöglichkeiten anbieten zu können, einen Bereich, der eher einzelnen Gegenständen gewidmet ist als der Organisation eines leeren Raumes. Dieses Verfahren bezieht die Welt nicht auf einen einzelnen Blickpunkt, sondern geht davon aus, dass die Welt geordnet ist und man verschiedene Zugänge dafür hat, sich auf diese Ordnung zu beziehen und sie zu verstehen. Im Unterschied dazu werden die Diagramme in der *Enzyklopädie* genutzt, um Erscheinungen des Alltagslebens vorzustellen, ohne die Vielzahl der Blickwinkel zu reduzieren; somit werden den Nutzern die zahlreichen Möglichkeiten offengehalten, persönliche Präferenzen in entsprechenden Korrelationen zu realisieren.

16 In einem kürzlich über den Zeitraum eines Jahres an der Stanford University durchgeführten Seminar sind wir dieser Geschichte und deren Ausblick im Zeitalter digitaler Bildgebung nachgegangen. Gefördert wurde dieses Seminar durch das Sawyer Seminar Program der Andrew W. Mellon Foundation. Das Archiv von *Visualizing Knowledge* ist im Internet unter visualization.stanford.edu zu finden.

17 Die klassische Studie zur Perspektive als eines humanistischen Unternehmens hat Erwin Panofsky verfasst: Die Perspektive als „symbolische Form", Leipzig 1927. Zu den in neuerer Zeit erschienenen Diskussionen dieser bahnbrechenden Abhandlung gehören Hubert Damisch, L'Origine de la perspective, Paris 1987, und Elkins, The Poetics of Perspective.

18 Weder Jonathan Crarys Behauptungen über den Niedergang des „Camera obscura-Modells" noch Martin Jays Anliegen, die Verleumdung des „Okularzentrismus" im westlichen Denken aufzuzeichnen, sind dem verpflichtet, was uns als der grundlegende Charakter des Vorhabens der *Enzyklopädie* gilt. Beide Diskussionsstränge gehen von der Annahme aus, dass im 18. Jahrhundert allein die Perspektive ein praktikables Modell für den Aufbau der Beziehung zwischen einem Subjekt und seiner Welt war. Keiner von beiden hat bemerkt, dass die Perspektive nur ein Diagramm unter verschiedenen anderen Möglichkeiten ist, von denen wir einige in Kapitel 3 diskutieren. Siehe Crary, Techniken des Betrachters, und Jay, Downcast Eyes.

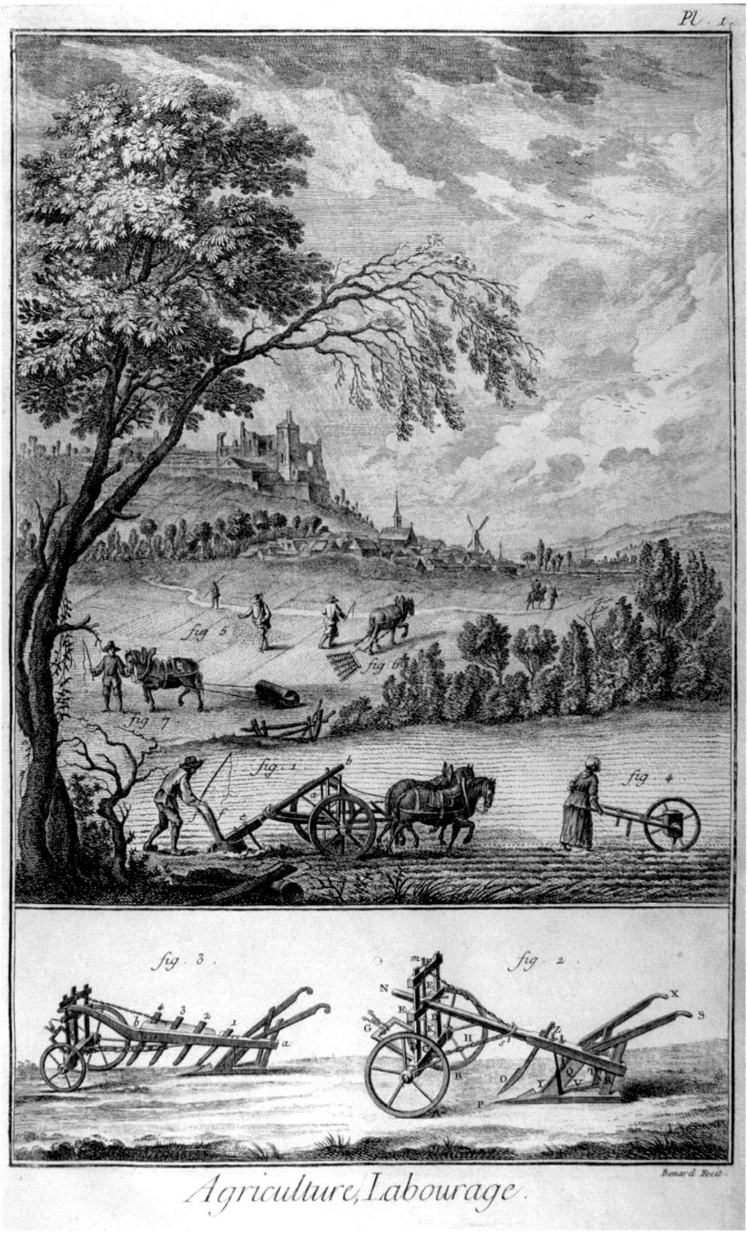

Bild 11 Agriculture, Labourage, Tafel I, Stich von Robert Bénard für Diderot und d'Alembert, Recueil des Planches, Bd. 1.

Die Vielschichtigkeit der in der *Enzyklopädie* vorgestellten Diagramme zeigt sich in den Abbildungen zu „Agriculture", welche die gesamte Tafelsammlung mit der elementar bedeutsamen Lebenstätigkeit des Pflügens und Säens beginnen. Diese Reihe wird mit einem *tableau* eröffnet, das viel größer ist als die für die *métier*-Tafeln charakteristischen Vignetten (Bild 11). Dieses Bild schwankt zwischen einer Distanzpunktkonzeption des Raumes im Stil holländischer Landschaften und einem auf weißer Fläche sich abhebenden visuellen Verzeichnis. Es stellt zwei Stufen der Entwicklung der Landwirtschaftstechnik vor. Auf den ersten Blick scheint sich die Landschaft aus der Nähe in die Ferne auszubreiten, wobei sich der Bildraum auf konventionelle Weise in Vorder-, Mittel- und Hintergrund teilt. Ruinen einer auf einem Hügel befindlichen Festung bilden die historische Vergangenheit wie auch den Horizont. Das sich darunter anschmiegende Dorf deutet auf gegenwärtige Besiedlung. Allerdings wird dieses sanfte Fortschreiten der Geschichtszeit durch eine andere zeitliche Abfolge jäh unterbrochen: Im Mittelgrund erscheint eine Gruppe von Menschen, die für ihre Platzierung im perspektivisch gegliederten Raum viel zu groß sind. Bildlegenden helfen uns dabei, diese Anomalien des Maßstabs zu verstehen; mit ihnen schaltet sich aber auch eine Gegenwart des Lesens ein, durch die sich der zeitliche Abstand aufhebt. Hier bestellen Männer den Boden in drei eigenständigen Arbeitsgängen: Einer sät mit der Hand, ein zweiter führt eine Egge, ein dritter verdichtet den Boden mit einer Ackerwalze. Eine Reihe von Büschen und ein zerfallener Zaun trennen den Mittelgrund vom unmittelbaren Vordergrund. In diesem Bereich erscheinen quer über die Tafel zwei noch größere Figuren in Seitenansicht, die, wie die Legende mitteilt, eine neue Form der Bepflanzung praktizieren. Die Frau betätigt ein von Abbé Soumille entworfenes Gerät, das die Körner in gleichmäßigen Abständen und gerader Linie in den Boden bringt. Ihr folgt ein Mann, der die Saat mittels eines modernen Pflugs unverzüglich abdeckt.

Die auf der Tafel anschaulich dargestellten Personen wirken, als ob sie eine natürliche Umgebung bewirtschaften, die räumlich und zeitlich so stimmig wie auf einem Gemälde von Ruisdael ist (Bild 12/Tafel 5). Ein solcher Vergleich unterstreicht jedoch die enge Verwobenheit, das organisch Ganze von Ruisdaels Weltwinkel, der deshalb einer analytischen Zergliederung widersteht: Sein Bild bietet ein komplexes Zusammenspiel von Licht und Schatten, das die Naturkräfte Wind und Wasser beleben. Hingegen bricht die Tafel die ländliche Einheit in zwei Bereiche hellen Lichts, in denen – zeitlich und räumlich getrennt – der Fortschritt in der Landwirtschaftstechnik katalogisiert und aufgezeigt wird. Hier, in der ersten Abbildung von Tausenden, die in der *Enzyklopädie* folgen werden, fügen sich Bildgrenzen und visuelle Einheiten der Landschaftsdarstellung den formalen Erfordernissen einer Korrelation, die dazu bestimmt ist, Erklärungen zu liefern. Mit einem Schlag realisiert der obere Abschnitt die

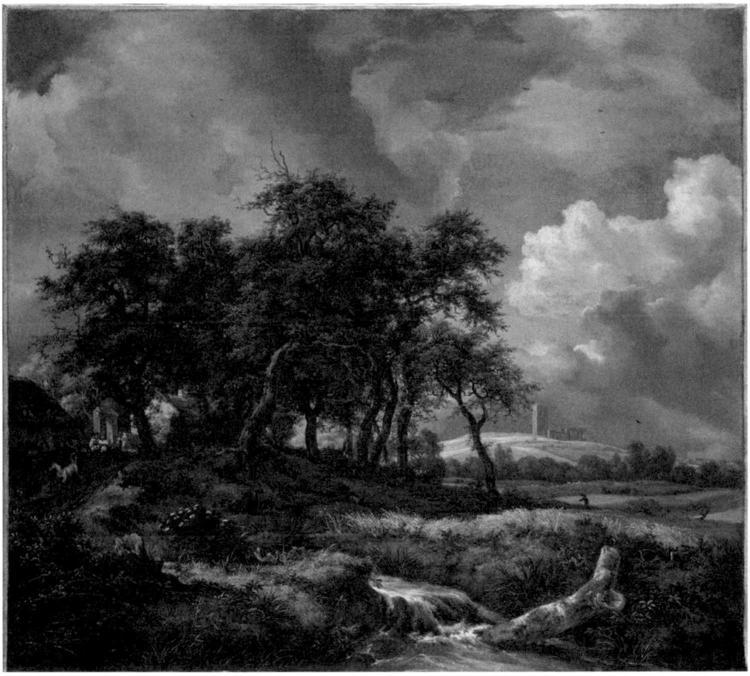

Bild 12 Jacob Isaackszoon van Ruisdael, Landschaft bei Muiderberg, ca. 1652, Öl auf Leinwand, 66 × 75 cm, Oxford, Ashmolean Museum, Inv. A 875.

optische Verdoppelung, den die zweiteilige Tafel der Konditorei vermittels der Weiße erzielt (Bild 6).

Der untere Teil der ersten Tafel zu „Agriculture" offenbart die mit dem oberen Teil verbundenen Schwierigkeiten und vergrößert sie zugleich. Zwei Pflüge werden exemplarisch vorgestellt – ein „gewöhnliches" und ein von Monsieur Tull entworfenes „verbessertes" Modell –, sie befinden sich auf einer durch Grasbüschel kenntlich gemachten Horizontalebene, auf der sie Schatten werfen. In diesem Tafelteil befindet sich das Weiße gewissermaßen in einem Zustand suspendierter Referenz: Sollen wir das Weiße mit den rein weißen Bereichen des darüber befindlichen Bildes in Verbindung bringen und es als unbegrenzten Raum verstehen? Oder sollen wir es auf das durchgängige Weiße von Tafel II (Bild 13) beziehen und als virtuellen Raum eines visuellen Verzeichnisses auffassen? Die Wahl ist uns freigestellt. Der *dédoublement* der Signifikation ist in jeder der beiden Richtungen deutbar, wobei wir damit unsere physische Beziehung zu den Gegenständen relativieren: Wenn wir uns vom oberen Teil der ersten Tafel zu den skalierten Bildern von Tafel II, vermittelt über den unteren Teil von Tafel I, bewegen, so führt uns dies auf ein weißes Kontinuum, das uns

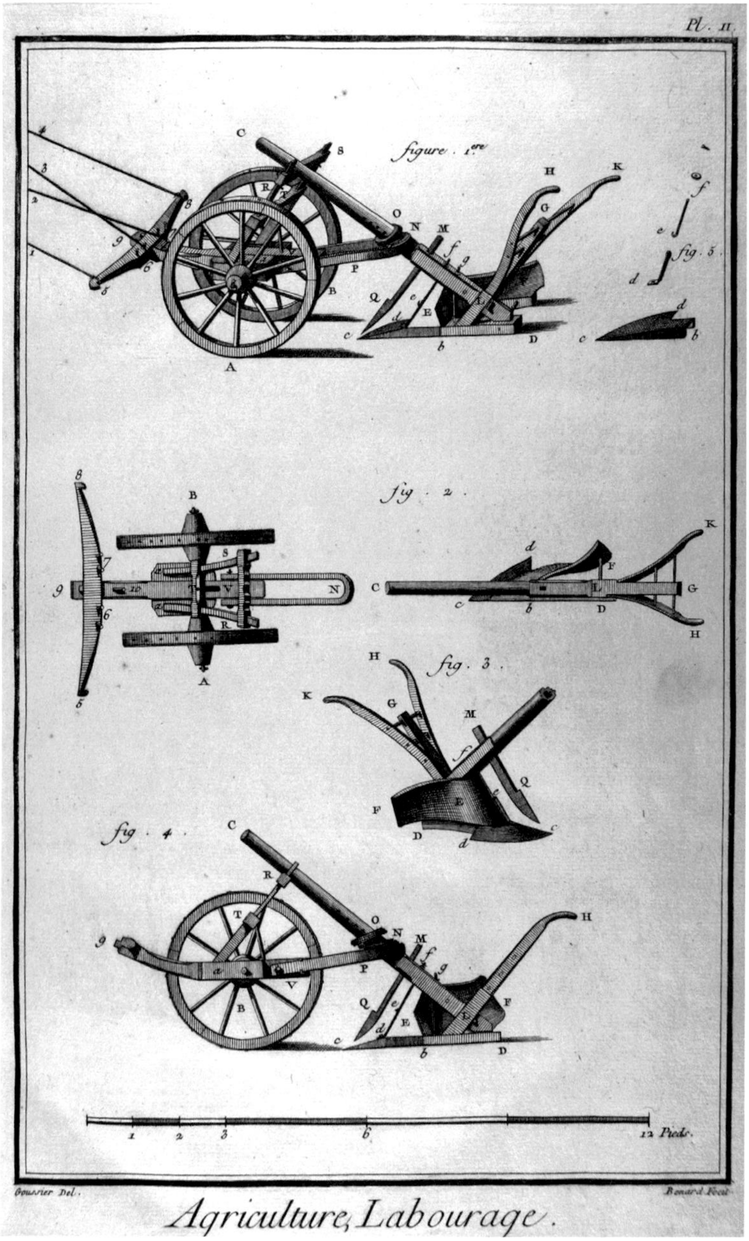

Bild 13 Agriculture, Labourage, Tafel II, Stich von Robert Bénard nach einem Entwurf von Louis-Jacques Goussier für Diderot und d'Alembert, Recueil des Planches, Bd. 1.

von der Ausschließlichkeit eines Blickwinkels befreit. Auf der zweiten Tafel ist die raumschaffende Wirkung des gerichteten Lichts und der Schatten, die es wirft, nahezu aufgehoben; sie findet sich nur noch in vereinzelten sonderbar schemenhaften Flecken, die vereinzelt unter den Pflügen auftreten. Im Übergang zu den Tafeln II, III und IV (Bild 13, 14, 15) wird die auf Tafel I vorgestellte Gerätschaft aus ihrem Verwendungszusammenhang entlassen. Tafel IV (Bild 15) zeigt sie in ihre Einzelteile zerlegt und offenbart sie dem Blick aus verschiedenen Standpunkten auf dem Weiß einer Seite, wobei die Größe dieser Teile anhand eines beigefügten Maßstabs erfahrbar ist. Die Körperlichkeit der Gegenstände und ihr Verwendungszweck sind hier kaum noch wahrzunehmen. Schwerlich gelingt es dem natürlichen Licht, Spuren von Schatten zu werfen. Wir aber dürfen mit einer Klarheit und Genauigkeit sehen, die im Alltag nicht möglich ist. Das Weiße wirkt als Katalysator, bindet das *tableau* an das visuelle Verzeichnis und ermöglicht präzises Wissen – darin besteht der deskriptive Gewinn der grafischen Sparsamkeit des Diagramms.

Obwohl es üblich ist, sich mit jenen Tafeln zu beschäftigen, die *métiers* wie etwa das Konditoreihandwerk darstellen, kommen die diagrammatischen Strategien der *Enzyklopädie* am anschaulichsten in Hybridbeispielen wie jenen zur Erscheinung, die sich der Jagd, der Choreografie und taktischen Truppenbewegungen widmen. Die Tafeln zu „Chasse, Venerie" (Bild 16, 17, 18) markieren eine klare Abkehr vom Wort-Bild-Gegensatz, der üblicherweise mit kommentierten Abbildungen verbunden ist.[19] In diesen Tafeln sind Vignette, Schrift und Notation deskriptiv so dicht verwoben, dass eine komplizierte, hochgradig interaktive Dechiffrierung erforderlich ist, die das grafische Medium an seine diagrammatischen Grenzen bringt. Jede der Tafeln besteht aus einem oben befindlichen konventionellen *tableau*, die vom Übrigen des Bildes durch einen inneren Rahmen deutlich abgegrenzt ist. Die konzeptionelle Abgeschlossenheit dieser Vignetten wird dadurch unterstrichen, dass Verweise auf Texte oder Legenden fehlen. Diesen inneren Rahmen zu überschreiten gleicht dem Übergang von einem Bereich visueller Täuschung zu dem indexikalischer Anspielung und reiner Notation. Im Unterschied zu den einzelnen Küchenwerkzeugen oder den auseinandergenommenen Landwirtschaftsgeräten, welche die Tafeln zur Pastetenherstellung oder zum Pflügen vorstellen, dient der größte Teil der Jagd-Tafeln dazu, Zeichen zu dokumentieren: Geweihe von Hirschen verschiedenen Alters, Dunghaufen, die diese im Wald hinterlassen haben, der anschauliche Beleg von Hufspuren, die ihre Bewegung durch den Wald anzeigen,

19 Elkins, Domain of Images, S. 85.

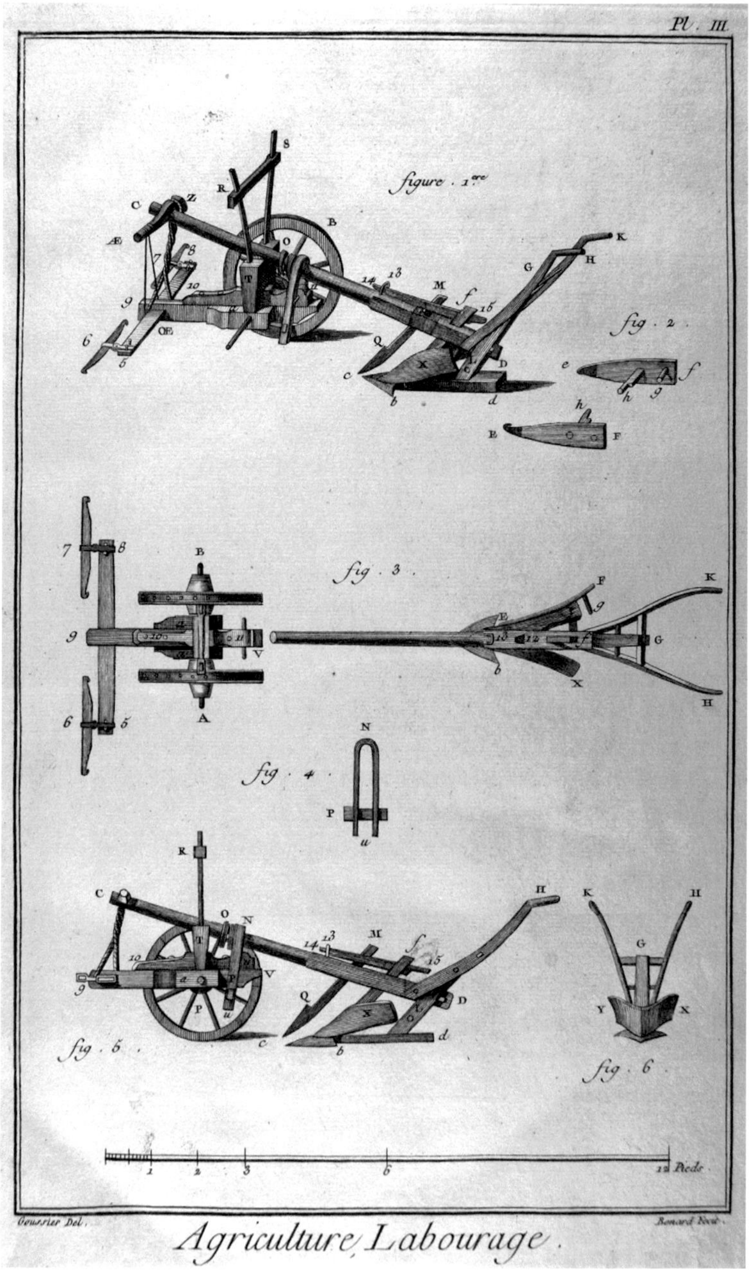

Bild 14 Agriculture, Labourage, Tafel III, Stich von Robert Bénard nach einem Entwurf von Louis-Jacques Goussier für Diderot und d'Alembert, Recueil des Planches, Bd. 1.

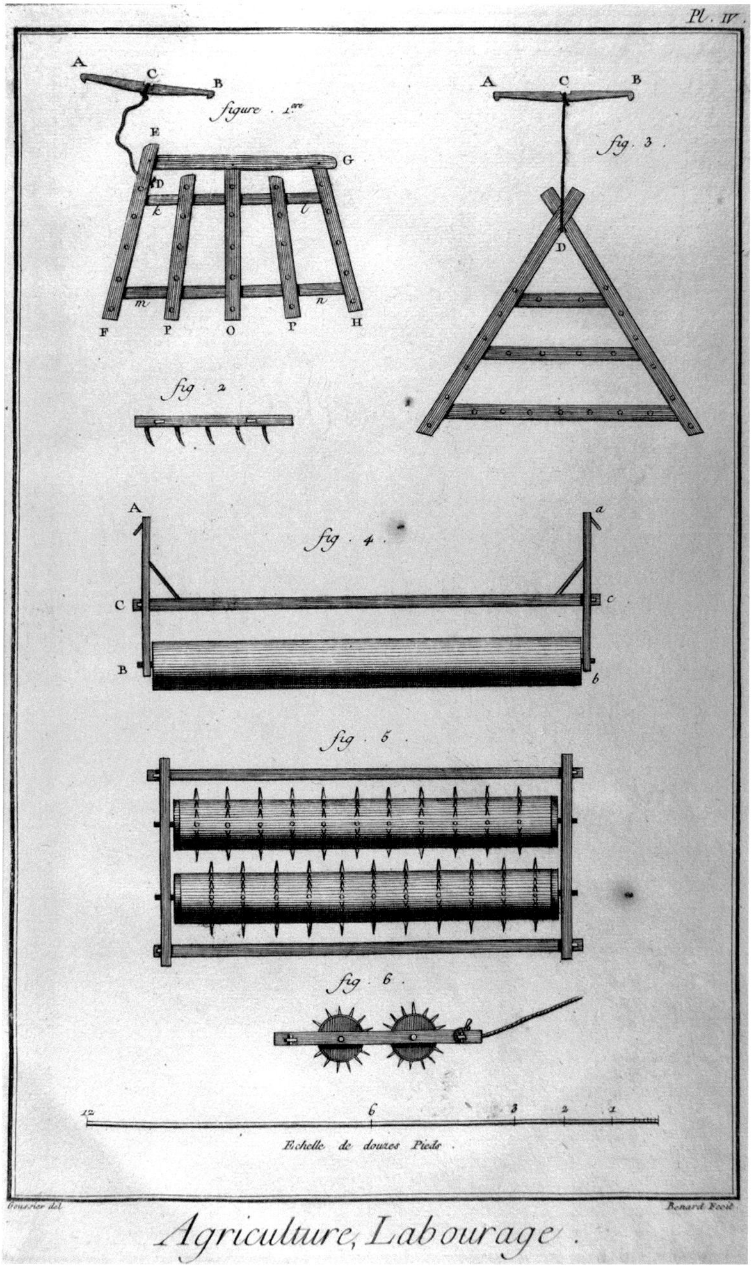

Bild 15 Agriculture, Labourage, Tafel IV, Stich von Robert Bénard nach einem Entwurf von Louis-Jacques Goussier für Diderot und d'Alembert, Recueil des Planches, Bd. 1.

Notenstiche von Melodien, die in verschiedenen Abschnitten der Jagd gespielt werden. Obwohl über den Notenlinien befindliche kurze Textbemerkungen darauf verweisen, wann die verschiedenen Melodien zu spielen sind, bieten die Jagd-Tafeln im Ganzen gesehen kaum Anhaltspunkte, um die komplexe Mischung von Bildsprache und Notation als Ensemble zu verstehen. In diesem Fall ist die diagrammatische Weiße nicht in der Lage, die konzeptionelle Unstetigkeit der Teile zu überbrücken. Als ob er dieses Scheitern anzeigen sollte, gehört zu den drei der Hirschjagd gewidmeten Tafeln ein umfangreicher, nahezu zehn Druckseiten umfassender Erläuterungstext. Die Darstellung der Hirschjagd in der *Enzyklopädie* ist außergewöhnlich, weil sie in dem Versuch, die in hohem Maße ritualisierte höfische Kunst der Tierjagd unter dem *Ancien Régime* diagrammatisch zu erfassen, das Gesamtspektrum mobilisiert, das Schriftsprache, abstrakte und willkürliche Notationen, indexikalische Zeichen und piktorale *tableaux* umfasst.

Überraschenderweise findet in dem langen, den Jagd-Tafeln zugehörigen Bericht die musikalische Notation kaum Erwähnung, die auf den Bildern so auffallend ist. Im Unterschied dazu stellen Hufabdrücke, Dung und Geweihe Gegenstände präziser Untersuchungen dar, die mit Hinweisen darauf verbunden sind, wie Alter und Gesundheitszustand der Tiere aus diesen indexikalischen Zeichen herausgelesen werden können. Warum sind die musikalischen Notationen visuell so bedeutsam und narrativ so wenig beachtet? Eine mögliche Antwort wäre, sie als Versuche zu verstehen, dem statischen, anschaulichen Bild zwei wesentlich narrative Aspekte zu verleihen – Episode und Dauer –, ohne diese jedoch völlig der Macht der Sprache zu unterwerfen. Über den Notenlinien stehende Worte werden genutzt, um Teile der Melodieführung in Übereinstimmung mit der formalen Abfolge der Jagd voneinander abzugrenzen. Die Noten ergänzen eine Dimension zeitlichen Vergehens, die entschieden nicht-narrativ und nichtsprachlich ist. Der musikalischen Notation gehört eine Körpererfahrung zu, die auditiv und sogar haptisch ist und sich von der Optik des Sehens unterscheidet. Erklärungsetiketten an den Notenlinien verbinden die reine, musikalische Notation mit bestimmten Elementen der darüber befindlichen *tableaux*: Sie verweisen auf Hunde, und verschiedene Personen auf den Tafeln blasen tatsächlich ins Horn. Die Musik verleiht den Tafeln Aspekte von Episode und Dauer sowie ein auratisches Echo, um ihrer optisch wahrnehmbaren Präsenz – angesichts der überwältigenden nichtvisuellen Textmasse der ausführlichen Erklärungen – das Recht des Erzählens zu behaupten.

Die Notenzeilen und ihre nicht-narrative Darstellung von Zeit und Prozess bieten uns einen Anhaltspunkt, um das Entstehen eines leistungsfähigen Typus von Korrelationen zu verstehen, der nur teilweise in den Tafeln der *Enzyklopädie* Verwendung findet: die Fähigkeit der Notation, Zeit abstrakt zu beschreiben. Die Jagd-Tafeln arbeiten am äußeren diagrammatischen Rand

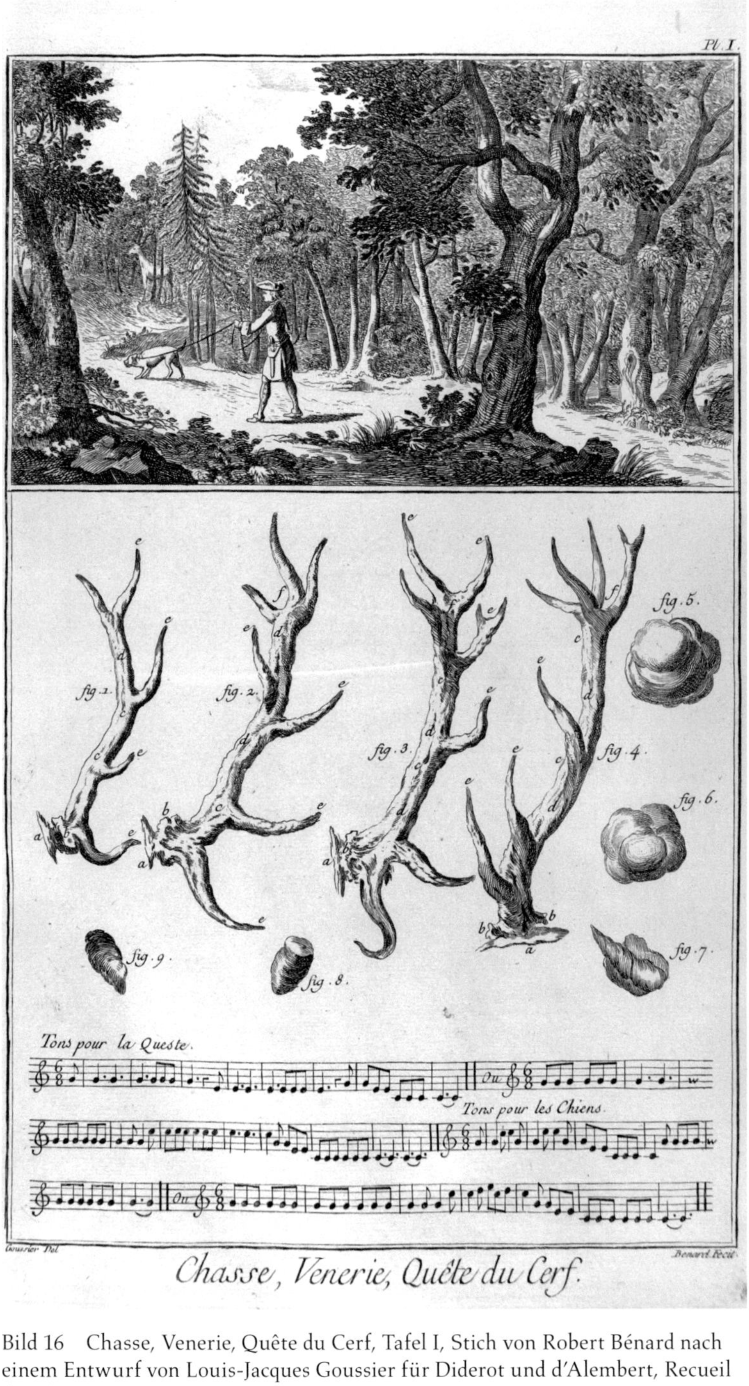

Bild 16 Chasse, Venerie, Quête du Cerf, Tafel I, Stich von Robert Bénard nach einem Entwurf von Louis-Jacques Goussier für Diderot und d'Alembert, Recueil des Planches, Bd. 3.

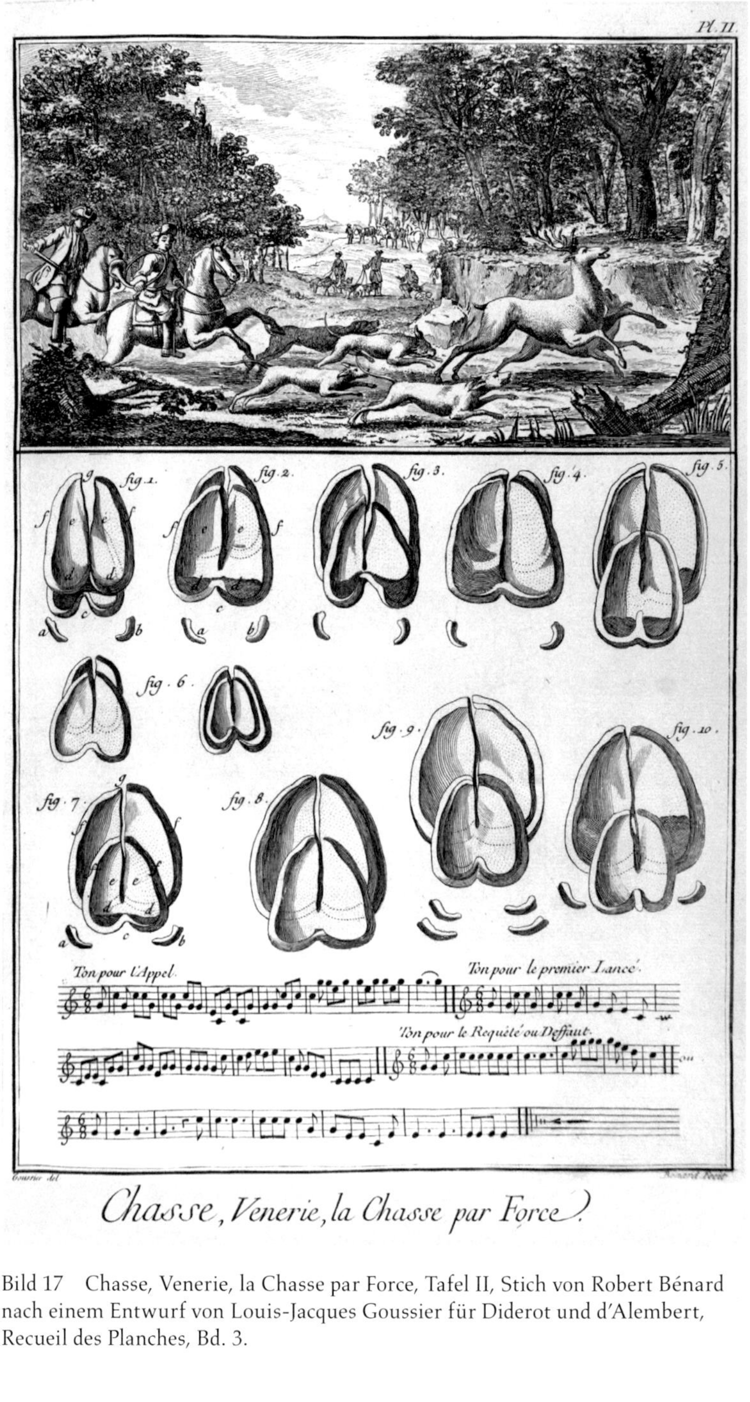

Bild 17 Chasse, Venerie, la Chasse par Force, Tafel II, Stich von Robert Bénard nach einem Entwurf von Louis-Jacques Goussier für Diderot und d'Alembert, Recueil des Planches, Bd. 3.

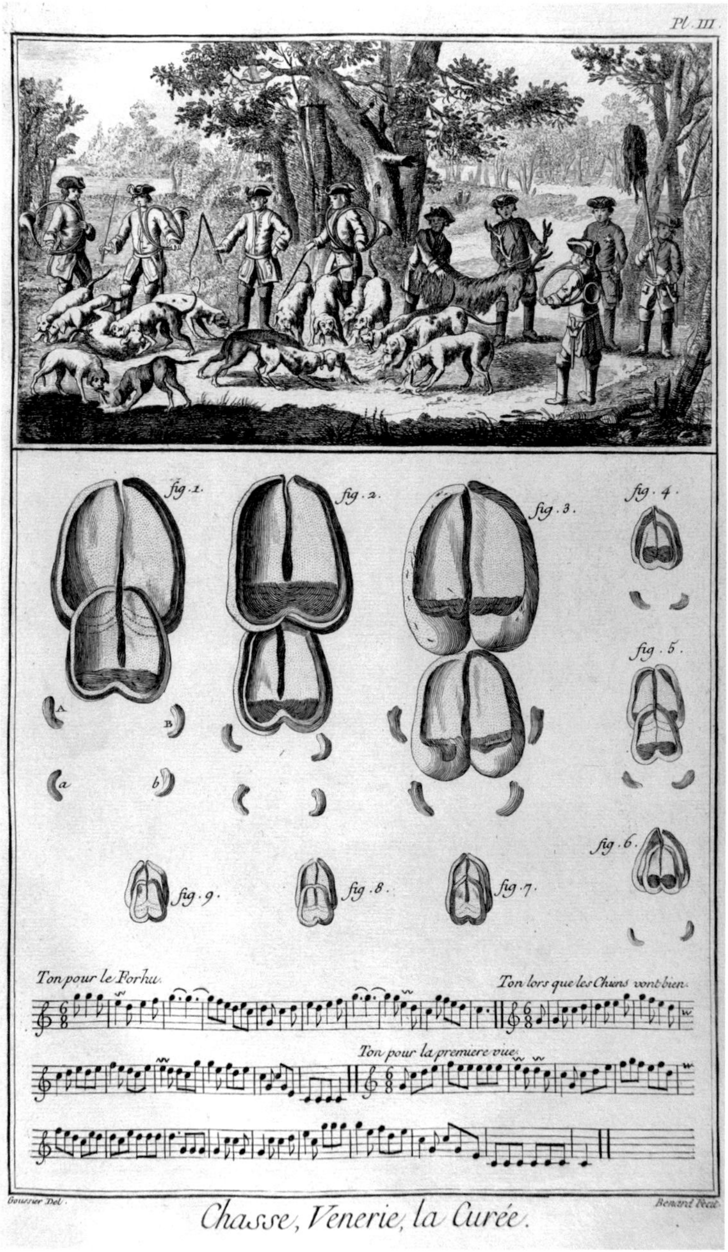

Bild 18 Chasse, Venerie, la Curée, Tafel III, Stich von Robert Bénard nach einem Entwurf von Louis-Jacques Goussier für Diderot und d'Alembert, Recueil des Planches, Bd. 3.

einer durch Druckmedien geprägten Kultur und drängen – mit ihrem Verweis auf das Indexikalische und Notationale – in Richtung Mathematik. Der Überschuss an Texterklärung verweist darauf, dass die anschauungsgebundene Verstehbarkeit im Falle komplexer Diagramme zusammenbricht. Eine Parallele dazu findet sich in eher technischen Bereichen, in denen der Informationsgehalt notationaler Schemata eine Vorrangstellung erwirbt, während die Entwicklung von Normen der Angemessenheit einen Wandel im Verständnis von Beschreibungen erzwingt: Letztere werden aus textbasierten Kommentaren beobachtbarer Ereignisse zu mathematischen Funktionen und grafischen Notationen. Vorausschauende Formeln und wiederholbare Muster erhöhen Dichte und Wandelbarkeit der Alltagserfahrung: Diagramme eröffnen die Möglichkeit eines Miteinanders sprachlicher, visuell erfassbarer und mathematischer Erklärungen.

Die militärischen Übungen gewidmeten Tafeln offenbaren in ihrer Betrachtung von Exerzierordnungen diesen Wandel der Beschreibungen hin zu einer nichtsprachlichen Registratur. Der geringe Umfang an Texterläuterungen im Vergleich zu den ausführlichen Schilderungen, die den Jagd-Tafeln zugehören, ist ein Zeichen für das Gewicht, das Notationen hier tragen. Dieser Teil besteht aus drei Arten von Darstellungen. Die erste, fünf Tafeln umfassende Gruppe zeigt Soldaten in bestimmten typischen Körperhaltungen. Zu diesen gehört, das Gewehr zu präsentieren, die Waffe abzufeuern und eine Patrone mit den Zähnen aufzureißen (Bild 19). Es handelt sich um ausgebildete Soldaten, deren Körperhaltungen einzeln als gestische Momentaufnahmen vorgeführt werden, die jedoch auf dem Blatt sequenziell als Notationen arrangiert sind. Skizzenhafte Grundlinien und Schatten sind die symbolischen Reste einer räumlichen Welt, aber die exakte Anordnung der Figuren in drei Registern – analog einer Partitur in der Musik – schreibt ein laterales Verständnis vor. Dennoch würde die Interpretation dieser ersten Tafeln als Veranschaulichung körperlicher Überwachung im Sinne Foucaults ihre Rolle im System jener Bilder zu sehr vereinfachen, die militärische Fertigkeiten diagrammatisch darstellen.

Die zweite Gruppe von Tafeln lässt uns innehalten, handelt es sich hier doch um Aufzeichnungen bloßer Notationen ohne Bezugnahme auf eine Erfahrungswelt (Bild 20). Auf die Darstellung individueller, je eigenartiger Körper wird aus Gründen verzichtet, die in einer Notiz zu Beginn des Begleittexts dargelegt werden:

> „In dieser Tafel und den folgenden Tafeln sind die Soldaten durch schwarze Punkte gekennzeichnet, die den Mittelpunkt des Raumes bezeichnen, den sie einnehmen. Man kann annehmen, dass die Soldaten einander berühren, sodass zwischen den Punkten kein Abstand bestehen sollte. In diesem Falle wären allerdings die Darstellungen zu unklar und

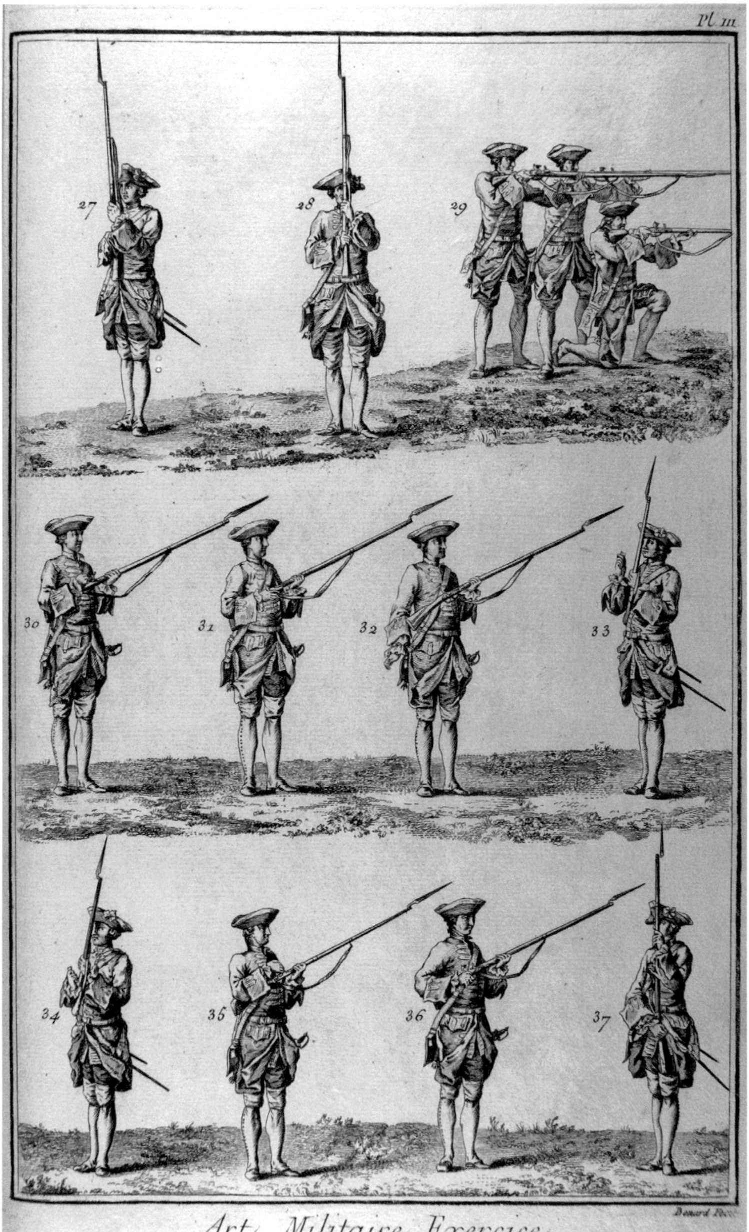

Bild 19 Art Militaire, Exercice, Tafel III, Stich von Robert Bénard für Diderot und d'Alembert, Recueil des Planches, Bd. 1.

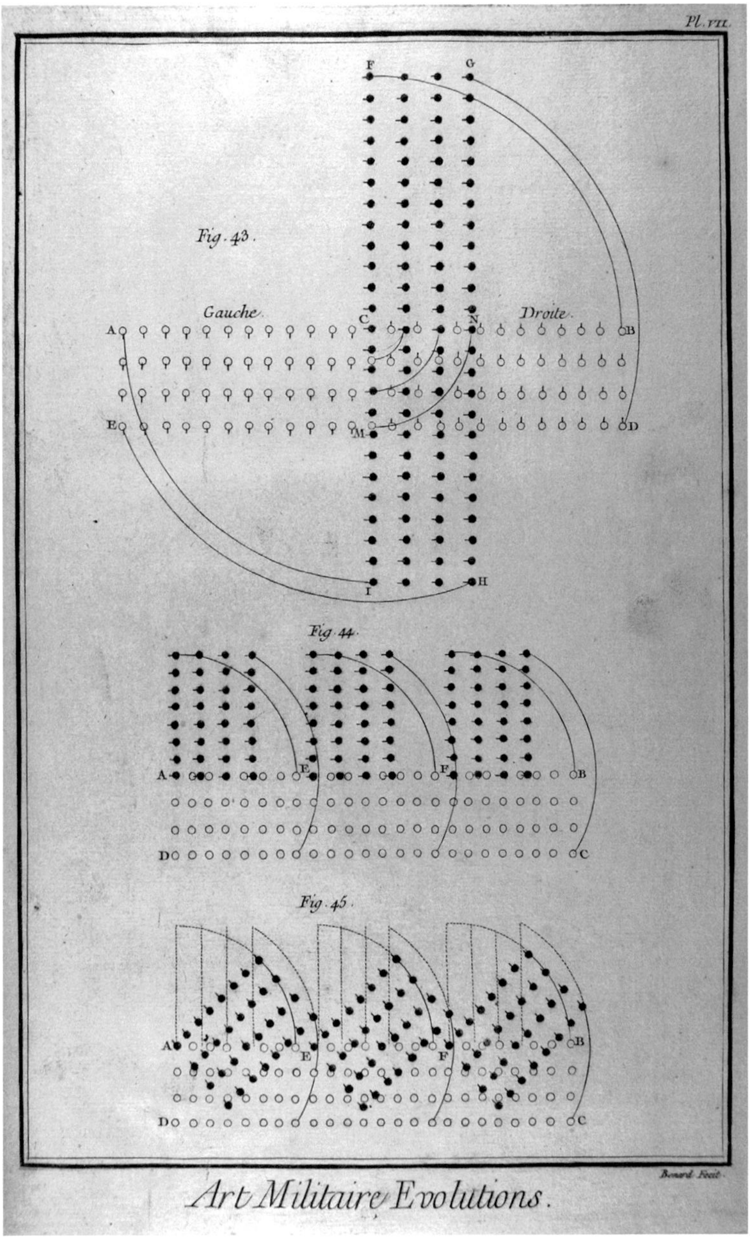

Bild 20 Art Militaire, Exercice, Tafel VII, Stich von Robert Bénard für Diderot und d'Alembert, Recueil des Planches, Bd. 1.

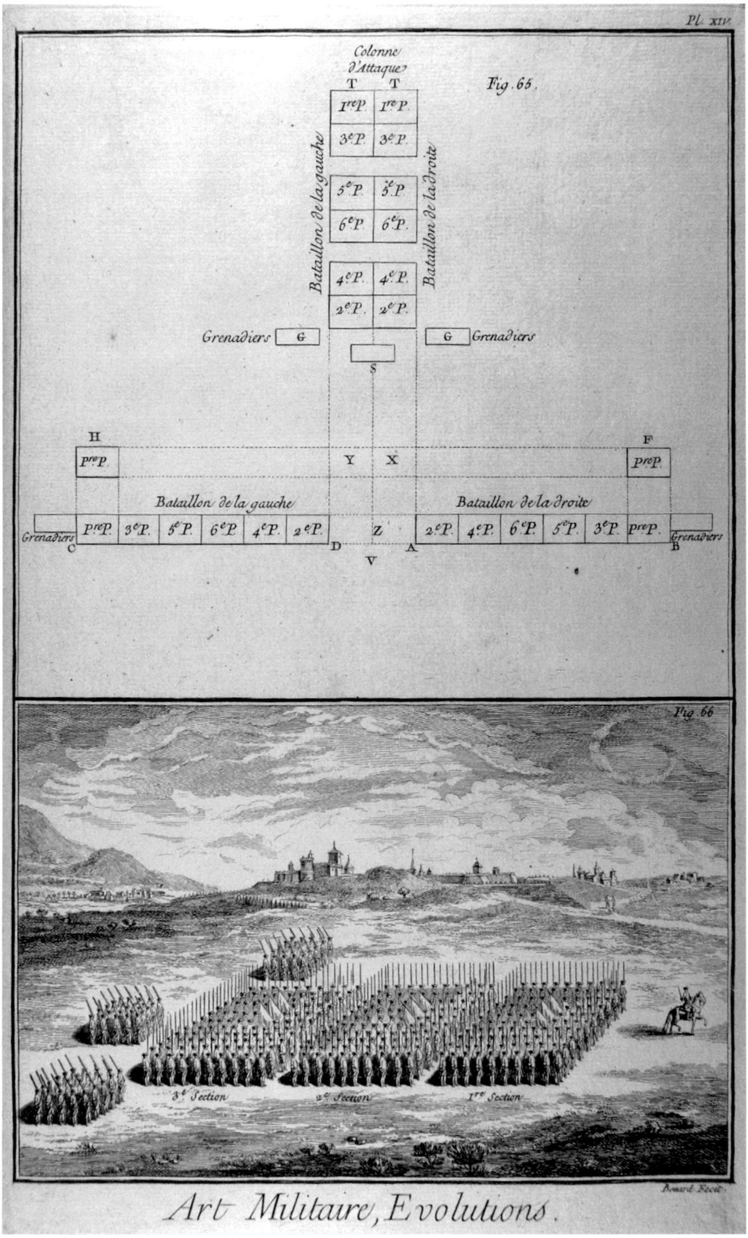

Bild 21 Art Militaire, Evolutions, Tafel XIV, Stich von Robert Bénard für Diderot und d'Alembert, Recueil des Planches, Bd. 1.

die Bewegungen, welche diese Tafeln darzustellen haben, zu schwierig zu erkunden.“[20]

Soldaten sind auf Punkte reduziert und eine kurze Linie verweist auf die Richtung ihrer Aufmerksamkeit. Weiße Punkte deuten auf kürzlich verlassene Positionen, während Punktlinien den Weg verfolgen, der bei der Einnahme der schwarz markierten neuen Positionen zurückgelegt wurde. Dieser Rückgriff auf grafische Notationen macht Zeit (vorhergehende gegenüber folgender Position) und Bewegung (Punktlinien) sichtbar und verbindet beide mit einer unterliegenden Geometrie unterstellter Gitternetz- und Kurvenlinien, die das weiße Feld visueller Darstellung kartieren. Die Notationen sind nicht einfach zu verstehen. Auch nach Entschlüsselung des visuellen Kodes muss man kurze, mit jeder Tafel verknüpfte Texte hinzuziehen, um die geheimnisvollen Zeichenmuster zu erfassen. Weil die Texte mehr verdunkeln als erhellen können, gleicht der Vorgang einer Pendelbewegung: Im Versuch, Worte und Darstellungen zu korrelieren, ist der Nutzer alsbald mit hin- und herlaufenden Vergleichen zwischen beiden beschäftigt. Stärker noch als im Falle der oben diskutierten Jagd-Tafeln mobilisieren diese Werke unsere die Kluft zwischen Wort und Bild überbrückende Aufmerksamkeit und belohnen uns mit einem Verständnis, das uns nicht oktroyiert wurde, sondern das aktiv durch uns erzeugt worden ist. Wenn der Nutzer diese Korrelation zwischen Wort und Bild – oder zwischen Soldaten, die in typischen Posen auf dem Boden stehen, und solchen, die als Punkte wiedergegeben sind – im wechselweisen Übergang bewirken will, ist er gezwungen, zwischen verschiedenen Bezugsrahmen zu wechseln. Die *Enzyklopädie* hat eine materiale Struktur erfunden, um diese Übergänge stillschweigend zu realisieren – was ihr gelingt, indem sie den weißen Raum des Diagramms als konstitutives Element nutzt.

Die letzte der mit taktischen Infanterieübungen befassten Tafeln manifestiert den Ertrag von Korrelationen, der sich ergibt, wenn Diagramme zu Arbeitsgegenständen werden (Bild 21). Hier erlaubt die Doppelstruktur dem Nutzer zwei verschiedene Sichtweisen, die nachahmen, wie ein Befehlshaber seine Truppe betrachtet: in abstracto beim Überdenken ihrer Operationen am Kartentisch und beim Beobachten ihrer Bewegungen auf dem Schlachtfeld von einer Anhöhe aus. Der Text erklärt, wie Soldaten aus einer defensiven Reihenformation heraus zu einer engen, dreifach gestaffelten Formation übergehen, um einen Angriff anzuführen. Das Weiße, das den oberen Seitenbereich beherrscht, ist sowohl ein Blatt in einer militärischen Kartentasche als auch ein nichtrepräsentationales...

20 [Diderot und d'Alembert], Recueil de Planches I, „Art Militaire“, S. 1.

sentationaler *champ* oder Kampfplatz. Überquert man den Rahmen der Tafel, wird das grafische Weiße der Karte zur Horizontalebene des darunter befindlichen Schlachtfelds. Die scheinbar einheitliche Perspektive der Vignette mit ihren eng aneinander liegenden blockartigen Soldatenformationen, angeordnet wie Pflastersteine eines öffentlichen Platzes aus dem Handbuch eines Renaissancemalers, trügt in Wirklichkeit. Denn die Soldaten sind viel zu groß dargestellt, angesichts der durch Details im Vordergrund und die entfernte Stadt auf dem Hügel angedeuteten Raumtiefe. Die Vignette unterläuft die strikte Perspektivenordnung, um sich zeichentechnisch an die Notationen der Karte anzupassen, sie ordnet die Imitation der Analyse unter. Die tableauartige Darstellung der Truppenformation in der Vignette nähert sich dem Charakter und der Funktion eines Bildverzeichnisses, aus dem dann die oben dargestellte Karte hergeleitet werden kann. Jedoch wäre der Schritt vom einen zum anderen nahezu unmöglich zu verstehen, gäbe es nicht die vorhergehenden Tafeln, auf denen die Körper der Soldaten zu Punkten im Raum geworden sind und deren Bewegungen Punktlinien markieren. Zwischen den ihre Waffen präsentierenden Soldaten auf den ersten Tafeln und der Angriffsformation auf der letzten Tafel wurde im Zuge einer grafischen Übersetzung physische Präsenz zu mathematischen Punkten – zu ideellen Körpern, die sich entlang geometrisch bestimmter Bahnen in der Zeit fortbewegen. Die konzeptionelle Neuausrichtung ist tiefgreifend, ihre Wirksamkeit völlig vom materialen Grund des Weißen abhängig, der die Tafeln miteinander verbindet.

Die Zusammenstellung von Informationen, die das *Enzyklopädie*-Diagramm zum Thema Infanterieübungen präsentiert, wäre vermutlich für geübte Soldaten oder Truppenführer kaum interessant oder wertvoll. Hingegen könnten neugierige Nutzer von Diderots Kompendium durch das wechselweise Hinlenken ihrer Aufmerksamkeit auf Bilder und Legenden etwas zu Umfang und Ordnung moderner Kriegführung erfahren. Gleiches ließe sich bezogen auf die Jagd-Tafeln über erfahrene Jäger sagen oder über Bauern bezogen auf die Tafeln zur Landwirtschaft. Hier geht es nämlich nicht um Ackerbau, nicht um das Herstellen von Pasteten, nicht um die Jagd und auch nicht um die Ausübung des Kriegshandwerks. Die Diagramme der *Enzyklopädie* sind keine Handbücher. Die Beschreibungen, die sie liefern, bilden neue Gegenstände. Sie katalogisieren nicht einfach Einzelteile, sondern erzeugen Erkenntnis, indem sie eine Untersuchung jener Teile in neuen und unvorhersehbaren Umgestaltungen zustande bringen, die ihre konkrete Gestalt in großem Maße durch Orientierung und Sachverstand des Nutzers erhalten. Neugierde, der Drang, Wissen zu erlangen, ist das Elixier, das Druckerschwärze und Papier, also den leblosen Elementen der *Enzyklopädie*, die Seele einhaucht. Die Korrelation war ein effizientes Werkzeug zur Erkundung neuer Ideen, womit bestehende Kategorien und Erwartungen herausgefordert wurden. Im nächsten Kapitel skizzieren wir den geschichtlichen Augenblick ihrer Genese aus dem Potenzial, das freigesetzt wird, wenn dynamische Prozesse auf vorausgehende statische Erkenntnismodelle treffen. Wie nimmt die *Enzyklopädie* die Herausforderung an, die Welt zu beschreiben?

3. BESCHREIBUNGEN

I.

Im vorhergehenden Kapitel wurden unsere Begriffe des Diagramms und des diagrammatischen Wissens vornehmlich im Rahmen der visuellen Formen und der ihnen zugehörigen Legenden vorgestellt, welche die Tafeln der *Enzyklopädie* kennzeichnen. Das tiefe Verständnis für die den Druckmedien eigenen Darstellungsmöglichkeiten hatte, wie wir zeigen konnten, die Autoren dazu befähigt, aus den Binärkategorien sprachlicher und bildlicher Formen auszubrechen, die letztendlich durch Lessing ausgeprägt worden sind. Die Autoren setzten einen geschmeidigen Vorgang der Korrelation in Gang, um diese binäre Entgegensetzung zu überbrücken und machten dabei die Nutzer zu verbindlich mitwirkenden Akteuren wie auch zu Begünstigten. Prozesse des Lernens und Verstehens, die auf Pfaden verlaufen, welche in hohem Maße persönlicher Natur und unvorhersehbar sind, wurden nicht nur möglich, sondern auch zur Notwendigkeit. Diese Entwicklungen erfolgten vor dem Hintergrund einer philosophischen Untersuchung der Natur der Sprache selber. Argumente wie die von John Locke über deren rein konventionellen Charakter wurden gegen jene ins Feld geführt, die Persönlichkeiten wie etwa Gottfried Wilhelm Leibniz vertraten, der davon überzeugt war, dass zwischen Wörtern und deren Referenten tatsächlich Korrespondenzen bestehen. Bei diesen Meinungsverschiedenheiten ging es um das Vermögen der Sprache, Dinge in der Welt zu bezeichnen – eine Vorstellung, deren Tradition bis in jene Zeit zurückreicht, als Adam im Garten Eden Tieren Namen verliehen hatte. Dieser Vorstellung entsprechend ist Sprache ein geräuschloser und transparenter Index des Wirklichen. Anhänger der Vorstellung hingegen, Sprache sei ein System von Konventionen, verweigerten dem Mythos einer Eins-zu-eins-Entsprechung zwischen Worten und Dingen die Anerkennung, boten den dadurch Desillusionierten aber kaum praktische Auswege.

Die *Enzyklopädie* als Projekt sowie ihre Logik, die sie als ein über Querverweise arbeitendes Wörterbuch charakterisierte, umgingen die Debatten, die Zeitgenossen über die Sprache führten, indem sie eine neuartige und praktische Alternative anboten, ohne sich auf eine der beiden Seiten zu schlagen. Stattdessen rückte Diderots System der Querverweise [renvois] zwischen Text und Tafeln den Nutzern beständig ins Bewusstsein, dass es keine abschließende Wahrheit geben konnte, sondern die Geschichte ad infinitum fortführbar war – je nach Sachkenntnis, Neigung oder Laune. Unsere Interpretation der *Enzyklopädie* als ein Werkzeug diagrammatischen Wissens macht es möglich, deren Texte mittels derselben konzeptionellen Linse zu analysieren, die wir bei der Untersuchung ihrer Tafeln genutzt haben. Darin liegt die Zielsetzung dieses Kapitels.

Die Anwendung der Sprache auf die Welt, sei es in der Weise einer unmittelbaren Eins-zu-eins-Entsprechung oder rein konventionell, wird im Problem der Beschreibung thematisch.[1] Der „Beschreibung" [„description"] betitelte *Enzyklopädie*-Artikel ist ein knapper, in mehrfacher Hinsicht außergewöhnlicher Text. Er besteht aus vier einzelnen, von vier verschiedenen Autoren verfassten Teilen und wurde zwei Jahrzehnte später im *Supplément* von Jean-François Marmontel völlig neu durchdacht (siehe Kapitel 4). Der Artikel verteilt das Problem auf drei große Wissensbereiche: Naturwissenschaft, Geometrie und Literatur. Schließlich vermeidet er den Versuch einer zusammenführenden Ansicht und hält die miteinander im Wettstreit liegenden Vorstellungen in einer Art Gleichgewicht. Wir betrachten diesen Artikel – in seinen verschiedenen Teilen und angesichts seiner vier grundverschiedenen Autoren – als Mikrokosmos der *Enzyklopädie* selbst, als Regelwerk für die Aufzeichnung von Kor-

1 Das Thema Beschreibung ist, insbesondere in Bezug auf das 18. Jahrhundert, in jüngerer Zeit eine Art Feld fruchtbarer Forschungen geworden. Zu den Hintergrunduntersuchungen gehören: Ph. Hamon, Introduction à l'analyse du descriptif, Paris 1981, Neuaufl. Paris 1993; der Originaltexte und zeitgenössische Schriften umfassende Sammelband von Philippe Hamon: La Description Littéraire, Paris 1991; D. Reynaud, Pour une Théorie de la Description au 18e siècle, in: Dix-Huitième Siècle 22 (1990), S. 347–366. Eine Sammlung wichtiger Abhandlungen, die auf eine Konferenz aus dem Jahre 1996 zurückgehen, bietet: J. Bender und M. Marrinan (Hg.), Regimes of Description: In the Archive of the Eighteenth Century, Stanford CA 2005. Ein Forschungsprojekt, das unter dem Titel „The History and Theory of Description" gegenwärtig am King's College Cambridge betrieben wird, hat einen seiner Schwerpunkte im 18. Jahrhundert. Zu den neuesten Veröffentlichungen zählen: Cynthia Wall, The Prose of Things: Transformations of Description in the Eighteenth Century, Chicago 2006, sowie J. Stalnaker, The Unfinished Enlightenment. Description in the Age of the Encyclopedia, Ithaca NY 2010. Die letztgenannte Arbeit beruht auf der Dissertation aus dem Jahre 2002, welche die Autorin unter dem Titel „In Visible Words: Epistemology and Poetics of Description in Enlightenment France" an der New York University verfasst hat. Wir möchten Frau Stalnaker insbesondere dafür danken, uns ihre Forschungsergebnisse zu Marmontel zugänglich gemacht zu haben.

relationen. Das den Artikel kennzeichnende Ringen darum, das Problem der Beschreibung deutlich zur Sprache zu bringen, findet seinen Widerhall in miteinander rivalisierenden Sprachkonzeptionen. Auch bringt er einen impliziten Diagrammbegriff zur Darstellung.

Systematische, in Geometrie und Mathematik gründende Notationen entstanden in den Jahrzehnten vor der *Enzyklopädie* als Bindeglieder von zunehmend komplexer werdenden Datendarstellungen. Moderne Leser mögen über die Einbeziehung der Mathematik in den Bereich der Beschreibung überrascht sein. Andererseits sagt man auch heute noch im Geometrieunterricht, eine Form werde „beschrieben". Thomas Hankins und Robert Silverman haben gezeigt, dass der Zuwachs der Informationsmenge sowie die Zunahme der Analysekomplexität in jedem Wissenschaftszweig durch Graphen und andere Formen visueller Notation begleitet wurden.[2] Im Verständnis früherer Forscher schienen Notationen der Sprache zu ähneln, weil sie zwischen Beobachtern und der natürlichen Welt vermittelten. Folglich werden die wenigen Zeilen d'Alemberts über Geometrie im Artikel zum Thema Beschreibung entscheidend für unser Verständnis des Diagramms um die Jahrhundertmitte wie auch für die Aufmerksamkeit sein, die wir dem Zusammenspiel von Begriff und grafischer Spur im Vollzug von Korrelationen widmen werden.

Heute gelten Informationswert und analytischer Ertrag von Graphen sowie ihnen verwandter Notationen für ausgemacht. Dies war nicht immer der Fall. Die Anhänger Lockes misstrauten Graphen, da sie ihnen mitsamt der Sprache als konventionelle Gebilde nur in beschränktem Maße fähig schienen, Beschreibungen zu erzeugen. Instrumentell generierte Graphen entgingen der Hermeneutik der Täuschung nicht. Im Unterschied dazu sahen Anhänger von Leibniz wie Johann Heinrich Lambert in ihnen die potentielle Grundlage für eine universelle Beschreibungssprache. In seiner *Semiotik* aus dem Jahre 1764 zog Lambert die Musik als Beispiel einer Notation heran, die vollständig den Vorstellungen korrespondiert, die sie repräsentiert.[3] Er strebte nach einem einheitlichen deskriptiven Feld, auf dem Windrichtungen, choreografischen Bewegungen, musikalische Harmonie und letztlich mathematische Funktionen mit nur einer Symbollogik bezeichnet werden könnten. Etwa ein Jahrhundert später war es Charles Sanders Peirce, der Lambert die Urheberschaft logischer Diagramme zugeschrieben hat und als einer der ersten das Wort „Graph" für diese Art diagrammatischen Kontinuums nutzte.[4] Unsere Betrachtung der Tafeln der *Enzyklopädie* – von den gemischten Codes der Abfolge der Jagdszenen bis hin

2 Th. L. Hankins und R. J. Silverman, Instruments and the Imagination, Princeton NJ 1995, S. 113–147.

3 Ebd., S. 119.

4 Ebd., S. 140–144.

zu den als abstrakte Markierungen dargestellten Militärmanövern – deutet darauf hin, dass grafische Notationen in den 1760er Jahren einen charakteristischen Platz innerhalb des visuellen Vokabulars erlangt hatten.

Im Jahrhundert zwischen Lambert und Peirce kam es zu einer Ausbreitung der Instrumententechnik, deren hauptsächliche Entwicklung in den Worten von Hankins und Silverman darin bestand, dass „neue Aufzeichnungsgeräte […] ‚Geheimnisse' offenlegten, die auf anderen Wegen nicht enthüllt werden konnten, mit Sicherheit nicht durch unmittelbare Beobachtung".[5] Die sich ausprägende Befähigung, etwas über Dinge jenseits des Bereichs gewöhnlicher Erfahrung herauszufinden, überschneidet sich mit unserer historischen Darstellung der Anfänge der Diagrammkultur. Die Betätigung diagrammatischer Korrelationen durch den Nutzer steht im Zusammenhang mit entsprechenden Kulturformen, durch welche die verborgenen Gefühle des Betrachters ins Spiel gebracht werden. Zu diesen Neuerungen gehören fiktive Schilderungen von Bewusstseinsepisoden im Roman wie auch Darstellungen der Versunkenheit in den Gemälden von Jean-Baptiste Greuze und Jean-Baptiste-Siméon Chardin, die Diderot so sehr beschäftigten. Auch inspirierten sie bedeutende Änderungen im Zuge der baulichen und sprachlichen Erneuerungen des Theaters, die von Diderot vorgeschlagen, von Marmontel ausgearbeitet wurden und schließlich in den heroischen Gemälden von Jacques-Louis David ihre Darstellung fanden. Dieses Kapitel konzentriert sich auf das Thema Beschreibung, wie es die *Enzyklopädie* präsentiert, verwebt diese verschiedenen Fäden und zeigt deren wechselseitige Verwandtschaft.

Lambert und Peirce waren Optimisten, denn nur unter besonderen Bedingungen nähern sich Diagramme wirklich der Mathematik.[6] Unser historischer Gewährsmann an dieser Stelle ist ein anderer Leibnizianer, Georges-Louis Buffon, der Naturforscher, Übersetzer von Newtons Werk über die Infinitesimalrechnung ins Französische, die erheblichen Einfluss auf den *Enzyklopädie*-Artikel zur Beschreibung ausübte. Buffon stand es fern, die physikalischen Wissenschaften

5 Ebd., S. 128.

6 An dieser Stelle weichen wir von der Auffassung Barbara Staffords ab, die Diagramme für „grafische Rudimente eines reinen Alphabets" hält, für Abstraktionen, einer Mathematik nachgebildet, die den Anspruch erhebt, „die einzige unbefleckte Methode der Erkenntnis" zu sein (Stafford, Body Criticism, S. 150 und S. 133). Unser Zugang ist eher den Unterscheidungen verwandt, die James Elkins trifft, wenn er schreibt, dass nichts von dem, was „modernen Notationen in Hinblick auf Komplexität und Vielseitigkeit nahekommt, vor der Aufklärung existierte. […] Mittlerweile ist es in Wissenschaft und Technik üblich, auf Bilder zu treffen, die das ungeübte Auge überhaupt nicht versteht, und zwar nicht allein deshalb, weil sie von speziellen Auffassungen abhängen, sondern auch aus dem Grund, dass sie entsprechend bestimmter notationaler Strukturen organisiert sind" (Elkins, The Domain of Images, S. 234).

der Mathematik unterzuordnen, denn er sah tiefgehende Unterschiede zwischen diesen beiden Bereichen. Man betrachte den folgenden Auszug aus der Einleitung zu seiner im Jahre 1749 geschriebenen *Histoire Naturelle*:

> „Die physikalischen Wahrheiten [...] sind in keiner Weise zufällig und überhaupt nicht von uns abhängig. Statt auf von uns gemachten Annahmen zu gründen, stützen sie sich auf nichts als auf Tatsachen. Eine Reihe ähnlicher Tatsachen oder, wenn man möchte, eine häufige Wiederholung und ununterbrochene Abfolge derselben Ereignisse bildet das Wesen der physikalischen Wahrheit. Was man physikalische Wahrheit nennt, ist daher nichts anderes als eine Wahrscheinlichkeit, allerdings eine solch große, dass sie der Gewissheit gleichkommt. In der Mathematik arbeitet man mit Annahmen, in der Physik stellt man Behauptungen auf und sucht das Behauptete nachzuweisen. Dort gibt es Definitionen, hier gibt es Tatsachen. [...] Im ersten Fall kommt man zur Evidenz, im zweiten zur Gewissheit.“[7]

Buffon trifft eine klare Unterscheidung zwischen mathematischen Definitionen und den Tatsachen der physikalischen Wissenschaft. Ferner konzediert er, dass physikalische Wahrheiten durch Instrumente aufgezeichnet werden könnten, die „überhaupt nicht von uns abhängig“ sind. Physikalische Daten seien vielfach zu wiederholen, um eine „Wahrscheinlichkeit“ der Wahrheit zu erzielen („häufige Wiederholung und ununterbrochene Abfolge“) und Einzelergebnisse auf eine Weise zu ordnen, die formalisierte Vergleiche erlaubt. Seine Haltung war nicht ungewöhnlich, denn die Entwicklung der Infinitesimalrechnung benötigte, um Kurven zu berechnen, die sich einer Beschreibung durch die Algebra rationaler Zahlen entzogen – Leibniz nannte diese „transzendente Kurven“ –, Differenzialverfahren, die rein geistige Gebilde waren.[8] Buffon hatte Stellung bezogen, als er verkündete, dass sich das, was „man mathematische Wahrheit nennt, daher auf die Einheit der Ideen reduziert und nichts mit ihrer Wirklichkeit zu tun hat“.[9]

Buffons Beharren darauf, die Naturwissenschaft auf physikalische Wahrheiten zu gründen, die durch häufige Wiederholung festgestellt werden,

7 G.-L. M. Leclerc, Comte de Buffon, Histoire Naturelle, Premier Discours, in: Œuvres, hg. v. J. Pizetta, Bd. 1, Paris 1868, S. 17 f. Im Internet: http://artflx.uchicago.edu/cgi-bin/philologic/getobject.pl?c.862:1.frantext0911.

8 C. B. Boyer, A History of Mathematics, 2. Aufl., New York 1989, S. 382, 449, 480, 503, 538, 575.

9 Buffon, Histoire Naturelle, Premier Discours, S. 17. Zu Buffon siehe J. Roger, The Life Sciences in Eighteenth Century French Thought, hg. v. K. R. Benson, übers. v. R. Ellrich, Stanford CA 1997, Kap. 9; und J. Roger, Buffon: A Life in Natural History, hg. v. L. P. Williams, übers. v. S. L. Bonnefoi, Ithaca NY 1997, insbes. Kap. 17.

ist die ordnende Kraft, die hinter der Reihe von Tafeln der *Enzyklopädie* zur Naturgeschichte steht.[10] Grafisch gesehen unterscheiden sie sich von jenen Tafeln, die im letzten Kapitel diskutiert wurden. Denn ihre Aufgabe besteht darin, die vielen im Begleittext aufgelisteten Einzelbeobachtungen zu ordnen und nachzubilden. Betrachten wir die Abbildung (Bild 22), die drei Tieren gewidmet ist, welche ein „Unterscheidungsmerkmal teilen, das darin besteht, keine Zähne zu besitzen": dem Ameisenbär (fourmilier), dem Schuppentier (pangolin) und dem langschwänzigen Schuppentier (phatagin). Das visuelle Medium der Tafel ist schlecht dafür geeignet, die außergewöhnliche Eigenschaft zur Darstellung zu bringen, derentwegen diese drei Tiere gemeinsam vorgestellt wurden, nämlich keine Zähne zu besitzen, ganz zu schweigen von dem Detail, dass alle drei für gewöhnlich Ameisen und Termiten fressen. Hingegen vermag es, die Unterschiede der äußerlichen Erscheinung wiederzugeben, die man zur Einordnung der drei Tiere in zwei Untergruppen nutzte: Zwei der Tiere tragen Schuppen, das dritte hat ein Fell. Der felltragende Ameisenbär (Bild gegenüber) ist in Südamerika beheimatet, die zwei schuppenbewehrten Pangoline hingegen stammen aus Afrika. Auch weisen die drei erhebliche Unterschiede in der Körpergröße auf: Der Foumilier hat eine Länge von etwas über einem Meter (erkennbar anhand einer auf der Tafel befindlichen Skalierung), der Pangolin (Abbildung in der Mitte) kann dem Text zufolge eine Länge von ungefähr zweieinhalb Metern erreichen, über den Phatagin (Abbildung oben), der vermutlich nie in natura beobachtet wurde, berichtet man, dass er erheblich kleiner sei. Diese beträchtlichen Unterschiede im Vorkommen, der äußeren Erscheinung und der Körpergröße werden durch die Tafel visuell vermittelt, um die im Text festgesetzten Parallelen und Einteilungen zu untermauern. Man beachte zum Beispiel, wie ein jedes Tier innerhalb gleichgestalteter rechteckiger Rahmen auf einem kleinen Steinvorsprung platziert ist. Innerhalb eines jeden Rechtecks fällt das Licht von rechts nach links und wirft unterhalb eines jeden Exemplars gleiche Schatten, wodurch darauf verwiesen wird, dass alle drei innerhalb eines gemeinsamen Bezugsrahmens „angeschaut" werden. Schließlich blicken die beiden schuppenbewehrten Exemplare nach links, das felltragende hingegen

10 Die Begleittexte der Tafeln zur Naturgeschichte wurden von Louis-Jean Daubenton (Tiere und Pflanzen) und von Baron Paul Henri Thiry d'Holbach (Minerale) verfasst. Daubenton, ein enger Mitarbeiter Buffons am Jardin du Roi, war gleichfalls verantwortlich für die Gesamtorganisation und Bebilderung der Tafeln zur Naturwissenschaft und verfasste, wie im Folgenden gezeigt wird, den der Naturwissenschaft gewidmeten Teil der Abhandlung über die Beschreibung.

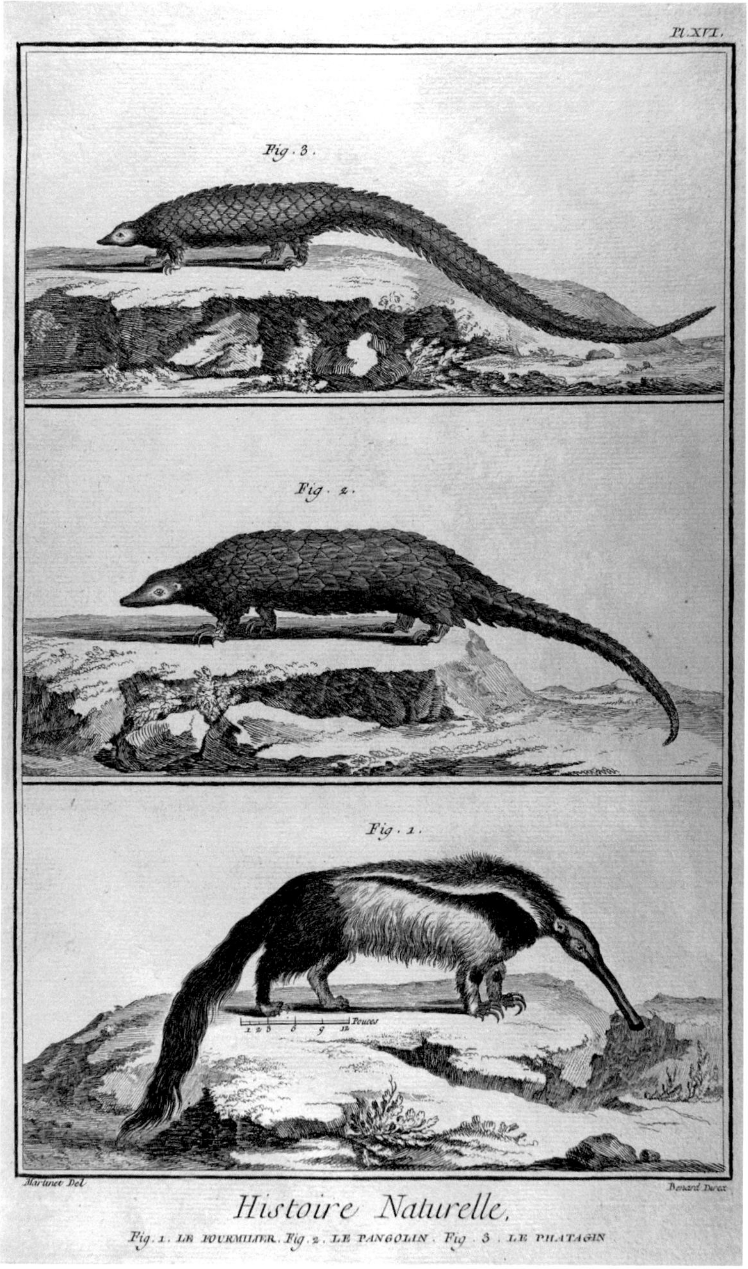

Bild 22 Histoire Naturelle, Tafel XVI, Stich von Robert Bénard nach einem Entwurf von François-Nicolas Martinet für Diderot und d'Alembert, Recueil des Planches, Bd. 6.

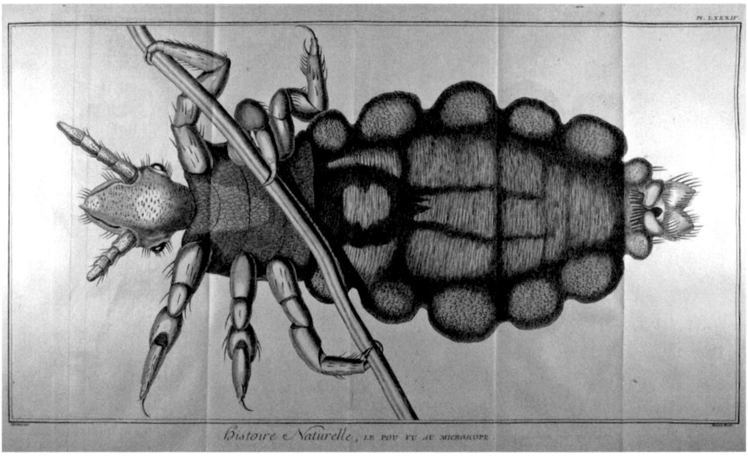

Bild 23 Histoire Naturelle, Le Pou vu au Microscope, Tafel LXXXIV, Stich von Robert Bénard nach einem Entwurf von François-Nicolas Martinet für Diderot und d'Alembert, Recueil des Planches, Bd. 6.

nach rechts, und unterstreichen so die „Richtigkeit" der im Text festgesetzten Unterteilung.[11]

Die Bildeigenschaften solcher Tafeln entsprechen den spezifischen Erfordernissen der Naturgeschichte. Im Unterschied dazu liegt in den *métier*-Tafeln der Schwerpunkt auf den umgrenzten Räumen der Werkstatt, den architektonischen Räumen der Herstellung, oder auf der beschränkten Geografie bewirtschafteter Grundstücke, um eine im Prozess der Entwicklung befindliche technische Welt vorzustellen. In den *métier*-Tafeln organisieren visuelle Verzeichnisse einen virtuellen Raum des Weißen, während die durch sie mobilisierten Korrelationen die Gegenstände zurück auf den Schauplatz des Gebrauchs verweisen, der in der Vignette dargestellt ist. Das Auge der Naturgeschichte scheint durch solche physischen Grenzen nicht beschränkt, denn ihre Tafeln bringen Tiere, Pflanzen und Minerale aus der ganzen Welt zur Darstellung, um einen Bereich des Sehens zu etablieren, der das optische Feld seiner gewöhnlichen Auffassung entreißt. Viele dieser Tafeln, wie die der Ameisenbären, beinhalten unterteilte Maßangaben, um die Größen der Exemplare zu relativieren, obwohl die Darstellungen selbst identisch dimensioniert sind. Die Tafeln zur Naturgeschichte

11 Schuppentiere (Pangoline) werden nicht mehr mit Ameisenbären sowie Faul- und Gürteltieren in der Ordnung Edentata (Zahnlose) zusammengefasst, sondern separat klassifiziert (siehe „mammal", Encyclopædia Britannica, http://www.britannica.com/EBchecked/topic/360838/mammal, und „pangolin", Encyclopædia Britannica, http://www.britannica.com/EBchecked/topic/441256/pangolin).

mobilisieren Korrelationen, die über Zeit, Raum und Größenunterschiede reichen – ein Aspekt, der besonders klar in der erstaunlich großen, ausklappbaren Darstellung einer durch das Mikroskop betrachteten Laus zum Ausdruck kommt (Bild 23). Hier sorgt die physische Größe der Abbildung für eine Überraschung, die schon für sich begeistern mag, während die Gegenwart eines einzelnen Menschenhaars als Maßstab dient, um in Erinnerung zu bringen, wie enorm unsere Sehkraft durch die Hilfe eines Instruments verstärkt werden kann.

II.

Der grafische Umfang der *Enzyklopädie*-Tafeln zur Naturgeschichte lässt vermuten, dass Forscher in den Naturwissenschaften eine Liste miteinander im Wettstreit stehender Diagramme aufstellten, die auf neue Weise die Beziehungen zwischen Subjekten und der physischen Welt strukturierten. Einige Diagramme stellten die überkommene Vorstellung einer humanistischen Subjektivität durch die Forderung infrage, die Modalitäten der Beschreibung vom zu untersuchenden Objekt festlegen zu lassen, statt sie Wahrnehmungsfertigkeiten des Beobachters zu überantworten. Andere wurden entwickelt, um Beschreibungen zu erläutern, die durch Instrumente wie z. B. das Mikroskop erzeugt wurden, welche Daten unabhängig davon aufzeichnen, ob ein Beobachter anwesend war oder jemals anwesend sein wird. Zusammengenommen bieten die Tafeln der *Enzyklopädie* ein Kompendium visueller Möglichkeiten, die wenigerdem Blick das Vorrecht nehmen (diese Meinung vertreten Barbara Stafford und Marin Jay) als sein Potenzial schlagartig umfänglich erweitern.[12]

12 Für Stafford beinhaltete die „theoretische Ausgrenzung der Bildlichkeit, die sich während des gesamten 18. Jahrhunderts ereignete", eine „Entwertung und Unterjochung des Sinnlichen sowie dessen Umbau nach Maßgabe des Logischen" unter der Leitung „vorherrschender Metaphern", die durch die Denkbewegungen von Descartes und Newton etabliert wurden. Stafford umreißt die Folgen dieses Vorgangs im Bild einer Abwärtsspirale. Bildliche Erkenntnis sei systematisch, und zwar *aufgrund* ihrer Nichtsprachlichkeit, auf eine untergeordnete Position verwiesen worden – eine Schilderung, die über das von uns beschriebene Dazwischentreten des Diagramms hinwegsieht (Stafford, Body Criticism, S. 5 f.). Martin Jay wiederum ist der Auffassung, dass, allgemein gesprochen, seit der Zeit von Descartes, den er als den „Gründungsvater des modernen visualistischen Paradigmas" vorstellt, bis zu „einem Großteil des neueren französischen Denkens auf einer Vielzahl von Fachgebieten" ein „tiefes Misstrauen gegenüber dem Sehen und dessen Hegemonialfunktion in der Moderne" zum Vorschein kommt. Jays umfassende Analyse der „Verunglimpfung des Sehens" ist fundamentaler Natur, seine Schilderung gilt jedoch dem Niedergang des „Okularzentrismus" und diese Vorstellung bildet den unverrückbaren Mittelpunkt seiner Geschichte: Er beschreibt die Aufklärung als „die stillschweigende Fortführung eines okularzentrischen Vorurteils"

Die *métier*-Tafeln sind in ihrer wiederkehrenden Zweiteiligkeit – bestehend aus Vignette und visuellem Verzeichnis – der Nachklang einer zeitgenössischen und nichtcartesianischen Auffassung des Sehens, die in Joseph Addisons „Pleasures of the Imagination" zum Ausdruck kommt:

> „In der Tat unterliegt kein einziges Bild unserer Einbildungskraft, das nicht zuvor durch das Auge [sight] eingetreten wäre. Allerdings besitzen wir das Vermögen, jene Bilder, die wir erst einmal empfangen haben, einzubehalten, abzuändern und mit anderen zusammenzusetzen, und zwar in der ganzen Vielfalt, in welcher Bild und Anschauung die Einbildungskraft ansprechen."[13]

Addison zufolge kommt Erkenntnis zustande, indem das optische Bild vermöge der Einbildungskraft aufbereitet und umgestaltet wird, in einem zweiten Schritt also, der dem der Korrelationsbildung im Diagramm gleicht, mit diesem aber nicht identisch ist. Diderot entwickelt eine vergleichbare Ansicht über das Sehen und dessen Begreifen in seinem *Brief über die Blinden*:

> „Wir müssen also einräumen, dass wir in den Gegenständen eine unendliche Anzahl von Dingen wahrzunehmen haben, die weder das Kind noch der Blindgeborene sehen werden, auch wenn sie ihnen in gleicher Weise auf ihre Netzhaut gemalt würden [… und] dass allein die Erfahrung uns lehrt, die Sinnesempfindungen mit dem zu vergleichen, was sie verursacht hat."[14]

und verhüllt, was uns ein Moment des Bruchs zu sein scheint. Zitiert aus: Jay, Downcast Eyes, S. 70, 14, 85.

13 The Spectator, hg. v. D. F. Bond, Oxford 1965, 3, S. 537 (Nr. 411 vom 21. Juni 1712). Addisons Aufsätze wurden, vom 21. Juni bis zum 3. Juli 1712, in elf Ausgaben des *Spectator* veröffentlicht. Zu Addisons Anschauungen siehe H. B. Nisbet und C. Rawson (Hg.), The Cambridge History of Literary Criticism, Bd. 4, The Eighteenth Century, Indexeinträge passim, insbes. S. 369–371; J. Engell, The Creative Imagination, Enlightenment to Romanticism, Cambridge MA 1981, insbes. Kap. 2 und 4; E. T. H. Brann, The World of the Imagination. Sum and Substance, Lanham MD 1991, insbes. S. 15, 473–499; und im größeren Zusammenhang J. Brewer, The Pleasures of Imagination, Chicago 1997.

14 D. Diderot, Lettre sur les Aveugles, in: Œvres, 1: Philosophie, S. 176 f. In Diderots Darstellung ist die erste Seherfahrung ein Feld ungeordneter Empfindungen, das dem unterschiedslosen weißen Hintergrund gleicht, auf dem die visuellen Verzeichnisse angeordnet sind. So schließt Diderot, es reiche nicht, dass „die Gegenstände auf uns einwirken, wir müssen auch ihre Eindrücke bemerken; nichts wird folglich gesehen werden, wenn man die Augen das erste mal benutzt; dass man in den ersten Augenblicken nur durch eine Vielzahl verworrener Sinneseindrücke affiziert wird, die sich nur mit der Zeit und durch die gewöhnliche Überlegung unseren Geisteszustand betreffend aufklären lassen.", ebd.

Im Disput um die Frage, ob jemand, der blind war und nunmehr sehen kann, Gegenstände erkennen könnte, die er nur vom Ertasten her kennt (das Molyneux-Problem), war Diderot der Meinung, dass kein Mensch – ob des Sehens mächtig oder nicht – primäre Sinnesdaten des Auges ohne erfahrungsgegründete Verarbeitung versteht.[15] Von Addison unterscheidet ihn, dass er den Primat des Sehsinns ablehnt – der Tastsinn ist für Diderots Darstellung weit wichtiger –, aber beide betonen die grundlegende Bedeutung der Korrelation für den Erkenntnisprozess.

In Diagrammen gewinnen Sammlungen komparativer Daten, denen man im Bereich alltäglicher Vorstellung unmöglich begegnet, feste Form. Nutzer verarbeiten diese Informationen, indem sie individuelle Erfahrungsspeicher der Wissensproduktion anzapfen. Diagramme übersteigen, so ließe sich sagen, die Grenzen gewöhnlicher Vorstellung und bewegen sich jenseits der Parameter normalen Sehens. Somit überschreiten sie die Grenzen des Camera obscura-Modells, das Locke in dem wohlbekannten Abschnitt seines *Versuchs über den menschlichen Verstand* festgehalten hat: „[B]lieben die in einen solchen Raum eindringenden Bilder darin, und zwar in einer Ordnung, dass sie sich leicht finden liessen, so würde [der Raum] in hohem Maasse dem Verstande des Menschen rücksichtlich aller sichtbaren Gegenstände und deren Vorstellungen gleichen."[16] Locke formuliert seine Metapher im Konjunktiv und macht damit deutlich, dass die Camera obscura nicht wirklich eine losgelöste Reflexion von Erscheinungen vorstellig macht, welche durch ein kleines Loch kommend auf die Wand einer abgedunkelten Kammer projiziert werden. Standbilder würden dies tun und dann der Erfahrung entsprechen, aber Locke ist darauf bedacht, die Erzeugung von Bildern von ihrem Verstehen zu unterscheiden. Addison seinerseits war ebenfalls von Bildern fasziniert, die „auf die Wände eines dunklen Raumes gezeichnet" sind, und schreibt deren Anziehungskraft zu einem erheblichen Teil der „Neuartigkeit einer solchen Aussicht" zu. Weiterhin sagt er aber, der „hauptsächliche Grund [dafür] liegt in ihrer großen Ähnlichkeit mit der Natur, denn [die Aussicht] vermittelt nicht wie andere Bilder Farbe und Gestalt, sondern auch die Bewegung der Dinge, die sie darstellt".[17] Addisons Ansicht verkompliziert die Angelegenheit: Die Bilder werden in der Tat von der Camera obscura aufgezeichnet, ihre Anziehungskraft verdanken sie aber weniger der losgelösten Reflexion des Betrachters als der Bewegung, die sie über das hinaus treibt, was normalerweise von Landschaftsbildern erwartet wird. Addisons Begeisterung ähnelt eher der instinktgeleiteten Erfahrung des Kinos oder der

15 Dies diskutiert Jay, Downcast Eyes, S. 98–102.

16 J. Locke, Versuch über den menschlichen Verstand. In vier Büchern. Band 1, Berlin 1872, S. 166 f. Siehe Crarys Diskussion dieses Passus in: Techniken des Betrachters, S. 50.

17 Bond, The Spectator, 3, S. 550 f. (Ausgabe 414 v. 25. Juni 1712).

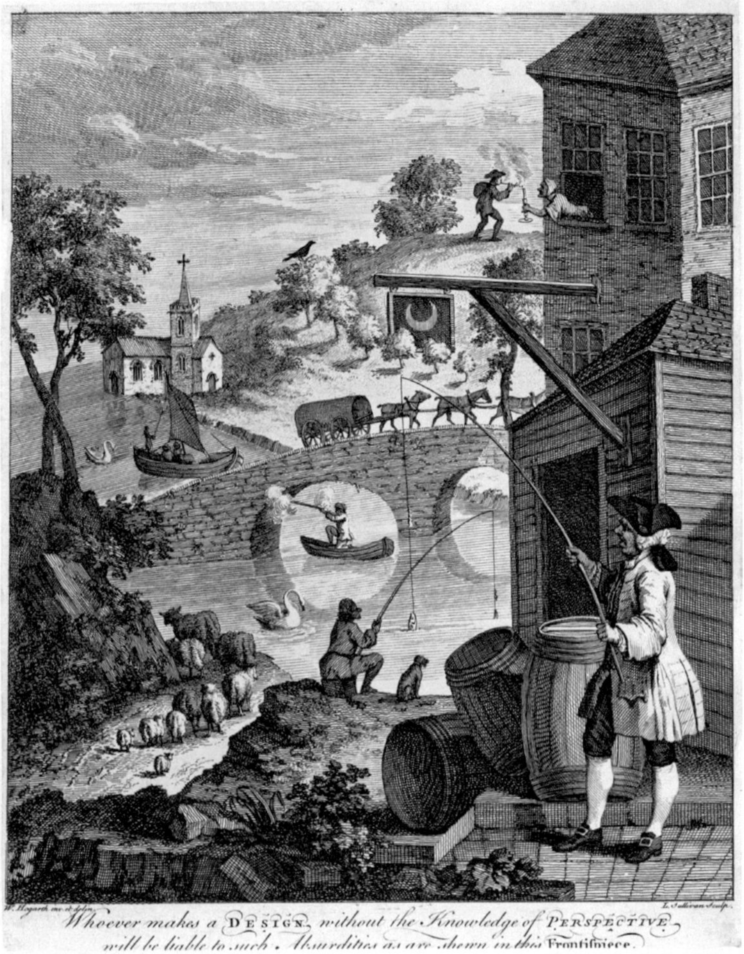

Bild 24 William Hogarth, Satire on False Perspective, 1754, Stich, 22,3 × 17,7 cm, Manchester, The Whitworth Art Gallery, University of Manchester, Inv. P.1994.113.

virtuellen Realität als Lockes systematischer Untersuchung. Seine Bemerkung, Bilder dieser Art präsentierten „die reizvollste Landschaft, die ich je gesehen habe“, verweist auf die personale und kumulative Dimension seiner Begegnung – die in völliger Übereinstimmung mit Diderots Betonung der Rolle der Erfahrung im Prozess der zum Verstehen führenden Korrelationsbildung steht. Historisch gesehen ist die Camera obscura nicht Jonathan Crarys monolithisches Gebilde, das zur Voraussetzung hat, einen „Körper“, um „einen Raum der Vernunft herzustellen, zu einem Trugbild" zu marginalisieren, sondern ein Schauplatz der Erfahrung, auf welchem Wissen in Echtzeit erzeugt wird.[18]

William Hogarths „Satire on False Perspective" aus dem Jahre 1754 bietet eine englische Kritik der systematischen Vorstellung des Blicks, die den Diagrammen der *Enzyklopädie* entspricht und auf diese vorausdeutet (Bild 24). Der Stich führte in eine Abhandlung über den Wert akkurater Zeichenkunst ein, wobei allerdings, wie Ronald Paulson schreibt, „die Fehler in der Perspektivendarstellung (charakteristisch für Anschlagtafeln) dazu genutzt werden, humorvolle, vexierbildartige Spielereien zu erzeugen – nicht nur um zu zeigen, wie man *nicht* zeichnen sollte, sondern irgendwie auch, *wie* man zu zeichnen hätte, wie eine andere Reihe von Beziehungen denkbar wäre, indem man eine andere Reihe von Regeln verwendet".[19] Paulson erfasst das Problem nur zum Teil, weil er diese Bildtafel lediglich mit der späteren (1762) Ausstellung von Anschlag-

18 Crary, Techniken des Betrachters, S. 51. Das gesamte zweite Kapitel, „Die Camera obscura und ihr Subjekt", ist thematisch relevant. Der Betrachter im Camera obscura-Modell steht Crary zufolge einem „einheitlichen, geordneten Raum gegenüber, der durch seinen physiologischen und sensorischen Apparat nicht verändert wird und auf den der Inhalt der Welt untersucht, verglichen und in vielfältigen Beziehungen zueinander erkannt werden kann" (S. 64). Dieses Modell des Auges als einer Art Datensammler, der gleich anderen Sinnen (z.B. dem Tastsinn) dem Geist Informationen übermittelt, werde, so Crary, im 19. Jahrhundert durch physiologische und psychologische Experimente herausgefordert, welche die Bedeutung des gesamten Körpers für den Prozess der Wahrnehmung nachwiesen (S. 75–92 und 95–100). Die zu jener Zeit vorgenommenen empirischen Beschreibungen des menschlichen Sinnesapparats erzeugten „kein einheitliches Subjekt […], sondern eine aus vielen Bestandteilen zusammengesetzte Struktur, auf die die verschiedensten Techniken und Kräfte einwirken und verschiedenste, gleichermaßen ‚wirkliche' Erfahrungen produzieren oder simulieren" (S. 98). Dennoch war dieser Wechsel von einer Camera obscura-Welt des geschlossenen Raums hin zu einer Kompositstruktur mannigfaltiger Erfahrungen, die Crary à la Foucault als den prinzipiellen Bruch in der Kultur der Wahrnehmung zwischen dem achtzehnten und neunzehnten Jahrhundert verortet, bereits in die Tafeln der *Enzyklopädie* eingezeichnet. Diagramme, die Vignetten neben visuelle Verzeichnisse stellen, setzen diesen Bruch schon voraus und, weit bedeutsamer, machen von ihm einen positiven Gebrauch.

19 R. Paulson, Hogarth, 3 Bde., New Brunswick NJ, 1993, Bd. 3, S. 356. Die Bildtafel wurde während einer Auseinandersetzung über den angemessenen Gebrauch der Perspektive durch Maler geschaffen, in welcher Joseph Highmore die Forderung erhob, ernsthafte Kunst müsse die Natur innerhalb mathematisch strenger Perspektive gestalten, Hogarth hingegen bestand auf Darstellungen, die empirisch Entstellungen korrigieren, die durch die Physiologie des Blicks entstanden sind. Für eine flexible Visualisierung hatte Joshua Kirby plädiert. Siehe ders., Dr. Brook Taylor's Method of Perspective Made Easy, Ipswich 1754. Paulson diskutiert Perspektivenwitze in den Zyklen über die „modernen moralischen Subjekte" und bemerkt, dass Hogarth „mit [dem] Verständnis der Betrachteridentifikation spielt" (Hogarth, Bd. 3, S. 61). Siehe auch: Paulson, Popular and Polite Art in the Age of Hogarth and Fielding, Notre Dame IN 1979, Kap. 4. Für eine weiterführende Diskussion siehe:

tafeln in Verbindung bringt, an der Hogarth beteiligt war. Paulson versteht die Bildtafel als eine Feier der „Einfalt". Dies mag zutreffen. Betrachtet man sie allerdings durch die Linse des Diagramms, kommt mehr zum Vorschein: Das Perspektivenphänomen selber wird hier nämlich diagrammatisch erfasst. Die klassische Darstellung Albertis, derzufolge Linien in einem leeren Raum oder einer Piazza verschwinden, weicht – vermöge einer Parodie der Protokolle – einem spielerischen Umgang mit Alternativen zur strengen Perspektive.

Hogarths Stich erfasst dieses Spiel diagrammatisch, indem er eine genau an der Perspektiventheorie orientierte Form der Visualisierung mit einer solchen überlagert, die empirisch auf die Abweichungen des menschlichen Blicks antwortet. Dies stimmt mit der visuellen Funktionsweise des Diagramms überein, die wir in der *Enzyklopädie* am Werk finden: die unvermittelten Gegenüberstellungen, mannigfachen Gesichtspunkte, drastischen Maßstabswechsel, das komplexe Verhältnis der Seite zu den pittoresken perspektivischen *tableaux*. Hogarths Humor entlädt sich an jenen Stellen, an denen der fixierte, mathematisch gesteuerte Fokus der klassischen Linearperspektive auf die Blickkrümmung des physischen Auges und dessen fortlaufende Abtastbewegung trifft. Die „Satire" funktioniert durch die Überlagerung bruchstückartiger visueller Felder, deren jedes in sich kohärent ist. Die komischen Effekte der Bildtafel entstehen an den Grenzpunkten, an denen die Verbindung dieser einzelnen Felder scheitert. Dieses Spiel zweidimensionaler „Zeilensprünge" auf grafischer Ebene wird von Hogarth kenntlich gemacht, indem er ein großflächiges Transparent hinter Bäumen auf dem Berg platziert, weit entfernt von dem Gasthaus, von dem es vermutlich herabhängt. Ein Mann hält einen Kerzenleuchter, um der Pfeife eines anderen Feuer zu geben, der sich noch weiter hinten auf dem Berg bewegt – eine Figur, flächenhaft und vergrößert, als ob sie selbst auf eine Anschlagtafel gehörte. Der Mann im Vordergrund zieht einen Fisch aus dem im Mittelgrund befindlichen Fluss, wobei er zu diesem Zweck eine Angelrute von übermäßiger Länge benutzt. Deren Schnur kreuzt auf unverständliche Weise im vorderen Mittelgrund die Rute eines zweiten Fischers und so weiter. Mit diesen Brüchen der Kohärenz zerschlagen sich dem Betrachter die Erwartungen des gesunden Menschenverstandes, werden Unausgewogenheiten erzeugt, die man Erheiterung nennt.

Gleichwohl führt Hogarths „Satire" nicht ins visuelle Chaos, denn strategisch gesetzte weiße Flecken verknüpfen die Teile zu einem virtuellen Raum erheiternder Korrelation. Gleich den Tafeln der *Enzyklopädie* ist Hogarths Gebrauch mannigfaltiger Perspektiven analytischer Art und durch wechselnde

J. Bender, Matters of Fact: Virtual Witnessing and the Public in Hogarth's Narratives, in: Hogarth: Representing Nature's Machines, hg. v. D. Bindman et al., Manchester 2001, S. 49–70.

Maßstäbe und sich ändernde Blickwinkel visueller Verzeichnisse geleitet. Diese internen Justierungsfehler visualisieren die Auflösung der Hegemonie einer Perspektive und fordern eine beständige Refokussierung – eine Nachahmung des Appells von Diderot an die Nutzer, Korrelationen aktiv zu bilden. Das Wissen um das Wesen der exakten Linearperspektive entsteht vermöge des negativen Beispiels der Manipulation von Maßstab und Position, die willkürlich scheinen mag, in Wirklichkeit jedoch analytischer Natur ist. Die Körpergröße des Fischers rechts im Vordergrund, die ihn als Einwohner Brobdingnags erscheinen lässt, ist Teil eines spielerischen Umgangs in systematischer Absicht, der, so Paulson, „in der Tat den als geeigneten Zuschauer geltenden Mann der Renaissance durch die ‚gemeine Beobachtung' des gewöhnlichen Betrachters ersetzt".[20] Diese große Figur im Vordergrund, die sowohl Betrachter wie Teilnehmer ist, findet ihre Entsprechungen in über die Tafel verstreuten Beispielen, die gezielt seinen Blickwinkel überschneiden und dessen stabilisierende Wirkung untergraben.

Andere, dem Themenspektrum der *Enzyklopädie* verwandte Beispiele englischer Bildsprache erweisen sich als hilfreich, die spezifisch diagrammatische Natur von Diderots Unternehmen aufzuklären. Darstellungen komplizierter Instrumente wie jene der hydrostatischen Waage, die auf einer Tafel im *Universal Magazine of Knowledge and Pleasure* des Jahres 1749 dargestellt ist, benutzen ein System von Verweisbuchstaben, grafischen Skalen und Texterläuterungen, die denen der *Enzyklopädie* sehr ähnlich sind.[21] Allerdings tritt neben diesen Komponenten ein gut gekleideter Herr, der Hut, Degen und Spazierstock zur Schau stellend das Gerät zu betrachten scheint. Nimmt man die Tafel als Maßstab, dann würde der Herr ein Liliputaner von einem halben Meter Körpergröße sein oder aber die Waage besäße die enorme Höhe von über 4 Metern. Der umfängliche Text, der Aufbau und Funktion dieser Waage für spezifische Schweremessungen erläutert (eine ihrer Aufgaben bestand in der Güteprüfung von Metallen), enthüllt an keiner Stelle deren Gesamtgröße. Einige wenige Anhaltspunkte lassen jedoch eine Höhe von etwas weniger als anderthalb Metern vermuten. In diesem Fall kann der Mann nicht in derselben Welt und deren Größenordnung existieren – seine Gegenwart ist allegorisch und emblematisch. Er personifiziert Verstehen, jemanden, der um die Funktionsweise des Gerätes weiß, und symbolisiert in Erscheinung und Kleidung den gehobenen Leserkreis des *Universal Magazine of Knowledge and Pleasure*.

20 Paulson, Hogarth, Bd. 3, S. 61.

21 „The Use and Principles on which the Hydrostatic Balance acts …", Universals Magazine of Knowledge and Pleasure 4 (1749), S. 310–317. Simon Shaffer hat uns freundlicherweise auf diese Tafel und deren Konsequenzen für unsere Argumentation hingewiesen.

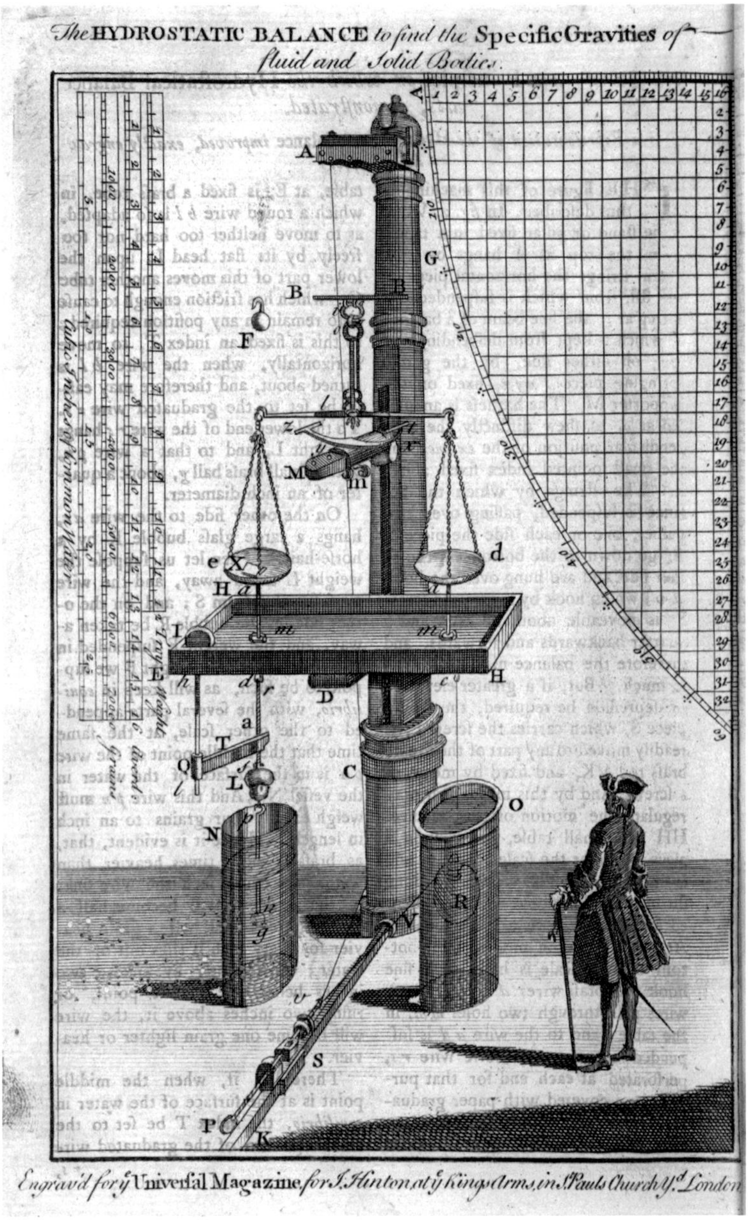

Bild 25 Die hydrostatische Waage für die Bestimmung der spezifischen Schwere von Flüssigkeiten und Festkörpern, Stich für das *Universal Magazine of Knowledge and Pleasure*, Bd. 4 (1749).

Die Strategie, innerhalb des Bildes einen Beobachter zu platzieren, der die Macht der Korrelation symbolisiert, scheint für diese anspruchsvolle englische Zeitschrift charakteristisch zu sein. Dieser Herr mag auch die Forscher symbolisieren, die typisch für die englische Wissenschaftlergemeinschaft waren, oder die in diesen Fragen bewanderte Öffentlichkeit, die anzusprechen sie sich angehalten fühlten.[22] Zuweilen beteiligen sich diese kleinen Männer auch an der Handhabung – man beachte die Figur auf der Tafel aus dem Jahre 1747, die den elektrostatischen Generator berührt (Bild 26) –, in den meisten Fällen jedoch allegorisieren sie nur die Kraft zu sehen, zu korrelieren und zu verstehen (Bild 27). In den Tafeln der *Enzyklopädie* treten normative und unbeteiligte Beobachter dieser Art nie in Erscheinung. Vielmehr sind es skalare Hinweise innerhalb der Abbildungen, die wechselnde, der unmittelbaren Aufgabe angepasste Bezugsrahmen bilden – abgestimmte Maßstäbe für Maschinen oder die Naturgeschichte, aber auch die Vergrößerung eines Menschenhaars, an das sich eine Laus klammert (Bild 23). Die Gestalt des Nutzers, dessen Blickwinkel oder gesellschaftliche Position wird jedoch nicht angegeben. Im Grunde wenden sich die Tafeln an einen jeden interessierten Nutzer, ohne dessen gesellschaftlichen Hintergrund oder Beruf zu berücksichtigen. Die Tafeln erheben schlichtweg den Anspruch, Dinge in der Welt zu sein, geeignet dafür, Denkprozesse neugieriger Geister anzuregen. Eher gleichen sie leuchtenden Kieselsteinen am Strand, die jeden umherstreifenden Blick anziehen, als Darstellungen von Dingen, die für eine ausgewählte Öffentlichkeit hergerichtet wurden. Ihre Wirkung besteht darin, einen produktiven Dialog mit Nutzern auszulösen statt eine fiktive Welt bildlich darzustellen. Aus diesem Grund nennen wir sie Arbeitsgegenstände. Unsere diese Unterscheidung betreffenden Überlegungen sind durch die historische Frage motiviert, wie im späteren 18. Jahrhundert Informationen auszuwerten waren, die durch eine damals immer größer werdenden Anzahl an Messinstrumenten erzeugt wurden.

22 S. Shapin, A Social History of Truth: Civility and Science in Seventeenth-Century England, Chicago 1994, insbes. Kap. 3.

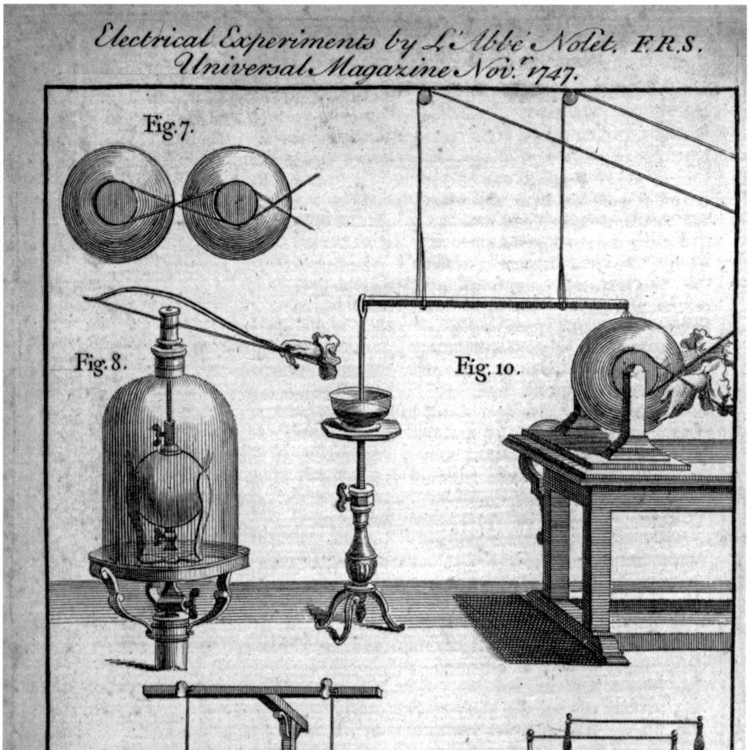

Bild 26 Elektrizitäts-Experimente von L'Abbé Nolet, F. R. S., Stich für das *Universal Magazine of Knowledge and Pleasure,* Bd. 3 (1747).

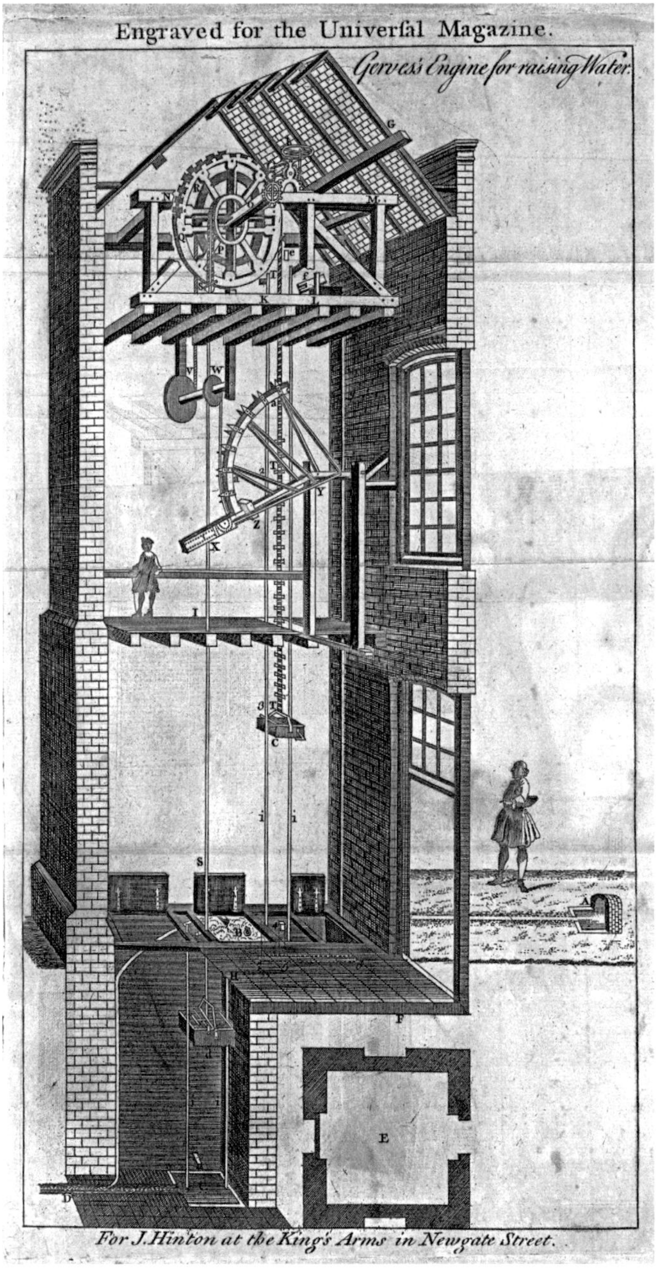

Bild 27 Gerves Maschine zur Beförderung von Wasser, Stich für das *Universal Magazine of Knowledge and Pleasure,* Bd. 10 (1752).

III.

Ann Banfield nähert sich Fragen dieser Art, indem sie für spezielle Zwecke entwickelte optische Geräte – unter anderem Mikroskope und Teleskope – in einen umfassenderen historischen Zusammenhang früher wissenschaftlicher Instrumentenentwicklung stellt, der nicht an den stillschweigend vorausgesetzten Beobachter im Sinne der Optik Albertis gebunden ist. Banfields Herangehensweise ist effizient, weil sie die Bereiche von Wissenschaft und Instrumentierung mit denen von Literatur und Erzählung verknüpft und auf diese Weise ein bedeutsames Bindeglied zwischen den Naturwissenschaften und den Traditionslinien der Beschreibung zur Sprache bringt. Sie beginnt mit Bertrand Russells Erkenntnistheorie, denn Russel habe „die notwendige Verbindung zwischen der zentrierten Perspektive und dem Standpunkt des Beobachters gekappt", als er bemerkte, dass ein Fall von Sensibilia, der „von einer Maschine, durch einen mechanischen Vorgang" aufgezeichnet wurde, „nicht mehr irgend jemandes Empfindung ist,[23] und doch in genauer und bestimmter Art subjektiv bleibt". Obwohl die visuellen Verzeichnisse der *Enzyklopädie* eigentlich nicht durch Instrumente erzeugt wurden, simulieren sie doch die später von Russell beschriebene mechanische Aufzeichnung von Informationen. Ihre Wahrnehmungen gehörten keinem Individuum und keiner Gruppe von Individuen, stehen jedoch jedem Nutzer zur Verfügung, der in der Lage ist, Korrelationen zu bilden. Sie ähneln einem beständig Bilder erzeugenden Teleskop, dessen Leistungsfähigkeit sich aber nur dann erweitert, wenn die von ihm angezeigten Sensibilia durch Nutzer aufgegriffen werden, um Arbeitsgegenstände zu erzeugen.

Banfield unterscheidet zwischen der Präsenz des menschlichen Auges oder Körpers und der Arbeitsweise von Instrumenten, „die eine Linse nutzen, um den menschlichen Blick zu schärfen". In der Wissenschaftsrevolution der Neuzeit haben Instrumente dieser Art, „so könnte man sagen, enorme und gewaltige erkenntnistheoretische Perspektiven eröffnet, die ‚niemand zuvor gekannt hat'".[24]

23 A. Banfield, L'Imparfait de l'Objectif: The Imperfect of the Object Glass, in: Camera Obscura 24 (1991), S. 71. Ein Großteil dieser frühen Diskussion Russells wird wieder aufgegriffen in: dies., The Phantom Table. Woolf, Fry, Russell and the Epistemology of Modernism, Cambridge 2000, Kap. 2. Die Beziehung zwischen Aufzeichnungsinstrumenten und der Subjektivität der Beobachter, ein in der Wissenschaftsgeschichte viel diskutiertes Thema, erläutert Z. G. Swijtink, The Objectification of Observation. Measurement and Statistical Methods in the Nineteenth Century, in: The Probabilistic Revolution, 2 Bde., hg. v. L. Krüger et al., Cambridge MA 1990, Bd. 1, S. 261–285. Eine umfängliche Betrachtung jüngeren Datums findet sich in: Daston und Galison, Objectivity, insbes. S. 32–38.

24 A. Banfield, Describing the Unobserved: Events Grouped Around an Empty Centre, in: Linguistics of Writing: Arguments between Language and Literature, hg. v. N. Fabb et al., Manchester 1987, S. 265.

Die Skepsis gegenüber Instrumenten, die atypische Ansichten der Welt erlauben, hat eine lange Geschichte: So hatte Galileo Galilei Menschen davon überzeugen müssen, dass Fernrohre die Sehkraft tatsächlich verbessern, statt zu unkalkulierbaren Entstellungen zu führen.[25] Eine ähnliche Skepsis kennzeichnete im 18. Jahrhundert Reaktionen auf Graphen sinnlich nicht greifbarer Daten, wie jene, die Johann Heinrich Lambert, William Playfair und James Watt entwickelt hatten.[26] Playfairs diagrammatische Darstellungen der britischen Staatsschuld z.B. wurden als „bloße Spielereien der Einbildungskraft" kritisiert.[27] Banfield führt Zweifel dieser Art auf die Macht der Instrumente zurück, „dem betrachtenden Subjekt zu ermöglichen, Orte zu sehen und zu bezeugen, an denen es nicht nur sich selbst nicht befindet, sondern an denen sich in der Tat kein einziges Subjekt befindet".[28] Russell folgend, erinnert sie uns daran, dass ein Teleskop *beständig* Sinnesdaten aufbereitet, selbst dann, wenn sich kein Auge am Okular befindet. Gleiches ließe sich von jeder Art Wahrnehmungsinstrument sagen.[29]

Russell nutzte das Wort „Sensibilia", um „jene Erscheinungen" zu bezeichnen, „die Dinge darstellen, obwohl kein Geist vorhanden ist, um sie wahrzunehmen" – eine Situation, die sich am besten mit Verweis auf einen Fotoapparat vorstellen lässt, der automatisch Bilder erzeugt: Was die Kamera beim Öffnen des Verschlusses aufzeichnet, sind Sensibilia, die keine Person wahrnimmt, die aber bei Anwesenheit einer Person hätten wahrgenommen werden können.[30] Die durch eine solche Kamera erfolgte Aufzeichnung ist nach der Aufnahme einer beliebigen Anzahl von Betrachtern zugänglich und könnte auf beliebige Weise verstanden werden. Zulässige Induktionen hinsichtlich des Bildes sollten jedoch keine Daten anführen, die nicht durch das ursprüngliche Instrument eingeschrieben wurden. Subjektive Antworten auf solche Erzeugnisse sind zwangsläufig durch die technischen oder mechanischen Parameter des Abtastbereichs der Kamera beschränkt. Ähnliche Bedingungen gelten für Informationen, die in Echtzeit etwa durch das Teleskop verzeichnet werden.

25 Weiterhin behauptete Galilei, dass Fernrohr beseitige sogar Täuschungen, die durch einen Fehler im Auge hervorgerufen werden. Siehe H. I. Brown, Galileo on the Telescope and the Eye, in: Journal of the History of Ideas, 46 (1985), S. 487–501. Siehe auch Hankins und Silverman, Instruments and the Imagination, S. 177.

26 „Unzweideutig als solche erkennbare Graphen erschienen im letzten Viertel des 18. Jahrhunderts, vermutlich unabhängig voneinander, an drei verschiedenen Stellen: im Indikatordiagramm von James Watt, in der ‚lineal arithmetic' von William Playfair und in den wissenschaftlichen Schriften von Johann Heinrich Lambert." Hankins und Silverman, Instruments and the Imagination, S. 118–120.

27 Hankins und Silverman, Instruments and the Imagination, S. 120.

28 Banfield, Describing the Unobserved, S. 265.

29 Banfield, L'Imparfait de l'Objectif, S. 71.

30 Ebd., S. 71 f.

„Jedes Erfassen von Sensibilia, wie auf der Mattscheibe eines Teleskops", so Banfield, „stellt [...] eine Perspektive dar, die unabhängig davon bestimmt werden kann, ob sie ein Beobachter einnimmt oder nicht". Wiederum Russell folgend, kommt sie zu dem Schluss, dass „jene Aspekte der zum Begriff einer Perspektive gehörenden Subjektivität, die auf eine Einheit der Raumzeit begrenzt sind, der Erscheinung der Dinge selbst innewohnen, nicht aber dem Geist oder dem Auge dessen, dem sie erscheinen".[31] Die neutrale Wahrnehmung von Dingen ist eine der forschungsleitenden Annahmen der neuzeitlichen Naturwissenschaft – ein Glaube an intrinsische, durch Instrumente oder Analyseprotokolle vorurteilslos erfassbare Eigenschaften. Demgegenüber zeigt Banfield, dass die Betrachtung der Welt mittels Instrumenten verschiedene Bandbreiten der Aufmerksamkeit in den Dienst nimmt, dass aber die Übermittlung der Daten an die menschliche Wahrnehmung immer die Verdichtung, Übersetzung oder Umbildung der Welt beinhaltet, welche die Darstellung erzeugt. Einige Zweige der Naturwissenschaft – wie etwa Astronomie und Mikrobiologie – sind in erheblichem Maße auf optische und Messinstrumente angewiesen. Andere wiederum, insbesondere Buffons Naturgeschichte, decken – detailgenauer Unterscheidungen und klarer hierarchischer Strukturierung wegen – eine reduzierte Bandbreite der Beschreibung ab. Entscheidend für uns ist, dass die Ausweitung wissenschaftlicher Forschung zur Ausbildung von Bereichen unterschiedlicher Aufmerksamkeit innerhalb des menschlichen Wahrnehmungsfelds führt, und zwar in Entsprechung zu spezifizierten Wissensbereichen, Disziplinen und Techniken. Gravierende Meinungsverschiedenheiten in der *Enzyklopädie* zum Thema Beschreibung dokumentieren den Widerhall und die Umsetzung dieser Diversifizierung.

Banfield bringt Russells Erkenntnistheorie in Anschlag, um das zu erklären, was bezogen auf Aufzeichnungsgeräte ein Bewusstsein ohne Subjektivität genannt werden könnte. Russells Sprachtheorie hingegen war nicht in der Lage, Sensibilia besser zu beschreiben als die Autoren der *Enzyklopädie*, weil er – fälschlicherweise – von der „notwendigen Egozentrizität aller deiktischen Termini" ausging. Seiner Darstellung zufolge wäre es unmöglich, auf ein solches Ereignis zu verweisen und es zu benennen, ohne dabei die eigene Anwesenheit und die eines Beobachters ins Spiel zu bringen. Russell war, so Banfield, die Vorstellung fremd, dass ein Satz „zugleich subjektiv und subjektlos" sein kann, eine „Sprache bildet, die unpersönliche Wahrnehmungen erfasst, und den Sensibilia sprachliche Darstellung verschafft, die durch ein Gerät aufgezeichnet worden sind".[32] Um Russells Irrtum aufzuzeigen führt Banfield als Gegenbeispiele Aussagen erlebter Rede aus dem Bereich der Romanliteratur an. Erlebte

31 Banfield, Describing the Unobserved, S. 267.
32 Ebd., S. 276.

Rede [free indirect discourse] ist ein Satz oder eine syntaktische Struktur der Erzählung, in der Gedanken aus der Perspektive der ersten Person des Akteurs in die dritte Person überführt werden, als ob diese dem Leser objektiv und von jeder narrativen Vermittlung unabhängig gegenwärtig wären.[33] Sie findet Aussagen dieser Art in einer Form der Schriftsprache – der Sprache des Romans – an jenen Stellen, an denen sich die (imperfekte) Vergangenheit mit Präsens-Markern wie *dies*, *hier* oder *jetzt* verbindet – als Aufzeichnungsmodus eines „dies war jetzt hier". In diesen Fiktivaussagen gibt die unpersönliche Erzählung in der Zeitform der Vergangenheit dem Leser die Möglichkeit, dem im Alltag unzugänglichen intrasubjektiven Denken anderer scheinbar wirklich beizuwohnen. Schon in der „Sprache des Romans" begegne der Leser „einer wirklichen und empirisch bestimmbaren Möglichkeit, der verstörenden Gegenwart von etwas Unpersönlichem, Unmenschlichem, Vergangenem und insofern Entferntem" beizuwohnen.[34] Diese linguistische Entwicklung erfolgte zu einer geschichtlich bestimmten Zeit: Banfield findet erste französische Beispiele in den Fabeln von La Fontaine sowie englische Ausprägungen in den Romanen von Jane Austen.[35] Sie verortet das „plötzliche und gleichzeitige Auftreten vergegenwärtigter Rede und vergegenwärtigten Denkens am Beginn der Moderne – zu einem Zeitpunkt also, der mit dem Aufstieg des Romans selbst zusammenfällt".[36] Banfields Darstellung einer spezifischen, in Geräten vorfindlichen Art Bewusstsein – sowie der unpersönlichen Gedankenerzählung im Modus erlebter Rede – steht in Übereinstimmung mit dem Nachdruck, mit dem wir die unvermittelte Präsenz des Weißen auf den Tafelseiten der *Enzyklopädie* betonen. Alle drei eröffnen einen Raum, in dem Nutzer und Arbeitsgegenstände in Erscheinung treten können und Wissen erzeugt werden kann.

33 Bei erlebter Rede (style indirect libre) wird auf die dritte Person und die Vergangenheitsform zurückgegriffen, um gegenwärtige Gedanken und seelische Zustände der ersten Person narrativ wieder zu vergegenwärtigen. Siehe z.B. Dorrit Cohns Diskussion von Jane Austens *Emma* in: Transparent Minds. Narrative Modes for Presenting Consciousness in Fiction, Princton NJ 1978, S. 113. Siehe auch J. Bender, The Novel as Modern Myth, in: R. M. Maniquis, C. Fisher (Hg.), Defoe's Footprints. Essays in Honour of Maximilian E. Novak, Toronto 2009, S. 223–237. Für die Diskussion der Entstehungszeit der erlebten Rede siehe M. Brown, The Gothic Text, Stanford CA 2005, Kap. 3 und 4.

34 Banfield, Describing the Unobserved, S. 278.

35 A. Banfield, Unspeakable Sentences. Narration and Representation in the Language of Fiction, Boston 1982, insbes., S. 225–254. Für einen Kommentar zum umfassenderen Problemzusammenhang siehe: M. Jay, Cultural Semantics, Amherst 1998, S. 47–61.

36 Banfield, Unspeakable Sentences, S. 231. Eine ähnliche Feststellung trifft Michail Bachtin. Siehe V. Voloschinov, Marxismus und Sprachphilosophie, Frankfurt/M. 1975, Teil 3, Kap. 4.

Die von Banfield vorgestellte Chronologie und deren Verknüpfung mit der Moderne sind entscheidend, denn damit ist genau jene Zeitspanne gemeint, in der die ursprünglichen Bände der *Enzyklopädie* geschrieben und verfertigt und die ihnen zugehörigen Tafeln publiziert wurden, wie in ihr auch die Ergänzungsbände erschienen sind. Banfields Beschreibung linguistischer Darstellungen, die in der Gegenwart beobachterunabhängige Wahrnehmungsdaten evozieren, bietet einen prägnanten geschichtlichen Kontext für Michael Frieds Diskussion geistiger Versenkung in der französischen Malerei der 1750er Jahre. Für „französische Maler jener Jahre", so Fried, „gehörte zur überzeugenden Darstellung geistiger Versenkung charakteristischerweise, die Selbst- oder Bewusstseinsvergessenheit der infrage stehenden Figur oder Figuren all dem gegenüber heraufzubeschwören, was nicht Gegenstand ihrer Versenkung ist". Beschreibungen selbstversunkener Figuren neigen Fried zufolge dazu, das Publikum des Bildes auszublenden, „oder zumindest der Tatsache seiner Existenz die Erlaubnis zu verweigern, auf das versunkene Bewusstsein seiner Figuren einzuwirken. Genau diese Weigerung scheint Greuzes Zeitgenossen höchstes Vergnügen verschafft und in der Tat dieses Publikum, vor der Leinwand stehend, in den Bann gezogen zu haben". Fried behauptet, diese Wirkung sei ein „Paradox", das „umso unverständlicher ist, weil das Empfindungsvermögen in der zwischen Greuze und uns liegenden Zeit einen tiefgreifenden Wandel vollzogen hat".[37] Banfields Untersuchung verweist darauf, dass Bilder dieser Art – ähnlich jenen Sätzen des Romans, welche die „Erscheinung der Dinge an niemanden richten" – ein „Jetzt in der Vergangenheit" konstituieren, dem Bild gleich, das eine Kamera auf einer lichtempfindlichen Platte erzeugt. Solche Bilder ziehen uns heute derselben Gründe wegen in ihren Bann wie Greuzes Gemälde deren Betrachter. Beide halten „die fortwährende Existenz von Gegenständen außerhalb der Geistes" fest, was „den Betrachter verstört [...] Der Betrachter nimmt erschreckt seine eigene Abwesenheit zur Kenntnis".[38] Das visuelle Arrangement der Tafeln der *Enzyklopädie* – ihre strikte Frontalsicht, ihr Bruch mit den fiktiven Räumen der *tableaux*, ihr durchgängiges Weiß, das visuelle Teile mit dem Netzwerk von Zahlen und Buchstaben verknüpft, die wiederum auf Texte verweisen – lässt die Rückführung auf nur eine Perspektive oder Entität, die man Betrachter nennen könnte, nicht zu. Im Unterschied zu diesen sind Nutzer von Diagrammen funktionelle Komponenten, die von dem System nicht getrennt werden können, in das sie eingebunden sind. Sie sind befugt, einen Korrelationsprozess auszulösen, selbst wenn sie bemerken, dass ihre subjektive Präsenz kaum wahrnehmbar, nahezu nichtig ist. In dieser Situation spiegelt sich sowohl

37 M. Fried, Absorption and Theatricality. Painting and Beholder in the Age of Diderot, Berkeley 1980, S. 31, 68.

38 Ebd., S. 68, und Banfield, L'Imparfait de l'Objectif, S. 75–79.

jene Zutrittsverweigerung dem Publikum gegenüber, die Fried als entscheidend für die Gedankenverlorenheit in den Werken von Chardin und Greuze anführt, als auch die von Banfield im Modus erlebter Rede thematisierte Eigenart, dass Dinge an niemanden verwiesen sind. Unserer Darstellung zufolge kennzeichnen diese Erscheinungen den geschichtlichen Moment, an welchem das diagrammatische Wissen in den Mittelpunkt rückt. Auch bleiben sie Leitmotive der Kultur des Diagramms.

Nutzer von Diagrammen praktizieren Korrelationen, um Arbeitsgegenstände zu erzeugen. Die modernistische Selbstreflexion ist nicht das Ziel. Möglicherweise erschaffen Nutzer provisorische Haltungen oder erzeugen Antworten auf visuelle Arrangements aus dem Stegreif, wie etwa Diderots Salonbesucher oder der Leser von Romanen – aber dabei handelt es sich nur um Gedankenexperimente von keinesfalls größerer Bedeutung als vorgestellte Maschinen oder Arbeitsabläufe. Was Fried als Paradox erscheint, ist nicht die Wirkung einer tiefgründigen Subjektivität, sondern lediglich eine passende Antwort auf ein begegnendes visuelles Feld. Die visuelle Ordnung wirkt, unserer Meinung nach, auf Nutzer vermöge der reinen Indifferenz dieser Ordnung.

IV.

Die Berücksichtigung wissenschaftlicher Instrumente und des Stilmittels der erlebten Rede scheint zunächst von den Tafeln und Texten der *Enzyklopädie* abzuführen. Der für unsere Geschichte wesentliche Zusammenhang besteht aber in der Verdrängung des Selbst als des Mittelpunkts der Wissensbildung: Identität ist das Ergebnis der Arbeit eines Nutzers, nicht jedoch seine immanente, seinsmäßige Eigenschaft. Banfields Untersuchungen lassen uns erkennen, dass im Falle einer Datenaufzeichnung oder -erfassung durch Instrumente selbst ohne Beisein eines Menschen die Sinnesdaten, die Locke „im Geist eines Beobachters verortet hatte, veräußerlicht werden und im Instrument lokalisiert sind".[39] In ähnlicher Weise deutet ihre Analyse der erlebten Rede darauf, dass bestimmte materiale Konfigurationen der Sprache die Gedanken anderer Personen ohne Rückgriff auf einen fiktiven, allwissenden Charakter oder Erzähler vorstellig machen. Die Tafeln der *Enzyklopädie* ordnen, so behaupten wir, Datenbündel in visuellen Verzeichnissen, die in veränderlichen und labilen Verhältnissen zueinander wie auch zu tableauartigen, auf einen Einzelbetrachter ausgerichteten Weltsichten stehen. Diese Anordnungen verstreuter Informationen finden dadurch zu kognitiver Stabilität, dass ein Nutzer aktiv Korrelationen bildet, und zwar über das Weiße des Druckmediums hinweg, das sich als offener Raum verstehen lässt, als undurchdringliches Feld und unter Umständen als

39 Banfield, Describing the Unobserved, S. 265.

beides zugleich. Diese Wandelbarkeit möchten wir hervorheben, setzt sie doch voraus, dass ein Nutzer der *Enzyklopädie,* statt eine fixe Subjektivität zu besitzen Teil eines dynamischen Bedeutungssystems ist.

Der 1754 erschienene Artikel über Beschreibung hingegen zeigt Inkonsistenzen, sollte man versuchen, die verschiedenen, jeweils den Naturwissenschaften, der Mathematik, Rhetorik und Ästhetik angemessenen Datenarten unter einer einzigen Rubrik zusammenzufassen.[40] Die vier Teile des Artikels offenbaren Spannungen, die zwischen Beschreibungen auf dem Feld der Naturwissenschaften und dem der schöngeistigen Literatur zu erwarten wären. Aber auch innerhalb der Belletristik erscheint nun eine Kluft zwischen einem traditionell rhetorisch orientierten Zugang deskriptiven Schreibens, der auf externalisierte Aufführung zielt, und einer neuen, durch den Roman der Jahrhundertmitte verkörperten Ästhetik, welche die Erfahrung privater Gefühle evozierte. Schließlich sucht der kurze Passus über Geometrie zwischen den für die Beschreibung definierten weltlichen Angelegenheiten in den übrigen drei Teilen einerseits und dem jenseits der innerweltlichen Erfahrung und des Experimentierens liegenden Bereich reiner Mathematik auf der anderen zu vermitteln. Der Text liefert keine kohärente Erklärung in Gestalt einer Theorie der Sprache, des Sehens oder des wahrnehmenden Körpers. Vielmehr errichtet er eine Reihe von Begründungsebenen, von denen aus die Aufgabe der Beschreibung in verschiedene Richtungen gehend gleichzeitig angegangen wurde. Will man diesen Artikel verstehen, muss man sich über dessen Brüche Klarheit verschaffen, die Pfade aufspüren, auf welche dessen Querverweise deuten, und in einem Prozess Korrelationen entwerfen, der an Diderots *Prospectus* erinnert und den hybriden Visualisierungen der Tafeln um acht Jahre vorgreift. Dies sind einige der Gründe, weswegen wir den Artikel über Beschreibung ein Regelwerk für die Aufzeichnung von Korrelationen genannt haben, wie auch dafür, dass er in unserer Erörterung eine so wichtige Rolle spielt.

Der Artikel beabsichtigt, „die Ähnlichkeiten und Unterschiede" im Vergleich natürlicher Gegenstände zu „entdecken", um „eine Tatsachenfolge zu ermitteln, die allgemeine Kenntnisse erbringt". Um jedoch dieses Ziel zu erreichen, sind eine Reihe verschiedener disziplinärer Praktiken erforderlich. Eine jede Disziplin hat sich präzise an einen Forschungsplan zu halten, der auf Techniken gründet, die ihren Untersuchungsgegenständen angemessen sind: „[...] der Beschreibungsplan muss relativ zum Gegenstand jedes Wissenschaftsbereichs sein. Es ist jedoch absolut notwendig, dass er innerhalb eines jeden Bereichs einheitlich ist." Die üblichen Praktiken der Ermittlung von Ähnlich-

40 Description, in: Diderot und d'Alembert, Encyclopédie. Dieser Artikel wird mit etwas anderer Zielsetzung untersucht von Stalnaker, In visible words, S. 24–43 und 69–92.

keiten und Unterschieden werden ins Feld geführt, jedoch nicht an uniforme Vergleichsstandards gebunden. Vielmehr entsprechen Brennpunkt und Körnung der Analyse den Eigenschaften, die der Reihe der zu untersuchenden Gegenstände innewohnen, und variieren bereichsabhängig. Der Text spielt auf eine Theorie der Korrelation an: Erkenntnis entspringt nicht einer ihren Gegenstand beherrschenden Technik, sondern einem Prozess des Experimentierens, der durch die Verzeichnisstruktur der *Enzyklopädie* befördert wird.[41] An dieser Stelle offenbart das Unternehmen der Aufklärung eine paradoxale Struktur, die uns ein hervorstechendes Merkmal der Kultur des Diagramms zu sein scheint – und dieses von den vorhergehenden Vereinheitlichungsbestrebungen der Scholastik stark unterscheidet wie auch von den postmodernen Karikaturen, die den wissenschaftlichen Antrieb der Aufklärung als monolithisch, eindimensional und repressiv verzeichnen.

Der Abschnitt zur Naturgeschichte eröffnet den Artikel im Ganzen. Für Diderot war die Moderne durch die analytische Beschreibung der Natur bestimmt. Die Entscheidung, diesen Artikel mit einem Beitrag von Louis-Jean-Marie Daubenton beginnen zu lassen, stellte Ideen in den Mittelpunkt, die sich mit der damals modernsten Institution verbanden – dem Jardin du Roi. Daubenton arbeitete dort als Buffons engster Mitarbeiter an der *Histoire Naturelle*, jenem bedeutenden Unternehmen, das im Jahre 1749 zu erscheinen begann. Für Buffon bildete die Beschreibung die Grundlage einer jeden sachkundigen Naturgeschichte. So schrieb er in dem Manifest, das seine Monumentalstudie eröffnet: „Die exakte Beschreibung wie die getreue Geschichtsschreibung eines jeden Gegenstands sind [...] der alleinige Zweck, der von Anbeginn vorliegen muss. [...] [Die Naturg]eschichte hat der Beschreibung zu folgen und sich einzig mit den Beziehungen zu beschäftigen, welche die Naturgegenstände untereinander und zu uns besitzen".[42] Im Geist Buffons beginnt Daubenton seine Darstellung mit Worten, welche die visuellen Verzeichnisse vorherzusagen scheinen, die dann auf Tafeln der *Enzyklopädie* erscheinen sollten: „Die verschiedenen Erzeugnisse der Natur zu beschreiben heißt, ihr Portrait zu zeichnen und ein *tableau* zu verfertigen, das sie, sowohl das Innere als das Äußere betreffend, von verschiedenen Seiten und in verschiedenen Zuständen vergegenwärtigt."[43]

41 Baker, Épistémologie et Politique, S. 51–58.

42 Buffon, Histoire Naturelle, Premier Discours, S. 10. Zu Daubenton siehe F. A. Kafker und S. L. Kafker, The Encyclopedists as Individuals. A Biographical Dictionary of the Authors of the Encyclopédie, Oxford 1988, S. 88–91. Zu Buffons Stellung und zu Bemerkungen der Zeitgenossen über Daubenton siehe Roger, The Life Sciences in Eighteenth Century French Thought, Kap. 9.

43 In diesem Abschnitt versteht Daubenton *tableau* in einem allgemeinen Sinn, der sowohl visuelle Verzeichnisse meint, als auch jene spezielle Auffassung bildlicher Darstellungen beinhaltet, die wir bei der Diskussion der Tafeln genutzt haben.

Gattungen der Beschreibung verschiedener Gegenstände müssen, so betont er, in Abhängigkeit von deren Komplexität (Tiere, Pflanzen, Minerale) variieren, um einen jeden Gegenstand so deutlich wie möglich in den Blick nehmen zu können. Von Beschreibungsgattungen wird nicht erwartet, dass sie bündig aneinanderschließen. Vielmehr sind Sprache und Maßstab innerhalb einer Gattung einheitlich, nicht hingegen über alle Disziplinen und Forschungsfelder hinweg universell gültig.

Weder Buffon noch Daubenton erstreben eine allumfassende Synthese. Der Grund dafür, Vielfalt bereitwillig zu akzeptieren, ist doppelter Natur, ist an den Körper gebunden wie auch von ihm getrennt: Einerseits hat der Maßstab der Darstellung flexibel zu sein, denn die primäre Sinneswahrnehmung ist nur einem Maßstab entsprechend justiert (dem des Menschen), andererseits jedoch fordert die Naturwissenschaft, dass jedes Ding, um es klassifizieren zu können, in hinreichend hoher Auflösung erkannt wird. Daubenton besteht auf einer Detail und Komplexität betreffenden Abstufung der Beschreibung, der Komplexität des Gegenstands, nicht jedoch eines äußeren Maßstabs entsprechend, der an a priori festgelegte Untersuchungsbedingungen gebunden wäre. In aller Einzelheit ausgeführte Beschreibungen werden von ihm missbilligt, überfordern sie doch die Aufmerksamkeit des Beobachters und verhindern so das Klassifizieren. Erfolgt die Beschreibung nicht innerhalb „angemessener Grenzen", unterwirft sie sich nicht „bestimmten Gesetzen", wird sie lediglich ein „nutzloses, oberflächlicher Neugierde unterworfenes Bild" werden.

Daubentons Darstellung bricht mit älteren Denkmodellen in zweifacher Hinsicht. Erstens bildet er „allgemeine Kenntnisse" nicht durch die Aufstellung von Beziehungen zwischen Sätzen der Logik, sondern empirisch, „durch die Entdeckung von Ähnlichkeiten und Unterschieden" zwischen den Gegenständen. Statt nach scholastischer Eingliederung sucht er Abhängigkeiten zu erfassen, wofür Korrelationen aufgeboten werden: *Beschreibungen* sollten „relativ zum Gegenstand jedes Wissenschaftsbereichs" erfolgen. Wenn Daubenton zweitens behauptet, Beschreibungen müssten „ein tableau [...] verfertigen", das „sowohl das Innere als das Äußere betreffend" verschiedene „Seiten und [...] verschiedene[] Zustände[] vergegenwärtigt", dann führt er eine Vorstellung von *tableau* ins Feld, die dem gleichmäßig strukturierten linearperspektivischen Bildraum der Renaissance ganz unähnlich ist. Daubenton bezieht *tableaux* nicht nur auf die pittoresken Motive, die dann auf vielen Tafeln der *Enzyklopädie* erscheinen sollten, sondern auch auf die visuellen Verzeichnisse – die zusammengesetzten Darstellungen, geometrischen Figuren und semiotischen Felder –, welche für die meisten der Tafeln charakteristisch sind. In seine differenzierende Auffassung von Beschreibung ist eine Theorie des Diagramms eingeschlossen.

Die Einstellung zur Mathematik, die der Artikel des Jahres 1754 erkennen lässt, stimmt mit der Überzeugung Diderots überein, dass ihr bestenfalls eine Nebenrolle in der neuen Beschreibungswissenschaft zukommt. So behauptet er, der Mathematiker gleiche

> „einem Wanderer, der von einem Gebirge, dessen Gipfel sich in den Wolken verlieren, nachdenklich zurückblickt: die Gegenstände der Ebene sind unter ihm verschwunden; ihm bleibt nur das Schauspiel seiner Gedanken und das Bewußtsein der Höhe, zu der er sich erhoben hat, ohne daß es nun allen gegeben sein müßte, ihm dorthin zu folgen und dort zu atmen".[44]

Buffons moderaterer Einschätzung zufolge erhält die Mathematik den Stellenwert einer Beschreibungswissenschaft nur dann, wenn sie an sensorische Beobachtungen geknüpft wird:

> „[Mathematische] Wahrheiten würden immer eine Sache reiner Spekulation oder simpler Neugierde und völlig nutzlos geblieben sein, hätte man nicht die Mittel gefunden, sie mit den physikalischen Wahrheiten zu verbinden. [...] Wenn wir jedoch, nachdem die Tatsachen durch wiederholte Beobachtung festgestellt und neue Wahrheiten durch präzise Experimente ermittelt wurden, nach den Gründen für dieselben Tatsachen, nach den Ursachen für diese Wirkungen suchen wollen, [...] müssen wir uns darauf beschränken, die Ursache eine allgemeine Wirkung zu nennen [...]. Diese allgemeinen Wirkungen sind für uns die wahren Gesetze der Natur. All die Erscheinungen, die wir als sich an diese Gesetze haltend und als von diesen abhängig erkennen, werden so viele erklärbare Tatsachen und begriffene Wahrheiten sein [...]. An dieser Stelle kann die Einheit der beiden Wissenschaften der Mathematik und der Physik großen Nutzen erbringen. Die eine liefert das ‚Wie viele', die andere das ‚Wie' der Dinge."[45]

Gegen Diderot und Buffon stand d'Alembert. In seiner *Einleitenden Abhandlung zur Enzyklopädie* aus dem Jahre 1751 erklärte er, dass die „abstraktesten Begriffe, die dem Durchschnitt der Menschen am schwersten faßlich sind, [...] sich häufig durch die größte Klarheit aus[zeichnen]. Je mehr sinnlich wahrnehmbare Eigenschaften wir an einem Gegenstand untersuchen, desto unklarer

44 D. Diderot, Gedanken zur Interpretation der Natur, in: ders., Philosophische Schriften, Bd. 1, Berlin 1961, S. 448. Zu Diderots Standpunkt siehe T. L. Hankins, Science and the Enlightenment, Cambridge UK 1985, S. 16–17, 28, 45. Siehe auch Diderot, Interpreter of Nature, hg. v. J. Kemp (Übers.), J. Stewart, Westport CT 1937, ND 1979, S. 49–63.

45 Buffon, Histoire Naturelle, Premier Discours, S. 18.

werden unsere Ideen."[46] D'Alembert anerkannte die Bedeutsamkeit des Experimentierens, zeigte aber für die Durchführung von Experimenten kaum oder gar kein Interesse. Er meinte, so Hankins, dass die „Theorie in jedem Fall ein exaktes Ergebnis voraussagt, das dann durch Beobachtung überprüft werden kann".[47] Zwei Jahre später, in seinen *Pensées sur l'Interprétation de la Nature*, antwortete Diderot auf d'Alemberts optimistische Betrachtung der Mathematik und stellte die Meinungsunterschiede beider Denker heraus.[48]

Gemeinsam mit ihrem Netzwerk an Querverweisen bezeugen die separaten Einträge zum Artikel über Beschreibung aus dem Jahre 1754 diesen Widerstreit der Ideen der Hauptherausgeber der *Enzyklopädie*. Die empirisch gegründete Naturwissenschaft von Buffon und Diderot konfligiert mit der mathematisch konzipierten „rationalen Wissenschaft" d'Alemberts auf eine Weise, die Hogarths „Satire" ähnelt. Stillschweigend gibt d'Alembert in seiner Diskussion der Beschreibung in der Geometrie Buffon und Diderot nach; durch die Kürze wie den scheinbar engen Themenbereich seines Textes jedoch umgeht er die größeren Meinungsverschiedenheiten über das Wesen der Mathematik, die zwischen Diderot und ihm bestehen. Für den Zweck der Beschreibung akzeptiert d'Alembert die Unvermeidbarkeit einer beschränkten Anzahl von Beobachtungen, um geometrisch erzeugte Kurven einschätzen zu können. In diesem Fall werden die einbegriffenen endlichen Intervalle immer messbar bleiben. D'Alembert betrachtete solche konkreten Bewertungen geometrischer Darstellungen als „hinreichend für praktische Anwendungen" für Zwecke physikalischer Beschreibungen, selbst wenn sie mathematische Vollkommenheit nicht erreichen.

D'Alemberts genaue Spezifizierung und materielle Grundlage für die Bewertung von Kurven überschneiden sich auch mit dem fortwährenden Dissens, der zwischen ihm und Leonhard Euler über das Wesen mathematischer Funktionen besteht. Beide gerieten in Streit über die angemessene Art, die Bewe-

46 Jean le Rond d'Alembert, Einleitende Abhandlung zur Enzyklopädie, hg. v. G. Klaus, Berlin 1958, S. 33. Über d'Alemberts Widerspruch zu den Auffassungen Diderots und Buffons hinsichtlich der Bedeutung der Mathematik siehe Hankins, S. 85–96.

47 Hankins, Jean d'Alembert, S. 28, 3–4 und 94–97. Siehe auch ders., Science and the Enlightenment, Kap. 2, insbes. S. 17–28. D'Alemberts Überzeugung vom Primat der „rationalen Wissenschaft", d.h. von der Vorrangigkeit der Analyse gegenüber dem Experimentieren, ist ein Leitmotiv für Hankins *Jean d'Alembert* (siehe die Sachverweise unter „rationalism"). Deshalb behauptet Hankins, „d'Alembers Positivismus und Rationalismus" sei „weit extremer als all das, wozu sich Newton jemals bekannt hatte. Er kann deshalb nur mit großen Einschränkungen als Anhänger Newtons gelten" (Jean d'Alembert, S. 3).

48 Zu Diderots Auffassung siehe Hankins, Science and the Enlightenment, S. 16–17, 28, 45. Siehe auch Kemp, Diderot. Interpreter of Nature, S. 49–63.

gung einer gezupften Saite zu analysieren.[49] D'Alembert beharrte darauf, dass die Infinitesimalrechnung in angemessener Weise nur durch stetige Funktionen erzeugte Kurven betrachten kann. Seine Darstellung der Schwingungen einer Saite beschränkte sich folglich darauf, diese als eine Sinuskurve zu behandeln. Im Unterschied dazu glaubte Euler, dass eine jede Funktion durch die Infinitesimalrechnung darstellbar ist, solange sie in dem geforderten Bereich Stetigkeit aufweist, selbst wenn sie jenseits dessen aufgrund von Variablen unstetig wird. Übereinstimmend mit seinem Standpunkt in dieser Frage zieht d'Alemberts Abhandlung über die Beschreibung das buchstäbliche, dingliche Ausziehen [décrire] von Kurven mittels einer an keiner Stelle unterbrochenen Zirkellinie in Betracht sowie die grafische Darstellung von Punkten, die man zu einer durchgehenden Kurve verbinden kann, und zwar nach Augenmaß [à vûe d'œil].[50]

Der physische Vorgang des Verbindens gerader Linien von Punkt zu Punkt, geleitet vom bloßen Auge, erzeugt eine Folge, welche „die kleinen Linien spürbar und hinreichend für praktische Anwendungen zu einer Kurve formt". Solche Kurven werden nicht gezeichnet, indem ein Punkt exakten Regeln folgend eine stetige physische Bewegung vollzieht (z. B. die Erzeugung eines Kreises mittels eines Zirkels), sie werden aber auch nicht im Prozess einer mathematischen Differentiation als Abfolge einer unendlichen Anzahl von Punkten erzeugt. Vielmehr vervollständigen die Linien eine durch Punkte nur zum Teil gezeichnete Figur: Die Bewertung der Kurve durch den Nutzer stellt eine Art Korrelation dar.[51] Die bewerteten Kurven, die d'Alembert der beschreibenden

49 Hankins, Jean d'Alembert, S. 47–49. Hankins bemerkt, d'Alembert sei der Überzeugung gewesen, „dass jede mathematische Kurve, um ein angemessener Gegenstand der Infinitesimalrechnung zu sein, einer schwingenden Saite gleichen müsse: stetig, ohne Brüche oder Knicke aufzuweisen, und zwischen festen Endpunkten liegend. Euler hielt dies für eine unnötige Einschränkung und behauptete, mathematische Funktionen könnten eine jede Kurve beschreiben, selbst eine ‚mit der Hand gezogene' – solange die Funktion über ein periodisches Intervall definiert wird", Hankins, Science and the Enlightenment, S. 28. Zur Auseinandersetzung um die Funktionen siehe auch J. V. Grabiner, The Origins of Cauchy's Rigorous Calculus, Cambridge MA 1981, S. 88–90.

50 Zur Vorgeschichte von d'Alemberts mechanistischem, ins 17. Jahrhundert zurückreichenden Verständnis der Geometrie siehe P. Dear, Discipline & Experience. The Mathematical Way in the Scientific Revolution, Chicago 1995, S. 210–216.

51 Ein deutliches Beispiel dafür, wie diagrammatisches Denken in produktiver Weise die Grenzen der Bereiche von Physik und Mathematik überbrücken kann, stellt die Beschäftigung mit Pendeln und Zykloiden durch Christiaan Huygens dar, die um 1660 erfolgte. Siehe M. S. Mahoney, Drawing Machines, in: W. Lefèbre (Hg.), Picturing Machines: 1400–1700, Cambridge MA 2004, insbes. S. 289–297. Ein Beispiel aus dem 20. Jahrhundert wäre das, was Matt Ridley als Francis Cricks „Gewohnheit" bezeichnet, „auf spezielle Art auf Modelle zu schielen, um diese stereoskopisch zu sehen". Crick entsann sich seiner Fähigkeit, die Raumgruppensymmetrie der Elementarzelle eines Kristalls intuitiv sehen zu können. „Obwohl es

Geometrie zuordnet, sind Diagramme – physisch erzeugte nicht-mimetische Bewertungen in darstellerischer Form. [52] Darüber hinaus sind sie, um hier den Terminus von Galison und Daston zu nutzen, „Arbeitsgegenstände".

Gemeinhin wird die Aufklärung als die Schwelle zur Moderne verstanden und geglaubt, dass der um das Jahr 1750 erfolgende Schritt von d'Alemberts mit der Hand gezogenen Kurven zu mathematischen Näherungen mittels der Infinitesimalrechnung ein kleiner Schritt war. Das ist aber nicht zutreffend. Unter der Rubrik Beschreibung wird die Infinitesimalrechnung von d'Alembert nirgends erwähnt – eine Entscheidung, die stillschweigend die höhere Mathematik vom Bereich der physikalischen Beobachtung absetzt und sie dieser buchstäblich überordnet. Seiner Auffassung nach ist die Mathematik ein rein abstraktes Unternehmen, befähigt, empirische Ergebnisse vorherzusagen. Für den Zweck seines Beitrags zum Artikel über Beschreibung entschied er sich für ein geschicktes und praktisches Herangehen und gegen die Erkenntnistheorie oder das, was ihm als wirkliches Wissen galt. Aber d'Alemberts Vorliebe für Präzision, Reinheit und Vollständigkeit bleibt immer deutlich erkennbar: Wenn er mit der Hand gezogene Kurven im Artikel über Beschreibung unterbringt, so tut er dies, um Reinheit und Vollständigkeit für die Mathematik zu sichern. Geschichtlich gesehen lässt sich erkennen, dass d'Alembert und seine Gegner, unter ihnen Euler, den Beschränkungen der Infinitesimalrechnung ihrer Zeit aufsaßen. Diese erzeugten die wirklichen Meinungsverschiedenheiten, welche das Klischee einer monolithischen Aufklärung verdeckt.[53] Dass d'Alembert, geradezu sich selbst widersprechend, eine beschreibende, auf dem eher ungenauen Verfahren der Verknüpfung von Punkten beruhende Geometrie aufgreift, scheint uns symptomatisch für die disziplinären Konflikte zu sein, die der Kultur des Diagramms innewohnen.

erforderlich ist, die algebraischen Feinheiten zu beherrschen, erkannte ich doch schnell, dass ich die Antworten auf viele dieser mathematischen Probleme mittels einer Kombination von Bildersprache und Logik sehen konnte, ohne mich erst mit Mathematik herumzuschlagen." Siehe M. Ridley, Francis Crick: Discoverer of the Genetic Code, New York 2006, S. 39.

52 Rotman, Thinking Dia-Grams, S. 17–39, insbes. S. 27–29.

53 Zur Kontroverse und zu einigen der in dieser Zeit mit der Infinitesimalrechnung bemerkten Probleme siehe Hankins, Science and the Enlightenment, S. 22–28, sowie M. Kline, Mathematical Thought from Ancient to Modern Times, New York 1972, Kap. 19. Die Infinitesimalrechnung schien ein Paradox zu erzeugen, das bis zum 19. Jahrhundert ungeklärt blieb. Diese Unwägbarkeiten führten zu Debatten über den Status der Infinitesimalrechnung als einer Form der Erkenntnisgewinnung wie auch über die theologischen Konsequenzen ihres Umgangs mit der Unendlichkeit. Buffons Beitrag zu diesem Meinungsstreit war das Vorwort zu seiner Übersetzung von Newtons Schrift zur Infinitesimalrechnung, La méthode des fluxions, et des suites infinies. Par M. le Chevalier Newton, Paris 1740.

D'Alemberts Zurückhaltung gegenüber der Mathematik, die er in seinem Teilbeitrag zum Thema Beschreibung praktiziert, erscheint aus unserer heutigen Zeit gesehen merkwürdig, da komplexe Algorithmen Roboter steuern, um den Tremor der Hand des Chirurgen im Operationssaal (wie in unserer einleitenden Geschichte beschrieben) zu dämpfen. Tatsächlich zeigt d'Alembert, wie stark er an den die Mathematik betreffenden philosophischen und metaphysischen Debatten Anteil nimmt, indem er den Leser auf seine umfangreiche Abhandlung über Kurven [courbe] verweist, in der Fragen zur Infinitesimalrechnung detailliert nachgegangen wird. D'Alembert behandelt die Infinitesimalrechnung auch deshalb separat, weil „transzendente Kurven", in der Sprache der Zeit verstanden, nicht in dem Sinne „dargestellt" werden können, den der Artikel meint, nämlich durch Zeichnen mittels Zirkel [tracer]. Denn jene Kurven entziehen sich ihrer Unstetigkeit wegen einer algebraischen Beschreibung und der Annahme, dass Funktionen stetig sind. Transzendente Kurven müssen mittels der Infinitesimalrechnung gedacht, angenommen und approximiert werden. Anders gesagt steht der Unterabschnitt über Geometrie an einer seltsamen Zeitstelle – also einem nur kurz geöffneten Zeitfenster –, einerseits charakterisiert durch d'Alemberts Auffassung von der Unabhängigkeit der höheren Mathematik gegenüber Beobachtungen der rationalen Wissenschaft und andererseits durch Buffons Beharren auf den vortheoretisch durch „wiederholte Beobachtung" bestimmbaren Tatsachen. Für d'Alembert befindet sich die beschreibende Geometrie in einer unbehaglichen Lage zwischen der Selbstgewissheit, die „ausschließlich das Resultat geistiger Tätigkeiten ist und sich auf metaphysische und mathematische Operationen bezieht", und der bloßen Gewissheit, die „dagegen mehr den physikalischen Objekten zukommt, deren Erkenntnis die Frucht der konstanten und invariablen Aussage unserer Sinne ist".[54] Die beschreibende Geometrie, die hier nichts als ein d'Alembert mit Diderot und Buffon notdürftig verbindendes Glied darstellt, sollte später an der École Polytechnique in den Händen von Gaspard Monge zu einem entscheidenden Werkzeug praktischer Anwendung werden.

Der Nachdruck, den die *Enzyklopädie* auf Beobachtung und technische Umsetzung legt, von d'Alembert mit seinem Rekurs auf die beschreibende Geometrie nicht angefochten, ist sowohl eine Aussage über die empirischen Grundlagen des Wissens als auch ein Symptom zeitgenössisch eingeschränkter Möglichkeiten höherer Mathematik, insbesondere der Infinitesimalrechnung, neue Formen der Erkenntnis zu erzeugen. Mitte des 18. Jahrhunderts stellten die Arbeiten von Euler, Daniel Bernoulli, Benjamin Robins und anderen, die sich mit Problemen wie dem Verhalten von Pendeln, der Ballistik, der Gezeiten und der Hydraulik beschäftigten, nur erste Ansätze dar, die Infinitesimalrechnung

54 D'Alembert, Einleitende Abhandlung zur Enzyklopädie, S. 54.

zur Lösung von Problemen der Ingenieurwissenschaft zu nutzen.[55] Newton entwickelte die Fluxionsmethode, um Planentenbewegung mathematisch zu beschreiben und die Kräfte der Himmelsmechanik zu bestimmen. Aber selbst auf dieser Makroebene ließen sich Anomalien nicht völlig beseitigen und Newtons Gesetze waren, wie Hankins schreibt, „nicht in der Lage, diese neuen Bereiche der Mechanik zu begreifen, die sich im 18. Jahrhundert entwickelten. Strömungsmechanik, die Mechanik starrer Körper, dynamischer Systeme und elastischer Medien – all diese Bereiche erforderten Prinzipien und mathematische Methoden, die Newton nicht zur Verfügung standen."[56] Christiaan Huygens hatte in seiner Arbeit über Pendel bereits festgestellt, dass die Mathematik die Palette an Techniken für eine vollständige theoretische Beschreibung vermissen ließ, geschweige denn den technischen Aufbau durch einen theoretischen Zugang verbessern konnte.[57] In den 1740er Jahren machte Robins dramatische Fortschritte bei der genauen Schätzung der Flugbahn und Reichweite von Geschossen, jedoch war sein Werk kaum bekannt, bis es Euler 1745 ins Deutsche übersetzte und seine Bearbeitung mit Kommentar letztlich in den 1750er Jahren veröffentlichte.[58] Robin wies damit den Weg, um Newtons Traum zu erfüllen, die Sphären von Theorie und empirischer Messung zu harmonisieren und Resultate von der Art zu erzielen, die Buffon sich als „großen Nutzen" erbringend vorstellte. In vielfältiger Weise veranschaulicht er eine ingenieurwissenschaftliche Praxis, die im Verlauf des folgenden Jahrhunderts vollständig verwirklicht werden sollte.

55 Siehe z.B. I. Grattan-Guinness, The Norton History of Mathematical Sciences, New York 1998, Kap. 5; The Calculus and Its Consequences, insbes. S. 295–298; G. Gigerenzer et al., The Empire of Chance. How Probability Changed Science and Everyday Life, Cambridge UK 1989, Kap. 1; B. D. Steele, Muskets and Pendulums. Benjamin Robins, Leonard Euler, and the Ballistics Revolution, in: Technology and Culture 35, 2 (1994), S. 348–382; S. Schaffer, „The charter'd Thames": Naval Architecture and Experimental Spaces in Georgian Britain, in: The Mindful Hand. Inquiry and Invention from the Late Renaissance to Early Industrialisation, hg. v. L. Roberts et al., Amsterdam 2007, S. 279–305.

56 Hankins, Jean d'Alembert, S. 7.

57 Michael Mahoney charakterisiert Huygens Gebrauch von Zeichnungen als „visuelle Schnittstelle zwischen Physikalischem und Mathematischem". Siehe Drawing Machines, insbes. S. 289–306. Für eine ausführlichere Darstellung siehe M. S. Mahoney, Huygens and the Pendulum. From Device to Mathematical Relation, in: The Growth of Mathematical Knowledge, hg. v. H. Breger und E. Grosholz, Dordrecht 2000, S. 17–39; und Charting the Globe and Tracking the Heavens. Navigation and the Science in the Early Modern Era, in: The Heirs of Archimedes. Science and the Art of War through the Age of Enlightenment, hg. v. B. D. Steele und T. Dorland, Cambridge MA 2005, S. 221–230. Eine Erläuterung bietet Grattan-Guinness, The Norton History of Mathematical Sciences, S. 268–271.

58 Siehe Steele, Muskets and Pendulums, S. 355, 366, 638–667 und passim.

Diese Harmonie zwischen Theorie und Beobachtung zu erzielen rückt, wie wir betonen möchten, als „wissenschaftliches" Unternehmen erst viel später in den Mittelpunkt. Während der 1740er und 1750er Jahre wurden in Frankreich diese beiden Pole nur in Buffons beschränktem Sinne für grundsätzlich miteinander vereinbar gehalten, und auch nur, wie er sagte, „für eine sehr geringe Anzahl von Gegenständen".[59] Eine der Zielsetzungen der *Enzyklopädie* – symptomatisch für die Kultur des Diagramms – bestand darin, Naturwissenschaften und Mathematik in eine Art Koexistenz zu zwingen – wiewohl die Brüche innerhalb des Artikels zur Beschreibung die Grenzen dieses Unternehmens dokumentieren.[60] Auch ahmt der Artikel die Zersplitterung und Departmentalisierung des Fachwissens nach, welche die *Enzyklopädie* in ihrer Gesamtstruktur prägt: Die Naturwissenschaften existieren neben der Geometrie, aber auch in relativer Selbstständigkeit von ihr. Es besteht eine Dissonanz zwischen verschiedenen Stimmen, die hinsichtlich der Natur und der Grenzen mathematischer Beschreibungen einander widerstreiten; intellektuelle Zerwürfnisse – zwischen Buffon oder Diderot und d'Alembert – werden über Querverweise auf Fachartikel so umgelenkt, dass sie die Fähigkeit der Sprache nicht gefährden, die Welt darzustellen. Nur durch einen in der Wörterbuchgestalt der *Enzyklopädie* verborgenen Taschenspielertrick überlebt die Beschreibung die tiefreichenden philosophischen Meinungsverschiedenheiten ihrer Autoren.

Der abschließende Teil des Artikels aus dem Jahre 1754 betrifft die schöngeistige Literatur. Hier treten divergierende Meinungen über die Arten des Wissens hervor, welche die beschreibende Sprache ermöglicht. Zwei Akteure schreiben miteinander konkurrierende Texte, die einander direkt innerhalb der Spalten eines einzigen Artikels gegenübertreten. Die Divergenzen betreffen die Ausrichtung der deskriptiven Sprache: Richtet sich diese wesentlich auf die Außenwelt der Gegenstände oder meint sie auch die Innenwelt der Gefühle wie der ästhetischen Erfahrung? Edmé-François Mallet zufolge „sollten Beschreibungen von Dingen Bilder präsentieren, welche die Gegenstände so darstellen, als ob sie anwesend wären". Im Unterschied dazu ist Louis de Jaucourt hauptsächlich an dem Vergnügen interessiert, das einer „geistigen Tätigkeit entspringt, die durch Worte erzeugte Ideen mit jenen vergleicht, die dem Geist durch die

59 Buffon, Histoire Naturelle, Premier Discours, S. 19.

60 Als akademisches Projekt sollte in Frankreich diese Verbindung nicht vor der Gründung der École Polytechnique durch den Nationalkonvent im Jahre 1794 und der Verlagerung des Lehrplans hin zur Anwendung der reinen Mathematik durch Pierre-Simon Laplace ab dem Jahre 1795 verfolgt werden. Siehe B. Belhoste, Un modèle à l'épreuve: L'École polytechnique de 1794 au Second Empire, in: La Formation polytechnicienne 1794–1794, B. Belhoste et al., Paris 1994, S. 9–30, insbes. S. 17–23. Siehe auch R. Hahn, Le système du monde. Pierre-Simon Laplace, un itinéraire dans la science, übers. v. P. Hersant, Paris 2004, Kap. 7.

wirkliche Anwesenheit von Gegenständen begegnen". Jaucourt beginnt seine Ausführungen mit einem Einwand: Die Konjunktion *aber* [mais] drängelt sich ein, unmittelbar nachdem Mallets Signatur vorgibt, die Diskussion abzuschließen. Jaucourt stellt das Gesamtthema erneut zur Diskussion, greift Mallets Worte auf und gibt ihnen durch Addisons Interpretationslinse gelesen eine Neuausrichtung, indem er fragt, warum all die „Beschreibungen, die die Gegenstände gut beschreiben", uns Vergnügen bereiten, selbst wenn sie Dinge wiedergeben, die „unangenehm anzuschauen sind". Seine Antwort – „weil die Freuden der Einbildungskraft außerordentlich umfänglich sind" – bringt eine Ansicht zur Sprache, die weit entfernt von der seines Kollegen ist.

Jaucourt und Mallet sind von ihrer jeweiligen Herkunft her äußerst verschieden. Mallet war ein Geistlicher, der einer Familie von Zinngießern entstammte, eine „konservative Geisteshaltung" einnahm und Frank und Serena Kafker zufolge „ein begeisterter Royalist" war, dessen Abhandlungen „für gewöhnlich nach Prinzipien und Mustern in der Vergangenheit suchten". Er widersetzte sich einer Erkenntnistheorie, die besonderen Wert auf die Sinneswahrnehmung legte und fürchtete, das „Studium der englischen Sprache" ermuntere dazu, „Hobbes, Locke und andere anstößige Schriftsteller zu lesen".[61] Jaucourt hingegen entstammte einer burgundischen Adelsfamilie, deren protestantische Orientierung ihn nach Genf, England und in die Niederlande führte, wo er sich die Grundlagen seiner Bildung aneignete. Als universell gebildeter und anglophiler Denker steuerte er ein Viertel aller Artikel der *Enzyklopädie* bei, unter ihnen den kurzen aber bemerkenswerten Beitrag über den Roman, in welchem er einer Geschichte des modernen psychologischen Romans nachgeht, die in die gleiche Richtung weist wie die Literaturkritik unserer Zeit. Diese beiden Männer sprechen für die Aufklärung mit diametral entgegengesetzten Auffassungen über das kommunikative Potenzial beschreibender Sprache.[62]

Mallet, für den die linguistische Beschreibung einen anschaulichen Charakter besitzt, sich nach außen richtet und auf unmittelbare Weise darstellt, tritt Jaucourt offen entgegen, dessen Beschreibungsmethode sich grundlegendend mit der menschlichen Reflexivität verknüpft und in ihr verortet ist. Die epochale, dem Empirismus eigene Differenzierung innerhalb der Erkenntnis erscheint im Artikel als Ganzem genommen als Brechung in Wissenschaft und Ästhetik. Die Wissenschaft postuliert eine Welt, die durch die Sinne wahrnehmbar ist oder durch deren instrumentell realisierte, aber nach wie vor nach außen gerich-

61 Kafker und Kafker, The Encyclopedists as Individuals, S. 239 f.

62 Zu Jaucourt siehe ebd., S. 175–180. Sein Verständnis, das ihn als einen für sein Zeitalter maßgeblichen Literaturkritiker auszeichnet, zeigt sich in den Zitatstellen bei Nisbet und Rawson, The Cambridge History of Literary Criticism, Bd. 4, passim.

tete Erweiterungen. Die Ästhetik richtet die Erkenntnis auf eine Innenwelt, die weitgehend selbstreferentiell ist, wohl aber durch äußere Erscheinungen ihre Impulse erhält. Was wir die Kultur des Diagramms nennen, umfasst sowohl die wissenschaftliche als auch die ästhetische Orientierung und berücksichtigt insbesondere die Verschiebung von Maßstäben, Perspektiven und imaginären Blickwinkeln, die aus der Umformung eingeborenen und idealisierten Wissens resultieren, die im Hinblick auf die Materialität menschlicher Wahrnehmung und deren Grenzen erfolgt.

Die entscheidenden Neuerungen in Methode, Sprache und Form, die wir im Sinn haben, sind jene der Maßstäbe symbolischer Darstellung. Diese Maßstäbe konvergieren nicht mehr mit dem menschlichen Maß und den organischen Zusammenhängen der klassischen Tradition, sondern bleiben eigenständig und entsprechen der je vorliegenden Aufgabe. Obwohl die Untersuchungsmethoden von Wissenschaft und Ästhetik relativ autonom sind, lassen sie sich doch, wie Banfield behauptet, in einem Wahrnehmungsaugenblick synchronisieren, der sowohl durch eine Maschine oder ein Instrument als auch durch einen Menschen erfahrbar ist. Sie lassen sich auch linguistisch synchronisieren, nämlich im Roman, und dort in jenen Fällen erlebter Rede, die subjektive und private innere Zustände unpersönlich vorstellen, als ob diese sich einer äußeren Wahrnehmung darbieten würden. Die unpersönliche Grammatik der dritten Person erzeugt eine mentale Gegenwart ohne narrative Vermittlung gleich den Ausgangsdaten physikalischer Erscheinungen, die von Aufzeichnungsgeräten ausgegeben werden. Der Roman der Mitte des 18. Jahrhunderts lässt sich in unserem Zusammenhang als ein Symptom der Kultur des Diagramms verstehen, regt er den Leser doch dazu an, Empirisches und Affektives zu verbinden, um fiktive Welten in konsistenter Weise zu entwerfen. Gleichfalls symptomatisch wäre Diderots berühmter Salon-Spaziergang in den Landschaften Joseph Vernets, wären jene Augenblicke, in denen er sich entrückt der Ruhe überlässt, die Figuren in Chardins Gemälden alles beherrschend ausstrahlen.

Die neuen Methoden, die in Daubentons Darstellung der Naturgeschichte zusammengefasst oder in den Ansprüchen kodifiziert sind, die Jaucourts Ästhetik stellt, fordern jeder analytischen Geste oder jedem analytischen Moment interne Konsistenz ab. Konsistenz ist dabei funktional und damit flexibel bestimmt, statt durch einen feststehenden äußeren Maßstab oder dadurch, dass alle Beobachtungen zu einer völligen Einheit finden müssten. Dennoch liegt ein wesentlicher Unterschied zwischen Wissenschaft und Ästhetik in ihrer jeweiligen Ausrichtung: einerseits auf den Untersuchungsgegenstand, andererseits auf das begreifende Subjekt. Die Kultur des Diagramms verbindet beide vermöge eines Interpretationsspektrums, das sich Korrelationen verdankt. Die Tafeln der *Enzyklopädie* sollten die Korrelation letztlich als eine etablierte Praxis formalisieren. Worum es im Abschnitt über schöngeistige Literatur geht und was das janusgesichtige *mais*, das deren beide Teile trennt, als Frage umgibt, ist eine Vorstellung davon, welche Art Wissen Korrelationen ermöglichen.

Daubenton zufolge ermöglicht die Beschreibung der Naturgeschichte, allgemeines Wissen zu erlangen. Ferner schien sie ihm, auch wenn sie jeweils begrenzt vorgeht, umfassend anwendbar. Mallet hingegen ist die Beschreibung in der schöngeistigen Literatur nur eine reduzierte Form der Definition, hinreichend dafür, „eine Idee zu vermitteln" und eine Sache von anderen zu „unterscheiden", jedoch unfähig dazu, „deren Natur oder Wesen darzulegen". Eine literarische Beschreibung liste die zufälligen Eigenschaften auf, die uns ermöglichen, Individuen gleicher Natur voneinander zu unterscheiden, „ohne die wesentlichen Eigenschaften zu enthüllen oder darzustellen". Er sieht in Beschreibungen nicht Antworten auf die Frage *quid est?*, sondern auf die Frage *quis est?* – sie sagen nicht, was es ist, sondern welches es ist. In seinem Beharren darauf, die Beschreibung in der schöngeistigen Literatur auf eine schmale rhetorische Rolle zu reduzieren – ein Beharren, das sich in seinem Abschnitt zum Artikel über die Definition wiederfindet –, folgt er dem klassischen Muster, die praktische, jedoch oberflächlich persuasive Sprache von den präzisen Unterscheidungen der philosophischen Dialektik abzusetzen. Während die letztere mit der wahren und wesentlichen Natur der Dinge befasst ist, handeln persuasive Beschreibungen mit Täuschungen, indem sie „Bilder präsentieren, welche die Gegenstände so darstellen, als ob sie anwesend wären". Dem klassischen Muster zufolge ist die philosophische Dialektik in der Lage, die Korrespondenz von Worten und Dingen sowie von Worten und Ideen zu stabilisieren. Der Rhetorik hingegen, die geschichtlich gesehen als Nachahmung der Dialektik galt, war nicht zu trauen, denn sie verzerrte die philosophisch erzeugten und durchdachten Beziehungen, um emotional zu berühren und zu überreden. In der Tradition Bacons hat Locke alle diese Korrespondenzen annulliert. Er trennte verbale Definitionen von der Untersuchung der physikalischen Natur der Dinge und etablierte Prinzipien, die Worte und Gegenstände in verschiedenen intellektuellen Bereichen oder Disziplinen verorteten.

Angesichts solcher Schwierigkeiten wandte sich die Naturphilosophie, so wie die Enzyklopädisten sie verstanden, von der Dialektik ab und der Mathematik und den physikalischen Wissenschaften zu. Die logischen Folgerungen der Dialektik enthielten im Vergleich zu den empirischen Beobachtungen der Naturgeschichte oder den selbstreflexiven Untersuchungen geistiger Erfahrung kaum Wissenswertes über die Körperwelt oder die Natur des Geistes. Als dynamische neue Fächer wie Linguistik, Naturgeschichte und Ästhetik sich der Induktion bemächtigten, verblieben der Dialektik kaum andere als eher unfruchtbare Untersuchungsfelder – wie etwa die Definition –, die weiterhin reiner Deduktion offenstanden. Folglich degradiert Mallet die Philosophie zu einem engbegrenzten Formalismus, wenn er behauptet, ihr Geschäft sei die Definition. Seiner

Interpretation der literarischen Beschreibung droht ein ähnliches Schicksal. Im Unterschied zu den wandelbaren, maßstabsflexiblen Beschreibungsweisen, die der Naturgeschichte durch Daubenton unterbreitet wurden, weist Mallet der Rhetorik und Belletristik hochformalisierte Rollen zu. Nur geringfügig weicht er von diesem Interpretationspfad ab, wenn er in einem darauf Bezug nehmenden, der Rhetorik gewidmeten Teilabschnitt des Artikels zur Definition die Rhetorik auf sechs formale Praktiken eingrenzt, durch die sie, so Mallet, auf trügerische Weise die Klarheit und Bündigkeit erscheinen lässt, welche Definitionen auszeichnen. Provokant ist Mallets Behandlung metaphorischer Definitionen, behauptet er doch, dass deren Bestimmungen wie deren Sprache statt durch die beschriebenen Gegenstände durch den spezifischen Fachdiskurs festgelegt werden, wobei er auf Poesie, Astronomie, Logik, Geometrie und Rhetorik verweist. Dabei und nahezu versehentlich bewegt er sich in Richtung einer neuen Idee von Literatur, der entsprechend die Belletristik einen Platz unter dem Banner der Ästhetik reklamieren könnte.[63]

Mallets Strategie bestand darin, literarischen Beschreibungen die externen Wirkungen zu bewahren, die für lange Zeit den Bereich der Rhetorik ausmachten. Allerdings eignete sich in zunehmendem Maße die Naturgeschichte die Beschreibung der Außenwelt an, indem sie die primäre Sinneswahrnehmung nicht auf Worte ausrichtete, sondern auf diagrammatische Korrelationen von insbesondere durch neue Instrumente erfasste Daten über die Natur. Mallet antwortete auf diesen Wandel mit der Begrenzung der Reichweite verbaler Beschreibungen einerseits auf das bloß Heuristische, andererseits auf die literarische Erzeugung physischer Affekte. Seine Bearbeitung der Beschreibung beginnt, wie wir sahen, mit dem Ersteren, aber sie schließt im Zitat einer Passage von Boileau mit Letzterem, das eine verborgene Macht der Beschreibung enthüllt, „Bilder [zu] präsentieren, welche die Gegenstände so darstellen, als ob sie anwesend wären".

> „La mollesse oppressée
> Dans sa bouche à ce mot sent sa langue glacée,
> Et lasse de parler, succombant sous l'effort,
> Soupire, étend les bras, ferme l'œil & s'endort."

> [„Die beklemmende Trägheit
> Dieses Wortes in seinem Mund lässt die Zunge sich eisig fühlen,
> Des Redens müde und von dessen Last überwältigt
> Seufzt er, streckt seine Arme, schließt die Augen und schläft ein."]

63 Siehe Wellbery, Lessing's Laocoon.

Mallet glaubt, dass die Assonanz der Vokale und die Alliteration der Sibilanten in Boileaus Gedicht ein Gefühl von Trägheit und Schläfrigkeit erzeugen, die das Wort „mollesse" bezeichnet. Infrage stehen hier die Materialität der Sprache und ihrer Geräusche, nicht jedoch ihr Wahrheitswert. Mallet zufolge entgeht die Beschreibung den Präzisionszwängen der Definition; sie überzeugt und lässt glauben, indem sie, wie im Falle assonanter Klänge, die Oberflächen der Dinge mit den Oberflächenwirkungen der Sprache verknüpft.

Das Boileau entnommene Beispiel hat Geltungskraft, weil es eine mimetische Verbindung zwischen dem beschriebenen Ding und dessen rhetorischer Auffassung wahrt. Hier ähnelt die Inszenierung von Affekten den standardisierten Gesichtsausdrücken, die Charles Le Brun im vorhergehenden Jahrhundert bestimmt hatte, indem er Schemata offerierte, um Betrachter durch das Erzeugen äußerer Chiffren innerer Gefühle emotional zu berühren.[64] Allerdings beinhaltet jede Grammatik nach außen gestellter Gefühle die Möglichkeit, das wahrnehmende Subjekt zu täuschen, wie dies auch für die Erscheinung dialektischen Urteilens im rhetorischen Enthymem gilt oder für die Metapher, die vorgibt eine Definition zu sein. Mallets Rhetorik wird von Gespenstern früherer Zeiten heimgesucht. Entscheidend ist, dass er, wie viele seiner an der *Enzyklopädie* mitarbeitenden Kollegen, mit dem umfassenden Skeptizismus zu kämpfen hatte, den der Angriff des Locke'schen Empirismus auf die eingeborenen Ideen und die transparente Sprache in Bewegung gesetzt hatte. Mallet folgend konnte man darauf reagieren, indem man auf präzisen Definitionen besteht und nur die heiligsten rhetorischen Formen akzeptiert – wobei dann von der Sprache wenig mehr bleibt als eine leere Hülle oberflächlicher Wirkungen. Mallet bannt die Beschreibung, wie wir sahen, in einen schmalen Bereich recht technischer Fragen.

Eine alternative Vorgehensweise bestand darin, die Regeln zu ändern. Amerikanische und britische Rhetoriker der Mitte des 18. Jahrhunderts verwarfen, wie Jay Fliegelman geltend macht, die von der klassischen Rhetorik nahegelegte Nachahmung philosophischer Argumentation. Sie führten stattdessen ein Vokabular der Aufrichtigkeit ein, dem entsprechend eine gute Rede zu der Kunst wird, ein zutiefst authentisches Selbst zum Vorschein zu brin-

64 Charles Le Brun, L'expression des passions & autres conférences, hg. v. J. Philipe, Paris 1994; The Passions of the Soul: As They Are Expressed In The Human Countenance, Shewing Its Various Changes & Appearances Under The Influence Of Different Passions: Engraved In A Manner Which Represents Real Drawings Almost As Large As Life From The Celebrated Designs Of Monsieur Le Brun, With Extracts From His Discourse On The Passions, Describing Their Influence On The Features And Muscles Of The Face, London 177?.

gen.[65] In einem Passus, der als Manifest des neuen Romans der Art von Samuel Richardson oder Henry Fielding gelten kann, umreißt der Rhetoriker Thomas Sheridan ein linguistisches Verfahren psychologischen Austauschs, das völlig mit dem übereistimmt, was Jaucourt in seinem *Enzyklopädie*-Artikel über den Roman geschrieben hat:

> „Weil es aber neben den Ideen andere Dinge gibt, die den Geist des Menschen durchziehen, weil er nicht zur Gänze aus Verstand besteht, sondern im Gegenteil Leidenschaften und bloße Einbildung zu großen Teilen seine komplizierte Gestalt ausmachen, weil deren seelisches Wirken eine Vielfalt von sowohl ihrer Gestaltungen als ihres Grades nach unendlichen Gefühlen begleitet, ist es offensichtlich, dass all das, was den Geist eines Menschen durchzieht, einem anderen nicht mitgeteilt werden kann, solange nicht irgendein Mittel gefunden wird, diese Gefühle sinnfällig zu machen. Wie also, damit gewusst werden kann, was ein anderer weiß, und zwar in derselben Weise, wie jener es weiß, durch wahrnehmbare Zeichen eine vollständige Abschrift der den Geist des einen Menschen durchziehenden Ideen im Geist des anderen erfolgen muss, sind, um das zu fühlen, was ein anderer fühlt, auch die Gefühle, die sich im Geist des einen Menschen befinden, dem des anderen durch wahrnehmbare Zeichen verständlich zu machen."[66]

Mallet wie auch Sheridan sind sich der Materialität der Sprache bewusst. Anders als Sheridan beharrt Mallet allerdings darauf, dass Klänge ausdrücklich die leitende Idee nachahmen – etwa dann, wenn Boileaus Sibilanten immer weiter gedehnt werden und „mollesse" in den Schlaf hinübergleitet. Weil Sheridan erkennt, dass die Erfahrung „zu großen Teilen" gefühlsbetont und von bloßer Einbildung geprägt ist, sucht er nach einem Wortschatz, um dieses innere, nicht den Ideen zugehörige Reich mit all seinen Paradoxien und Widersprüchen zur Aufführung zu bringen.

65 Siehe die Diskussion in J. Fliegelman, Declaring Independence. Jefferson, Natural Language, and the Culture of Performance, Stanford 1993, S. 30. Fliegelman zitiert aus T. Sheridan, A Course of Lectures on Elocution together with Two Dissertations on Language and some other Tracts relative to those Subjects, London 1762, Neudruck Menson 1968, S. X.

66 Sheridan, A Course of Lectures on Elocution, S. 99, zitiert bei S. Howell, Eighteenth-Century British Logic and Rhetoric, Princeton 1971, S. 241 f. Zur Elokutionsbewegung in Frankreich und Großbritannien siehe Howell, Kap. 4, zum kontinentaleuropäischen Hintergrund und Michel Le Faucheur insbes. S. 160–181.

V.

In einem solchen Zusammenhang gibt das von dem anglophilen und England verpflichteten Jaucourt eingeworfene *mais* dem Abschnitt, und zwar innerhalb eines empiristischen Rahmens, eine völlig neue Schubrichtung, indem es die deskriptive Sprache von ihrer dinglichen Gebundenheit freisetzt und auf neue, dem inneren Leben zugängliche Erkenntnisformen verweist, die hinsichtlich der Erfolgsquote den Wissenschaften gleichkommen könnten. Jaucourt setzt die literarische Beschreibung auf Wege, die mit Sheridans Behandlung der Elokution vereinbar sind. Die Aufnahme neuerlich in Frankreich erschienener englischer Romane wie auch Joseph Addisons einleitende Behandlung von Fragen, die wir heute „ästhetisch" nennen, rechtfertigte Jaucourts Schritt. Seiner Beschreibungskonzeption, ja seiner literarischen Ästhetik, liegt folgende Behauptung zugrunde:

> „Allerdings gehört zum Schönsten an der Kunst der Beschreibung, dass sie Gegenstände vorstellt, die in der Lage sind, eine geheime emotionale Reaktion im Geist des Lesers auszulösen und dessen Erregungen ins Spiel zu bringen. Es ist ganz außergewöhnlich, dass dieselben Erregungen, die unter allen übrigen Umständen unerfreulich sind, uns dann erfreuen, wenn sie durch schöne und lebendige Beschreibungen in unseren Herzen erzeugt werden. Zuweilen lieben wir es, durch eine Beschreibung in Schrecken versetzt oder gepeinigt zu werden, obwohl uns Angst und Kummer beunruhigen, wenn wir ihnen anderweitig begegnen."

Nichts könnte den klassischen Vorstellungen persuasiver Zu- und Einrede mittels anscheinend strikter Argumentation und gekonnter Nachahmung von Affekten ferner stehen als die Vorstellung einer unmittelbaren Verständigung, die dem Zuhörer zu Herzen geht, dessen „geheime Emotion" erweckt. „Wenn in der tiefsten Seele der Person, die er einführt", so Diderot über Richardson, „ein dunkles Gefühl verborgen ist, gilt es genau hinzuhören: dann hören Sie nämlich eine Dissonanz heraus, die dieses Gefühl verrät". Diderots *Éloge de Richardson* (1761) stimmt mit Jaucourts Augenmerk auf die geheime Emotion überein. Beständig nutzt Diderot die Ausdrucksweise, die Elokutionisten auf beiden Seiten des Kanals wählen, wobei Worte wie „Aktion" (womit Aussprache und Gestik gemeint ist), „Akzent", „Ausdruck" und „Klang" häufig wiederkehren:

> „Ausbrüche der Leidenschaft haben oft genug eure Ohren getroffen, aber ihr seid weit davon entfernt, all das Geheimnisvolle zu erkennen, das im Ton und Ausdruck der Leidenschaft liegt. Es gibt keine Leidenschaft, die nicht ihre eigene Physiognomie hätte; all diese verschiedenen Physiognomien können einander auf dem Gesicht ablösen, ohne daß

dieses aufhörte, ein und dasselbe Gesicht zu bleiben; und die Kunst des großen Dichters und des großen Malers besteht ebendarin, euch eine flüchtige Einzelheit zu zeigen, die euch entgangen ist."[67]

Diderot verweist darauf, dass zwischen der eingelebten Erfahrung und deren reflexiver Darstellung in den Künsten generell und nicht nur in der Sprache eine Lücke besteht.

Analysiert man diese Lücke, so wird eine Interessengemeinsamkeit von Diderot, Jaucourt und Elokutionisten wie Sheridan deutlich. Sie alle machen die flüchtigen Affekte von Gefühl und Ausdruck zum Feld ihrer Untersuchungen. Auch die von Jaucourt zitierten *Spectator*-Essays über die Vergnügungen der Einbildungskraft befördern eine Ausrichtung auf die Innenwelt der Erfahrung, eine Welt, die für Addison durch den Sehsinn bestimmt ist, der lebhaftesten der primären Fähigkeiten. In Übereinstimmung mit den Elokutionisten erfüllen Diderot und Jaucourt diese Kluft, die einerseits zwischen der primären Sinneserfahrung und der Sprache besteht, andererseits zwischen der gewöhnlichen, eingelebten Erfahrung und deren minutiös reflektierter Darstellung in den Künsten, mit innerem Leben. Addison ist diese Lücke ein Gegenstand kritischer Erörterung: Die Versuche des englischen Schriftstellers, die literarische Sprache zu kodifizieren, die dieses Vergnügen hervorruft, markiert den Beginn des modernen kritischen Diskurses über das Spiel der Einbildungskraft in den Künsten. Worum es hierbei geht, ist eine Theorie ästhetischer Erkenntnis, die sich auf eine Klassifizierung der Innenwelt des Geistes richtet und über die Fähigkeiten der Wahrnehmung reflektiert. Diese Theorie ist nicht weniger genau als Daubentons Theorie der Erkenntnis in der Naturgeschichte, die sich auf die Außenwelt der Gegenstände bezieht. Beiden gemeinsam und kennzeichnend für die Kultur des Diagramms ist die Ablehnung universeller Normen zugunsten differenzieller, auf den jeweiligen Untersuchungsgegenstand abgestimmter Maßstäbe.

Jaucourt und Daubenton kommen darin überein, dass die Beschreibung von der Tradition regelgeleiteter Rhetorik zu befreien ist. Beschreibungen auf dem Feld der Naturgeschichte richten sich nach dem relativen Maßstab und der Zusammensetzung äußerer Gegenstände, wohingegen die der schöngeistigen Literatur in der Einbildung Gestalt annehmen. In jedem Falle aber und unabhängig von den enormen Unterschieden zwischen äußerer und innerer Ausrichtung, verweisen gelungene Beschreibungen auf eine größere, eine umfassendere Welt als jene unserer gewöhnlichen, eingelebten Erfahrung. Um diese Differenzierung zu unterstreichen, legt Jaucourt sein Augenmerk auf eine die

67 D. Diderot, Lobrede auf Richardson, in: ders., Ästhetische Schriften, hg. v. F. Bassenge, Bd. 1, Berlin 1984, S. 408.

Ästhetik seiner Zeit bestimmende Frage: Wie lässt sich das Vergnügen verstehen, das wir bei Beschreibungen der Leiden anderer dann empfinden, wenn diese in den Künsten erfolgen? Im Unterschied zu Mallet kümmert Jaucourt weder das „quid est?" noch „das quis est?". Er entscheidet sich hingegen für das Vermögen literarischer Beschreibung, „Illusion und Verzauberung in die Seele zu bringen", einschließlich der Verwandlung objektiven Leidens in subjektive Freude.

Im Bereich des Ästhetischen relativiert die Akzentsetzung auf innerlichen Affekt und Einbildungskraft zwangsläufig die Bedeutung primärer Sinneswahrnehmung. In den Naturwissenschaften geben visuelle Arrangements, dafür gedacht, die primäre Sinneswahrnehmung zu organisieren – das heißt eine Orientierung auf die Außenwelt –, Korrelationen den Vorzug und mindern die Bedeutung sowohl narrativer als auch kausaler Erklärungen. Dennoch bleibt das Erfordernis, die Flut der Eindrücke zu strukturieren, die den Geist überschwemmt. Folglich beschäftigte sich ein erheblicher Teil der im 18. Jahrhundert über die Methode der Wissenschaft geführten Debatten mit den Zweifeln hinsichtlich der Zuschreibung von Kausalfolgen in Hypothesen.[68] Hume hatte in seiner Diskussion personaler Identität den Erklärungsvorschlag unterbreitet, unsere geistigen Vorgänge würden gewohnheitsmäßig mit Erfindungen, unterstellten Ursachen und Wirkungen arbeiten, also mit einer narrativen Strukturierung, um der Überlast der Sinnesdaten Herr zu werden. Der gewöhnlichen Erfahrung und Identität liegt die Vortäuschung eines narrativen Zusammenhangs zugrunde.

Für Hume stützt die durch Gewohnheit und „Gemeinschaftsleben" aufgewertete Einbildungskraft unser geistiges Dasein: „Es beruht also alle Erkenntnis, die uns das Gedächtnis, die Sinne und der Verstand vermitteln, auf der Einbildungskraft, oder der Lebhaftigkeit unserer Vorstellungen."[69] Jedoch kann er nicht zugestehen, dass das Ästhetische über das kritische Vermögen der Philosophie oder über die überzeugende, wenn auch analytisch fragwürdige Lebhaftigkeit des Gemeinschaftslebens verfügt – denn das Vermögen des Ästhetischen gründe allein auf Illusionen. „Die Frage ist", so Hume, „wie weit wir diesen Illusionen nachgeben sollen".[70] Das Ästhetische, so schreibt er, ist Poesie und Wahnsinn gemeinsam:

68 Siehe J. Bender, Enlightenment Fiction and the Scientific Hypothesis, in: Representations 61 (1998), S. 6–28.

69 D. Hume, Ein Traktat über die menschliche Natur, Bd. 1, 1. Buch, Über den Verstand, Hamburg 1973, S. 343. Siehe S. 330–343 und die folgende Darstellung von „Gewohnheit".

70 Ebd., S. 344. Zu Humes Vorstellungen über die Beziehung der Philosophie zu den notwendigen Illusionen des Gemeinschaftslebens siehe D. W. Livingston, Hume's Philosophy of Common Life, Chicago 1984, und Engell, The Creative Imagination, Kap. 5.

„Beide, Poesie und Wahnsinn, haben das Gemeinsame, daß die Lebhaftigkeit, die sie den Vorstellungen zu teil werden lassen, nicht auf den Beziehungen oder Verbindungen der Gegenstände dieser Vorstellungen beruht, sondern auf der augenblicklichen Gemütsverfassung und Stimmung der Persönlichkeit. Zu was für einer Höhe sich aber auch diese Lebhaftigkeit steigern mag, so ist doch klar, daß in der Poesie die Art, wie dieselbe von uns *innerlich erlebt* wird, nie derjenigen gleich ist, die beim verstandesmäßigen Nachdenken im Geist sich einstellt, selbst wenn der Grad von Wahrscheinlichkeit, der bei letzterem sich ergibt, der allergeringste ist. Der Geist kann zwischen der Art seiner Tätigkeit im einen und im anderen Fall wohl unterscheiden; in was für eine Erregung auch die poetische Begeisterung die Lebensgeister versetzen mag, dieselbe bleibt doch ein bloßer Schatten des Glaubens oder der Überzeugung. [...] Es gibt keinen Affekt des menschlichen Geistes, der nicht durch die Poesie hervorgerufen werden könnte. Doch ist jedesmal die Art, wie die Affekte von uns *innerlich erlebt* werden, wenn sie durch poetische Erdichtung erregt werden, sehr verschieden von der Art, wie sie uns anmuten, wenn sie in Glauben und Wirklichkeit ihren Ursprung haben."[71]

Hume hat einen Sinn für die Verflechtung, die zwischen unserem Versunkensein in ein nur eingebildetes Leben und unserer Klarheit darüber besteht, dass es von dem des Alltags getrennt ist. Stillschweigend verweist er auf die wesentliche Rolle, welche die Einbildungskraft in der neuen Ästhetik spielt, die sich von den Disziplinen der Wissenschaft durch ihre affektive Eigenart unterscheidet. Wenn er behauptet, die lebhaften Eindrücke poetischer Gegenstände würden niemals mit der Wirklichkeit verwechselt, so begründet er dies mit der Bemerkung, erstere seien nur „bloße[] Schatte[n] des Glaubens oder der Überzeugung". Damit sagt Hume in anderen Worten, dass er im Unterschied zu konventionellen Darstellungen der Mimesis die Poesie als eine korrelative Tätigkeit versteht, die über eine geistige Abstandnahme erfolgt und durch Eindrücke der wirklichen Welt ausgelöst wird.

Jaucourt und Hume stimmen dahingehend überein, dass bestimmte Konventionen der Darstellung – jene, die uns mit verborgenen Gefühlen in enge Verbindung bringen – die Kraft besitzen, in uns ein unschuldiges Vergnügen am Schmerz anderer zu erregen. Diese Konventionen ermöglichen eine intensive

71 Hume, Ein Traktat über die menschliche Natur, S. 168 f. Man beachte, dass Hume zugleich genau jenes Paradox weiterdiskutiert, das Jaucourt so enorm interessierte – dass wir aus dem Schmerz anderer ästhetisches Vergnügen zu erlangen vermögen. („Feeling" wird in der hier zitierten Übersetzung mit „innerliches Erleben" wiedergegeben, ohne allerdings Humes Kursivierung beizubehalten. Hier kursiviert. A. d. Ü.)

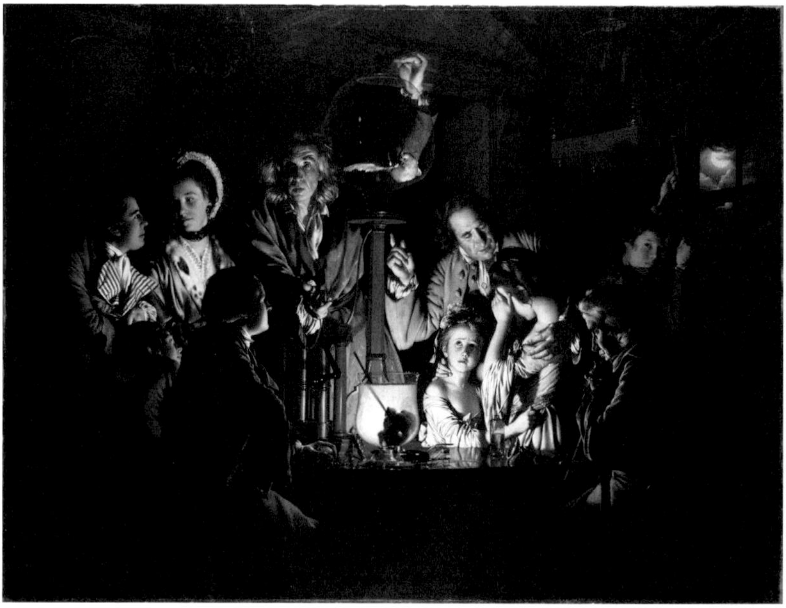

Bild 28 Joseph Wright of Derby, Das Experiment mit dem Vogel in der Luftpumpe, 1768, Öl auf Leinwand, 183 × 244 cm, London, The National Gallery, Inv.nr. NG 725.

ästhetische Reaktion, während sie ihre materiale Kunstfertigkeit – eher diagrammatisch als rational – der üblichen und für den gesellschaftlichen Verkehr unumgänglichen Unterdrückung des Vergnügens am Schmerz zur Seite stellt. Rücken jedoch die durch poetische Korrelationen erzeugten verborgenen Gefühle in den Vordergrund der Darstellung – wenn also Vorgänge der Einbildung zunehmend zum Schwerpunkt der literarischen, bildnerischen und kunstkritischen Aufmerksamkeit werden –, dann erlangen Inkongruenzen wie etwa Maßstabswechsel oder Perspektivenverschiebungen eine Lebendigkeit, die Hume nicht als wirklich anerkennen kann.

Der Artikel über Beschreibung aus dem Jahre 1754 umgeht Humes Dilemma, indem er einer wesentlichen Unterscheidung zustimmt – jener zwischen der Naturwissenschaft, in welcher die primäre Sinneswahrnehmung (oft verstärkt durch Instrumente) das Wissen organisiert, und einem benachbarten Feld, auf dem die Einbildungskraft die primäre Sinneswahrnehmung aufbereitet oder gar ersetzt, um überraschende verborgene Gefühle zu erzeugen. Der eine Bereich erlangt Authentizität – das Wirkliche –, indem er den Affekt außer Geltung stellt, der andere, indem er ihn aneignet. Seltsamerweise ist das Reich der Einbildungskraft, dem Locke zutiefst misstraute, selber Gegenstand einer anderen Untersuchungsordnung und Ort einer neuen Art Erkenntnis geworden.

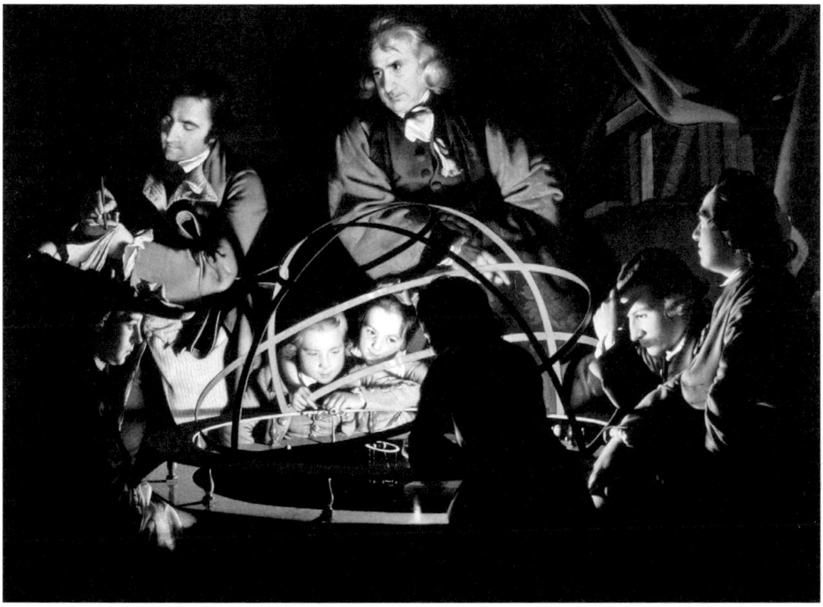

Bild 29 Joseph Wright of Derby, Ein Philosoph referiert am Modell des Sonnensystems, 1766, Öl auf Leinwand, 147,3 × 203,2 cm, Derby, Derby Museum and Art Gallery, Inv.nr. DBYMU 1884-168.

Deutlich ist, dass das alte System der Mimesis nicht verschwindet. Ganz im Gegenteil erfordert Authentizität, wie die Versuche der Elokutionisten jener Zeit zur Neugestaltung der klassischen Rhetorik erkennen lassen, die Verbindung innerer Erscheinungen mit der Außenwelt mittels Gestik und Tonfall im Zusammenhang einer physischen Inszenierung vor einem Publikum. Die Projektion der Aufrichtigkeit knüpfte sich, mit Hume gesagt, an Gewohnheit und das Gemeinschaftsleben. In dem Maße, in welchem Inszenierung ein Hauptmodus des Ausdrucks blieb, wurde auch die mimetische Darstellung nicht aufgegeben.

Trotz des bahnbrechenden Charakters ihrer Techniken, ihrer Forschungs- und Messinstrumente stand die Wissenschaft doch nicht jenseits der physischen Rahmenbedingungen öffentlicher Darstellung. Die Ergebnisse wissenschaftlicher Forschungen – oft nicht weniger spezialisiert oder abgehoben als die geistigen Erzeugnisse der Einbildungskraft – bedurften irgendeiner Form der Verbreitung: Dabei konnte es sich um Fachzeitschriften handeln, die sich an Kenner der Materie richteten, beispielhaft etwa das *Universal Magazine*, oder aber, wie dies häufig geschah, um öffentliche Vorführungen. Larry Stewart hat die Bedeutung dessen dokumentiert, was praktisch gesehen Inszenierungen, zuweilen in Kaffeehäusern, waren, um Newtons Ideen einer breiten Öffentlichkeit verständlich zu machen.[72] Reale Demonstrationen dieser Art, in denen die Ergebnisse der Wissenschaft konkret und fühlbar Gestalt annahmen, waren für die Erlangung umfassender Zustimmung wesentlich, bildeten eine Konsensgrundlage, die sich für die Konstruktion der wissenschaftlichen Tatsache im 18. Jahrhundert als notwendig erwies. Zwei berühmte Gemälde von Joseph Wright of Derby – *Das Experiment mit dem Vogel in der Luftpumpe* (Bild 28) und *Ein Philosoph referiert am Modell des Sonnensystems* (Bild 29) – sind Darstellungen ebensolcher, vor einem gemischten Publikum stattfindender Inszenierungen, in denen wissenschaftliche Forschungsergebnisse eine Reihe innerlicher Reaktionen hervorriefen, die von meditativer Versenkung bis zu totaler Erschütterung reichen.

Der in hohem Maße persönliche, nichtwissenschaftliche Eindruck, den solche Demonstrationen bei den Betrachtern hinterlassen, brachte Joseph Priestley dazu, zwischen imaginären Scheinbildern – wie etwa Modellen des Sonnensystems – und der unerbittlichen Tatsache des Todes eines Vogels zu unterscheiden, den das Vakuum einer Luftpumpe bewirkt hatte.[73] Die von ihm vorgenommene Trennung dieser Bereiche stimmt mit der Teilung des Wissens überein, welcher der Analyse der Beschreibung auf den Seiten der *Enzyklopädie* zugrunde lag: Literatur und Wissenschaft schienen spezifische Erkenntnisbereiche zu erfordern. Im Unterschied dazu haben wir das Aufkommen des Diagramms als Hybridform des Wissens nachgezeichnet, in der sich die Einbildungskraft eines Nutzers mit der Welt der Tatsachen verwebt, um neue Erkenntnisse zu erzeugen. Priestley wäre es schwergefallen, die Hybridverbindung von Tatsache und Imagination zu erklären, die unserem Chirurgen mittels seines Datenhelms vor Augen steht. Mit Sicherheit hätte er nicht gewünscht, dass die Fiktion das Skalpell führt.

72 L. Stewart, The Rise of Public Science. Rhetoric, Technology, and Natural Philosophy in Newtonian Britain, 1660–1750, Cambridge UK 1992.

73 Joseph Priestley, The Theological and Miscellaneous Works of Joseph Priestley, 25 Bde., hg. v. J. Towll Rutt, London 1817–1831, S. 24, 27f.

4. VISUALISIERUNGEN

I.

Unsere Interpretation des *Enzyklopädie*-Artikels über Beschreibung aus dem Jahre 1754 offenbart über die Bereiche der Naturwissenschaft, Mathematik und der Künste hinweg bemerkenswerte Brüche. Dieser eine Artikel bietet mehr als eine flüchtige Kurzdarstellung der weit umfassenderen Situation der Kultur in Frankreich, denn die Aufgabe der Beschreibung ist im 18. Jahrhundert für ein jedes Wissenssystem von zentraler Bedeutung. Zwei der vier Autoren dieses Artikels widmen sich Beschreibungen auf dem Feld schöngeistiger Literatur – das heißt dem Schreiben innerhalb der Künste und über diese, und zwar aus dem Bewusstsein ihrer Entgegensetzung zur Wissenschaft. Die Einheit der Künste im Kontext einer sich entfaltenden Wissenschaftskultur war keinesfalls gesichert: Interne Meinungsverschiedenheiten im Abschnitt über die schöngeistige Literatur signalisierten ein Gespür für Wandel und Dringlichkeit. In der Folge neuer Konzeptionen der empiristischen Psychologie, Anatomie und Physiologie rückte die Rolle des Visuellen und dessen Wirkung auf Beobachter, sowohl einzelner als auch der Öffentlichkeit im Ganzen, in den Mittelpunkt des Interesses. Diderot legte den begrifflichen Rahmen für die Diskussion von Theater und Malerei in den 1750er Jahren fest und spielt in unserer Geschichte eine prominente Rolle. Jean-François Marmontel wiederum, der im *Supplément* zur *Enzyklopädie* – für dieses Kapitel von wesentlicher Bedeutung – das Thema Beschreibung erneut aufgreift, war geneigt, innerhalb des kritischen Rahmenkonzepts von Diderot zu arbeiten, während er andererseits die erhabene Tradition und deren etablierte Hierarchien fortschrieb.[1] Inmitten dieses Gärungsprozesses

1 Supplément à l'Encyclopédie, ou Dictionnaire raisonné des Sciences, des Arts et des Métiers par une Société de gens de lettres, 4 Bde., hg. v. J.-B. Robiner, Amsterdam, 1776–1777.

betrat im Jahre 1785 plötzlich Jacques-Louis David mit einem anspruchsvollen Historiengemälde den Schauplatz, welches das Genre neu bestimmte, indem es dieses durch das deskriptive und expressive Potenzial des Diagramms veredelte. Somit bilden Theater und Historienmalerei – also die anspruchsvollsten, allgemein bekanntesten und am häufigsten diskutierten Formen der künstlerischen Kultur der Zeit – den Mittelpunkt des vorliegenden Kapitels.

Ein Zusammenhang, in welchem unsere Diskussion steht, ist die Ausbreitung von Informationen und Wissen auf den Feldern der Naturwissenschaften und der Mathematik. Dies nötigte bestehende Fachinstitutionen dazu, sich neuer Forschung zu öffnen und die Berufsambitionen der Einsteiger entsprechend anzupassen. In einigen Fällen wurden völlig neue Institutionen gegründet, oft gegen die Interessen und den Willen der bereits Beschäftigten. Hinzu kommt, dass die Zunahme experimenteller Praktiken in jedem Bereich der physischen Wissenschaften in den Jahrzehnten um die Jahrhundertmitte von einer schlagartigen Steigerung des öffentlichen Interesses an allen wissenschaftlichen Gegenständen begleitet war. „Wissenschaftliche Informationen fanden in den gebildeten Schichten Frankreichs rasche Verbreitung", schreibt Roger Hahn – eine Zunahme, die zu einer wachsenden Zahl von Fachleuten führte, da Wissenschaft „zugleich ein zunehmend beliebter und professionell betriebener Fachbereich wurde".[2] Hahn schildert die zeitgenössische Beliebtheit von Anatomie und Naturgeschichte, die sich in von Amateuren zusammengestellten Sammlungen manifestierte, wie auch in Hand- und Wörterbüchern sowie solchen Kompendien, die aufwendig bebildert Beobachtungen veröffentlichten, die unter dem Mikroskop gemacht worden waren. Anerkannte Fachmänner wie auch Amateure der Botanik wagen sich auf Exkursionen, allerdings zu unterschiedlichen Zwecken: Dem Experten bot der Ausflug die Möglichkeit, die örtliche Flora zu erkunden, dem Amateur war er eine interessante, kaum Vorbereitung erfordernde Ablenkung.[3]

Unterhalb dieser, aus gemeinsamem Interesse und Kooperation gebildeten Oberfläche führte der neue Bereich von Aktivitäten und öffentlichen Anliegen innerhalb der umfassenderen Wissenschaftsgemeinschaft zu abweichenden Praktiken. Eine zunehmende Anzahl von Experimentatoren mit ausgefeilten Spezialkenntnissen forderten offizielle Institutionen wie die Akademie der Wissenschaften dazu auf, die Erweiterung ihrer Mitgliederzahl zu erwägen. Als die Akademie sich unwillig zeigte, erworbene Privilegien zu teilen, begannen junge Wissenschaftler, Konkurrenzinstitutionen zu errichten. Zur gleichen Zeit führte das zunehmende Interesse, das eine kundige Öffentlichkeit an Wissenschafts-

2 R. Hahn, The Anatomy of a Scientific Institution: The Paris Academy of Sciences 1666–1803, Berkeley 1971, S. 86.

3 Ebd., S. 87–91.

fragen zeigte, zur Bildung von Gruppen, die, in den Worten von Hahn, eher den „gegenseitigen Informationsaustausch und das gemeinsame Vergnügen" erstrebten als die „rigorose Beförderung der Fachdisziplin", und die auch nicht die Absicht hegten, „als Fachberater der Regierung zu fungieren".[4] Um die Jahrhundertmitte war die französische Wissenschaftskultur folglich zweifach geteilt, denn die Gemeinschaft anerkannter Fachmänner arbeitete sowohl über offizielle Organisationen als auch über Expertengruppen verstreut und wurde durch die gewählten Akademiker auf Distanz gehalten. Ein bemerkenswertes Beispiel dieser Aufspaltung bildeten die konzertierten Bestrebungen der Akademie zur Beseitigung der Société des Arts, einer in den 1720er Jahren gegründeten Organisation. Zur Société gehörten Experimente betreibende Wissenschaftler wie auch Handwerker. Sie diente dem Zweck, Erfindungen zu befördern und öffentlich zu machen.[5] Die Akademie antwortete auf den Aufstieg der Société des Arts, indem sie einerseits deren Antrag vereitelte, den Status einer staatlich geförderten Institution zu erlangen, andererseits deren führende Persönlichkeiten zu Mitgliedern der Akademie wählte – allerdings unter der Bedingung, dass diese der konkurrierenden Neugründung den Rücken kehren.

Ein schlagendes Beispiel für das Wechselspiel zwischen institutionalisierter Wissenschaft und einer leicht zu beeindruckenden Öffentlichkeit war der Aufstieg und Fall des Mesmerismus in den 1780er Jahren. Robert Darnton hat gezeigt, dass Franz Anton Mesmers Konzeption eines besonders feinen, alle Körper durchdringenden und umgebenden Fluidums voll und ganz im Diskurs über die Existenz durchdringender Elemente, einschließlich Gasen, Flüssigkeiten, der Elektrizität, des Magnetismus und der Schwerkraft, verortet war, der im späten 18. Jahrhundert stattfand.[6] Wissenschaftler wie Laien konstruierten – oft fantastische – Gedankensysteme, um das Verhalten solcher Elemente in der Körperwelt zu erklären. In diesem Zusammenhang bildete Mesmer keine Ausnahme. In Reaktion auf den außergewöhnlichen Ruhm und Vorrang, den er während der frühen 1780er Jahre genoss, startete die Akademie eine gleichfalls außergewöhnliche Untersuchung seiner Behauptungen. Geleitet wurde diese Erkundung von herausragenden Persönlichkeiten der Académie des Sciences – unter ihnen Antoine Laurent Lavosier und Jean-Sylvain Bailly – sowie einem Besucher Frankreichs namens Benjamin Franklin. Sie kamen zu dem Schluss, dass Mesmers „Fluidum" nicht existierte und die mit Messmers Techniken in Verbindung gebrachten Wirkungen – Krämpfe, Ekstasen und Heilungen –

4 Ebd. S. 106.

5 Ebd., S. 108–110. Für den größeren Zusammenhang siehe auch: R. Hahn, The Application of Science to Technology. The Societies of Arts, in: Studies on Voltaire and the Eighteenth Century 25 (1963), S. 829–836.

6 R. Darnton, Mesmerism and the End of the Enlightenment in France, Cambridge MA 1968, S. 10–20.

hauptsächlich durch die Patienten selbst verursacht worden waren.[7] Es überrascht kaum, dass der Akademiebericht den mesmeristischen Praktiken kein Ende machte. Er provozierte stattdessen eine Flut von Pamphleten, die Mesmers Sache verteidigten und die Akademie ihres vergeblichen Versuchs wegen schmähten, eine wissenschaftliche Theorie zu unterdrücken, die sie nicht zu kontrollieren vermochte. Das Mesmer-Phänomen versinnbildlicht den zu jener Zeit enormen Abstand zwischen den Höhen der Wissenschaft und den populären wissenschaftlichen Spielfeldern.

Das Feld der Mathematik zeigte, sowohl außerhalb als auch innerhalb der Akademie, Brüche verwandter Art. Unter interessierten Laien kursierten mathematische Prinzipien, was durch Lehrveranstaltungen möglich war, die in den Provinzen an örtlichen Institutionen abgehalten wurden, die man „musées" nannte. Angewandte Mathematik wurde an technischen und militärischen Bildungseinrichtungen gelehrt, an denen zusätzliche Berufungen erfolgten und Lehrpläne überarbeitet wurden, um die Rechenpraxis durch erweiterte Ausbildung zu verbessern.[8] Trotz dieser auf zwei Wegen erfolgenden Mehrung mathematischen Wissens hütete die Akademie das Privileg ihrer hierarchischen Stellung streng. Selbst Pierre-Simon Laplace, mit einer Anstellung an der École Militaire hervorragend bedacht und gut situiert, hatte nicht weniger als dreizehn bemerkenswerte Abhandlungen vorzulegen, um in die Akademie aufgenommen zu werden. Laplace wurde zum Schrittmacher, als er die Infinitesimalrechnung für eine Untersuchung der Wahrscheinlichkeit nutzte, was schließlich die Systemgewissheit der etablierten Mechanik infrage stellte. Wo d'Alembert eine strikte ontologische Trennung zwischen Mathematik und Physik aufrechterhielt, arbeitete Laplace daran, diese beiden Bereiche zusammenzuführen, indem er die Instrumente von Wahrscheinlichkeitstheorie und Analysis nutzte.[9] In Kapitel 5 werden wir unsere Aufmerksamkeit auf die mathematische Beschreibung richten, einschließlich der weiteren Konsequenzen, die Laplaces probabilistische Wende hatte. Fürs Erste lässt Laplaces institutionelle Karriere, neben seinen ununterbrochenen Debatten mit Buffon, d'Alembert und Condorcet, erkennen, dass die Brüche, die d'Alemberts Beitrag zum Artikel über Beschreibung charakterisierten, sowohl das Fachgebiet der Mathematik als auch die Institutionen jener Zeit tief prägten.

7 Siehe ebd., S. 64, Anm. 10: Rapport des commissaires chargés par le Roi de l'examen du magnétisme animal, verfasst von Bailly (Paris 1784); Rapport des commissaires de la Société de Médécine, nommés par le Roi faire l'examen du magnétisme animal (Paris 1784).

8 Hahn, Anatomy, S. 95 f.

9 Hahn, Le système du monde, S. 45–52, 62–68.

Die Mitte der 1750er Jahre erfolgende Diskussion um die schöngeistige Literatur ist komplexer als jene um die Naturwissenschaften oder die Mathematik, denn hier hatte die mit der eigentlichen Natur der Darstellung befasste Debatte eine lange Tradition.[10] Jaucourts Beitrag zum Artikel über Beschreibung aus dem Jahre 1754 stellt vor allem die „geheimen Emotionen" heraus, die im Zuschauer eines Bühnenwerks, im Leser eines Romans oder im Betrachter eines Bildes ausgelöst werden. Wie unsere Diskussion ergab, unterstreicht seine Position, Addison folgend, die Rolle der Einbildungskraft bei der Erzeugung personaler Gefühle. Mallet hingegen war bestrebt, die Verantwortung des Autors zu stützen, ein jedes solches Gefühl in den Dienst der moralischen oder sittlichen Läuterung zu stellen. Beide waren hierbei wesentlich uneins über den Platz, der die emotionale Reaktion des Lesers oder Betrachters im Spektrum der Ideen und Werte einnimmt, die das Kunstwerk zu mobilisieren vermag. Die Bedeutung dieser Meinungsverschiedenheit ging über die streitenden Personen hinaus. Um den historischen Kontext dieser Uneinigkeit zu ermitteln und deren Relevanz für unsere Geschichte des Diagramms zu klären, sind einige zeitgenössische Texte über Entwicklungen am Theater aufzugreifen. Letzteres hatte sich Mitte des 18. Jahrhunderts in Frankreich zu einer lebendigen Institution entwickelt, in der das Wesen der ästhetischen Darstellung engagiert diskutiert und bestimmt wurde.

II.

Für den Kontext von Mallets wie Jaucourts Position entscheidend ist die stillschweigende Präsenz Diderots, dessen Schriften über das Theater mit dem *Lettre sur les sourds et muets* aus dem Jahre 1751 einsetzten. Bemerkenswert an diesem Text ist der Passus, in welchem Diderot seine Bemühungen beschreibt, „die Gebärde und die Bewegung" einer Aufführung richtig zu beurteilen. So nahm er zunächst einen Platz in der höchsten Loge ein und verschloss seine Ohren, um die Worte der Darsteller nicht zu hören. „Ich kümmerte mich sehr wenig", so schreibt er, „um [die] Urteile [der anderen Zuschauer] und hielt mir hartnäckig die Ohren zu, solange die Handlung und das Spiel des Darstellers mit den Worten, an die ich mich erinnerte, übereinzustimmen schienen. Ich hörte nur dann zu, wenn ich durch die Gebärden in die Irre geführt worden war oder das wenigstens glaubte."[11] Seiner eigenen Darstellung zufolge hatte Diderot die meisten der Theaterstücke, die er auf diese Weise betrachtete, memoriert, sodass

10 Für eine auf das Theater bezogene Diskussion dieser Thematik siehe A. Goodden, Actio and Persuasion. Dramatic Performance in Eighteenth-Century France, Oxford 1986, S. 28–47.

11 D. Diderot, Brief über die Taubstummen, in: ders., Ästhetische Schriften, 2 Bde., hg. v. F. Bassenge, Berlin 1967, Bd. 1, S. 38 f.

er die geräuschlosen Bewegungen auf der Bühne vor dem Hintergrund einer „idealen", in seinem Kopf abgespeicherten Version des Manuskripts einschätzen konnte. Diderots Abschottung der visuellen Qualitäten von Aufführung und Gebärde verweist auf eine bedeutsame Verschiebung seiner kritischen Aufmerksamkeit, insofern seiner Erfahrung des Schauspiels ein größeres Interesse zukommt als den Worten des Autors. Seine Entscheidung, weit von der Bühne entfernt Platz zu nehmen und den Worten der Darsteller über weite Strecken die Aufmerksamkeit zu verweigern, sind zwei vorsätzliche Symbolhandlungen, welche die Theaterproduktion physisch ex-artikulieren.

Die Schauspieler aus der Ferne zu betrachten und allein die eigene innere Stimme die Rollen sprechen zu hören, gab Diderot die Möglichkeit, sich (den Zuschauer) ganz ins Zentrum der Erfahrung zu stellen und beständig die Angemessenheit der visuellen Erscheinung dieser Erfahrung abzuschätzen. Wir entdecken hier den im ersten Kapitel diskutierten Diderot des *Prospectus* zur *Enzyklopädie,* demzufolge sich der Nutzer (oder, wie hier, der Zuschauer) in einen permanenten Prozess vergleichender Einschätzungen vertieft und dadurch zu einem kritischen Verständnis gelangt. Das Theater gewinnt für Diderot einen besonderen Status, denn es bestimmt eine Umgebung, in welcher sich die über Sinnesvermögen erfolgenden Primärinputs und die internen geistigen Vorgänge – wie etwa Vernunft, Urteils- und Einbildungskraft – mit den Gefühlen oder Leidenschaften verbinden. Dies gilt insbesondere für das von ihm als „drame" bezeichnete Genre, das in seinen Worten „zwischen der Komödie und der Tragödie" steht.[12] *Drame* überschreitet die klassischen Genres, indem es sie miteinander kombiniert, und bringt den Zuschauer immersiv mittels Worten, Gesten und Gefühlen in eine Situation des Gebens und Nehmens, ohne jedoch damit die moralische Läuterung oder die kritische Schärfe vorzugeben. Seine formalen Brechungen stimulieren das Empfindungsvermögen. Eine solche Korrelation ist theaterspezifisch und folgt doch jenen Funktionsprinzipien, welche die Tafeln der *Enzyklopädie* beleben. Zugleich lässt sich durch sie die Besonderheit der individuellen, privaten Synthese überwinden und eine veredelnd wirkende Kollektiverfahrung didaktischer Bestrebungen erlangen, die der moralisch läuternden Kraft der Tragödie nahekommt.[13]

Die begrifflichen Komponenten seiner lautlosen Art des Theaterbesuchs hat Diderot in den *Entretiens sur le fils naturel* aus dem Jahre 1757 verdeutlicht, in denen er nämlich eine Unterscheidung traf zwischen *coup de théâtre* und *tableau*: „Ein unvermutheter Zufall, der sich durch Handlung äußert, und die

12 D. Diderot, Von der dramatischen Dichtkunst, in: ders., Ästhetische Schriften, Bd. 1, S. 245.

13 D. E. Connon, Innovation and Renewal, A Study of the Theatrical Works of Diderot, Oxford 1989, S. 100–104.

Umstände der Person plötzlich verändert, ist ein Theaterstreich [coup de théâtre]. Eine Stellung dieser Person auf der Bühne, die so natürlich und so wahr ist, daß sie mir in einer getreuen Nachahmung des Mahlers, auf der Leinwand gefallen würde, ist ein *tableau*."[14] Diderots Bezugspunkt für diese Unterscheidung liegt außerhalb der Welt des zeitgenössischen Theaters, denn bei *tableau* handelte es sich um einen Terminus, der generell für Darstellungen auf dem Feld der Malerei verwendet wurde. Sein Gebrauch durch Diderot lässt ein Interesse an Bildern erkennen, welches seinen unmittelbarsten Ausdruck in den *salons* finden sollte, die Diderot für Grimms *Correspondance littéraire* beginnend mit dem Jahre 1759 schrieb.[15] Diderots Begriff des *tableau* im Theater unterstellt eine Entfremdung zwischen Bühnenraum und Publikum ähnlich jener, die er realisierte, indem er hoch oben in der Theaterloge Platz nahm und sich die Ohren verschloss. Ein *tableau* ist dann „so natürlich und so wahr", wenn Schauspieler jedwede offen an das Publikum gerichtete Gesten vermeiden, die diesem bedeuten würden, dass sie spielen. In einer wohlbekannten Formulierung aus dem Jahre 1758 gibt er Bühnenautoren wie Schauspielern folgende Anweisung: „Man denke also, sowohl während dem Schreiben als während dem Spielen an den Zuschauer ebensowenig, als ob gar keiner da wäre. Man stelle sich an dem äußersten Rand der Bühne eine große Mauer [grand mur] vor, durch die das Parterr abgesondert wird. Man spiele, als ob der Vorhang nicht aufgezogen würde."[16] Diderots imaginärer *grand mur* (heute üblicherweise „vierte Wand" genannt) schafft eine bedeutsame Asymmetrie zwischen Bühnenraum und Publikum. Um Zuschauer durch die Natürlichkeit ihrer Handlungen bewegen zu können, müssen Schauspieler vorgeben, das Publikum existiere nicht. Den Zuschauern wiederum, welche die Schauspieler durch diese unsichtbare Barriere hindurch sehen und hören, ist eine physische Einmischung in die Aufführung untersagt. Ihre Entfremdung zahlt sich letztlich in einer fesselnden Illusion aus, die sie tief zu bewegen vermag.[17]

14 D. Diderot, Der natürliche Sohn, oder die Proben der Tugend, in: ders., Das Theater des Herrn Diderot, Erster Theil, übers. v. G. E. Lessing, 2. Aufl., Berlin 1781, S. 141 (Übersetzung geändert, A. d. Ü.). Siehe die wichtige Diskussion dieser Passage und deren entscheidender Folgen bei Pierre Frantz: L'esthétique du tableau dans la théâtre du XVIIIe siècle, Paris 1998, S. 153–195.

15 A. Goodden, „Une Peinture Parlante": The *Tableau* and the *Drame*, in: French Studies 38, 4 (Oktober 1984), S. 397–413; D. Johnson, Corporality and Communication. The Gestural Revolution of Diderot, David, and *The Oath of the Horatii*, in: Art Bulletin 71 (March 1989), S. 92–113; Fried, Absorption and Theatricality, S. 92–105; Connon, Innovation and Renewal, insbes. S. 128–132.

16 Diderot, Von der dramatischen Dichtkunst, S. 284.

17 Eine umfassende Diskussion der „vierten Wand" findet sich bei Frantz, L'esthétique du tableau, S. 60–71.

Diderots Vorschläge hinsichtlich der Struktur des *tableau* und der theatralen Illusion wurden später zu Gemeinplätzen. In jener Zeit jedoch waren sie Aufrufe zu einer einschneidenden Reform der Aufführungspraxis in Frankreich. Bedeutende Personen aus dem Publikum konnten üblicherweise auf Polsterbänken Platz nehmen, die sich auf der Bühne, nahe am Ort der Aufführung, wenn nicht gar direkt neben den Schauspielern befanden. Zur normalen französischen Bühne, wie der Comédie-Française, gehörte nahezu immer eine Vorbühne, die den Aufführungsbereich weit in den Zuschauerraum hinein vergrößerte. Ferner hatte der aufführungstechnisch verfügbare Raum hinter dem Theatervorhang für gewöhnlich eine eher begrenzte Tiefe, der Schwierigkeiten wegen, ihn von den Seiten her zu beleuchten. Folglich wurde die Illusion, die das Theater schaffen sollte, durch die Anwesenheit zuschauender Zeitgenossen, die sich in die Aufführung des Theaterstücks mischten, untergraben – eine Situation, die der Schauspieler Claude Crébillon missbilligte: „Immerzu versäumte der Schauspieler den rechtzeitigen Auftritt, entweder erschien er zu früh auf der Bühne oder zu spät. Er erschien inmitten des Publikums wie ein Geist und verschwand gleichermaßen, ohne dass dies jemand bemerkte. Schließlich ließen sich nicht alle großen tragischen Gesten zur Aufführung bringen und *coups de théâtre* misslangen immer."[18] Gelegentlich wurde dazu aufgerufen, die Polsterbänke von der Bühne zu entfernen – insbesondere Voltaire forderte dies, der glaubte, dass die Anwesenheit von Zuschauern auf der Bühne seinem Trauerspiel *Semiramis* im Jahre 1748 die Wirkung genommen hatte.[19] Die Theaterleute wehrten sich gegen diese Reform, denn der Verkauf ausgewählter Plätze an betuchte Gönner brachte ihnen erhebliche Einnahmen.[20] Erst im Jahre 1759 wurden auf Betreiben des Schauspielers Henri-Louis Lekain, der einen entsprechenden Appell veröffentlicht hatte, endgültig die Polsterbänke aus der Comédie-Française entfernt. Diese Wendung fand breite Zustimmung, bemerkens-

18 C. Crébellion, Lettre sur les spectacles, zitiert bei A. Jullien, Les Spectateurs sur le Théâtre: Établissement et suppression des bancs sur les scènes de la Comédie-Française et de l'Opéra, Paris 1875, S. 8.

19 Mémoire qui tend à prouver la nécessité de supprimer les banquettes de dessus le théâtre de la Comédie-Française, en séparant ainsi les acteurs des spectateurs, in: H.-L. Lekain, Mémoires de Lekain, précédé de réflexions sur cet acteur et sur l'art théâtral par François-Joseph Talma, Paris 1825, S. 135 ff.

20 Voltaire bemerkte, eines „der größten Hindernisse in unserem Theater, das einer jeden eindrucksvollen pathetischen Handlung im Wege steht, ist das Gedränge von Zuschauern, die sich gemeinsam mit den Schauspielern auf der Bühne befinden: Diese Schamlosigkeit war besonders in der Erstaufführung von *Semiramis* spürbar. [...] In nachfolgenden Aufführungen des Stückes wurde der Fehler behoben, und es wäre ein Leichtes, ihn für immer zu beseitigen." Zitat aus: Dissertation sur la tragédie ancienne et moderne, in: Théâtre complet de M. Voltaire, 9 Bde., Caen 1788, Bd. 3, S. 364. Siehe auch die Diskussion bei Frantz, L'esthétique du tableau, S. 42–60.

werterweise wegen des dadurch gesteigerten Niveaus theatraler Illusion. Charles Collé verzeichnete in seinem Journal eine Bekundung begeisterten Beifalls:

> „Dies führt zu den bestmöglichen Ergebnissen. Ich glaubte bemerkt zu haben, dass man die Stimmen der Schauspieler unvergleichlich besser hörte. Die theatrale Illusion ist nun vollständig. Kein Cäsar mehr, der kurz davor ist, irgendeinen Gecken aus der ersten Reihe zu entmachten, und kein Mithridates mehr, der inmitten all der uns Bekannten stirbt. [...] Diese neue Gestalt des Theaters eröffnet den Tragödiendichtern neue Möglichkeiten, die Dichtung spektakulärer und prunkhafter auszugestalten und ihren Handlungsreichtum zu vergrößern".[21]

„Das Ereignis sollte belegen", so die Theaterhistorikerin Gösta Bergman, „dass einer der großen Wendepunkte in der Geschichte der Comédie-Française stattgefunden hatte, der das allmähliche Hervortreten eines neuen Prinzips von Illusion bestätigt."[22] Binnen zweier Jahre wurden die Lüster entfernt, die für lange Zeit über der Vorbühne gehangen hatten. Mit ihnen verschwand eine Lichtquelle, welche Bühne und Zuschauerraum miteinander geteilt hatten.[23] Nunmehr gab es für Schauspieler und Publikum verschiedene Räume und Beleuchtungssysteme: Diderots unsichtbare Wand hatte begonnen, Gestalt anzunehmen.

Für Diderot verdankt sich die theatrale Illusion der Doppelnatur dieser immateriellen Wand zwischen Publikum und Schauspielern. Für das Publikum bildet sie eine Art Kamerablende, die eine Welt zur Darstellung bringt, welche innerhalb eines weiteren Sichtfelds eingerahmt ist. Für die Schauspieler erweist sie sich als imaginäre Sichtblende, die ihnen die direkte Hinwendung zum Publikum versagt. Obwohl Schauspieler und Publikum einen architektonisch realen Raum teilen, möchte Diderot doch ihre jeweiligen Bereiche psychologisch voneinander trennen, indem er jedes offenkundige Zeichen gesellschaftlichen Austauschs weitgehend unterbindet. Wenn Schauspieler darauf verzichten, das Publikum anzuerkennen, werden die Betrachter eine Entfremdung dem Schauspiel gegenüber empfinden, die eigenartigerweise dessen Wirkung erhöht. Das ist die Crux von Diderots Konzeption des dramaturgisch vermittelten Gefühls: Das Spiel muss dem Publikum lebhaft vor Augen stehen und zugleich auf Distanz von ihm gehalten werden, sodass sich niemand in der Lage fühlt, in die sich entfaltenden Ereignisse einzugreifen. In Diderots Konzeption ist Illusion nicht nur eine optische oder akustische Wirkung auf das Publikum, sondern darüber

21 C. Collé, Avril 1759, in: Journal et Mémoirs, 3 Bde., Neuausg. Paris 1868, Bd. 2, S. 172.

22 G. M. Berman, Lighting in the Theatre, Stockholm 1977, S. 175. Siehe auch D. Alston, David et le théâtre, in: David contre David, 2 Bde., hg. v. R. Michel, Paris 1993, Bd. 1, S. 165–198.

23 Berman, Lighting in the Theatre, S. 175.

hinaus eine affektuelle Kraft, die dann entsteht, wenn Betrachter verspüren, dass sich die dramatische Handlung ohne sie kontrollieren zu können mit der Zwangsläufigkeit des wirklichen Lebens entfaltet.

Diderots Auffassung, dass sich die theatrale Illusion aus einer komplexen, multisensorischen Erfahrung heraus bildet, steht im Einklang mit seiner allgemeinen Wahrnehmungskonzeption. In den *Éléments de physiologie* schreibt er: „Die Gegenstände wirken auf die Sinne; die Empfindung im Organ hält an; die Sinne wirken auf das Gehirn, diese Wirkung hält ebenfalls an. Keine Empfindung ist einfach oder vorübergehend, sie ist – wenn ich mich so ausdrücken darf – ein Bündel. Daraus entspringt der Gedanke sowie das Urteil."[24] Es gibt keinen vernünftigen Grund, die optische Information anderen Sinneseindrücken deshalb vorzuziehen, weil sie etwa unmittelbarer oder direkter wäre, denn jedes Sinnesorgan empfängt Informationen und übermittelt diese mit der Zeit. Die im 18. Jahrhundert häufig diskutierten temporalen Unterscheidungen zwischen Dichtung und Malerei sind für Diderot ohne Bedeutung. Deshalb kann er Bilder zeitbezogen denken und das Theater statisch erfahren.

Auch war Diderot der Überzeugung, dass jedes Organ spezifische Nerven besitzt und spezielle Funktionen erfüllt; er glaubte ferner, das Gehirn fungiere als eine Art Verrechnungsstelle, die verschiedenste Daten strukturiert. „Das Gehirn denkt ebensowenig von sich aus, wie die Augen von sich aus sehen und die anderen Sinne von sich aus wirken. [...] Das Gehirn bedarf der Gegenstände, um zu denken, wie das Auge der Gegenstände bedarf, um zu sehen. Mag dieses Organ mit Hilfe des Gedächtnisses noch so viele phantastische Dinge vermischen, vermengen, verbinden und erschaffen, so existieren doch die Dinge – verstreut und vereinzelt – außerhalb dieses Organs."[25] Wenn wir einen Baum betrachten, sehen wir seine vielen Teile. Diese Sinnesempfindungen lassen andere entstehen, die „erfunden und in einen wohlgeordneten Zusammenhang gebracht", zu einem Bündel [faisceau] von Informationen zusammengefasst werden, womit „eine Reihe von Empfindungen, Ideen und Wörtern" entsteht, „die miteinander verbunden sind und aufeinander folgen".[26] Diderots Bündel kommt nicht dem Gegenstand per se zu, sondern es entsteht, indem wir Sinnesdaten auf verschiedenen Gedächtnis- und Erfahrungsebenen aktiv auslesen. Auch bleibt es nicht beim bloßen Sehen: „Man betrachtet eine Nelke, riecht an ihr, empfängt von ihr einen starken oder schwachen, angenehmen oder unangenehmen Geruch, und schon entsteht eine andere Reihe von Empfindungen, Ideen und Wörtern. Daher rührt die Fähigkeit zu urteilen, zu schlußfolgern, zu sprechen, obgleich man

24 Diderot, Elemente der Physiologie, in: ders., Philosophische Schriften, 2 Bde., Berlin 1961, Bd. 1, S. 649.

25 Ebd., S. 648 f.

26 Ebd., S. 708.

sich niemals mit zwei Dingen zugleich beschäftigen kann."[27] Von Diderots Darstellung einer in der Zeit ablaufenden, über die Kombinatorik des Gehirns vermittelten Wahrnehmung führt ein direkter Weg zu dem in den Texten und Tafeln der *Enzyklopädie* herausgestellten Korrelationsprozess, in dem sich Ideen und Termini mittels Querverweisen zu verwandten Bereichen verzweigen, welche den Nutzer auffordern, seinen Verstand zu bemühen, um Urteile zu bilden.

Eine Folge von Diderots Gedanken, allen Sinnen den gleichen Stellenwert beizumessen, besteht darin, dem gesprochenen Wort im Erfahrungsprozess nicht automatisch den Vorrang zu gewähren. Seine Ansicht wirft spezielle Fragen für die Bühnenpraxis auf, denn die Worte des Bühnenautors bilden nur die akustische Dimension der kompletten Theatererfahrung. Nicht zufällig erhob Diderot Einwände gegen die in Frankreich anzutreffende Neigung, größeren Nachdruck auf den Text des Autors als auf die Effekte der Inszenierung zu legen. „Wir reden in unseren Schauspielen zu viel, und folglich spielen unsere Acteurs nicht genug", schrieb er in den *Entretiens sur le Fils naturel*. „Wir haben die Kunst, welche die Alten so vortrefflich zu nutzen wußten, ganz verloren."[28] Einige Jahre später, in seinem Essay *De la poésie dramatique*, ermahnte er die Schauspieler, sich nicht vom Text des Autors beherrschen zu lassen, sondern ihre gesamte Körperlichkeit für die Zwecke des Ausdrucks einzubringen:

> „Genießet also eurer Rechte, ihr Schauspieler; tut, was euch der Augenblick und euer Talent eingibt. Seid ihr von Fleisch, habt ihr Gefühl, so wird alles gut gehen, ohne daß ich mich darein menge; seid ihr aber von Holz oder von Stein, so wird alles übel gehen, wenn ich auch noch so viel dabei täte."[29]

Diderot kommt in dieser Zeit häufig auf ein Thema zurück, das sich in den zeitgenössischen Diskussionen um das Theater als wesentlich erwiesen hat: die Frage nach Funktion, Stellenwert und Kraft der Pantomime.

Die Pantomime wurde von Kritikern lange Zeit mit Argwohn betrachtet, schien sie doch zu eng mit volkstümlicher Unterhaltung verbunden, wie der Commedia dell'arte oder Schaustücken auf Jahrmärkten, um einen Platz im ernsthaften Theater beanspruchen zu können.[30] Verteidiger der klassischen Tra-

27 Ebd.

28 Diderot, Der natürliche Sohn, S. 158.

29 Diderot, Von der dramatischen Dichtkunst, S. 325.

30 Eine kurz gefasste Übersicht über die Pantomime im Frankreich des 18. Jahrhunderts findet sich bei Goodden, Actio and Persuasion, S. 94–111. Zum Thema Mode und Pantomime in Paris siehe G. M. Bergman, La grande mode des pantomimes à Paris vers 1740 et les spectacles d'optique de Servandoni, in: Theatre Research / Recherches Théâtrales 2, 2 (1960), S. 71–81. Zur Debatte um die Pantomime am

dition waren der Überzeugung, stumme Gesten oder Bewegungen auf der Bühne würden nur von der moralischen Kraft des rationalen Dialogs ablenken: Schauspieler sollten dieser Ansicht nach ihre Körper allein in der Absicht bewegen, die Übermittlung der Worte den Mustern der Rhetorik entsprechend zu akzentuieren. Jean-François Marmontels *Enzyklopädie*-Artikel über die Kunst des Vortrags umreißt eine Begründung für das klassische, Mimik und Gestik in der Rede kontrollierende Zeichensystem.

> „Wir teilen diese Zeichen mit anderen Tieren. Sie waren die einzige Sprache des Menschen, ehe er Ideen mit gegliederten Klängen verband. Er greift immer noch auf sie zurück, wenn die Sprache fehlt oder nicht hinreicht, wie man an Stummen, Kindern oder jenen sehen kann, die Schwierigkeiten haben, eine Sprachen zu sprechen oder deren lebhafte Einbildungskraft oder starke Empfindsamkeit der Langsamkeit der Wortverbindungen und der Schwäche der Worte widerstrebt. Diese natürlichen Zeichen wurden zu Mustern umgestaltet. So entstand die Kunst des Vortrags."[31]

Marmontel hält daran fest, dass Gebärden erst in ihrer Verbindung mit der Sprache und durch ihre Organisation zu Mustern wirklich menschlich wurden. Gebärden ohne Sprache seien einer weniger entwickelten Ordnung zugehörig und Geschöpfen vorbehalten, die komplizierte Ideen nicht ausdrücken können: Tieren, Taubstummen, Kindern oder jenen Menschen, denen die Geduld fehlt, wirklich logisch zu denken.

Die Deklamation im Theater hob Ausdrucksbewegungen von Gesicht und Händen hervor, die – gemeinsam mit Kadenz und Rhythmus der Stimme inszeniert – eine wohlüberlegte visuelle Ergänzung der gesprochenen Verse eines Theaterstücks bilden sollten. Die Bewegung blieb der Macht und dem Urteil des Wortes untergeordnet; Gebärden ohne Sprache waren aus diesem Grunde zu vermeiden. Dieses System, das dem Bühnenautor eine Vorrangstellung sicherte, blieb bis in die 1750er Jahre nahezu unangefochten. Eine bedeutsame Ausnahme war Abbé Jean-Baptiste Dubos, dessen *Réflexions critiques sur la Poésie et sur la Peinture* (beginnend mit der Ausgabe des Jahres 1732) eine Diskussion der Pantomime einschlossen, die deren Vermögen preist, Gedanken wortlos Ausdruck zu verleihen. Er führt ein von der Duchesse du Maine im Jahre 1714 durchgeführtes Experiment an, in dem zwei Tänzer aufgefordert wurden, den

Theater siehe Frantz, L'esthétique du tableau, S. 115–152, und K. G. Holmström, Monodrama – Attitudes – Tableaux Vivants: Studies on Some Trends of Theatrical Fashion 1770–1815, Stockholm 1967, S. 11–40.

31 Marmontel, Déclamation (Belles-Lettres), Encyclopédie.

vierten Akt aus Corneilles *Horace* nur von Musik begleitet aufzuführen.[32] Dubos nutzte die Geschichte, um seiner Behauptung zu stützen, dass Gebärden ebenso gut wie Worte geeignet sind, Gefühle zu erzeugen. Sein Interesse geht jedoch darüber hinaus. „Ich glaube, dass die Malerei eine größere Macht über die Menschen ausübt als die Dichtkunst", schrieb er, denn sie verfahre visuell und arbeite mit Zeichen, die „natürlich" und nicht künstlich seien.[33] Letztlich verfolgte Dubos das Ziel, eine um die Emotionskraft des visuellen Affekts zentrierte Kunstkonzeption zu entwickeln: Dieser zufolge hat ein gemaltes *tableau* einen kraftvolleren Eindruck auf uns als die Dichtung, weil es schneller und mit einem Schlag agiert. Im Unterschied dazu wird ein Schauspiel – also eine Reihe sich vervielfältigender *tableaux* – die Kraft eines jeden einzelnen Gemäldes immer übersteigen.[34]

In seiner Auffassung über das Theater ist Diderot der früheren Abhandlung von Dubos insbesondere dort verpflichtet, wo er sich der visuellen Wirkung der Schauspielkunst widmet. Im *Lettre sur les sourds et muets* räumt er ein, dass die meisten Gebärden in Worte übersetzbar sind, ist dabei aber darauf bedacht, die „erhabene[n] Gebärden" hiervon auszunehmen, „die auch die größte Beredsamkeit niemals wiedergeben kann". Diderot hebt das Bild von Lady Macbeth hervor, die schlafwandelnd die Bühne betritt und gleichsam ihre Hände waschend gestikuliert. „Ich kenne nichts, was in der Rede so ergreifend wäre wie das Schweigen dieser Frau und die Bewegung ihrer Hände", ruft er aus. „Welches Bild der Reue!"[35] Weder spricht Lady Macbeth, noch schaut sie ins Publikum. Für Diderot ist die emotionale Wirkung der Szene von einer lebendigen Präsenz abhängig, die durch die Stille von Lady Macbeths Gebärden an Dramatik gewinnt. „Ich füge noch hinzu, daß es ganze Szenen gibt, wo es unendlich natürlicher ist, daß sich die Personen bewegen, als daß sie reden [...]."[36] Lady Macbeths Pantomime bringt die Parameter eines wortlosen Dramas zum Vorschein, dessen Ausdruckspotenzial enorm ist.

32 „In jenen Abschnitten, in denen die Tanzschritte nicht leicht bemerkbar waren, haben unsere beiden Pantomime-Debütanten durch ihre Gebärden und Bewegungen einander so sehr belebt, dass sie Tränen vergossen. Man braucht nicht zu fragen, ob sie das Publikum bewegten." J.-B. Dubos, Réflexions critiques sur la Poésie et sur la Peinture, 7. Aufl., 3 Bde., Paris 1770, Reprint Genf 1967, Bd. 3, S. 311–314. Auf die von Dubos beschriebene spezielle Szene, in welcher der junge Horatius seine Schwester tötet, werden wir in unserer Diskussion von Davids *Schwur der Horatier* zurückkommen.

33 Ebd., Bd. 1, S. 413.

34 Ebd., Bd. 1, S. 424; Holmström, Monodrama, S. 15–21; Frantz, L'esthétique du tableau, S. 20–23.

35 Diderot, Brief über die Taubstummen, S. 34

36 Diderot, Von der dramatischen Dichtkunst, S. 317.

Diderot stellte sich das Theater als eine umfassende Kunstform vor, die Rede, visuelle Sprache, Bewegung, Handeln und präzises mimetisches Detail in eine Ersatzwelt mit der Eigenart emotionaler Kraft einbrachte, die dem Roman durch Samuel Richardson verliehen worden war. Er enthüllte diesen Anspruch, als er *Le Fils naturel* beschreibend erklärte, er habe „einige Gedanken über die Dichtkunst, die Musik, die Deklamation und die Pantomime [beigefügt] und […] aus allem zusammen eine Art von Roman" gemacht.[37] Er bedauerte die „Pedanterie", mit der sich französische Schauspieler „in Positur setzen", „aus der Handlung herausgehen", „sich an das Parterre wenden" und „durch die Gegenwart eines anderen, der sie beherrscht, zurückgehalten werden".[38] Er glaubte, dass Praktiken dieser Art die Entwicklung der Pantomime in Frankreich hemmen würden, es sei denn, Bühnenautoren ergriffen die Initiative, indem sie wirklich Regieanweisungen schrieben.[39] Nahezu in der Art eines Romanschriftstellers bestand Diderot auf der Ausarbeitung der Pantomime als einer völlig normalen schriftstellerischen Tätigkeit, denn die „Pantomime ist das Gemälde [tableau], das in der Einbildungskraft des Dichters, als er schrieb, existierte, und das nach seiner Meinung die Bühne bei der Vorstellung alle Augenblicke zeigen soll. Es ist der einfältigste Weg, dem Publico zu sagen, was es von seinen Komödianten zu fordern berechtigt ist."[40] Regieanweisungen sichern dem Autor die durchgängige Beherrschung der szenischen Effekte, ohne dass er den Schauspielern abverlangen müsste, einfache Marionetten zu werden. Ferner bilden die physischen Umstände, die mit der Konzeption des *tableau* verbunden sind, ein kritisches Modell für die Arbeit des Bühnenautors: „[D]er Zuschauer [steht] im Theater gleichsam vor einem Vorhange […], auf welchem ein Zauberer verschiedene Gemälde, eines nach dem anderen, darstellet […]. Man wende die Regeln der malerischen Komposition auf die Pantomime an, und man wird finden, daß beide einerlei Regeln haben."[41] Diderot nimmt an, dass die Struktur des ernsthaften Schauspiels in Reaktion auf den Zwischenruf zu ändern ist, den die von ihm verfochtene visuelle Präsenz darstellt.

37 Ebd., S. 275. In einer Passage, in der Diderot seiner Bewunderung für die „ausführlichen Schilderungen Richardsons" Ausdruck gibt, erklärt er auch, die „Gebärde" sei „zuweilen ebenso erhaben wir das Wort". Diderot, Lobrede auf Richardson, S. 407 f.

38 Diderot, Von der dramatischen Dichtkunst, S. 317.

39 „Ich habe gesagt, die Pantomime sei ein Stück des Drama; der Verfasser müsse sich ihrer ernsthaft befleißigen; er werde, wenn sie ihm nicht geläufig und immer gegenwärtig ist, keine Szene, so wie es die Wahrheit erfordert, weder anzufangen noch fortzuführen, noch zu erledigen wissen. Ich habe gesagt, der Gestus müsse oft anstatt der Rede hineingeschrieben werden.", ebd.

40 Ebd., S. 325.

41 Ebd., S. 324.

Die Analogie von Bühne und Malerei ist für Diderot mehr als ein Leitmotiv des Denkens – aus ihr wird ein Vorhaben, das Schauspiel in Frankreich zu erneuern. „Ich meines Theils glaube, die Bühne müßte dem Zuschauer, wenn ein dramatisches Werk gut gemacht und gut aufgeführet würde, eben so viel wirkliche Gemälde darstellen, als brauchbare Augenblicke für den Maler in der Handlung vorkommen."[42] Die von Diderot angestrebte Integration der Effekte komme nur dann zustande, wenn der Besucher das Theater „einem Vorhange" gleich erfährt, „auf welchem ein Zauberer verschiedene Gemälde, eines nach dem anderen, darstellet".[43] Auf der anderen Seite der unsichtbaren Wand Diderots erfordert seine Aufführungspraxis eine Reihe verschiedener technischer Hilfsmittel und Verfahren, welche die Trennlinie zwischen anspruchsvollen künstlerischen Formen und denen bloßer Volksbelustigung überschreiten. Vortrag und stilisierte Gestik hatten ihre Heimat im gehobenen Theater. Pantomime hingegen wurde von den Schauspielern der Comédie-Française kaum praktiziert, war allerdings auf Jahrmärkten, in Boulevard-Theatern und an der Opéra-Comique durchaus üblich. Diderot berichtete Voltaire, die Schauspieler seines *Père de famille* fühlten sich mit der Vielfalt der von ihm geforderten Techniken „so wenig vertraut, dass die meisten mir gestanden, beim Auftritt gezittert zu haben, als wäre es das erste Mal".[44] Die klassische Ausbildung hatte die Schauspieler nicht auf die Improvisation der ausgedehnten Momente wortlosen Handelns oder den mit wortlosem Handeln verwobenen abgebrochenen beziehungsweise unterbrochenen Äußerungen vorbereitet, die Diderot für Szenen wie jener der Wiedererkennung im *Père de famille* vorsah (1. Akt, 7. Auftritt).

Bildliche *tableaux* entstammten der Malerei. Diderots Erneuerungsvorhaben bestand darin, einen Grundstock an etablierten und entscheidenden Begriffen aus der Gemäldegalerie auf die Bühne zu bringen. „Die theatralische Action muß noch sehr unvollkommen seyn, weil man auf der Bühne fast keine einzige Stellung siehet, aus welcher sich eine erträgliche Composition für die Malerey machen ließe. Ist denn die Wahrheit hier weniger unentbehrlich als auf der Leinwand?"[45] Die theatrale Illusion ist Diderot zufolge dann am wirksamsten, wenn Autoren miteinander zusammenhängende *tableaux* vermittelt über die Pantomime generieren, statt durch den Dialog gesteuerte, lokal begrenzte coups de théâtre. Dabei erkannte er, dass diese Verschiebung auch bedeutete, dass Autoren beginnen, detaillierte Bühnenanweisungen anzugeben: „Man muß die Pantomime niederschreiben, sooft sie ein Gemälde macht; sooft die Rede

42 Diderot, Der natürliche Sohn, S. 143.
43 Diderot, Von der dramatischen Dichtkunst, S. 324.
44 D. Diderot, Correspondance, hg. v. G. Roth, 16 Bde., Paris 1955–1970, Bd. 3, S. 291. Zitiert bei Connon, Innovation and Renewal, S. 26.
45 Diderot, Der natürliche Sohn, S. 142.

dadurch nachdrücklicher oder deutlicher wird; sooft sie den Dialog zusammenhält; sooft sie charakterisiert; sooft sie in einem feinen Spiele besteht, das sich nicht erraten läßt; sooft sie statt der Antwort dienet; und fast beständig zu Anfange des Auftritts."[46] Das besagt nicht, er wünsche, Schauspieler sollten einfach Anweisungen folgen, denn „einen Mann von Genie zu einer Maschine [zu] machen" war keinesfalls seine Absicht.[47] Im Gegenteil geschah es aus Anerkennung ihres Könnens, dass er Schauspieler aufforderte, sich ihrer Rechte zu versichern und ihre Rollen als lebendige, aus Fleisch und Blut bestehende Wesen zu spielen, statt Statuen „von Holz oder von Stein" zu sein.

Die Gewissheiten eines Theaters, das sich auf Worte, Deklamationen und konventionalisierte Gesten stützte, wurden untergraben, als sich ein Bedarf an integrierter Sinneserfahrung konsolidierte. Der unmittelbar an das Publikum gewandte Vortrag, der oft in Gestalt hochstilisierter Rede erfolgte, war für Debattierklubs oder Gerichtshöfe geeignet, konnte jedoch nicht das Empfinden so umfassend prägen wie die mannigfachen, bruchstückhaften Praktiken – verbaler, vokaler, visueller, gestischer und pantomimischer Art –, die Diderot vorschwebten. Diese diagrammartig breite Palette von Verfahren bedurfte keiner völligen inneren Kohärenz, denn Diderot traute den synthetisierenden Fähigkeiten des Publikums, die er Empfindsamkeit nannte, durchaus zu, eine Abfolge von tableaux miteinander zu verbinden und tiefe Gefühle zu erzeugen. Wo aber sollten die Schauspieler ihre neuen Werkzeuge finden? Marie-Jeanne Riccoboni empfahl Diderot, die „Malerei – die gute Malerei – und die großartigen Gemälde sollten eure Vorbilder, das Interesse und die Leidenschaft sollten eure Lehrer und Führer sein. Laßt sie sprechen und mit ihrer ganzen Kraft auf euch wirken."[48] Ein solcher Ratschlag steht im Einklang mit der entscheidenden Beziehung zwischen Bühne und Gemälde, die Diderot so stark interessierte. Die bedeutende Schauspielerin Hippolyte Clairon, berühmt für ihre Einführung eines Konversationsstils auf der Bühne, hingegen empfahl den Schauspielern das Studium der Anatomie oder Buffons *Histoire Naturelle* zu Rate zu ziehen, um Wissen über die Gesichtsmuskeln zu erwerben und damit im weiteren Sinne den Gesamtumfang des natürlichen Ausdrucks zu meistern.[49] Ihr Vorschlag, der traditionelle Formen der Darstellung wie die Historienmalerei nicht in Betracht zieht, lenkte die Aufmerksamkeit der Schauspieler auf die Naturwissenschaften, deren scheinbar objektive Aufzeichnung physischer Tatsachen eine Regeneration der Schauspieltechniken versprach. Dieses Sich-Überkreuzen von

46 Diderot, Von der dramatischen Dichtkunst, S. 318.
47 Ebd., S. 325.
48 D. Diderot, Antwort an Madame Riccoboni, in: ders., Ästhetische Schriften, Bd. 1, S. 340.
49 Mlle Clairon, Mémoires de Mlle Clairon, Neuausg. Paris 1822, Reprint Genf 1968, S. 268. Diskutiert bei Holmström, Monodrama, S. 28 f.

Disziplinen ist ein Beispiel dafür, wie die Aufsplitterung von Methoden, auf welche die verschiedenen Meinungen zur Beschreibung in der *Enzyklopädie* hindeuten, zunehmend die zeitgenössischen Ansichten zur Darstellung prägte.

Gestandenen Schauspielern wurde das Ausdruckspotenzial schnell klar, das in dieser von Diderot vertretenen Mischung aus Worten, Gebärden und der sie unterstreichenden Stille lag. François-Joseph Talma war vermutlich jener Schauspieler der Pariser Bühne, der die neuen Methoden am häufigsten einsetzte und dessen Pantomime seinem Erzrivalen Fleury widerwilligen Respekt abverlangte: „Sicherlich waren wir nicht in der Lage zu erkennen, das dieser frischgebackene Tragödienschauspieler eine solche Wirkung entfalten sollte. Vor allen Dingen ahnten wir nicht den erhabenen Ausdruck seiner Züge, seine beredte Pantomime […]. Wir wussten nicht, dass Talma ein solches Maß an Verständnis und Schöpferkraft erwerben würde."[50] Im gleichen Sinne betonte Louise-Rosalie Dugazon, eine der führenden Schauspielerinnen der Comédie-Française, das unorthodoxe Potenzial der Pantomime, fragmentierten Teilen dramatische Kontinuität zu verleihen:

> „Allerdings gibt es bestimmte Teile der Theaterwissenschaft, denen weder Tradition noch Regeln etwas vorgeschrieben haben und auch nichts vorschreiben werden. Dies betrifft vor allem die Pantomime. Diese allgemeingültige und selbst dem schwerfälligsten Geist verständliche Sprache der Handlung sollte vom Schauspieler, wann immer er sich auf der Bühne befindet, beständig gesprochen werden. Sie füllt die Leerräume der Episode, die Lücken im Dialog. […] In diesen Momenten der Verdunklung erscheint die Pantomime, kommt zur Anwendung und macht sich selbst verständlich. […] Ohne Pantomime kann man eine von geschickten Gesten begleitete schöne Aussprache vernehmen, aber die Aussprache wird niemals richtig und die Gesten werden niemals wahrhaftig sein. Es ist die Vereinigung beider, die ich harmonisch nennen würde, welche den Ausdruck erzeugt."[51]

Dugazon schneidet verschiedene Themen an, die bereits vorgestellt worden sind: eine Theaterwissenschaft, für die es weder Regeln noch eine Tradition gibt; eine allgemeinverständliche Bewegungssprache; das Bedeutsamwerden von Passagen des Schweigens, die, sich zu einer „harmonischen Vereinigung" entfaltend, allein dem Publikum offenbar werden, für das Worte und Gesten deutlich voneinander geschieden sind und sich doch in der Erfahrung des Schauspiels neu

50 Fleury [Pseudonym v. J.-A. Bénard], Mémoires de Fleury de la Comédie-Française, 1789–1820, 6 Bde., Paris 1835–1838, S. 73–74.

51 L.-R. Dugazon, zitiert bei J.-J. Regnault-Warin, Mémoires historiques et critiques sur F.-J. Talma et sur l'art théâtral, Paris 1827, S. 111–113.

miteinander verknüpfen. Ein Bewusstsein dieser beabsichtigten Anstrengung zu erzielen ist die Wirkung, die Diderot hervorzurufen suchte, indem er seine Ohren verschloss und sich weit von der Bühne entfernt platzierte.

Dass Diderot der Konstruktionsaspekt dieser Unternehmung bewusst war, zeigt sein Vorhaben, Rollenhefte in Form zweier Spalten zu schreiben – eine für den Dialog und eine für die gleichzeitig zu vollziehende Pantomime –, womit es möglich wurde, beide ohne Rückgriff auf einen linearen, linguistischen Faden zu synchronisieren.[52] Wie es scheint, hat Diderot niemals wirklich ein Schauspiel auf diese Weise verfasst. Die Idee allerdings ist herausfordernd, denn dem Schauspiel wird damit ersichtlich eine diagrammatische Form unterstellt – ähnlich den im zweiten Kapitel diskutierten Diagrammen der *Enzyklopädie*. Hierbei ist wichtig, dass Diderot nicht Pantomime ohne Worte im Sinn hatte, sondern eine Mischung von stummer Gebärde und Dialog, wobei beide zuweilen gleichzeitig stattfinden.[53] Das Theater benötigt Worte, um das Vermögen des Publikums zur Korrelationsbildung in der Weise zu lenken, wie die Diagramme der *Enzyklopädie*, um den Leser oder Nutzer anzuleiten, Verweisbuchstaben benötigen, die Bezüge auf Texte herstellen. Im Ausbildungsprozess der Theaterkonzeption Diderots stellt Pantomime ein Potenzial spürbarer Erfahrung an den Stellen offensichtlicher Lücken und sprachlicher Leere bereit, welche der Abfolge von *tableaux* trennend im Wege stehen. Ähnlich dem Weißen der Tafeln der *Enzyklopädie* ist diese Leere der Ort des Publikums, das – von der Bühne durch eine unsichtbare Wand getrennt – den Bereich des *rapport* entdeckt, welcher Diderots materialistischem Verständnis von Ausdruck, Gefühl und Schönheit zugehört. „Wenn ich also sage, daß ein Ding dank der Beziehungen [rapports], die man an ihm bemerkt, schön sei, dann spreche ich nicht von den gedachten oder fiktiven Beziehungen, die unsere Einbildungskraft in es hineinlegt, sondern von den realen Beziehungen, die in ihm sind und die unser Verstand mit Hilfe unserer Sinne in ihm bemerkt."[54] Für Diderot bilden die stummen Passagen der Pantomime keine Leerstellen, sondern Elemente des Bündels [faisceau] inszenierter Stimulationen, die einem jeden Zuschauer erlauben, den dramatischen Effekt in foro interno zu gestalten. In Diderots Projekt sind es die Zuschauer, die das Werk des Bühnenautors buchstäblich abschließen. Dies ist eine im Ganzen moderne Konzeption, die voraussetzt, dass sich das Publikum in die Ausdrucksmechanik der Bühneninszenierung versenkt. Eine allgemeine Anerkennung fand diese Konzeption nicht. Jean-François Marmontel

52 Diderot, Von der dramatischen Dichtkunst, S. 315.

53 Connon, Innovation and Renewal, S. 24. Diderot benutze, so Connon, das Wort „pantomime" mangels eines besseren und meine damit vom Standardrepertoire abweichende Gesten.

54 Diderot, Das Schöne, in: ders., Ästhetische Schriften, Bd. 1, S. 126.

gehörte zu jenen, welche die radikalsten Aspekte der Ansichten Diderots unter Kontrolle bekommen wollten, ohne jedoch völlig zur alten Ordnung der Dinge zurückzukehren.

III.

Marmontel wurde im Jahre 1758, auf dem Höhepunkt der Debatte über das Wesen des Theaters, Herausgeber des *Mercure de France*. Zu dieser Zeit waren seine Ansichten über das Schauspiel mit denen Diderots nahezu deckungsgleich. Marmontels spätere, für das *Supplément* der *Enzyklopädie* geschriebene Artikel über Beschreibung und Pantomime (1776 und 1777), wie auch seine für die *Encyclopédie méthodique* verfasste Abhandlung „Drame" aus dem Jahre 1782 lassen substanzielle Änderungen der Sichtweise erkennen.[55] Obwohl Marmontel das Vermögen der *tableaux* und der Pantomime anerkennt, Gefühle anzusprechen, so beharrt er doch auf dem Vorrang des gesprochenen Worts. Im ernsthaften Theater übertreffe das Ohr das Auge an Bedeutung, denn es sei das Wort, das ein sittliches Gewicht besitze, welches Bilder und Gebärden allein aus sich heraus nicht garantieren könnten. „In dem Maße, in welchem die Theaterhandlung weniger der Sprachgewalt und mehr der Pantomime gibt, in welcher sie es versäumt, nur um allein die Augen zu beeindrucken, zur Seele zu sprechen, wird das Schauspiel für die Menge an Anziehungskraft gewinnen und an Nutzen verlieren."[56] Hier, wie auch in seinen *Mémoires*, trennt sich Marmontel entschieden von Diderot, Jaucourt und anderen Befürwortern eines Theaters des Gefühls.[57]

In der späteren Abhandlung „Drame" kritisiert Marmontel die sogenannten Modernisten, die glaubten, alle Künste sollten sich mit dem „Effekt", dem „Eindruck" beschäftigen, „das heißt, mit der Illusion und dem Gefühl größter

55 M. Cardy, The Literary Doctrines of Jean-François Marmontel, Oxford 1982, S. 118–122. Marmontel schrieb über einhundert Artikel für die Ergänzungsbände, hauptsächlich im Sommer des Jahres 1772. Eine umfassende Darstellung der Ergänzungsbände und deren Beziehung zur Enzyklopädie hat Kathleen Hardesty vorgelegt (The Supplement to the Encyclopédie, Den Haag 1977).

56 J.-F. Marmontel, Pantomime, Supplément.

57 Marmontel distanziert sich von Jaucourt, als er, über seine Verpflichtung schreibend, einige Artikel für die Ergänzungsbände der *Enzyklopädie* vorzubereiten, bemerkt: „Sie müssen wissen, dass nach Veröffentlichung des siebten Bandes der *Enzyklopädie* an den Folgebänden, die ein Beschluss des Gerichtshofs suspendiert hatte, in aller Stille von einem kleinen Mitarbeiterkreis gearbeitet wurde, dem ich nicht angehörte. Einem fleißigen Bearbeiter, dem Chevalier de Jaucourt, war der Bereich Literatur anvertraut, den er in seiner Art bearbeitete, die nicht die meinige war." J.-F. Marmontel, Mémoirs, hg. v. J.-P. Guicciardi, G. Thierriat, Paris 1994, S. 318.

Intensität".[58] Marmontel gesteht dem *drame* Diderots den vollendeten Schein und die pathetische Kraft zu, jedoch betrachtet er diese nunmehr als täuschend und falsch. Er hebt das Ohr als das Organ heraus, das „speziell dazu bestimmt ist, uns das gesprochene Wort und mit ihm das Denken zu übermitteln".[59] Er konzediert, dass Pantomime ihr natürliches Vorkommen in der Rede hat und der Veranschaulichung des Denkens dient. Auch führt er die Theatergeschichte der römischen Antike an, um zu zeigen, dass von den Worten losgelöste Gesten nicht durch den Geist gelenkt sind und mit Leichtigkeit zerstörerisch wie erbaulich sein können. Deshalb empfahl Marmontel einsichtigen Regierungen, einem Gefallen an der Pantomime entgegenzuwirken. Letztere könne nur vorläufig Gefühle bewegen, Tragödie und Komödie hingegen belehrten durch den Appell an die Vernunft. „Das Vergnügen an der Pantomime" sei nicht verboten, dürfe jedoch „weder der einzige noch der vorherrschende Zweck eines Schauspiels sein". In der Pantomime handele die „Erregung eigenmächtig und spricht allein die Sinne an, nichts korrigiert sie und nichts hält sie zurück", während in Tragödie und Komödie „Vernunft, Weisheit und Tugend wechselweise sprechen". Gleich Jean-Jacques Rousseau in seinem *Lettre sur les spectacles* über die Genfer Theater (1758) gibt Marmontel jenen Stücken den Vorzug, „in denen die Vernunft aufscheint und das Empfinden sich verfeinert und veredelt".[60]

Diderot hatte mit seinem *Fils naturel*, inspiriert von den „Ständen[n] des Menschen", den „Versuch eines Schauspiels machen wollen, das zwischen der Komödie und der Tragödie" steht.[61] Marmontel verdeutlicht letztlich seine Distanz zu Diderots *drame* mit dem Hinweis, dass Autoren, welche die „gemeine Wahrheit unverblümt darstellen", das Talent eines einfachen Handwerkers bekunden, während der Genius die Natur immer dadurch verbessern werde, dass er sie in seiner Nachahmung verschönert. Marmontel lehnt es ab, *drame* mit dem ernsthaften Theater in einen Zusammenhang zu stellen, und disqualifiziert dieses Genre „als eine Art Volkstragödie". Zustimmend zitiert er die Bemerkung eines Spaßvogels: „Niemals gehe ich ins Theater, um das zu sehen und zu hören, was ich von meinem Fenster aus sehen und hören kann."[62] Das ernsthafte Theater hält sich Marmontel zufolge immer an die Maßstäbe der Genre-Hierarchie und befördert die Prinzipien der Idealisierung und des Anstands, die Diderot systematisch zu untergraben suchte.

58 J.-F. Marmontel, Drame, Œuvres complètes de Marmontel, 19 Bde., Paris 1818, Bd. 13, S. 189.
59 J.-F. Marmontel, Arts libéraux, Supplément.
60 Marmontel, Pantomime, Supplément.
61 Diderot, Von der dramatischen Dichtkunst, S. 245 f.
62 Marmontel, Drame, S. 189, 176, 186.

Als Marmontel das Thema Beschreibung im *Supplément* zur *Enzyklopädie* aufgriff, galt sein wesentliches Interesse der Epik. Dennoch bringt er mehrere Begriffe in Anschlag, die Diderot für das Theater entweder entworfen oder bekannt gemacht hatte. Vorrangig ist hierbei die Idee des *tableau*. Zu Beginn behauptet Marmontel, die Beschreibung „begnügt sich nicht damit, ihren Gegenstand zu kennzeichnen, sondern bietet oft ein Bild [tableau] von ihm, in all seinen interessantesten Einzelheiten und in seiner Gesamtheit".[63] Er erweitert somit die engen Einschränkungen, die Daubenton für die Beschreibung im Bereich der Naturwissenschaft mit seiner Bemerkung vorgeschlagen hatte, die Beschreibung müsse innerhalb „angemessener Grenzen" erfolgen. Indem er das Konzept des *tableau* ins Spiel bringt, gibt Marmontel die Schuld zu erkennen, in welcher er Diderot gegenüber im Hinblick auf dessen Analyse der Beziehung von Bühne und Zuschauerraum steht.

Gleichzeitig umreißt er eine Position, die sich von jener unterscheidet, die Mallet im ursprünglichen Artikel über Beschreibung entwickelt hatte. Einerseits übernimmt Marmontel viele Prinzipien aus dem Repertoire der klassischen Rhetorik: Wahl des Gegenstandes, Blickwinkel, Auswahl des zu schildernden Moments, Beachtung des offenbarenden Merkmals, Gebrauch aufschlussreicher Kontraste. Andererseits ist Marmontel, im Unterschied zu Mallet, kein beschränkter Techniker. Letzterer hatte behauptet, Beschreibungen lieferten keine Wesensbestimmungen, sondern gründeten in den Praktiken der Artikulation; sie sollten „Bilder präsentieren, welche die Gegenstände so darstellen, als ob sie anwesend wären", ohne deren Rezeption große Aufmerksamkeit zu schenken. Beschreibungen seien Resultate der Rhetorik, die wie Gegenstände existierten – Zeichen in einem Bedeutungssystem, unabhängig davon, ob jemand zuhört oder nicht. Energisch greift Marmontel Mallets beschränkte Darstellung auf, indem er sich der physischen und in grundlegender Weise öffentlichen Beziehung widmet, die zwischen Sprecher und Publikum besteht.

Marmontels Hauptaugenmerk auf dem Ohr als dem für die Aufnahme des Gedankens zweckdienlichsten Organ unterstellt, Worte seien physische Dinge. Er versteht den schauspielerischen Vortrag als eine „gemischte oder zusammengesetzte Aufführung, als Ausdruck eines durch die Umstände veränderten Gefühlsausdrucks", in dem Worte und Gesten – Klänge und Blicke – in einem beständigen Wechselspiel auftreten.[64] Seine Prämisse eines gemischten Modus greift einige Elemente von Diderots Theorie des *tableau* auf, derzufolge der Dialog neben der Pantomime wirkt. Ferner ist sein Situationskonstrukt, gleich jenem Diderots, der Raum eines Theaters mit Zuschauerraum und Bühne. Marmontel

63 J.-F. Marmontel, Description, Supplément. In der folgenden Diskussion wird dieser Artikel sowohl zitiert als auch paraphrasierend wiedergegeben.

64 Marmontel, Declamation (théâtrale), Encyclopédie.

nimmt an, dass der Blickpunkt einer Beschreibung „vom Gegenstand auf den Zuhörer [...] ein relativer [ist]: die Erscheinung des einen, die Position des anderen kommen zusammen, um eine mehr oder minder interessante Beschreibung zu bilden". Mit seinem nächstem Satz allerdings geht Marmontel dann auf große Distanz zu Diderot, behauptet er an dieser Stelle doch, dass „ein jedes mal, wenn eine Beschreibung Hörer auf der Bühne hat, [...] der Leser ihren Platz ein[nimmt], denn es ist von da aus, dass er das tableau sieht". Obwohl Marmontel von Lesern spricht, beruht seine Beobachtung auf einer unausgesprochenen Unterscheidung zwischen der Bühne, auf der die Handlung stattfindet, und dem Publikum, aus dem heraus der Zuschauer oder Leser die Handlung verfolgt.

Indem er den Betrachter mit dem Schauspieler identifizieren will, bestreitet Marmontel implizit die für Diderots Konzeption des *tableau* wesentliche, durch die ‚vierte Wand' zu realisierende Trennung. Den von Diderot geforderten Zustand unbewusster Koexistenz hält Marmontel sowohl praktisch als auch in der geistigen Vorstellung für unmöglich. Darsteller, die Handlungen auf der Bühne erwidern, werden – selbst dann, wenn sie offenkundig an das Publikum gerichtete Gesten [coups de théâtre] vermeiden – von Lesern oder Zuschauern als Stellvertreter erfahren. Diderot hatte Schauspielern die Nutzung von Techniken empfohlen, die von ihnen zu dem Zweck einsetzbar sind, die emotionalen und psychologischen Verbindungen zwischen sich und ihrem Publikum zu trennen, um Illusion und Emotion auf ein Höchstmaß zu steigern. Marmontel hingegen hält eine solche Trennung für nicht machbar, die Funktionsweise von Illusion ist ihm viel zu komplex. Er beharrt auf den Grundtatsachen der Aufführungsumstände: „[D]er wirkliche Handlungsort ist ein Theater, welches von allen um Sie herum besucht wird, um sich, wie auch Sie, zu amüsieren; die Personen, die Sie betrachten, sind Schauspieler; [...] all das ist wirklich." Die Illusion eines jeden Schauspiels entfaltet sich zwangsläufig innerhalb eines wirklichen architektonischen Rahmens. Wird dem Zuschauer dieser Rahmen bewusst, schadet dies der Membran der Illusion. Ist diese aber erst einmal gerissen, lässt sich die Illusion „im nächsten Augenblick nicht mit der gleichen Intensität erneut herstellen".[65] Die Tatsachen der Inszenierung fordern die illusionäre Darstelllung heraus und bieten dem Publikum zugleich die Möglichkeit zu selbstbewusster Reflexion. Der Marmontel des Jahre 1774 zielte direkt auf Diderot, welcher der Überzeugung war, ernsthaftes Theater habe aus einer Abfolge magisch miteinander verbundener beeindruckender *tableaux* zu bestehen.

Das Theatererlebnis entsteht Diderot zufolge in momentanen Zusammenhängen intensiver Illusion, welche die Zuschauer völlig in ihren Bann ziehen. Auch Marmontel schätzt die Illusion, allerdings glaubt er, dass solche

65 J.-F. Marmontel, Illusion, Supplément. In der folgenden Diskussion wird dieser Artikel sowohl zitiert als auch paraphrasierend wiedergegeben.

Momente, wenn sie auf der Bühne erzeugt werden, immer im Bewusstsein dessen erfolgen, das die Kunstmittel des Theaters faktisch präsent sind. Die Intensität einer Illusion mag zu- oder abnehmen, beginnen oder enden – „demi-illusion" nennt Marmontel diese kontinuierliche wie diskontinuierliche Beschaffenheit in seinem für den *Supplément* geschriebenen Artikel „Illusion". Es handelt sich dabei um einen „beständigen und unaufhörlichen Irrtum, vermischt mit einer ihn entkräftenden Selbstreflexion". *Demi-illusion* ist ein solch eigenartiger Zustand, er ist derart hintersinnig in seiner Wirkung, dass einige Leute sie für das Resultat aufeinanderfolgender und „beständiger Oszillationen zwischen Irrtum und Wahrheit" halten. Marmontel zufolge begehen sie dabei allerdings den Fehler, allein Verstandesvorgänge in Betracht zu ziehen, während die Alltagserfahrung offenbart, dass Eindrücke verschiedenster Art und fortdauernde Besonnenheit den Geist gleichzeitig in Anspruch nehmen. Der eine oder der andere Eindruck mögen unsere Aufmerksamkeit beherrschen – dennoch sind weitere gegenwärtig und „ein jeder von ihnen wird seine Spur in der Erinnerung hinterlassen haben". Die Hintersinnigkeit von *demi-illusion* besteht darin, die Wirkung nicht zu stark werden zu lassen, denn „je lebhafter und stärker die Illusion, desto stärker bewegt sie die Seele und beschränkt folglich die Freiheit der Selbstreflexion und den Einfluss der Wahrheit". Dieser Gedanke ist wichtig. Marmontel konzipiert ein Theater, welches – gleich der Epik, Malerei und Oper – aus Elementen besteht, in denen ein hinreichendes Maß an Illusionismus mit der umsichtigen Aufmerksamkeit seiner Handhabung ein Gleichgewicht bildet.

Vollkommene Gleichartigkeit der Kunst ist in Marmontels Konzeption nicht möglich, denn letztlich kehrt man zur Wirklichkeit des Rahmens, in welchem die Inszenierung erfolgt, zurück. Auch wäre sie nicht wünschenswert, denn eine totale Illusion in tragischen Szenen würde „empörend und auf grausame Weise schmerzhaft" sein. Selbst in der Komödie sei die völlige Illusion zu vermeiden, weil „der Betrachter, der glaubte, die Natur zu sehen, die Künstlichkeit vergäße, und durch die Illusion selber um eines der Vergnügen des Schauspiels gebracht wäre". Das von Marmontel erstrebte Ideal ist ein Maß an Ähnlichkeit [*vraisemblance*], das in der dramatischen Kunst eine Verbindung zwischen Illusion, Handlung und Dialog gestaltet, um die Fähigkeiten des Menschen in ihrer Gesamtheit zu mobilisieren.

> „Um die Nachahmung mit all den Äußerlichkeiten der Wirklichkeit auszustatten, wurde das Drama als Genre erfunden, in dem nicht alles, wie in der Malerei, Illusion ist, aber auch nicht alles, wie in der natürlichen Welt, wirklich, sondern wo die Mischung von Fiktion und Wirklichkeit jene gemäßigte Illusion erzeugt, die den Reiz des Theaters schafft. [...]

Die Illusion besteht nur in meinem Kopf. Das ist die Kunst der dramatischen Poesie […]."[66]

Marmontel zufolge soll das Publikum in die Illusion eintauchen und sich gleichzeitig der Künstlichkeit des vor ihm inszenierten Schauspiels bewusst werden.

Worin besteht das Vergnügen an der Illusion, das, wie Marmontel behauptet, „allen Kunstformen gemein" ist? Es ist das Vergnügen des ästhetischen Gewahrseins. Aus der Entfernung betrachtet erscheint, so Marmontel: ein perfekt gemaltes Bild als ein Stück Architektur oder Landschaft. In diesem Augenblick wird, so schreibt er, „all der Reiz der Kunst für Sie verloren sein". Bewegt man sich allerdings auf die Leinwand zu und beginnt allmählich zu erfassen, wie der Pinsel des Künstlers die Dinge dargestellt hat, kommt das Kunstvolle der Kunst zur Erscheinung. Verallgemeinernd schreibt Marmontel: „Es ist das gleiche bei jeder Art der Nachahmung, man möchte gleichzeitig Natur und Kunst genießen, man möchte also ganz sicher sein, dass sich die Kunst mit der Natur vermischt." Er ist in völligem Gegensatz zu Diderot der Auffassung, dass sich im Kunsterlebnis die Immersion in eine Illusion mit dem gleichzeitigen Gewahrsein der Tatsache verbindet, sich in diesem Zustand zu befinden.

Marmontel birgt aus Diderots Theorie völliger Versenkung ein reflexives Vermögen, um das ästhetische Erlebnis als Ort des Genusses zu wahren. „Der das Gemüt bewegende Gegenstand der Künste ist nicht allein das Gefühl, sondern das dieses Gefühl begleitende Vergnügen. Es reicht also nicht, dass das Gefühl stark ist, es muss darüber hinaus auch ansprechend sein."[67] Seine Theorie der Illusion rechnet mit einem Selbstbewusstsein zweiter Ordnung, einem reflektierten Selbstbewusstsein, welches Denken, Vernunft und Vergnügen in sich vereinigt. Er legt den Grundstein für eine Theorie der ästhetischen Distanzierung. Bewegt zu werden, während man weiß, dass man bewegt wird, ist ein intellektuell höherer Zustand als nur bewegt zu werden oder nur zu wissen, denn es wird ein Reflexionsvermögen in Anspruch genommen. Die paradoxale und komplexe Erfahrung, welche *demi-illusion* bewirkt, verleiht dem von Diderot beschriebenen Theater des Sentiments ein didaktisches Moment. Marmontel hält am sittlichen Verständnis fest, das die klassische Auffassung von Literatur, Malerei und Schauspiel auszeichnete, fügt ihm allerdings eine durchaus

66 J.-F. Marmontel, Poète, Œuvres complètes, Bd. 15, S. 82. Zitiert bei Cardy, Literary Doctrines, S. 112. Kapitel 4 des Werkes enthält Cardys umfassende Schilderung von Marmontels Stellung im französischen Theater des 18. Jahrhunderts.

67 J.-F. Marmontel, Essai sur les Révolutions de la Musique en France, Œuvres complètes, Bd. 10, S. 404. Zitiert bei A. Becq, Les Idées esthétiques de Marmontel, in: Jean-François Marmontel (1723–1799), hg. v. J. Ehrard, Clermont-Ferrand 1970, S. 171.

moderne Darstellung des Vergnügens und der Wertung hinzu, die sich aus der Kunst herleiten.[68]

In Marmontels prekärer Synthese findet das Vermögen individueller Subjektivität innerhalb einer Reihe kultureller und physischer Beschränkungen seine Anerkennung, zu denen zeit- oder situationsspezifische Meinungen, Gewohnheiten und Ermöglichungsbedingungen von Illusion gehören. Diese gesellschaftliche Grundierung des Gefühls kehrt in seiner Diskussion der Beschreibung wieder, wenn er dafür plädiert, Zeugen zu benutzen, um das Repertoire an Gefühlen ins Spiel zu bringen – ein technischer Effekt, der darauf zielt, das heterogene Publikum zu einem gemeinschaftlichen Ganzen zu verschmelzen. Die wirkungsvollsten Beschreibungen sind, so schreibt er, jene, die aus dem Blickwinkel emotional beteiligter Charaktere gegeben werden, wodurch das „auf der Bühne vorherrschende Gefühl sich über das gesamte Publikum verbreitet und tausend Seelen wie eine handeln, zu der sie ein einziges Interesse geeint hat". Marmontel ähnelt Jaucourt in seiner Behauptung, dass aus dem Innenleben eines bestimmten Charakters kommende Beschreibungen die größte Wirkung entfalten, weil sie ein Gefühl im gesamten Publikum verbreiten.

Wenn in der Dichtung als überzeugendste Beschreibungen Verlautbarungen der beteiligten Charaktere gelten, so sind die überzeugendsten Illusionen am Theater jene, welche die Struktur der Beschreibung selbst imitieren. Sie bilden *tableaux*, die sich so verstehen lassen, als ob ihnen die Eigenschaften der Dichtung zukämen – einschließlich des Potenzials für verschiedene Blickwinkel. Dichter täten am besten daran, sich ein Theater unendlicher Proportionen vorzustellen, in dem sie Schauplätze den von der Natur zur Verfügung gestellten Richtlinien entsprechend erweitern und einrichten könnten: „Den idealen Plan, den er für sich aufstellen wird, wird er der Beschreibung entsprechend aufstellen, und wenn ihm das *tableau* der Handlung beim Schreiben klar vor Augen steht, wird sie beim Lesen genauso aussehen." Marmontel führt die streng kontrollierten Betrachtungsmöglichkeiten des Theatermodells ein, um zu betonen, dass „die direkte Fluchtlinie vom Gegenstand zu uns" die verschiedenen Kunstrichtungen der Dichtung, des Schauspiels und der Malerei miteinander verbindet. Ihm geht es wesentlich um öffentliche Formen der Darstellung und Erfahrung, wozu auch gehört, dass Betrachter zu einer Gemeinschaft werden sollten, die unter Absehung des sozialen Standes oder anderer Eigenschaften in einem allseits geteilten Interesse gründet. Es wird des Malers Jacques-Louis

68 Annie Becq kommt zu dem Schluss, dass diese „ästhetischen Analysen des Vergnügens, die sich verstreut in den *Élemets de littérature* finden – zuweilen in unmittelbarer Nähe zu traditionellen Ansichten, die Marmontel nicht bereit war aufzugeben –, uns als Hinführung zu den modernistischen Werten kreativer Leistung und Originalität bemerkenswert scheinen". A. Becq, Les Idées esthétiques de Marmontel, S. 172 f.

David bedürfen, um das Potenzial der ästhetischen Theorie von Marmontel – auf dem Forum des Salon de Paris – voll auszuschöpfen.

Dass die Kunst den Betrachtern Beziehungen wahrzunehmen erlaubt, die andernfalls nicht offenbar würden, ist ein Gedanke, der Annie Becq zufolge Marmontels Werk durchzieht.[69] „Der Genuss für die Augen ist wie der für die Ohren mit gewissen Eindrücken verbunden und diese Eindrücke sind abhängig von gewissen Korrelationen [rapports], welche die Natur zwischen dem Gegenstand und dem Sinnesorgan gestiftet hat. Diese Korrelationen zu verstehen heißt nicht, die Natur zu imitieren, sondern sie intuitiv zu erfassen."[70] Marmontel postuliert einen Korrelationsprozess, der kein Spiegelbild der natürlichen Welt ist, sondern in Wirklichkeit deren Wahrheit enthüllt: Seiner Vorstellung zufolge konkurriert das ästhetische Wissen mit den Beschreibungen der Naturwissenschaft. Daher bildet spezifisch das Feld der Ästhetik die Schnittmenge seines Denkens und desjenigen von Diderot. Um das Schöne zu charakterisieren, hat Diderot nahezu das gleiche Vokabular genutzt: „Die Wahrnehmung der Beziehungen ist folglich die Grundlage des Schönen; demnach hat man die Wahrnehmung der Beziehungen in den Sprachen mit einer Unzahl verschiedener Namen bezeichnet, die aber alle nur verschiedene Arten des Schönen anzeigen."[71] Es ist bemerkenswert, dass Marmontel im *Supplément* zur *Enzyklopädie* das Schöne thematisch aufgreift, indem er im Prinzip dem zustimmt, was Diderot in der ursprünglichen Publikation zu diesem Thema geschrieben hatte.

Marmontels Diskussion der Beschreibung im *Supplément* zur *Enzyklopädie* stellt eine umfassende Antwort auf Diderots Kritik der zeitgenössischen Bühnenpraxis dar, einschließlich der evokativen Kraft der *tableaux*, der Zweckdienlichkeit der Pantomime und der Beachtung der Beziehung zwischen Bühne und Zuschauerraum. Viele der Praktiken, die Diderot im für den geistigen Normalverbrauch konzipierten *drame* erfolgreich entwickelt hat, werden von Marmontel in seinem Versuch aufgegriffen, die Tradition anspruchsvoller Kunst zu regenerieren, insbesondere die der Epik und Tragödie. Wie zu erwarten, besteht er auf der Erhabenheit des Themas, der zentralen Bedeutung der Handlung und dem Primat der Sprache, vertritt allerdings auch eine selbstbewusste emotionale Distanzierung, die zwischen Gefühl und Gedanken ein Gleichgewicht herstellt. In seinem Beitrag zum Thema Beschreibung hatte sich Jaucourt mit einer „geheimen Emotion" befasst, die das Publikum in Momenten isolierter Imagination zu atomisieren drohte – analog der monologischen Erfahrung, privatim einen Roman zu lesen. Marmontels ergänzender Aufsatz antwortet mit einem Ideal theatral inszenierter Beschreibung innerhalb eines sozialen Raumes, in

69 Ebd., S. 171–173.
70 Marmontel, Arts Libéraux, Œuvres complètes, Bd. 12, S.
71 Diderot, Das Schöne, in: ders., Ästhetische Schriften, Bd. 1, S. 129.

dem der Identifikation zwischen Bühne und Publikum wesentliche Bedeutung zukommt. Auf diese Weise widerspricht er Diderot in dessen Beharren auf der gefühlsbezogenen und psychologischen Entfremdung des Publikums von den Bühnenakteuren, die unter dem Einfluss einer unwiderstehlichen Illusion erfolgen soll. Im Gegensatz dazu bestärkt Marmontel Autoren darin, Dialogpartner auf der Bühne in der Absicht zu positionieren, dass deren ereignisbezogene Reaktion auf den gesamten Zuschauerraum ausstrahlt und das Publikum zu einer Gemeinschaft eint, die in einem allseits geteilten Interesse gründet.

Marmontels Dissens mit Diderot und Jaucourt scheint seiner Beachtung der Tradition geschuldet zu sein. Stets behielt er die traditionelle Genre-Hierarchie im Blick, derzufolge visuelle, dem Auge zugängliche Formen dem durch das Ohr vermittelten Dialog untergeordnet sind. Ebenso schätzte er die Handlung höher als pantomimische *tableaux*. Zugleich sind seine für die *Enzyklopädie* geschriebenen Artikel – u. a. über Beschreibung, Illusion, *vraisemblance* und Pantomime – Erzeugnisse eines geschichtlichen Moments, den er mit seinen Zeitgenossen teilte. Marmontel stellt die Befähigung von Zuschauern heraus, Bedeutung aus einem unvermeidlich begrenzten Ausschnitt potenziell grenzenloser Erfahrung zu gewinnen. Zuweilen macht er sich ihretwegen Sorgen.[72] Da die Pantomime die Leidenschaften unvermittelt anspricht, werden ihre Wirkungen durch die Vernunft nicht moderiert. Sie vermag folglich ein soziales Verhalten auszulösen, das einsichtige Regierungen möglicherweise im Normalfall zu enttäuschen hoffen. *Vraisemblance*, die Marmontel zufolge in gewöhnlichen Gegenständen das Außergewöhnliche, Fantastische enthüllt, kann den Wirkungsbereich des menschlichen Denkens erweitern und neue Erkenntnisfähigkeiten generieren, welche „die Kette" ersetzen, „die Ereignisse miteinander verbinden, wie auch das Gesetz, das über sie gebietet".[73] Marmontel weist an dieser Stelle darauf hin, dass *vraisemblance*, auch wenn sie mit dem Fantastischen beschäftigt ist, eine Form der Erkenntnis darstellt. Gleichfalls befinde sich die Illusion der dramatischen Dichtung, zwischen Wirklichkeit und Fiktion schwebend, „allein in meinem Denken", sei aber nicht weniger wirklich.[74] Die subtilen Wirkungen von *demi-illusion* mögen auf den ersten Blick als Erzeugnisse des Denkens oder der Vernunft erscheinen, sind Marmontel zufolge in Wirklichkeit aber völlig reale Dinge, die in einem beständig ablaufenden Prozess entstehen, in dem sich der „Irrtum [...] mit einem, ihn entkräftenden Nachdenken [vermischt]".[75] Eine in allen diesen Formulierungen wiederkehrende Idee

72 Siehe dazu die Diskussion bei Marc Buffat: L'Âme contre les sens ou l'esthétique spiritualiste des Éléments de littérature, in: Marmontel: Un rhétorique de l'apaisement, hg. v. J. Wagner, Louvain 2003, S. 35–49.

73 J.-F. Marmontel, Vraisemblance, Œuvres complètes, Bd. 15, S. 540 f.

74 Ders., Poète, S. 82, zitiert bei Cardy, Literary Doctrines, S. 112.

75 Ders., Illusion, Supplément.

ist die, dass Vergnügen und Wert der Kunst von einer Fähigkeit des Selbstbewusstseins abhängen, über den Kunstgriff der Darstellung zu reflektieren.

Statt als die übliche Karikatur eines in Nachhutgefechten verwickelten Konservativen erscheint Marmontel in unserer Darstellung als ein subtiler Denker. In den zeitgenössischen Debatten um die Natur und die Grenzen des Wissens präsentiert er sich als jemand, der mit den entscheidenden Fragen der subjektiven Reaktion befasst ist, ohne allerdings bereit zu sein, von traditionellen Sicherheiten zu lassen. Seine Untersuchung der Art und Weise, in welcher das Gefühl zu gestalten, zu bekunden und auf eine Zuhörerschaft zu übertragen sei, ist ein Widerhall des von Diderot im *Prospekt* zur *Enzyklopädie* entworfenen Korrelationsprozesses – allerdings mit einem Interesse daran, eine wirkliche gesellschaftliche Situation einzugrenzen, in der sich dieser Prozess entfaltet. Nur wenig später schrieb Diderot in „Das Schöne", dass es sich bei dem „Vermögen, die Ideen, die sie [die Seele] getrennt empfangen hat, miteinander zu verbinden, die Gegenstände mit Hilfe der Ideen, die sie von ihnen hat, zu vergleichen, die Beziehungen, die sie zueinander haben, zu beobachten, ihre Ideen nach Belieben zu erweitern oder zu beschränken", um die „Verrichtung der Seele" handele, die sich Abstraktion nennt.[76] Marmontel hingegen plädiert für eine konkrete Erfassung des möglichen Ertrags einer solchen geistigen Tätigkeit, indem er Betrachter vorschlägt, die das Gesamtsystem des Theaters aktiv nutzen, statt sich mit Zeugen zu bescheiden, die in völliger Illusion versunken sind. Im Unterschied zu Diderots leerlaufendem Erweitern und Beschränken je nach Belieben des Betrachters erfolgt Marmontels interaktive Gestaltung des Gefühls nach Art der mit Legenden und Texten verknüpften Tafeln der *Enzyklopädie*, indem die Einzelnen zum Denken angeregt werden und die Ausrichtung dieses Denkens genau bestimmten Richtlinien entsprechend sich verstetigt. Marmontels Theorie der Beschreibung ist sowohl theatral als auch diagrammatisch: Sein Anliegen, die Tätigkeit der Einbildung zu befördern und abzugrenzen, lässt seine stillschweigende Teilnahme an der Kultur des Diagramms erkennen.

IV.

Im Europa des späten 18. Jahrhunderts bot allein das Theater das ganzheitliche, aus Bewegung, Licht, Farbe, Klang und Sprache bestehende Schauspiel, für das Marmontel plädierte. Obwohl er sonderbarerweise über die speziellen Anforderungen von Opernaufführungen schweigt, überrascht es andererseits nicht, dass dem architektonischen Aufbau von Theatern in seiner Abhandlung eine bedeutende Rolle zukommt. Theater sind Schauplätze der Darstellung, die der primären Sinneswahrnehmung ein üppiges Rezeptionsfeld verschaffen, auf

76 Ders., Das Schöne, in: ders., Ästhetische Schriften, Bd. 1, S. 132 f.

dem ein jeder Sinn eine Rolle in unserem Begreifen spielt. Jedoch bleibt der Blick für die Würdigung von Bühnenwerken entscheidend: Ohne gute Sichtachsen verliert das Theater seine schauspielerische Qualität und gerät in die Nähe bloßen Pomps. Auch sind Theater sozial hierarchisiert – einige Plätze sind in der Tat besser als andere, man muss mehr für sie bezahlen oder sie sind, wie im 18. Jahrhundert, für Herrscher oder andere Würdenträger vorgesehen. In der Folge der Reformen des Jahres 1759, welche die Polsterbänke von der Bühne der Comédie-Française verbannten, begannen Theaterentwürfe das gestiegene Interesse für Blickverhältnisse widerzuspiegeln.

Vergleicht man zwei Gruppen von Tafeln der *Enzyklopädie*, die sich mit der Architektur befassen – es handelt sich um Pläne für die bestehende Comédie-Française und für die Rekonstruktion der Oper am Palais Royal –, so wird diese Veränderung deutlich, obwohl die jeweiligen Architekten sicherlich auch die unterschiedlichen Erfordernisse des Schauspiels und der musikalischen Aufführung zu berücksichtigen hatten. Die Bühne des alten Theaters behielt eine tiefe, von Rängen flankierte Vorbühne. Ein Großteil der Handlung spielte sich auf dieser vorgezogenen Erweiterung ab, während Kulissen kaum Raumtiefe hatten (Bild 30, 31). Die Anlage der Comédie-Française schuf eine eher enge Verbindung zwischen Bühne und Zuschauerraum. Die Illusionseffekte des *tableau* wurden beständig durch eine Anordnung gefährdet, die nicht deutlich zwischen den beiden Bereichen differenzierte. Im Unterschied dazu basiert die neue, von Pierre-Louis Moreau-Desproux gestaltete Oper auf strikter Bereichsunterscheidung: zwischen einer Bühne mit Raumtiefe, aber nur einer kleinen, von Rängen überschaubaren Vorbühne; einem Orchesterbereich, ebenfalls mit Rängen; und einem oval geformten Zuschauerbereich mit gekrümmten Wänden, die nur bis zu der Stelle reichen, an der sie auf die geraden Wände des Bühnenbereiches stoßen (Bild 32). Die Tafel zeigt, dass der Architekt beide Räume einander unvermittelt entgegensetzte. Die konzipierte Trennung zwischen Bühne und Zuschauerraum wird auf der Darstellung durch eingezeichnete Punktlinien überlagert, welche einem Perspektivendiagramm nachgebildet sind. Entlang der Innenränder der Kulissenwände gezeichnete, perspektivisch zusammenlaufende imaginäre Orthogonale schneiden eine auf der Gebäudeachse gezogene Linie – allerdings erst außerhalb der Theatermauern, in der Cour des Bons Enfans. Eine senkrecht auf der Zentralachse stehende Linie schneidet die Orthogonalen nahezu genau dort, wo das Oval des Zuschauerraums auf den Bühnenraum trifft. Moreau hat dieses Diagramm des Blicks in seinen Plan eingetragen, um darauf zu verweisen, dass seine Oper eine auf Perspektiven gegründete Betrachtungsmaschine darstellt, in der die Bühnenbegrenzungen, an der Stelle, wo der Vorhang fällt, die Bildebene eines illusionistischen *tableau* festlegen, gewissenmaßen als die in eine Struktur eingearbeitete Leinwand. Sicherlich entspricht diese Illusion der Raumtiefe auch den Erfordernissen von Opernaufführungen, zu welchen das

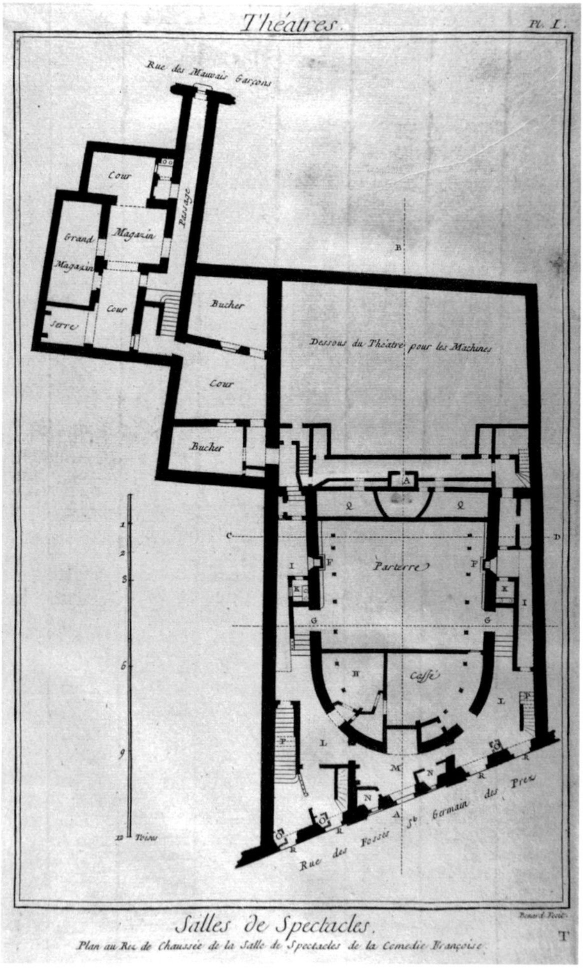

Bild 30 Théatres, Salles de Spectacles, Plan au Rez de Chaussée de la Salle de Spectacles de la Comedie Françoise, Tafel I, Stich von Robert Bénard für Diderot und d'Alembert, Recueil des Planches, Bd. 10.

Orchester und Gruppen von Tänzern und Sängern gehören. Es lässt sich aber auch behaupten, dass dieser Plan die architektonische Verkörperung von Diderots vierter Wand ist – womit in dieser Phase illusionistische *tableaux* am Theater nicht einfach nur möglich, sondern unabdingbar waren.

Die Entwicklung der Theaterentwürfe in den 1770er Jahren lässt die Reifung einer neuen Version der überkommenen Idee erkennen, dass sowohl die bildenden Künste als auch das Theater Bilder oder *tableaux* darstellen. Die modernistische Interpretation der *tableaux* – ob nun in der starken Formulierung

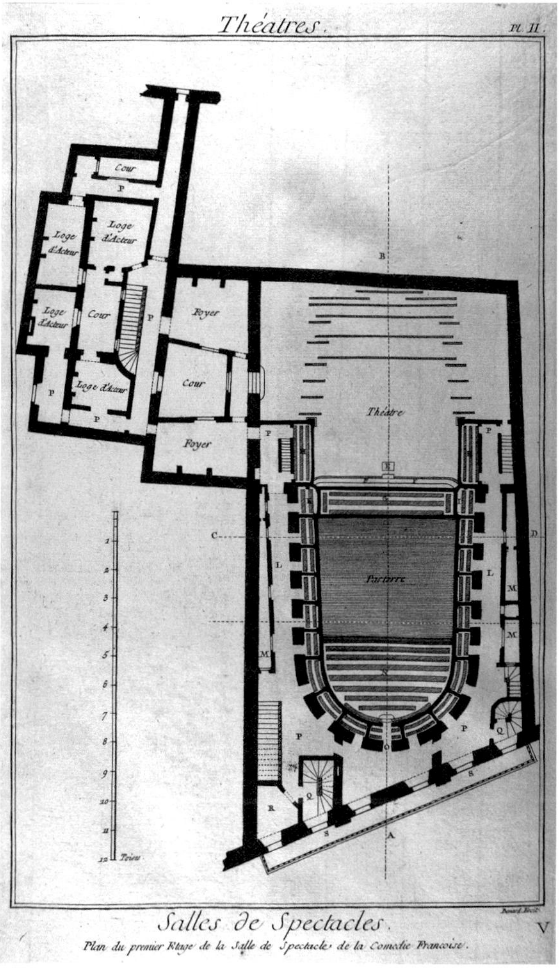

Bild 31 Théatres, Salles de Spectacles, Plan du premier Etage de la Salle de Spectacles de la Comedie Françoise, Tafel II, Stich von Robert Bénard für Diderot und d'Alembert, Recueil des Planches, Bd. 10.

von Diderot oder Marmontels eher gemäßigtem Verständnis nach – setzt auf die Befähigungen eines Betrachters, verschiedenen Reizen gegenüber offen zu sein und diese physiologisch zu einem Vergnügen bereitenden Ganzen zu bündeln, das sowohl Gefühl als auch Überlegung stimuliert. Dem Sehvermögen kommt hierbei die Hauptrolle zu. Die moderne Vorstellung beinhaltet eine Analogie zwischen der Leinwand eines Bildes und der imaginären Wand, die Schauspieler und Zuschauer voneinander trennt. Die Identifikation erfolgt auf beiden Wegen: Theateraufführungen können Bildern ähneln und Bilder Bühnenproduktionen.

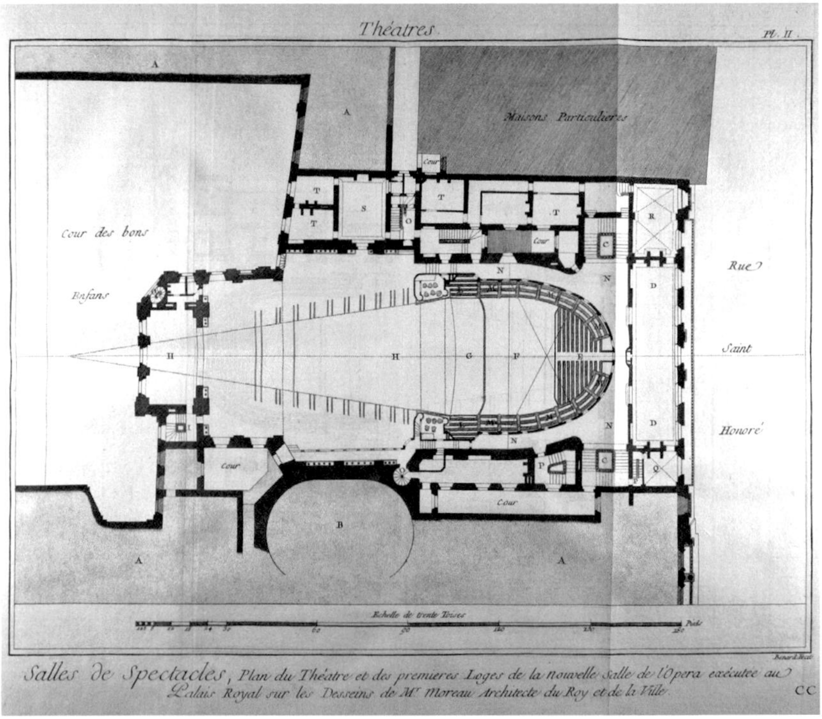

Bild 32 Théatres, Salles de Spectacles, Plan du Théatre et des premiers Loges de la nouvelle Salle de l'Opera exécutée au Palais Royal sur les Desseins de Mr. Moreau Architecte du Roy et de la Ville, Tafel II, Stich von Robert Bénard für Diderot und d'Alembert, Recueil des Planches, Bd. 10.

Diese Behauptung wird gestützt durch das einer Theateraufführung überraschend ähnliche Gemälde, das Jacques-Louis David die *agrégation* für die *Académie Royale de Peinture et de Sculpture* einbrachte: *Belisarius bittet um Almosen* aus dem Jahre 1781 (Bild 33/Tafel 6).[77]

Das Sujet des Gemäldes von David versetzt uns direkt in Marmontels Einflussbereich, denn es war durch den Roman aus dem Jahre 1767 inspiriert, den der Schriftsteller frei nach der Geschichte des Belisarius verfasst hatte.[78]

77 Salon des Jahres 1781, Nr. 311 unter dem Titel „Bélisaire reconnu par un soldat qui avait servi sous lui, au moment qu'une femme lui fait l'aumône". Das Gemälde befindet sich jetzt im Musée des Beaux-Arts in Lille, Inv. Nr. P. 436. Für eine vollständige Verzeichnisangabe des Gemäldes siehe Paris, Musée du Louvre, Jacques-Louis David 1748–1825, Ausstellungskatalog, Paris 1989, Nr. 47.

78 Einen modernen Nachdruck mit einer umfangreichen Einleitung hat Robert Granderoute besorgt: J.-F. Marmontel, Bélisaire, hg. v. R. Granderoute, Paris 1994. Zur Kontroverse siehe J. Renwick, Marmontel, Voltaire, and the *Bélisaire* Affair, in:

Marmontels Schrift war bedeutend wegen ihres Plädoyers für religiöse Toleranz und wurde von der Kirche heftig angegriffen. Ihr Erfolg entfachte eine erregte Debatte zwischen religiösen Gelehrten der Sorbonne, die das Werk missbilligten, und dem Kreis von *philosophes* – unter ihnen Voltaire und Diderot –, die es mittels des gedruckten Wortes verteidigten. Diese Episode erinnert uns an die Arbeitsbeziehungen, die Marmontel zu den Herausgebern der *Enzyklopädie* unterhielt, und sie verdeutlicht, warum er als einer ihrer vielen Autoren zählt. Auch wurde Marmontel von einflussreichen Personen am Hofe des Königs verteidigt, insbesondere von Anne-Robert-Jacques Turgot, der im Jahre 1774 zum Generalkontrolleur der Finanzen des Königreichs ernannt worden war, und Charles-Claude Flahaut de la Billarderie, Comte d'Angiviller, der im selben Jahr Leiter der *Bâtiments du Roi* wurde. Deren Aufstieg zur Macht fällt in die Zeit von Marmontels Abhandlung über die Beschreibung für den *Supplément* zur *Enzyklopädie*. Seine beiden mächtigen Beschützer teilten viele der von Enzyklopädisten und Physiokraten formulierten politischen Vorstellungen über die Gesellschaftsreform, aber weder Turgot noch d'Angieviller wagten es, die absolute Herrschaft des Königs oder die Macht des Staates anzufechten.[79] Die Vorzüge, die Freunde in gehobener Stellung versprachen, hatte Marmontel durchaus erkannt. Er pflegte eine Beziehung zu d'Angieviller, die eng genug war, um im Jahre 1772 zum *historiographe du roi* ernannt zu werden.[80] Bei Hof wusste er sich so erfolgreich zu bewegen, dass seine gesellschaftliche Karriere die eigene Herkunft als Sohn eines Schneiders nahezu vergessen ließ. Marmontels gesellschaftlicher Ehrgeiz und seine Umtriebigkeit finden ihren Widerhall in Davids Verhalten, denn dieser schenkte, während der späten 1770er Jahre, aristokratischem Mäzenatentum sowie der Gunst der Öffentlichkeit große Beachtung.[81] In der Tat mögen die monumentale Dimension wie die bildkünstlerische Ambition, die David mit seinem *Belisarius* verband, der Absicht geschuldet gewesen sein, die Reputation seines unmittelbaren Konkurrenten Jean-François-Pierre Peyron zu zerstören, der zwei Jahre vorher selber einen *Belisarius* gemalt hatte.[82]

Studies in Voltaire and the Eighteenth Century 121 (1975), S. 155–305; A. Boime, Marmontel's *Bélisaire* and the Pre-Revolutionary Progressivism of David, in: Art History 3, 1 (März 1980), S. 81–101; T. Crow, Painters and Public Life in Eighteenth Century Paris, New Haven 1985, S. 198–200.

79 Crow, Painters and Public Life, S. 189.

80 Kafker und Kafker, Encyclopedists as Individuals, S. 252.

81 Boime, Marmontel's *Bélisaire*, S. 91–94; Crowe, Painters and Public Life, S. 196–209.

82 Peyrons Gemälde *Belisaire reçevant l'hospitalité d'un paysan ayant servi sous ses ordres* aus dem Jahre 1779 befindet sich jetzt im Musée des Augustins in Toulouse, Inv.nr. RO-195.

Davids Interesse an der Geschichte des Belisarius legt eine Verwandtschaft mit Marmontel nahe, die tiefer geht als die zufälligen Umstände mäzenatischer Zuwendung, gesellschaftlicher Beziehungen oder übereinstimmender Absichten. Belisarius war ein erfolgreicher und beliebter General, der unter dem byzantinischen Herrscher Justinian (527–565) diente und viele Schlachten für ihn gewann. Der General fiel in Ungnade und wurde, dem Historiker Johannes Tzetzes aus dem 12. Jahrhundert zufolge, von seinem Herrscher geblendet, nachdem dieser ihn der Verschwörung bezichtigt hatte. Marmontels hochfiktiver Roman griff die Missgeschicke des Generals auf und popularisierte sie, wiewohl zeitgenössische Historiker an der Strafe der Blendung Zweifel hegten. David konzipierte seinen betagten und blinden Belisarius in Anlehnung an Marmontels Roman. Der Maler ersann einen, verschiedene Ereignisse zusammenführenden Augenblick – das überraschende Wiedererkennen des früheren Generals durch einen seiner ehemaligen Soldaten und die Handbewegung einer Frau, die ein Geldstück in den Helm des alten Mannes wirft. Eine solche Szene findet sich in Marmontels Roman nicht, obwohl die Gestik des Soldaten und verschiedene architektonische Details durch Stiche inspiriert sein mögen, die der Veröffentlichung des Romans von Marmontel beigefügt waren.[83] Davids dramaturgischer Einfall, die Überraschung des Soldaten mit der Spende der Frau zu verknüpfen, entspricht dem zeitgenössischen Interesse an Episoden der Empfindsamkeit, die mit Diderots Konzeption des *drame* in völliger Übereinstimmung standen.[84]

Diderot drückte im Jahre 1781 in allgemeinen Formulierungen schreibend seine Bewunderung über den *Belisarius* aus, wenngleich er demonstrativ davon Abstand nahm, den Soldaten, die Frau oder das pantomimische Spiel der Hände im Zentrum von Davids Bild zu preisen.[85] Er bedauerte, dass der Maler den ohnehin bereits genug gedemütigten alten General in der unpassenden Gebärde des Bettelns zeigte. Warum war Diderot von Davids kühnem Versuch einer dramatischen Inszenierung nicht emotional gerührt? Vielleicht deshalb, weil er eine entscheidende Verwandtschaft zwischen Marmontel und dem jungen Maler nicht erkennen konnte oder nicht zu würdigen vermochte. Davids Gemälde war durch Marmontels Roman nicht einfach nur inspiriert, sondern im Kontext der Schriften, die der jüngere der beiden Kritiker über Theater,

83 Boime, Marmontel's *Bélisaire*, S. 87–88. Michael Fried behauptet, ein nach einem Bild von Anthonis van Dyck verfertigter Stich, den Diderot kommentiert hatte, sei eine wichtige Quelle für David gewesen (Absorption and Theatricality, S. 146–148).

84 N. Bryson, Tradition and Desire: From David to Delacroix, Cambridge UK 1984, S. 54–62.

85 D. Diderot, Aus dem „Salon von 1781“, VII. David, in: ders., Ästhetische Schriften, Bd. 2, S. 650.

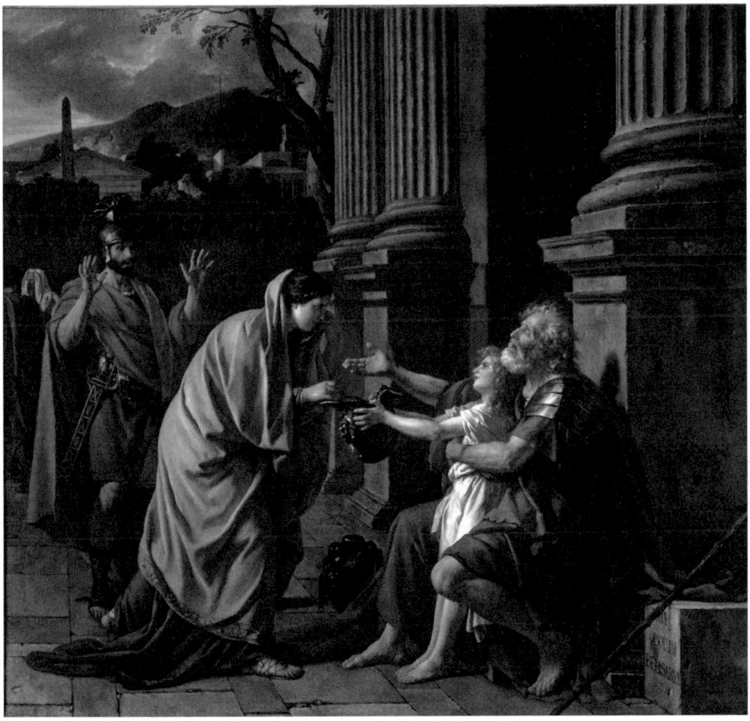

Bild 33 Jacques Louis David, Belisarius bittet um Almosen, 1781, Öl auf Leinwand, 288 × 312 cm, Lille, Palais des Beaux Arts, Inv.nr. P436.

tableaux und Aufführungspraxis verfasst hatte, fest verortet. In vielen dieser Schriften werden, wie wir gesehen haben, Einwände gegen die Schriften Diderots erhoben.

Davids Positionierung des verwunderten Soldaten ist ein wiederkehrendes Thema zeitgenössischer wie moderner Kommentare zum *Belisarius*, wobei für gewöhnlich der mangelhafte räumliche Schein auf der linken Seite des Gemäldes hervorgehoben wird.[86] So berührt der rechte Fuß des Soldaten nahezu die linke Ferse der Frau, obwohl diese Nähe die Raumtiefe unterläuft, die der Oberkörper des Soldaten und dessen ausladende Geste einfordern. Die Pflastersteine unten links unterstreichen das Problem, indem sie eine Perspektive allzu ausgeschrägter imaginärer Orthogonale nahelegen, die gleichzeitig den Raum einebnen und die Betrachter am Soldaten ausrichten. Unsere Wendung zur linken Seite der Leinwand wird durch eine Verwandtschaft verstärkt, die zwischen

86 Crow, Painters and Public Life, S. 204–206; Fried, Absorption and Theatricality, S. 155–158.

unserer aufrechten Position vor dem Gemälde und dem dunklen, schemenhaften Umriss eines Obelisken im Hintergrund besteht, der die Fluchtlinien der Pflastersteine fortzuführen und auf diese Weise Vorder- und Hintergrund zu verbinden scheint. Durch dieses seltsame Perspektivenraster in Position gebracht, müssen sich Betrachter erst etwas nach rechts wenden, um den alten General und seinen jungen Blindenführer in den Blick zu nehmen: Um dies zu tun, ist eine Körperdrehung erforderlich, die tatsächlich spiegelbildlich die des Soldaten ist. Diese leibliche Identifikation ist entscheidend, deutet sie doch darauf, dass David sein Gemälde konzipierte, um die Zuschauer zu einer visuellen wie körperlichen Einstimmung mit dem Soldaten zu bewegen. David bietet nahezu buchstäblich Marmontels bedeutsame, Beschreibungen betreffende Beobachtung auf: Leser oder Zuschauer neigten dann zu einer Identifikation mit Charakteren, wenn diese auf Handlungen innerhalb eines *tableau* reagieren und „das tableau" aus diesem unterstellten Blickwinkel heraus „sehen".[87]

Unsere frühere Diskussion der Aufführungskonzeption von Marmontel lässt vermuten, dass Davids Perspektivenkonstruktion, statt einfach abwegig zu sein, eine gewisse Bedeutung zukommt. Die sogenannten Fehler waren möglicherweise Teil einer kalkulierten Strategie. So betrachte man nochmals Marmontels Formulierungen zu *demi-illusion* und *vraisemblance* auf der Bühne: das subtile Spiel zwischen Illusion und selbstbewusstem Erfassen ihrer Operation, das mit dieser Selbsterkenntnis verbundene Vergnügen, die Gefahr der völligen Zerstörung dieser Dialektik durch eine allumfassende Illusion. Zieht man Marmontels Kriterien heran, so hängt die dramaturgische Kraft von Davids Gemälde vom gleichzeitigen Bewusstsein dessen ab, als Betrachter dazu verführt zu werden, mit dem Soldaten die Plätze zu tauschen und dem sich entfaltenden Kunstgriff der Gesamtheit der Bildgestaltung beizuwohnen.

David war sich der Perspektivenfehler auf der linken Seite seines *Belisarius* sicherlich bewusst. Drei Jahre später malte er, vermutlich unterstützt von Anne-Louis Girodet-Trioson oder François-Xavier Fabre, eine kleine Replik des Bildes, in der er viele jener visuell belastenden Aspekte nochmals überdachte (Bild. 34/Tafel 7).[88] In dieser revidierten Version bilden die Pflastersteine eher Orthogonale der konventionellen Art, die knapp links vom Zentrum zusammenlaufen, der Gebärde des Soldaten und der offenen Körperhaltung wird reichlich Raum gegeben und die hinter dem Soldaten befindlichen Personen haben genügend Platz, um frei auf einer Piazza zu wandeln, die sich bis zur im Hintergrund befindlichen Mauer und Treppe erstreckt. Die Replik verstärkt die Raumillusion,

87 Ein „jedes mal, wenn eine Beschreibung Hörer auf der Bühne hat, nimmt der Leser ihren Platz ein, denn es ist von da aus, dass er das tableau sieht". Marmontel, Beschreibung, Supplément.

88 Für eine vollständige Verzeichnisangabe dieser Replik siehe Paris, Musée du Louvre, Jacques-Louis David, Nr. 51.

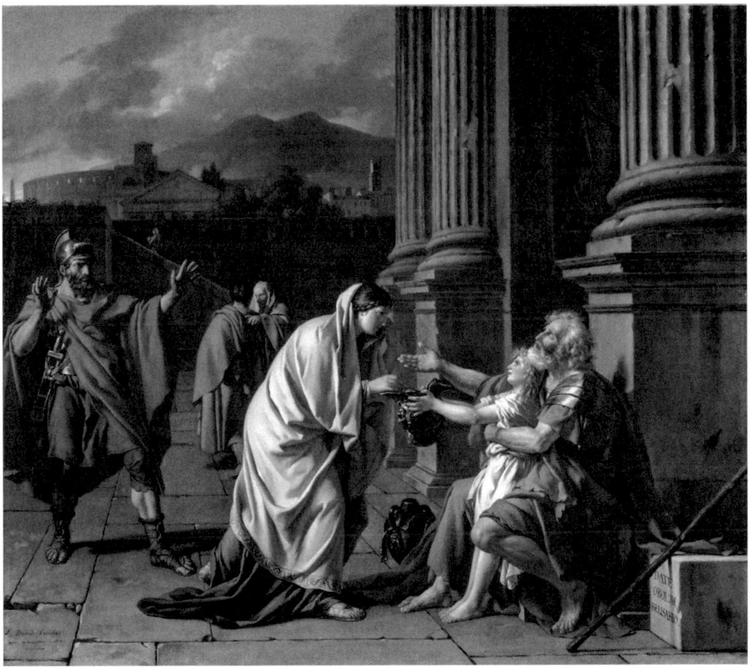

Bild 34 Jacques Louis David und François-Xavier Fabre oder Anne-Louis Girodet-Trioson, Replikat des *Belisarius bittet um Almosen*, 1784, Öl auf Leinwand, 101 × 115 cm, Paris, Musée du Louvre, Inv.nr. INV 3694.

ihre Gesten jedoch wirken schauspielernd: Die neue Version spricht das Publikum ähnlich jenen von Diderot abgelehnten coups de théâtre an, statt die zwingende, nahezu halluzinatorische Präsenz eines *tableau* zu erzeugen. Die starke Identifikation von Soldat und Betrachter, die das ursprüngliche Gemälde beseelt, ist in Davids Überarbeitung verloren gegangen.

Im Unterschied dazu wird *demi-illusion* oder *vraisemblance*, die das erste Bild bewirkt, durch Bildverfahren unterstützt, die mit der zeitgenössischen Theaterpraxis in Übereinstimmung stehen. Bemerkenswert ist der verkürzte perspektivische Raum, der die Charaktere vorstellt, als stünden sie, eng an die Bildebene gerückt, auf einer Bühne, sodass sie einem hinzugedachten Publikum deutlich sichtbar bleiben. David hat das Licht so gewählt, dass es die Hauptpersonen im Vordergrund hell beleuchtet, die Ausleuchtung aber jenseits der als Trennwand wirkenden Menschengruppe jäh nachlässt. Den Bühnenautoren jener Zeit machte die uneinheitliche Sichtbarkeit der Schauspieler auf den üblicherweise schmalen, tiefen und schlecht ausgeleuchteten französischen Bühnen zu schaffen. Wie wir wissen, ersehnte Diderot die Nutzung der gesamten Bühnenfläche. Seine Korrespondenz mit Madame Riccoboni war wesentlich mit dem technischen Problem befasst, gesehen und gehört zu werden, das immer dann eintrat, wenn man sich zu weit entfernt vom Rampenlicht befand.[89] David wird, so vermuten wir, sein Bild im Kontexte der Erwartungen konzipiert haben, welche die Raum- und Beleuchtungsparameter zeitgenössischer Bühnenpraxis erlaubten.

Im Jahre 1781, jenem Jahr, in dem David seinen *Belisarius* ausstellte, erschienen in Paris drei einflussreiche Abhandlungen über den Bühnen- und Kulissenaufbau sowie die Beleuchtung. Jean-Georges Noverre beklagte an den Bühnen französischer Theater den weiten Fluchtpunkt und die eng gestaffelten, vielen Seitenkulissen; er fordert die Nutzung von Schrägperspektiven, den Verzicht auf Rampen- bzw. Fußlichter sowie die Einrichtung der Beleuchtung von den Seiten und von oberhalb der Bühne her, sodass die letztere dann wie ein Gemälde beleuchtet würde.[90] Antoine Laurent de Lavoisier brachte in einer Rede die Diskussion um die Bühnenbeleuchtung auf das Forum der Académie des Sciences. Er warb hierbei für Lichtquellen, die mit Reflektoren ausgestattet dem Licht eine bestimmte Richtung geben und, auf Drehgelenken befestigt, die Personen auf der Bühne von verschiedenen Winkeln her beleuchten könnten.[91] Charles-Nicholas Cochins *Lettre sur l'opéra* sprach sich für verschiedene Mittel aus, um den Illusionseffekt der Theateraufführung zu verstärken, einschließlich asymmetrischer Bühnenbilder und Kostüme, die aus einfacherem Material gefertigt werden sollten als den im Normalfall verwendeten glänzenden Seiden.[92] Im Folgejahr 1782 erörterte Pierre Patte die Vorteile einer schmalen Vorbühne ohne dort befindliche Zuschauer, womit sich Schauspieler und Publikum an verschiedenen Orten befinden würden.[93] Auch Patte wollte die Rampenlichter abschaffen und empfahl, sie durch an den Logenreihen nahe der Bühne anzuordnende reflektierende Leuchtkörper zu ersetzen – eine durchaus moderne Platzierung, die eine präzisere Beleuchtung ermöglichen würde.

Verschiedene, offenbar neue Formeigenschaften, die Davids Bild auszeichnen, stehen mit dieser Debatte über den Bühnenaufbau und die Beleuchtung im

89 Siehe Lettre de Madame Riccoboni, in: Diderot, Œuvres, hg. v. L. Versini, Paris 1996, Bd. 10, S. 434–435. Diderots Antwort, in der er sich für bessere Theaterbauten ausspricht und die Schauspieler auffordert, ausdruckskräftiger zu sprechen, findet sich im Lettre à Madame Riccoboni, in: Œuvres, Bd. 10, S. 440 f. Für die Diskussion dieser Korrespondenz siehe Bergman, Lighting in the Theatre, S. 77.

90 J.-G. Noverre, Observations sur la Construction d'une Salle d'Opéra, Paris 1781, diskutiert bei Bergman, Lighting in the Theatre, S. 188.

91 A. L. de Lavoisier, Mémoire sur la manière d'éclairer les salles de spectacles, Paris 1781, diskutiert bei Bergman, Lighting in the Theatre, S. 189–192.

92 C.-N. Cochin, Lettres sur l'Opéra, Paris 1781, diskutiert bei Bergman, Lighting in the Theatre, S. 189 f.

93 P. Patte, Essai sur l'architecture théâtrale, Paris 1782, diskutiert bei Bergman, Lighting in the Theatre, S. 193–195.

Einklag – eine Debatte, die gerade in jenen Monaten besonders intensiv geführt wurde, in denen der Maler an seinem Gemälde arbeitete. Die Lichtaufteilung in Davids *Belisarius* schafft Bereiche der Helligkeit inmitten einer allgemein dunklen Kulisse und erzeugt damit die Wirkungen, die Patte und Lavoisier auf der Bühne sehen wollten. Der prägnante Lichteinfall von links lässt die Handelnden zusammengedrängt hervortreten und verengt den Raum zum Publikum hin, in dem sie sich befinden, noch weiter. Die exzentrische Perspektive sowie die markante Diagonale des massiven Bauwerks auf der rechten Seite des *Belisarius* lassen vermuten, dass David mit dem zeitgenössischen Interesse an exzentrischen und asymmetrischen Bühnenbildern vertraut war. Schließlich ist uns bekannt, dass Diderot die schweren, dicht gewebten Stoffe bewunderte, die Davids Figuren tragen. „Der Maler", so Diderot, „weiß eine Drapierung so fallen zu lassen, daß sie schöne Falten bildet; seine Farbe ist schön, ohne glänzend zu sein".[94] Der rohe Charakter der Gewebestoffe Davids entspricht den Forderungen nach schlichterer Kleidung auf der Bühne.

Davids ursprüngliche Gestaltungsidee reicht zumindest zwei Jahre zurück, bis in jene Zeit, als er an der *Académie de France* in Rom weilte. Eine sorgfältig ausgearbeitete Zeichnung des Gegenstands, auf das Jahr 1779 datiert und in Tusche und Wasserfarben ausgeführt, dokumentiert seine frühe Erkundung des Themas (Bild 35). Vermutlich hatte Peyron, der selbst einen *Belisarius* malte, David sein Exemplar des Romans von Marmontel ausgeliehen.[95] Schon in diesem frühen Stadium finden sich bei David die starren Gesten, die sein letztes Bild prägen: der Soldat, erfasst in einem Augenblick des Wiedererkennens und Überraschtseins, die Frau, als sie gerade ihre Münze in den Helm des alten Mannes werfen möchte, die ausgestreckte, offene Hand des Belisarius, umrisshaft hell beleuchtet vor dem dunklen Hintergrund des Gebäudes. Diese Pantomimik der Körperhaltungen und Handlungen wird in der Zeichnung durch den Ausdruck der geöffneten Münder, des Helden wie des Soldaten im Hintergrund, betont – diese erscheinen, als ob es ihnen die Sprache verschlagen hätte. Im letzten Bild verbinden sich diese unterdrückten Äußerungen mit jenen weniger merklichen, aber dennoch sichtbaren offenen Mündern und den anscheinend unterbrochenen Äußerungen der Frau wie des Knaben. Alle Mitwirkenden werden in einem Augenblick vorgestellt, in dem Bewegung und Rede aufgehoben sind – in einem Augenblick reiner, von keinem Redefluss gestörter Pantomime.

Angesichts seiner beharrlichen Verteidigung der Pantomime auf der Bühne wie des eigenen Gebrauchs des in der Schwebe, des offen gehaltenen Dialogs, bekannt als *style rompu*, ist Diderots kritische Strenge gegenüber dem

94 Diderot, Aus dem „Salon von 1781", VII. David, S. 650.

95 Zu Peyrons Ausleihe des Buches an David siehe P. Rosenberg und U. van Sandt, Pierre Peyron, 1744–1814, Paris 1983, S. 93.

Belisarius überraschend. Der Ausdruck des Soldaten bleibt bewusst unkommentiert, wie auch die Almosengabe der Frau und das Wechselspiel der ausgestreckten Hände – scheinbar aus Furcht davor, den eigenen Kunstgenuss zu ruinieren und den Künstler zu peinigen. Im Fortgang aber gibt Diderot dem Maler eine Regieanweisung: „Und doch kann ich nicht umhin, [dem Künstler] zu sagen: ‚Findest du Belisar nicht dadurch schon hinreichend erniedrigt, daß er milde Gaben annehmen muß? Ist es nötig, ihn auch noch darum bitten zu lassen? Laß ihn diesen erhobenen Arm um das Kind legen oder gegen den Himmel recken, daß er ihn wegen seiner Härte anklage.'"[96] Sich den eigenen Hinweis an die Autoren zu eigen machend, die Pantomime niederzuschreiben, um das Ausdruckspotenzial für die Momente auszuarbeiten, in denen Rede oder Handlung unterbrochen sind, korrigiert Diderot Davids gestische Darstellungen, um das dargestellte Pathos anzupassen. Er bietet zwei im Grunde miteinander unvereinbare Möglichkeiten: der einen folgend, müsste Belisarius den Knaben ergreifen, um sich verzweifelt an das Augenlicht zu klammern, das er verloren hat; der anderen folgend, aber den Himmel für sein elendes Schicksal verfluchen. Diderots eine Wahl würde aus Belisarius einen behinderten alten Mann machen, der einem Charakter von Greuze ähnelte. Die andere Wahl machte ihn zu einem ebensolchen alten Mann, der aber voller Wut die Götter anklagt. Eigenartigerweise wären beide Darstellungen extremer und pathetischer als die Davids – ein Unterschied, der klarstellt, was der Maler über die Pantomime denkt. Für David bleibt diese ein Werkzeug der Erzählung und somit den Parametern unterworfen, die der Akt des Bettelns festlegt, den der Mann vollzieht. Im Unterschied dazu wollte Diderot die gestischen Bewegungen einer umfassenderen, fantasiereicheren Auslegung zuführen, die in der Identifikation mit dem alten Mann statt der mit dem bezeugenden Soldaten gründet. Diderots Kritik identifiziert Davids Zurückhaltung und respektiert sie zugleich. Das Bild ist weniger mit Diderots Wunsch in Einklang zu bringen, das Publikum möge sich unmittelbar in das Leben der dargestellten Charaktere versenken, als mit Marmontels Vorstellungen über die Pantomime. Wie dieser war David der Überzeugung, dass Dialog und Handlung selbst dann im Vordergrund stehen sollten, wenn beide für einen Moment aufgehoben sind.

Eine weitere Überschneidung von Marmontel und David vergrößert deren Abstand zu Diderot. Während Diderot für eine Bühne totaler Illusion eintrat, getrennt vom Publikum durch eine imaginierte vierte Wand, inszeniert Davids Bild Marmontels *demi-illusion*, in der die Macht der Darstellung durch das Bewusstsein ihres Kunstgriffs einen Ausgleich erfährt. Neben den vielen visuellen Hinweisen innerhalb der Struktur von Davids *Belisarius*, denen er den ihm innewohnenden theatralen Charakter verdankt, finden wir ein bemer-

96 Diderot, Aus dem „Salon von 1781", VII. David, S. 650.

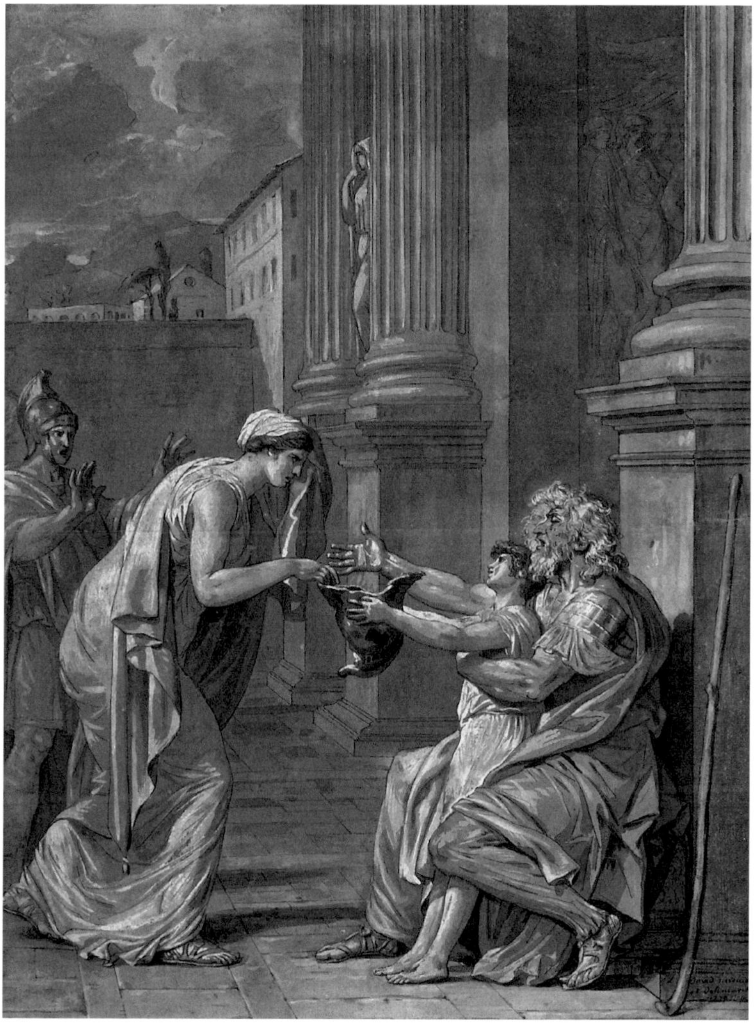

Bild 35 Jacques Louis David, Studie für *Belisarius bittet um Almosen*, 1779, Tusche und Wasserfarbe, 47,5 × 36 cm, Paris, École Polytechnique.

kenswertes Element der Selbstreflexion. Der als Gesprächspartner fungierende Soldat, der unsere Reaktion auf die Zwangslage des alten Mannes leitet, lenkt auch unsere Aufmerksamkeit ab. Drei Interessenschwerpunkte – Soldat, Betrachter, Belisarius – bilden eine Frau und Knaben umgebende und eingrenzende Dreieckskonstellation. Zwar bilden diese beiden stehenden Figuren den Mittelpunkt, sie sind aber zugleich die emotional am wenigsten beteiligten Charaktere des Dramas. David verdeckt die Gefühle der Frau weitgehend, als er im Übergang von der Zeichnung zum Gemälde ihren Körper in einen aus schwerem Stoff bestehenden Umhang hüllt. Zugleich lenkt er damit unsere eignen Gefühle ab. David setzt in Szene, was Marmontel eine „direkte Fluchtlinie vom Gegenstand zu uns" nannte, indem diese einen jeden Betrachter über die Vermittlung des Soldaten mit Belisarius verbindet und im weiteren Sinne die Betrachter untereinander. An dieser Stelle bringt David ein „reflexives Gefühl" ins Spiel, das der von Marmontel in seinem *Supplément*-Artikel zur *Enzyklopädie* entworfenen Beschreibungskonzeption wesentlich ist: Das „auf der Bühne vorherrschende Gefühl" verbreitet sich „über das gesamte Publikum" und „tausend Seelen" handeln „wie eine", „zu der sie ein einziges Interesse geeint hat". Marmontels Beschreibung, Illusion und Affekt betreffende Auffassung ruht zu erheblichen Teilen auf den Prämissen und Praktiken des Theaters. Seiner Auffassung nach soll das Theater dem Publikum den Impuls für moralische und sittliche Einsichten vermitteln, und zwar jedem Einzelnen wie allen gemeinsam als Öffentlichkeit. Marmontels ideales Theater und Davids Bild rufen eine zweifache Erkenntnis hervor, in der disparate Elemente auf aktive Weise in der Empfindung geeint werden und doch – in einer Grenzregion zwischen Illusion und dem Bewusstsein ihres instrumentellen Charakters – jeweils autonom bleiben. Die daraus folgende Dialektik steht ihrer Art nach der Wissensproduktion näher, die Nutzer der *Enzyklopädie* realisieren, wenn sie die Fähigkeit der Korrelation [rapport] ausüben, als dem intensiv emotionalisierten Theaterideal, das Diderot beförderte.

V.

Davids *Belisarius* schuf eine neue und originelle Visualisierung aus der gleichen Ideenkonstellation heraus, die das zeitgenössische Theater mit dem diagrammatischen Wissen verknüpft – allerdings war ihm nur ein Teilerfolg beschieden. Drei Jahre später stürmte David die Kunstszene mit seinem *Schwur der Horatier*, einem Gemälde, das die Homologie von Malerei, Theater und Diagramm ins Extrem steigerte (Bild 36/Tafel 8). Der Überlieferung nach wurde David durch eine Inszenierung von Corneilles *Horace* an der Comédie-Française aus dem Jahre 1782 dazu inspiriert, die *Horatier* zu malen.[97] Corneilles Schlussszene gab in der Tat Anlass für Davids erste Bildkonzeption: Der alte Horatius bittet um Nachsicht für seinen ältesten Sohn. Dieser hatte, siegreich aus der Schlacht gegen die rivalisierende Familie aus Alba Longa kommend, seine Schwester Camilla getötet, ihrer Trauer um den Tod ihres Verlobten wegen, eines der Brüder der Familie der Gegner. In der letzten Version ganz rechts befindlich

97 A. Péron, Examen du tableau du serment des Horaces peint par David, Paris 1839, S. 27 f.

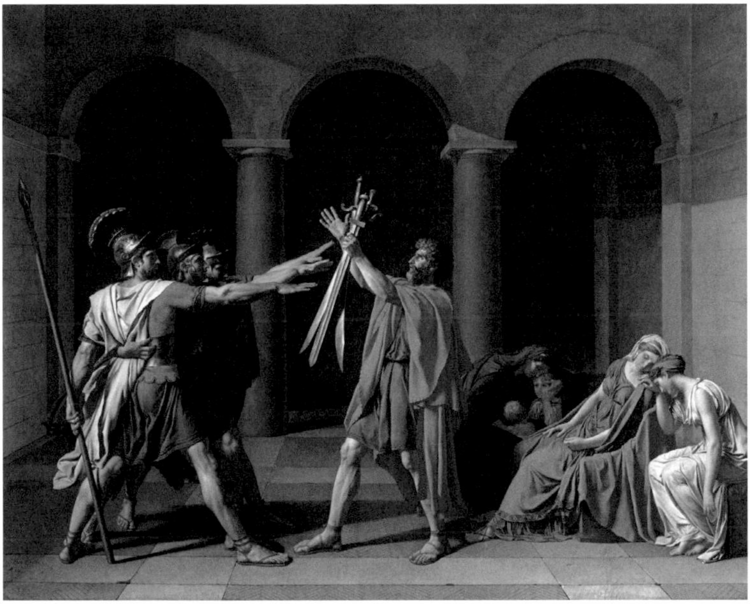

Bild 36 Jacques-Louis David, Der Schwur der Horatier, 1784, Öl auf Leinwand, 330 × 425 cm, Paris, Musée du Louvre, Inv.nr. 3694.

ist Camilla allerdings durchaus noch lebendig.[98] Davids narrative Akzentverlagerung hat für erhebliche Diskussionen um die Motivation des Malers gesorgt, sich von Corneilles grausigem Schluss ab- und einem kultivierteren, moralisch erbaulichen Drama zuzuwenden – ein Wechsel, zu dem ihn offenbar einige der ihn unterstützenden Schriftsteller ermutigt hatten.[99] Seine zugleich brillante und originelle Lösung bestand darin, einen Augenblick des Eidesschwurs zu erfinden, der weder in Corneilles Stück noch in einem der anderen Texte zu finden ist, die David hätte kennen können.[100]

98 Eine auf das Jahr 1781 datierte Zeichnung, die sich nunmehr in der Albertina in Wien befindet (Inv.nr. 12676) und vermutlich von David stammt, zeigt den eigentlichen Mord und lässt vermuten, dass des Malers Interesse an der Geschichte weiter zurückreicht als bis zu seiner berichteten Anwesenheit bei einer Aufführung von Corneilles Schauspiel. Eine zweite, nunmehr im Louvre befindliche Zeichnung zeigt, wie der alte Horatius seinen Sohn verteidigt (Inv.nr. RF 1917r).

99 T. Crow, Emulation. Making Artists for Revolutionary France, New Haven CT 1995, S. 38; ders., Painters and Public Life, S. 212 f.; N. Bryson, Word and Image. French Painting of the Ancien Régime, Cambridge 1981, S. 231–233. Siehe auch Antoine Schnappers Katalogeintrag für das Bild in Paris, Musée du Louvre, Jacques-Louis David, S. 166.

100 Die klassischen Studien zu Davids originellem Einfall haben Edgar Wind und Robert Rosenblum verfasst: E. Wind, The Sources of Davids Horaces, in: Journal of

Unabhängig von der Frage der genauen Textquelle bietet das Gemälde dem Betrachter jene guten Sichtachsen und die klar strukturierte dramatische Handlung, die ein wohlgeratenes Theaterstück auszeichnen, das Marmontels Vorstellung folgend, die theatrale Illusion mit reflektierter Aufmerksamkeit austariert. Der deutsche Maler Wilhelm Tischbein, der aus Rom schrieb, wo David das Werk im Sommer des Jahres 1785 ausstellte, hat genau diesen Ausgleich hervorgehoben:

> „Die ganze Anordnung des Bildes ist meisterhaft; nichts ist zu viel; nichts mit Haaren herbeygezogen weder in den Haupt- noch Nebensachen: alles was da ist, gehört zur Sache, und trägt zur Wirkung des Ganzen bey. Natürlicher Weise wird hierdurch der Ausdruck sehr erhöht, welcher ohne Zweifel den wesentlichsten Theil von diesem Bilde ausmacht. [...] Die Augen wandeln von diesem Grupp der Männer zu den Weibern, und der Zuschauer fühlt in sich kämpfende Empfindungen des entsetzlichsten Contrastes zwischen dem heroischangenehmen der leidenden Tugend und der unvermeidlichen Trostlosigkeit; welche letztere Empfindung ganz unangenehm und schmerzhaft werden müßte, wenn der Zuschauer *sich nicht zur rechten Zeit erinnerte, daß er nur ein Bild vor sich hat.* Er fängt jezt an, die Meisterhand zu bewundern, die ihn in diese Mischung streitender Empfindungen zu versetzen im Stande war."[101]

Was Tischbein hier für seine Leser tut, ist geradezu eine Inszenierung des Wechsels von der vollständigen Illusion, für die Diderot eintrat, zur reflektierten ästhetischen Distanzierung, die Marmontel befürwortete. Er reagiert zunächst auf die nahezu fesselnde physische Gegenwart der vor ihm befindlichen Szenerie und kann dennoch von der Vorstellung nicht lassen, dass der Ausdruck „den wesentlichsten Theil" des Werkes „ausmacht". Seine „Augen wandeln" von einer Gruppe zur anderen, getrieben von einem Spiel in ihm „kämpfende[r] Empfindungen", das die scheinbare Klarheit der Bildperspektive und der vorgestellten Einzelheiten beseitigte. Der Ausdruckseffekt könnte, so erkennt Tischbein, sogar „ganz unangenehm und schmerzhaft" werden, sollte „der Zuschauer" nicht plötzlich bemerken, „daß er nur ein Bild vor sich hat". Nunmehr die „Meisterhand" bewundernd, die diese reichhaltige Mischung von Gefühlen erschuf, ent-

the Warburg and Courtauld Institutes 4 (1940–1941), S. 124–138; R. Rosenblum, Gavin Hamilton's *Brutus* and Its Aftermath, in: Burlington Magazine 103 (1961), S. 8–16. Siehe auch Andrew Stewarts Anregung, dass antike Skulpturen am Palazzo Farnese, die arrangiert wurden, um den Kampf der gegnerischen Brüder zu zeigen, Davids Überlegungen geprägt haben könnten: A. Stewart, Davids Oath of the Horatii and the Tyrannicides, in: Burlington Magazine 143 (2001), S. 212–219.

101 J. H. W. Tischbein, Briefe aus Rom, über neue Kunstwerke jeztlebender Künstler, in: Der Teutsche Merkur, 1. Vierteljahr 1786, S. 174 f., unsere Hervorhebung.

deckt Tischbein das Vergnügen an der Kunst, das Marmontel als Herzstück jeden ästhetischen Erlebnisses galt.

Auf Grenzen von Schmerz oder seelischer Erschütterung gleich der von Tischbein angesichts von Davids *Horatiern* empfundenen sind wir bereits früher gestoßen. Barthes Erstaunen angesichts der diagrammatischen Darstellung des menschlichen Gefäßsystems ist eine solche (Bild 4), Jaucourts „geheime emotionale Reaktion", die „Erregungen" zu schaffen vermag, die uns „zu jeder anderen Zeit unerfreulich" wären, eine weitere und Humes tief sitzendes Misstrauen gegenüber der „poetische[n] Begeisterung" eine dritte. Marmontels mit Argwohn verbundene Billigung der Pantomime, die, wie er glaubt, auf die allgemeine Öffentlichkeit einen gefährlichen Reiz ausübt, sofern sie nicht durch Vernunft und Sprache eingehegt wird, gelangt zur selben Grenze auf anderem Wege.

Hinsichtlich welcher seiner Aspekte lässt sich Davids Gemälde als Pantomime rubrizieren? Das deutlichste Zeichen ist die implizierte Bewegungslosigkeit der Figuren, ob nun in Gestalt der in angespannter Positur verharrenden Männer oder jener der Frauen, die, der Ohnmacht nahe, niedergesunkenen sind. Da das Gemälde reichlich Raum vorstellig macht, in dem sich eine mögliche Handlung entfalten könnte, wird in aller Anschaulichkeit deutlich, dass sich keine dieser Personen bewegt. Die Bodenplatten lassen auf eine beträchtliche Raumtiefe schließen, während die leichte Abspreizung der Seitenwände dazu beiträgt, jede absichtsvolle Raumillusion zu untergraben. Die imaginären architektonischen Orthogonalen überschneiden sich im Raum zwischen den Fingerspitzen der drei jungen Männer und der ausgestreckten Hand des Vaters – eine beabsichtigte Platzierung des Fluchtpunktes, die das Bewusstsein des schematischen Arrangements stärkt. Die Figuren stehen oder sitzen innerhalb eines Bildraums nahe der Bildebene, als ob sie sich am Rande einer wirklichen Bühne befänden, in einer Aufstellung, die mit dem dreiteiligen Säulengang im Hintergrund korrespondiert. Das Licht fällt von links und leicht von vorn kommend auf die Szenerie, mit einer Ausrichtung und Strahlkraft, die jene des natürlichen Sonnenlichts weit übertrifft. Davids Überzeichnung des Lichteinfalls steht jedoch im Einklang mit den Versuchen, die seinerzeit mit den weit stärkeren Argand-Rampenlichtern auf der neuen Bühne des Odéon-Theaters unternommen wurden – diese Experimente dürften dem Maler bekannt gewesen sein.[102] In ähnlicher Weise wird durch die gänzliche Leere des Aufführungsraums und das Fehlen jeglichen Hausrats der dramatische Vorgang dem Lauf des Alltagslebens enthoben, um ihn in der Zeit anzuhalten. Obwohl zu dem von

102 In den Monaten unmittelbar vor seiner Abreise aus Paris, um die *Horatier* in Rom zu malen, war David intensiv mit der Comédie-Française darum bemüht, einen neuen Bühnenbildner zu finden. Siehe Alston, David et le théâtre, S. 171–176, und Bergman, Lighting in the Theatre, S. 200–203.

David gemalten hochstilisierten Akt des Eidesschwurs auch ein verbaler, in der spärlichen Kulisse widerhallender Ausruf gehören sollte, macht sich David meisterhaft die Wahrheit zueigen, dass Bilder nicht sprechen können. Das Schweigen der *Horatier* wird zur betäubenden Abwesenheit in einem Leerraum, der dazu dient, die Bindung des Gemäldes an die Pantomime zu stärken, indem es seinem Betrachter eine zusätzliche Leistung abverlangt.

Der extremen und riskanten Art von Pantomime, die für den Ausdruck des Gemäldes von David wesentlich ist, sind viele der formalen Qualitäten geschuldet, die Thomas Crows Untersuchung der gespaltenen öffentlichen Reaktion auf die *Horatier* aus dem Jahre 1785 beseelt.[103] Crow hebt die verhaltene, unklare und mit Widersprüchen behaftete Begeisterung der Kritiker hervor. Für den *Mercure de France* zeigt das Werk eine „brillante und beherzte Einbildungskraft", zugleich befürchtete er aber, dass „die Strenge des Stils und die Kraft des Ausdrucks", die „hier auffallen", zwar „von besonderem Reiz und dem Gegenstand angemessen sind", in ihrem „Missbrauch jedoch äußerst gefährlich" wären.[104] Ein anderer Kritiker, den das aufsässige Verhalten bestimmter Besucher des Salons weit mehr beunruhigte als das fragliche Gemälde, klagte über Davids studentische Gefolgschaft, „die eine Partei bilden und vom ganzen Salon Besitz ergreifen, wobei sie sich gegenseitig suchen und finden, laut disputieren und der Öffentlichkeit lärmend zurufen: ‚Das ist erhaben!'"[105] Weiter deutet er an, dass Davids Gemälde Raphael oder Tizian, Corneille oder Racine nicht ausstechen würde, denn ein wirklich großes Werk sei, wie er feststellte, einer solchen Einschüchterung durch „sture Dummköpfe" nicht bedürftig. Schließlich listet er einige Fehler des Bildes auf:

> „Dieses Bild ist stellenweise von erhabener und hervorragender Ausführung und besonders stilvoll. Der erste der Horatier zeigt erstaunliche Strenge und Entschlossenheit [...], seinen Brüdern ist dieses Glück nicht beschieden. [...] Die Architektur ist wohlgestaltet, aber zu aufdringlich. [...] Die Haltung der Frauen im Bild ist zu steif. [...] Ehrlich gesagt erkenne ich mich hier nicht mehr wieder! Was Geist und Bewegung besitzt, nennt man Torheit, während man das, was kalt und steif ist, genial nennt. Dies ist eine Verirrung des Geschmacks, die ich absolut nicht begreife."[106]

103 Crow, Painters and Public Life, S. 215–241, und ders., Painting and Pre-Revolutionary Radicalism in France, in: Art History 1, 4 (Dezember 1978), S. 424–471.

104 Exposition des Tableaux au Louvre, in: Mercure de France, September 1785, Deloynes Collection Nr. 348, S. 758 f. Zitiert bei Crow, Painters and Public Life, S. 214.

105 Supplément du Peintre Anglais au Salon, Deloynes Collection Nr. 328, S. 4. Zitiert bei Crow, Painters and Public Life, S. 214 f.

106 Supplément du Peintre Anglais au Salon, Deloynes Collection Nr. 328, S. 2 f., zitiert bei Crow, Painters and Public Life, S. 219.

Unser Kritiker wirft Davids Gemälde Strenge, Steifheit der Haltungen und peinliche Übergänge vor, wird von einer Schar erbitterter Parteigänger bedrängt, drangsaliert und gedemütigt – und verliert schließlich jeden Wertmaßstab aus dem Blick, fällt desorientiert in den Abgrund schlechten Geschmacks.

Antoine-Joseph Gorsas hingegen war einer der Verteidiger Davids im Salon, zu dessen Freundeskreis einige der einflussreichsten radikalen Denker der frühen 1780er Jahre gehörten. Auch Gorsas' fiktiver Erzähler erfährt eine Art Schwindelgefühl angesichts des Gemäldes von David: „Ich begann in der Tat meinen Kopf zu verlieren; nachdem ich ihnen gleich geschworen hatte, zu siegen oder zu sterben, hielt ich schon ein Schwert in meiner Hand [...]." Plötzlich reißt er sich aus der immersiven Gebundenheit an die Illusion heraus, um sich zu vergegenwärtigen, nicht im antiken Rom zu sein, sondern in einer Gemäldegalerie in Paris.[107] Der Erzähler inszeniert ein unvermitteltes Erwachen, das dem sehr ähnlich ist, das Tischbein in Rom erfuhr – eine abrupte Einsicht, gerade einer List erlegen gewesen zu sein, die für Marmontels Konzept ästhetischen Vergnügens so bedeutsam war. Dennoch gibt es erhebliche Unterschiede zwischen dem Kommentar des deutschen Malers und jenem von Gorsas. Als Tischbein schrieb, die „ganze Anordnung des Bildes ist meisterhaft; nichts ist zu viel; nichts mit Haaren herbeygezogen", schien er in der Bilddarstellung keine Brüche bemerkt zu haben. Gorsas hingegen verzeichnete viele mutmaßliche Fehler, aber nur, um sie als Vorzüge zu feiern. „Ich weiß nicht, in welcher Kritik ich gelesen habe, dass die Gruppen so weit voneinander entfernt sind. Werfen Sie diese Kritik ins Feuer [...]. Wenn M. David diese Gruppen ohne Absicht geteilt haben sollte, so danke ich dem Zufall dafür."[108] Was Gorsas' Kritik von der Tischbeins unterscheidet, ist eine Gewandtheit in der Sprache der Pantomimik. Gorsas weiß die zum Stillstand gebrachten, verstreuten und extremen gestischen Bewegungen in Davids Bild mit größerem Gewinn als Tischbein zu lesen. Ihm ist das gestische Vokabular pantomimischer Aufführungen am Theater vertrauter, auch kennt er die Diskussionen um deren Wirkung besser, welche die zeitgenössische Kritik in Paris mit Leben erfüllte. Als Gegner des politischen Status quo sah er in Davids Rückgriff auf die Unterdrückung gestischer Bewegung eine Möglichkeit, genau das zu verwerten, was Marmontel fürchtete: den geistig anspruchslosen Reiz der Pantomime für das Volk. Gorsas nutzt die *Horatier*, um die ernsthaften Gefühle eines Lesepublikums, auf das sein Pamphlet zielte, von den aristokratischen Allüren zu scheiden:

107 Promenade de Critès au Sallon de l'année 1875, Deloynes Collection Nr. 333, S. 35. Gorsas zugeschrieben und zitiert bei Crow, Painters and Public Life, S. 227.

108 Ebd.

> „Ich sah zwei- oder dreihundert parfümierte, herausgeputzte und affektierte Leute, die am Vormittag Davids *Horatier* bewunderten, am Abend dann *La Folle journée* besuchten und irgendwelchen Unsinn mit Bravo-Rufen begleiteten, die aber am kommenden Tag nicht den letzten der drei Brüder sehen, wie er siegreich aus der Schlacht zu seinen Hausgöttern zurückkehrt und seinem betagten und rechtschaffenen Vater Frieden und Ehre zurückgibt."[109]

Für Gorsas teilt sich das Publikum des Salons in jene, die den Ernst der *Horatier* oberflächlich bewundern, in gleicher Weise jedoch durch eine seichte Komödie in Verzückung geraten, und jene, die das Gemälde von David innerlich so tief bewegt, dass sie das Drama der Handlung und der gespenstige Ausblick auf den Ausgang der Geschichte in Aufruhr versetzt.

Gorsas' zwei Öffentlichkeiten stehen im Einklang mit zeitgenössischen Vorstellungen über die in Theaterinszenierungen erzeugten Emotionen: einerseits Marmontels Befürchtung, die Pantomime könnte, ohne durch das überlegte Gespräch geleitet zu sein, zum modischen Schauer verkommen; andererseits Diderots Ideal einer Pantomime, die derart illusionsgesättigt ist, dass sie die Betrachter innerlich erfasst und wirklich deren Leben ändert. Zwischen diesen beiden Ansichten gleichsam schwebend befinden sich die *Horatier*. Ohne den die Reaktionen lenkenden Gesprächspartner, der im *Belisarius* so gegenwärtig ist, hatten die Betrachter der *Horatier* Mühe, einen Charakter und eine Emotion zu finden, mit denen sie sich identifizieren konnten. Sie traten einem Perspektivsystem gegenüber, das einen physisch vorhandenen Zuschauerkreis voraussetzt und insgeheim dessen Aufmerksamkeit wie emotionale Reaktion in der abstrakten Diagrammatik seiner visuellen Ordnung einfängt. Einige Betrachter fühlten sich zu einer neuen Art von Interpretation aufgefordert, die zwar Kollektivgefühle in Anspruch nimmt, in der Vorstellung dennoch ergebnisoffen bleibt. Dies konnte verwirrend wirken. Eine Schrift mit dem Titel „Avis important d'une femme sur le Salon de 1785" verdeutlicht dies:

> „Weit angenehmer als für die Hand ist es für das Auge, über einen Gegenstand in seiner ganzen Ausdehnung zu wandern, ohne Unebenheiten und Lücken zu begegnen, die den Fortgang behindern, aufhalten und einen Sprung erfordern. Die Empfindlichkeit des Auges verlangt nach einer sanften Führung und einem mühelosen Fortschreiten über alle Teile der Komposition hinweg. Aus diesem Grund wird bei einem jeden Sujet zu Recht auf einer Stetigkeit bei der Ansammlung von Körpern, bei Lichteffekten und Farbübergängen bestanden. An diesen Kriterien

109 Ebd., S. 226 f.

> gemessen ist das Gemälde der *Horatier* fehlerhaft. Es stellt drei Gruppen auf drei kaum voneinander unterscheidbaren Ebenen dar: die Gruppe der Brüder, dann eine Lücke, der alte Horatius, dann eine Lücke, und schließlich die Gruppe der Frauen, die allein untereinander jene abgestufte Verbindung bewahren, welche Beispiel und Lehre der großen Meister verlangen."[110]

Dies ist eine freimütige Antwort auf die robuste Pantomimik des Gemäldes. Sie bekundet offene Ratlosigkeit hinsichtlich der von den Betrachtern erforderten Wahrnehmungsfertigkeiten – Befähigungen, die sich in erheblichem Maße von denen des Alltagslebens zu unterscheiden scheinen. Die Autorin sieht, dass die Welt der *Horatier* keine der sanften Übergänge, gemächlichen Ausflüge und allmählichen Entdeckungen ist. Sie erkennt plötzliche Risse, kaum wahrnehmbare Elemente und Leerstellen – sie erfasst vollkommen die interpretative Herausforderung des Bildes, ist allerdings entweder nicht willens oder nicht fähig, aus dessen einzelnen Bündeln ein Ganzes zu bilden.

Davids Entscheidung, einen Augenblick zu wählen, der nicht Teil einer bekannten Geschichte ist, macht es den Betrachtern unmöglich, Schutz in narrativen, an einen Text geknüpften Gewissheiten zu suchen. Es ist weder das erste noch das letzte Mal, dass David die Bildimprovisation der einfachen Illustration vorziehen sollte. Sein wirksamer Gebrauch dieses Tricks in den *Horatiern* erfordert eine nur im Sprung zu erzielende imaginative Synthese, die jenen Kunstkritikern unmöglich ist, die der „abgestuften Verbindung" der großen Tradition verbunden sind, die aber ganz innerhalb jenes Kreises assoziativer Fertigkeiten liegt, von denen Diderot behauptete, sie seien für die erkenntnisgenerierenden geistigen Vorgänge wesentlich. Marmontel hielt Befähigungen dieser Art für grundlegend, um ästhetisch verstehen zu können. Analoge Vermögen sind für die Wissensgewinnung aus den diagrammatischen Ordnungen der *Enzyklopädie* heraus erforderlich. Hier werden Worte weniger unterdrückt als zurückgestellt, außerhalb des visuellen Feldes in Legenden verlagert, die mit ihren Referenten durch Zeichenmarken verknüpft sind. Davids Gemälde ist nicht die symbolische Ankündigung eines singulären Haupttextes, auch verweist es auf seine literarischen Quellen indirekt, ohne diese bruchlos mit einer getreuen Abbildung abzuschließen. Die *Horatier* sind kein Diagramm im buchstäblichen Sinne, sie verlangen jedoch, wie ein solches verstanden zu werden.

Die *Horatier* statt unter dem Aspekt anspruchsvoller Malerei unter dem der visuellen Kultur der *Enzyklopädie* zu erörtern, ist keineswegs so absonderlich,

110 Avis important d'une femme sur le Salon de 1785 par Madame E.A.R.T.L.A.D.C.S. Dédié aux femmes, Deloynes Collection Nr. 344, S. 29 f. Zitiert bei Crow, Painters and Public Life, S. 236.

wie es scheint. Wir schlagen die Brücke zwischen anspruchsvoller und anspruchsloser Kunst nicht deshalb, weil die *Horatier* „den Stil des französischen Bürgertums am Vorabend der Revolution" veranschaulichen.[111] Wir erachten sie nicht als ein „Fanal", das in den „Grenzen der Ausstellungsräume" einen „bedeutenden Teil des Salon-Publikums als opponierende Öffentlichkeit zu mobilisieren vermag".[112] Auch behaupten wir nicht, das Bild habe der gleichen „sezierenden Methode folgend" zu funktionieren, „wie offensichtlich die anatomischen Tafeln der *Enzyklopädie*".[113] Dennoch entsprechen die Reaktionen einiger Kritiker auf die *Horatier* der Antwort von Barthes auf die Tafeln der *Enzyklopädie*: Dies betrifft die Erfahrung ihrer Fremdheit, ihrer „Verschiebungen auf der Ebene der Wahrnehmung", ihrer „strengen Anforderungen der Objektivität" gegenüber, verbunden mit einer Dichtung, in der „das Wirkliche" als „unaufhörlich durch *irgendeine andere Sache* überschritten" erlebt wird, schließlich ihrer Überlagerung von tableauartigen Vignetten und analytischen Ordnungen, in der „die friedliche Ordnung der Welt erschüttert wird und diese einer gewissen Gewaltsamkeit weicht", welche die Natur in einer Art „ungestümen Surrealismus" „erschließt".[114] Wir lokalisieren David in einem Umfeld, in dem man sich darum mühte, die Wahrheitsansprüche der Naturwissenschaft und Geometrie gegen die affektuellen Potenziale der Einbildungskraft abzuwägen. Wir stimmen Michael Frieds Einschätzung zu, dass die *Horatier* ein „neues, nachdrücklicheres und eindringlicheres Ideal der Bildeinheit" symbolisieren, „dem zufolge Bestimmtheit, Realismus und Isolation der wesentlichen Figuren und/oder Gruppen von Figuren die Wiedergewinnung ihrer Einheit in einem einzelnen, lebensgroßen und äußerst dramatischen *tableau* nahezu diagrammatisch nachvollziehbar machen würden".[115] Wir unterscheiden uns von Fried hinsichtlich der Interpretation dieser Beobachtung. Unserer Darstellung zufolge war das Theater das wirksamste konzeptionelle Modell für die Bewahrung eines einheitlichen menschlichen Subjekts gegenüber den Splittereffekten der von der Naturwissenschaft vorgeschlagenen je spezifischen Beobachtungsprotokolle.

Welche Annahmen über die Darstellung lassen uns in diesem Zusammenhang die Verbindung zwischen David und jenem Marmontel herstellen, der den Artikel über Beschreibung im *Supplément* verfasste? Beide sind der Naturwissenschaft und ihren Verfahren gegenüber insofern aufgeschlossen, als sie auf einer Grundlegung durch primäre Sinnesdaten bestehen, die aus einer prä-

111 F. Antal, Reflections on Classicism and Romanticism, in: Classicism and Romanticism with Other Studies in Art History, New York 1966, S. 9.
112 Crow, Painters and Public Life, S. 220.
113 Stafford, Body Criticism, S. 18.
114 Barthes, Les planches de l'Encyclopédie, S. 103 f.
115 Fried, Absorption and Theatricality, S. 193, Anm. 81.

zisen Beobachtung der Natur und des Modells zu gewinnen sind. Beide gehen davon aus, dass Beschreibungen abhängig von den Vorgaben des Geschmacks und der relativen Bedeutung des zu beschreibenden Gegenstands variieren müssen. Marmontel beruft sich auf den Geschmack zu Beginn seines Artikels über Beschreibung, während David später seinen Mangel an diesem in jenen Jahren bedauerte, in denen er alte Meister eines robusten Realismus wie Caravaggio und Ribera verehrte.[116] Marmontel und David kommen auch in der Auffassung überein, dass die zweckmäßigsten Darstellungsschemata *tableaux* sind, die der Betrachtungssituation eine reguläre Ordnung auferlegen. „Der Blickpunkt vom Gegenstand auf den Zuhörer ist ein relativer", hatte Marmontel geschrieben, „die Erscheinung des einen, die Position des anderen kommen zusammen, um eine mehr oder minder interessante Beschreibung zu bilden". Als David die *Horatier* schuf, lokalisierte er den idealen Betrachtungspunkt (Fluchtpunkt) in der klaren Absicht, die Anwesenheit des Betrachters (vorgestellt als Publikum) mit dem Handlungsstrang des Bildes zu verbinden. Quer zur Hintergrundstruktur guter Sichtachsen platzierte er einen ebenflächigen Fries voneinander getrennter, optisch präzis erfassbarer Figurengruppen.[117] David zwang dem Betrachter ein Differenzbewusstsein angesichts dieser visuellen Ordnung auf, die scheinbar als einheitliches *tableau* komponiert doch Perforationen aufweist, d.h. Unterbrechungen von Handlung und Rede, die charakteristisch für die Pantomime sind. Die erkenntnistheoretischen Prämissen, die gleichsam in den Seitenflügeln von Marmontels Abhandlungen über die Beschreibung und damit zusammenhängende Themen aus den 1770er Jahren schweben, werden in Davids *Horatiern* aus dem Jahr 1784 spürbar gegenwärtig.

In Bezug auf die zeitgenössischen Diskussionen um die Pantomime am Theater, an denen sich Diderot, Marmontel und andere beteiligen, erscheinen die *Horatier* als zufällige Verkörperung dessen, was für Roland Barthes das Entscheidende an Racines *Tenebroso* ist.

116 David hat, den Worten Delécluzes folgend, eingeräumt, in jener Zeit noch solch ungeübte Augen gehabt zu haben, „dass ich weit davon entfernt war, den Blick mit Gewinn zu schulen, indem ich sie auf außergewöhnliche Gemälde richtete, wie jene von Andrea del Sarto, Tizian oder die der meisten erfahrenen Koloristen. Ich hatte nur einen Blick für Werke grober Manier, die ansonsten aber verdienstlich waren – die von Caravaggio, Ribera und von Valentin, der ihr Schüler war. Nur diese konnte ich gut verstehen. Für mich hatten Geschmack, Gewohnheit, ja sogar Verstand etwas von gallischer Derbheit, Grobheit, die abgelegt werden mussten, um den Stand der Gelehrsamkeit und Reinheit zu erlangen, ohne den man kaum die *Stanzen* von Raphael wird schätzen können, ohne die man nichts von ihnen versteht und nicht weiß, was man durch sie gewinnt." É. Delécluze, Louis David. Son école et son temps, Paris 1855, S. 114.

117 Dieses Merkmal der *Horatier* hebt Norman Bryson hervor. Siehe ders., Word and Image, S. 229 f., und Tradition and Desire, S. 76–80.

> „Tableau und Theater, oder *tableau vivant*, das heißt erstarrte Bewegung, erschließen sich beide in sich endlos wiederholender Lektüre. Die großen Tableaux von Racine stellen immer diesen großen mythischen (und theatralen) Kampf zwischen Dunkel und Licht dar: auf der einen Seite Nacht, Schatten, Asche, Tränen, Schlaf, Stille, schüchterne Sanftheit, fortwährende Gegenwart; auf der anderen all die Gegenstände, denen Grelle und Schärfe eignet: Waffen, Adler, Faszes, Fackeln, Standarten, Geschrei, glänzende Gewänder, Leinen, Purpur, Gold, Stahl, Scheiterhaufen, Flammen, Blut. Zu jeder Zeit droht zwischen beiden Arten von Substanzen ein Austausch stattzufinden, der aber nie erfolgt und den Racine, um den konstitutiven (und wie köstlichen) Akt des *Tenebroso* zu bezeichnen, eigens mit einem Wort ausdrückt, dem Verb *relever*."[118]

Corneille mag Davids ursprüngliche Inspiration gewesen sein, jedoch scheint uns keine Bemerkung über die *Horatier* treffender als Barthes' Kommentar zu Racine. Die *Horatier* inszenieren einen Gegensatz zwischen links und rechts, wobei der Widerspruch durch einen Austausch der Schwerter „nie erfolgt", unausgetragen bleibt. Der Schwur stellt eine „konstitutive" Zusammenkunft dar, der wortlos im leeren Bildraum widerhallt, sodass – um hier Marmontel zu zitieren – das „auf der Bühne vorherrschende Gefühl sich über das gesamte", das Gemälde betrachtende „Publikum verbreitet". Die Auseinandersetzung mit den beiden Größen des französischen Theaters, die sich, wie wir meinen, in diesem Gemälde findet, bringt Marmontels Desiderata höchsten ästhetischen Ausdrucks zur Aufführung.

VI.

Marmontels Abhandlung über „Drame" für die *Encyclopédie méthodique* aus dem Jahre 1782 fällt auf mysteriöse Weise mit der Auftragsvergabe der *Horatier* an David zusammen. In einer Reihe von Artikeln für den *Supplément*, die in diesem Kapitel bereits analysiert worden sind, machte Marmontel ein Programm geltend, das altehrwürdige ästhetische Werte mit neuen Konzepten zur Physiologie, zur Psychologie der Einfühlung und zu gesellschaftlichen Beziehungen nebst neuen Formen der Abfassung von Manuskripten, des Schauspielens, der Pantomime, der Dekoration und Beleuchtung sowie der Theaterarchitektur in Verbindung brachte. In diesen Beiträgen werden Vorstellungen des Theaters durchgängig mit denen der Malerei verwoben. Generell stimmte Marmontels Ästhetik mit Diderots Auffassungen hinsichtlich der Inanspruchnahme

118 R. Barthes, Sur Racine, Paris 1963, S. 32 f.

des Zuschauers beim Betrachten inszenierter oder gemalter Darstellungen überein, auch wenn Marmontel im Hinblick auf die wesentlichen, Pantomime, Illusion und Rede betreffenden Fragen anderer Meinung war als der ältere Kritiker. Obwohl Marmontel seine Haltung zu *drame* schon weitgehend in den 1770er Jahren entwickelt hatte, brach er mit Diderot hinsichtlich der Tragödie des Alltagslebens erst im Jahre 1782 vollständig.[119] Marmontels Rückzug auf eine eher konventionelle Kritikposition mag Teil einer an seiner Bewerbung um den Posten des Generalsekretärs der Académie française ausgerichteten Selbstdarstellung gewesen sein, den er im Jahre 1783 erhielt.[120] Nunmehr galt ihm das bürgerliche Schauspiel als langweilig, nichtssagend und sittlich wertlos. Dessen Begebenheiten seien Gemeinplätze und dessen Handlungen bloße Zufälle, in denen der Mensch „Opfer ist, ohne Grund zu sein". „Ein *drame*, das weder zu belehren noch zu verbessern die Absicht hat, ist", so schreibt er nun, „gegenüber der Tragödie das, was die Schmierenkomödie gegenüber der eigentlichen Komödie ist".[121] Er scheint vergessen zu haben, dass *Belisarius* – sein Roman, den er fünfzehn Jahr früher verfasst hatte, als er dem Kreis um Diderot weit näher stand – eigentlich ein, wiewohl in die Antike versetztes, bürgerliches Drama war.

Konnte die Heldentragödie oder die Historienmalerei der 1780er Jahre das Publikum ohne irgendeinen Rückgriff auf das bürgerliche Drama emotional berühren? Eine lange Reihe von Bezugnahmen auf den letzten Akt von Corneilles *Horace* in den ästhetischen Schriften von Dubos über Diderot bis Marmontel wirft diese Frage auf. Der Mord an der Schwester Camilla zum Schluss des Stücks – jene Szene, die David anfänglich beschäftigte – stellt die Werte von Nation und Familie in direkten Gegensatz. Diese Episode faszinierte das Empfinden des 18. Jahrhunderts, das weit mehr auf augenblickliches Pathos und den momentanen Widerstreit der Gefühle eingestellt war als auf die Botschaft des stoischen Patriotismus, den das Stück als ganzes verkörperte. Dennoch verlangten die Anstandsformen der Tragödie, einen jeden solchen Tötungsakt hinter die Kulissen zu verbannen. Davids Erfindung eines dem Kampf vorausliegenden Schwurs visualisierte den untergründigen Konflikt, der die Familie bereits über die Grenzen von Verwandtschaft und Geschlecht hinweg entzweite und Camillas grauenvolles Ende erahnen ließ. Zugleich prägte Davids Absicht, einen Platz in der ehrwürdigen Tradition von Nicolas Poussin zu erlangen, das Gemälde in struktureller Hinsicht. Die asymmetrische Einteilung der großflächigen Leinwand – zwei Drittel sind den Kriegern und ihrem Vater vorbehalten – ist Zeugnis seiner Bestrebung, die maskuline, kriegerische Handlung in den Mittelpunkt zu stellen. Markante rote Gewänder und drei scharf geschliffene Schwerter signali-

119 Siehe Cardy, Literary Doctrines, Kap. 4, insbes. S. 119 f.
120 Kafker und Kafker, Encyclopedists as Individuals, S. 251 f.
121 Marmontel, Drame, S. 178 und S. 180.

sieren offensiv männliche Entschlossenheit. Trotzdem kann der Maler das feminine, häusliche Drama nicht ganz unterdrücken, das in so starkem Maße seiner Inspiration durch Corneille zugehörte: Die Frauen, an die eine Seite gedrängt, weigern sich zu verschwinden. Wieso verlangen sie in dieser Weise Aufmerksamkeit ab? Leicht hinter die vordere Ebene gerückt, erhalten sie dennoch hinreichend Licht. Ihre Körper schließen den rechten Winkel des Bildes wie der Punkt einen Satz an dessen Ende. Nahezu im Schatten zwischen den beiden Hauptgruppen verschwunden, entdecken wir ein Rudiment von Marmontels beteiligtem Gesprächspartner, dessen Zeugenschaft auf der Bühne jene des Publikums mustergültig verkörpert. Eine ältere Frau sucht zwei kleine Kinder davor zu bewahren, diese Szenerie zu beobachten. Eines von ihnen starrt mit weit geöffneten Augen zwischen ihren Fingern hindurch. Der kindliche Ausdruck von Faszination und Furcht ist kaum sichtbar – ein nahezu getilgter Hinweis, den ein Zeuge hinterlassen hat, der der Welt des bürgerlichen Dramas von Jean-Baptiste Greuze entstiegen ist. Gleich uns beobachtet das Kind, und es bemerkt, dass der Familie etwas Schreckliches unmittelbar bevorsteht. Es registriert die gefühlsbehaftete Kehrseite der Geschichte und verlagert unsere Empathie vom theatralischen Getue im Zentrum zum Pathos, das rechts außen aufscheint. Wie Marmontel bewegte sich David auf einem schmalen Grad zwischen Trivialität und Erhabenem.

Es ist bezeichnend, dass sowohl Marmontel als auch David die Protektion d'Angivillers genossen.[122] Mit ihrem bedeutenden Gönner teilten sie eine Grundannahme über die gesellschaftliche Kraft der Kunst: dass die überzeugende Darstellung guter Beispiele in Theater wie Gallerie widerhallen wird und deren Verbreitung in der umfassenderen Gemeinschaft zur Folge hat. Dieses Streben nach Verbesserung der öffentlichen Denkungsart, die nur zu schnell – durch unüberlegte Sympathie – der gefährlichen Seite der Illusion oder, niederträchtiger, allein persönlicher Empfindungen anheimfällt, verbindet sich mit traditionellen Vorstellungen über den didaktischen Wert der Künste. Seit Langem genießt d'Angiviller als *Directeur général des Bâtiments du Roi* für seine Rolle Anerkennung, die er beim Versuch der Regierung spielte, die französische Historienmalerei zu erneuern, indem sie auf erbauliche Themen mit moralischem Nutzeffekt gerichtet wird.[123] Bereits im Juli 1775 erteilte er dem Ersten Maler des Königs und Direktor der *Académie Royale de Peinture et de Sculpture* Jean-Baptiste-Marie Pierre die Anweisung, in die Jahresausstellung „kein Werk"

122 Boime, Marmontel's *Bélisaire*, S. 91–94.

123 Die klassische Darstellung von d'Angivilliers Bestrebungen, als *Directeur général des Bâtiments du Roi* das erhabene Genre der Historienmalerei wiederzubeleben, hat Jean Locquin verfasst: La Peinture d'Histoire en France de 1747 à 1785, Paris 1912, Reprint Paris 1978, S. 41–69. Siehe auch Crow, Painters and Public Life, S. 186–198.

aufzunehmen, das „durch ungeziemende Nacktheit die Sitten beunruhigen könnte". Gebieterisch schloss er: „Ich bin stolz darauf, dass aus der Absicht und den Ansichten, die auf den Einfluss der Kunst auf die Sitten gerichtet sind, welche ich der Académie in meinem Brief vom 7. April 1775 genannt habe, ein Prinzip [...] werden wird".[124] Im folgenden Jahr wurde Pierre von d'Angiviller an seine Absicht erinnert, „die Großbildmalerei zu befördern", indem „verschiedene für den König anzufertigende Bilder" in Auftrag gegeben werden, die sich „in ihrer Mehrzahl geschichtlichen Taten widmen werden, die geeignet sind, Tugend und patriotisches Empfinden wiederzubeleben".[125] D'Angivillers Forderung nach Erneuerung der Historienmalerei steht in Übereinstimmung mit Marmontels Programm der Regeneration des französischen klassischen Theaters durch Aufnahme moderner Ideen zur Psychologie und Technik der Aufführung. Marmontels Abhandlungen waren Manifeste dieser erhabenen Zielsetzungen. Davids *Belisarius* führte das Erbe und Ansehen Poussins ins Feld und übertrug jene Werte auf die Malerei. Der Beifall für dieses Bild und Davids aktive Beteiligung bei der Bühnenproduktion an der Comédie-Française verschafften ihm eine günstige Ausgangsposition, um einen bedeutenden Auftrag durch d'Angiviller zu erhalten. Im Februar 1782 bestellte dieser bei ihm jenes Gemälde, das *Der Schwur der Horatier* werden sollte.[126]

Über ein Jahr hat David kaum an den *Horatiern* gearbeitet, sondern es vorgezogen, seinen Platz in der Akademie durch Fertigstellung seinen Bewerbungsstücks *Andromache beweint Hektor* zu sichern.[127] Selbst die Wahl des genauen Motivs von Corneilles *Horace* war über mehrere Jahre hinweg offen.[128] Im Juli 1784 erhielt David die Genehmigung, für achtzehn Monate unter dem Vorwand nach Rom zu gehen, sein Gemälde nur inmitten der Altertümer der Ewigen Stadt verfertigen zu können. Gemeinsam mit seiner Frau und verschiedenen Schülern erreicht der Künstler Rom am 8. Oktober. Dem dortigen Direktor

124 Brief von d'Angivillier an Pierre vom 4. Juli 1775. Wiederabdruck in: Correspondance de M. d'Angivillier avec Pierre, hg. v. M. Furcy-Raynaud, Nouvelles Archives de l'Art Français, 3. Serie, 22 (1905), S. 45 f.

125 Brief von d'Angivillier an Pierre vom 14. März 1776. Wiederabdruck in: Correspondance de M. d'Angivillier avec Pierre, S. 80 f.

126 Für eine vollständige Verzeichnisangabe des Gemäldes und seiner Geschichte siehe Paris, Musée du Louvre, Jacques-Louis David, S. 162–171.

127 D. Wildenstein und G. Wildenstein, Documents complémentaires au Catalogue de l'œuvre de Louis David, Paris 1793, Nr. 110–113. Das Gemälde befindet sich im Bestand des Louvre.

128 O[1] 1925b, zitiert in: Paris, Musée du Louvre, Jacques-Louis David, S. 164. Ein Brief von Pierre an d'Angiviller vom 2. Januar 1784 zeigt, dass David zwei Möglichkeiten in Betracht zog: Horatius wird von seinem Vater verteidigt, als er wegen der Tötung seiner Schwester festgenommen werden soll, und: der Schwur der Horatier im Beisein ihres Vaters. Eine Randnotiz auf dem Dokument legt nahe, dass d'Angiviller das erste Motiv vorzog.

der *Académie de France* Louis Langrenée zufolge war David Anfang Dezember intensiv am Arbeiten.[129] Spätestens im Juni 1785 begann David, die Überstellung der *Horatier* nach Paris, pünktlich für den Salon, vorzubereiten.[130] Währenddessen, etwa zwei Wochen vor dem Versand, stellte er das Gemälde in seinem Atelier in Rom aus. Schnell erlangte es nahezu sagenhaftes Ansehen.[131] In seinem an den Marquis de Bièvre geschriebenen Brief vom 8. August spricht David von einem „unerwarteten Erfolg meines Gemäldes", erzählt von Ausländern und Adligen, die in Scharen kommen, um das Werk zu betrachten, und bittet Bièvre, für einen guten Ausstellungsort im Salon zu sorgen.[132] Auch hat er bedeutende Neuigkeiten mitzuteilen:

> „Ich habe die mir im Namen des Königs übermittelten Bildmaße vergrößert. Mir waren 10 × 10 [Fuß] gegeben worden, aber nachdem ich mein Werk in jeder Hinsicht gewendet hatte und einsehen musste, dass es sein Potenzial einbüßt, habe ich die Absicht aufgegeben, ein Gemälde für den König zu malen, und malte es für mich selbst. Niemand wird mich jemals dazu bringen, etwas auf Kosten meines Ruhms zu tun. Deshalb habe ich das Gemälde in der Größe 13 × 10 Fuß gemalt."

Kaum ein Jahr nach Aufnahme in die Akademie hat David, kühn auf eigene Faust handelnd, die *Horatier* in einer Größe ausgeführt, die für gewöhnlich den bedeutendsten Akademiemitgliedern vorbehalten war.

Ausgenommen die Spuren der Schriftdokumente zu den *Horatiern*, wissen wir wenig über Davids tatsächliche Arbeitsweise in Rom. Im Dezember 1784 schrieb er seinem früheren Lehrer Joseph-Marie Vien, er arbeite „tagsüber an meinem Gemälde und abends zeichne ich nach Art der Alten".[133] Die von David in Rom verwendeten Notizbücher vermerken in der Tat seine Rückkehr zu elementaren Zeichenstudien nach dem Vorbild antiker Kunst; bezeugt durch zwei von ihm verfertigte Skizzen des Torso vom Belvedere (Bilder 37, 38).[134] Genau gegenüber der zweiten Skizze befindet sich ein Bild ganz anderer Art – eine anatomische Zeichnung, vermutlich nach dem *Écorché* von Jean-Antoine Houdon, eine Skulptur, die Künstler noch heute zum Studium von Muskelpartien nutzen

129 Wildenstein und Wildenstein, Documents complémentaires, Nr. 119, 125, 131.

130 Ebd., Nr. 138–143.

131 Ebd., Nr. 145, 147. Wenig später schrieb Lagrenée an d'Angiviller, die *Horatier* seien in etwa zwei Wochen versandfertig. Eine der ersten Kritiken erschien am 30. Juli 1785 im *Giornale delle belle arti*.

132 Wildenstein und Wildenstein, Documents complémentaires, Nr. 152. Er vertraut darauf, dass Bièvre das ihm Mögliche tun wird, um d'Angiviller die Vergrößerung des Formats – und vermutlich auch den höheren Preis – verständlich zu machen.

133 Ebd., Nr. 132.

134 P. Rosenberg und L.-A. Prat, Jacques-Louis David, 1748–1825: Catalogue raisonné des dessins, 2 Bde., Mailand 2002, Bd. 2, Nr. 1306 (fol. 23r), und Nr. 1328 (fol. 45r).

(Bild 39).[135] Beide Skulpturen können nicht gemeinsam zugänglich gewesen sein – und dennoch werden sie von David auf gegenüberliegenden Seiten platziert. Er stellt damit zwei Betrachtungsweisen gegeneinander: Ein ästhetischer, an der großen Tradition geschulter Blick wird mit dem anatomisch geübten wissenschaftlicher Analyse konfrontiert. Gleich der bereits zitierten Schauspielerin Hippolyte Clairon wendet sich David der Anatomie zu, um seine Verankerung in der Wirklichkeit zu erneuern. Auch arrangiert er eine Gegenüberstellung, die jener entspricht, die wir im zweiten Kapitel zu den *Enzyklopädie*-Tafeln umrissen haben, die künstlerische und anatomische Zeichnungen miteinander vergleicht (Bilder 8, 10). Davids Notizbuch wiederholt den *rapport* quer über den weißen Raum hinweg, den wir als einen wesentlichen Aspekt diagrammatischen Wissens verstehen.

Im gleichen Skizzenbuch andernorts bringt David diese beiden Betrachtungsweisen, als wollte er deren jeweilige Grenzen austesten, auf einem einzelnen Blatt unmittelbar zusammen (Bild 40).[136] Eine nahezu jeder Körperlichkeit entbehrende Umrisszeichnung rechts lässt an den linken Fuß des Vaters denken; links bringt eine Skizze des rechten Beins von Houdons *Écorché* die Muskulatur in ihrer Körperlichkeit gewissenhaft zum deutlichen Ausdruck. Das fertige Gemälde verschmilzt beide Betrachtungsweisen, kühn gestaltet, in grelles Licht getaucht, zu plastischer Beinmuskulatur mit prägnant ausgeprägten Gefäßen. Die von David realisierte Abfolge von Bildtransformationen lässt sich anhand der Studie eines linken Beines rekonstruieren (Bild 41).[137] Dieses Blatt, das mit dem Borghesischen Fechter lose verwandt sein mag, zeigt keine gehäutete Extremität mehr, erfasst aber dennoch einzelne Muskelpartien als je gesondert hervortretende Körpermassen. Diese spezielle Studie wird nahezu ohne Änderung in das fertigte Gemälde übernommen und erscheint da als das linke Bein jenes Bruders, welcher der vordersten Ebene am nächsten steht. Die Anatomie dieser Figur spiegelt die sonderbare Geschichte wider, die dieses Bein in Davids Arbeitstätigkeit hat. Dessen Position zum Hüftgelenk macht nämlich anatomisch gesehen keinen Sinn. Ein normaler Körper mit einer solchen Stellung von Fuß und Unterschenkel könnte niemals sein Gesäß so gegen die Bildebene wenden, wie das dieser junge Mann tut. Die zusammenhangslose Anatomie – peinlich genau in ihren Teilen, aber unwirklich im Ganzen – musste unter einem Stück Stoff verborgen werden, damit sein gummiartig verdrehter Oberschenkel

135 Ebd., Nr. 1327 (fol. 44v). Die *Académie de France* in Rom besaß einen Abguss von Houdons *Écorché*.

136 Rosenberg und Prat, David, Bd. 2, Nr. 1308 (fol. 25v).

137 Ebd., Nr. 1286 (fol. 2v).

nicht störend wirkt.[138] Bei genauer Betrachtung wird der Figurenfries zunehmend zu einer Collage je getrennt voneinander erfasster anatomischer Teile – denen von Marionetten ähnelnd, die in einem Puppentheater hängen.

Der visuelle Effekt des Gemäldes lässt an Diderots Theaterillusion denken, die – obwohl völlig überzeugend vom Parterre her wirkend – aus Elementen erwächst, die hinter den Kulissen disparat und unkoordiniert erscheinen. Die *Horatier* erhielten ihre Gestalt durch einer Reihe analytischer Betrachtungsweisen – den Überhöhungen antiker Skulpturen, anatomischen Beobachtungen der Naturwissenschaft, der Einnahme verschiedener Blickwinkel –, die, ohne epistemologisch miteinander abgestimmt zu sein, dennoch zusammenwirken. Jene Frau, die in ihrer Kritik des Salons aus dem Jahre 1785 die Auf

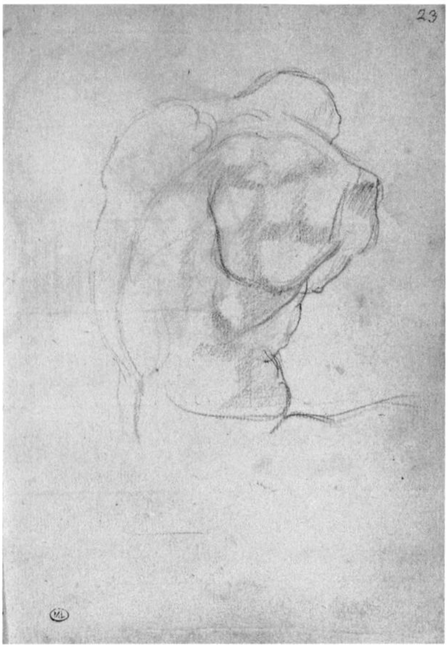

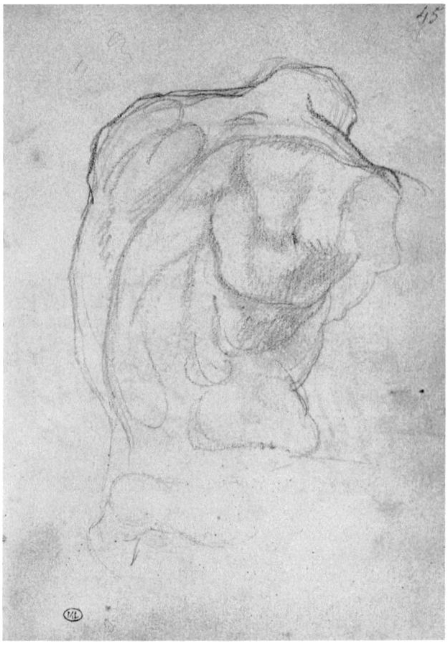

Bild 37 Jacques-Louis David, Zeichnung nach dem Torso vom Belvedere, 1784–1785, Grafitzeichnung, 18,9 × 13,3 cm, Paris, Musée du Louvre, Départment des Arts Graphiques, Inv.nr. RF 4506,38.

Bild 38 Jacques-Louis David, Zeichnung nach dem Torso vom Belvedere, 1784–1785, Grafitzeichnung, 18,9 × 13,3 cm, Paris, Musée du Louvre, Départment des Arts Graphiques, Inv.nr. RF 4506,72.

138 Zur Erläuterung dieser biegsamen oberen Extremität siehe die Skizzen in Lille und dem Louvre (Paris, Musée du Louvre, Jacques-Louis David, Nr. 68 und 71).

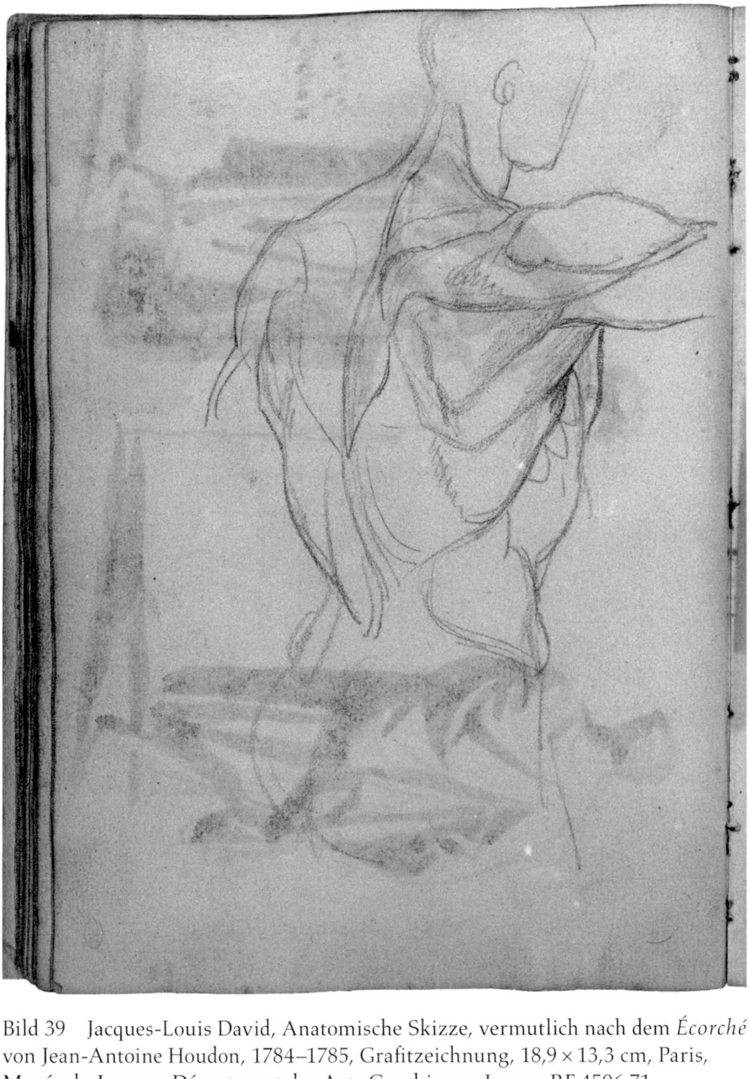

Bild 39 Jacques-Louis David, Anatomische Skizze, vermutlich nach dem *Écorché* von Jean-Antoine Houdon, 1784–1785, Grafitzeichnung, 18,9 × 13,3 cm, Paris, Musée du Louvre, Départment des Arts Graphiques, Inv.nr. RF 4506,71.

merksamkeit auf die Lücken in der Bildkomposition lenkte, war auf der richtigen Spur. Wie recht sie hatte, gibt kein anderer als David selbst zu erkennen. Auf der letzten Seite seines in Rom benutzten Skizzenbuchs befinden sich einige bruchstückhafte Notizen, in denen er seine Arbeitsweise zusammenfasste:

> „Methode, meine Modelle in mein Bild zu bringen [...] für den Kopf habe ich den Vater auf einen Tisch steigen und auf einem hohen Stuhl Platz nehmen lassen [...] für die Arme stieg er auf einen Stuhl [...] für die

> Beine habe ich mein Bild hoch auf zwei Stühle gestellt und das Modell stand auf einer auf dem Boden liegenden Matte [...] für den Kopf von Horatius *fils* habe ich mein Bild ins Tageslicht gerückt, ich stand auf einem Stuhl und das Modell auf der Haupttreppe der Terrasse [...]."[139]

Diese plastische Darstellung bestätigt Frieds treffende Bemerkung, dass der erste Betrachter eines Werks der Künstler selber ist.[140] David konzipierte und schuf die *Horatier* aus der Nähe und der Ferne betrachtend, von unten und von oben, in helles Licht getaucht und im Schatten stehend. Seine Körperbewegungen sind auf der Leinwand als diverse Datenpakete verzeichnet, die nach Einbeziehung verlangen. Die Perspektivenarmierung des Bildes, zugleich aufdringlich gegenwärtig und strukturell mangelhaft, sucht kaleidoskopisch verstreute Daten zu einem kohärenten *tableau* zu formen.

Die von uns hervorgehobene Konfrontation erzeugt in der Bilddarstellung seltsame Störungen an unerwarteten Stellen: eine Hand, den vorderen Sohn umgreifend, scheint aus der Nähe betrachtet von ihrem Arm losgelöst; aufgeblähte Muskeln und pralle Gefäße der unteren Extremitäten, nach Art medizinischer Fachbücher dargestellt, verweigern sich der anatomisch korrekten Eingliederung in ihre mutmaßlichen Körper; die in den Worten von Crow „verquere und unsinnige Art, in welcher der vorn stehende Sohn den Speer hält".[141] Der resultierende Konflikt ähnelt der Streuung von Daten und Aufmerksamkeit, über die Daubenton berichtete, als er die Beschreibung auf dem Feld der Naturwissenschaften diskutierte. David fordert die Betrachter dazu auf, heterogene Einzelheiten innerhalb eines fiktiven Raumes aufeinander zu beziehen – gewissermaßen im Prinzipal der Historienmalerei *rapports*, welche die Tafeln der *Enzyklopädie* beseelen, zu reproduzieren. Sein Gemälde ist sowohl Erzeugnis als auch Symptom der Kultur des Diagramms.

In den *Horatiern* stehen grundverschiedene Bildabschnitte örtlich begrenzter Illusion in spannungsreichen Beziehungen zueinander, gleich den in Suspension gehaltenen Elementen der visuellen Verzeichnisse, die auf den Tafeln der *Enzyklopädie* auf weißem Grund voneinander gesondert werden. Üblicherweise merzen Maler räumliche oder anatomische Unstimmigkeiten aus, indem sie Kunstgriffe beim Zeichnen, bei der Perspektivendarstellung oder ein schweres, zuweilen virtuoses Impasto anwenden: Die Stillleben von Desportes (Bild 5, Tafel 3) und Chardin (Bild 7/Tafel 4) bezeugen dies. Wie wir wissen, war Marmontel der Meinung, dass solche Taschenspielertricks ästhetischen Genuss bewir-

139 Rosenberg und Prat, David, Bd. 2, Nr. 1367 (fol. 84r). Davids Kommentar besteht aus unzusammenhängenden kurzen Bemerkungen, in unserer Zitation durch Auslassungen unterbrochen.

140 Siehe M. Fried, Courbet's Realism, Chicago 1990, Kap. 2, insbes. S. 68.

141 Crow, Painters and Public Life, S. 240.

ken. Wenn ein Gemälde perfekter Illusion aus der Ferne betrachtet das Bewusstsein seines Kunstcharakters unterdrückt, so bringt die Annäherung an die Leinwand das Geschick der Pinselführung in den Blick und aktualisiert unsere Befähigung, „gleichzeitig Natur und Kunst genießen" zu können. Kritische Kommentare zu den *Horatiern* hingegen – ob nun in Davids Atelier, im Salon von 1785 oder moderner Autoren – befassen sich mit seiner Verweigerung maltechnischer Kunstgriffe. Offenbar wurde Tischbein schon im Jahre 1785 von der Dinghaftigkeit des Gemäldes verführt, denn erleichtert konnte er letztlich erkennen, nur ein Bild vor sich zu haben. Sein momentanes Entrücktsein glich jener völligen Versenkung Diderots in den Zustand der Illusion; sich aus diesem schmerzhaften Schauspiel zurückziehend konnte er dann die Meisterhand bewundern, die solch einander widersprechende Gefühle zu gebieten fähig ist. Ein Kritiker des Salons jener Tage beschrieb Davids offenkundigen Verzicht auf künstlerische Tricks folgendermaßen: „Statt dadurch, was die Maler den Zauber des *Chiaroscuro* nennen, sucht er durch die Entgegensetzung der Objekte Wirkung zu erzielen." Sowohl das deutliche Fehlen der Magie in der Malerei als

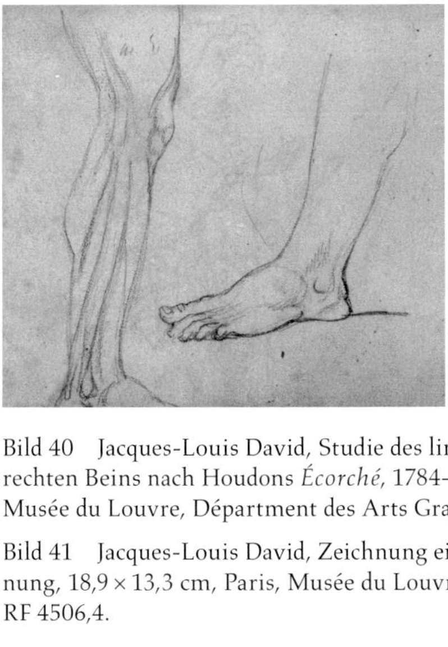

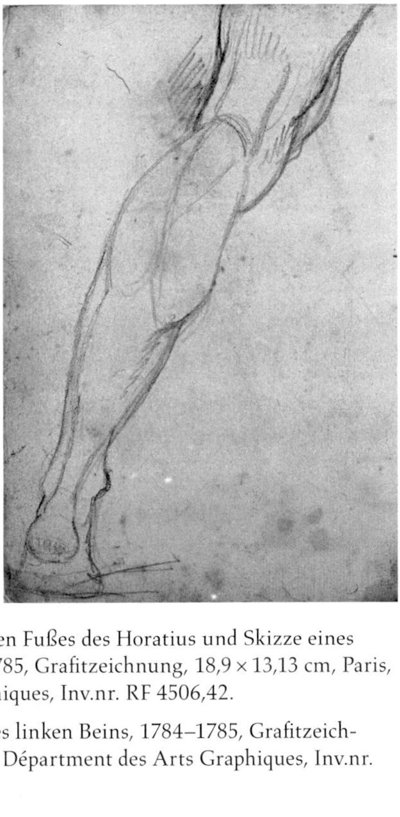

Bild 40 Jacques-Louis David, Studie des linken Fußes des Horatius und Skizze eines rechten Beins nach Houdons *Écorché*, 1784–1785, Grafitzeichnung, 18,9 × 13,13 cm, Paris, Musée du Louvre, Départment des Arts Graphiques, Inv.nr. RF 4506,42.

Bild 41 Jacques-Louis David, Zeichnung eines linken Beins, 1784–1785, Grafitzeichnung, 18,9 × 13,3 cm, Paris, Musée du Louvre, Départment des Arts Graphiques, Inv.nr. RF 4506,4.

auch die spürbare Spannung zwischen Davids Objekten simuliert die Wirkung der Collage. Thomas Crow versteht diese Elemente als Zeichen eines äußersten, an Halluzination grenzenden Naturalismus, der willentlich die Kunst ausschließt und den Status eines natürlichen Gegenstands eigenen Rechts für sich behauptet.[142] Diagrammen gleich sind die *Horatier* eher ein Arbeitsgegenstand für Gedankenexperimente als die Fensteröffnung in eine fiktive Welt.

Was ist wirklich damit gewonnen, die *Horatier* in die Kultur des Diagramms einzubeziehen? Tischbeins Aufmerksamkeit galt sicherlich eher der bewegenden Mise-en-Scène des Bildes als der Hand des Meisters, ihn beschäftigten eher Anweisungen eines Bühnenregisseurs als die Pinselstriche eines Malers. Er formuliert sein Erleben des Gemäldes, als ob es eine inszenierte Darbietung wäre, bei welcher die vierte Wand durchlässig bleibt, als sei eine Bildoberfläche nicht vorhanden. Davids Leinwand beeindruckte ihn nicht durch das Impasto, obwohl er bemerkte, „alle Theile des Bildes" seien „mit Fleiß gearbeitet" und „Nebensachen […] mit erstaunlicher Wahrheit gemalt". Generell rief Davids feiner, flacher und nahezu unmerklicher Pinselstrich kaum Kommentare hervor, ausgenommen die Bemerkung aus einer römischen Zeitschrift, „der Maler hätte seinen Pinselstrich etwas mehr zur Geltung bringen und den Lichtspiegelungen mehr Aufmerksamkeit geben sollen". Tischbein erwähnt in der Tat das grelle Licht und bemängelt die Schatten als „hart, unangenehm und ohne sanften Reflex". Vielleicht in Reaktion auf das Fehlen von Übergängen zwischen Licht und Schatten bemerkt er scharfsinnig, „das Auge" nehme „so wenig Schmeichelndes in den Farbenspielungen wahr".[143] Seltsamerweise bricht bei genauer Untersuchung der *Horatier* die Illusion nicht völlig weg, sie lässt aber auch kein ästhetisches Wohlgefallen am Stil des Meisters entstehen. Eine eingehende Betrachtung lenkt stattdessen die Aufmerksamkeit auf die Unterschiede in der Bildauflösung. Die Betrachter neigen dazu, jene Bereiche wahrzunehmen, in denen, mit Tischbein gesagt, David, wie es scheint, „die Formen der Arme und Beine an den schwörenden Brüdern mehr gedehnt" habe, „als es der Moment erforderte, bloß um seine Wissenschaft in der Anatomie und Zeichnung auffallender zu machen". Die *Horatier* widersetzen sich der vereinheitlichenden persönlichen Note, die das Impasto verleiht, um den Doppelcharakter ästhetischer Distanzierung in einem Bewusstsein von Lücken, Sprüngen und Unstetigkeiten ausfindig zu machen. Diese überschüssigen, mit ihrer Umgebung unstimmigen Momente erzeugen eine neue Art kognitiver Erfahrung. Man

142 Ebd., S. 235–241. Das Zitat entstammt einem anonymen, von Crow zitierten und ins Englische übersetzten Pamphlet aus dem Jahre 1787.

143 Tischbein, Briefe aus Rom, S. 176, 179. Bei der römischen Zeitschrift handelt es sich um die *Memorie per le belle Arti*, 1 (September 1785), S. 135–144, wiederabgedruckt in Holt, Triumph of Art, S. 24–28.

könnte sagen, dass David im Jahre 1784 mit den *Horatiern* einen Arbeitsgegenstand in der bildenden Kunst erfunden hat – ein *Ding*, das weder zur Welt der Natur noch zu der der Kunstobjekte gehörend dennoch Wissen konstituiert.

VII.

Davids Gemälde war nicht der heldenhaft vereinzelte oder idiosynkratische Versuch, den Herausforderungen neuer Beschreibungsmethoden zu begegnen – es war in einen spezifischen und merkwürdigen geschichtlichen Augenblick eingebunden. Im Versuch, die Grenzen der Darstellung neu zu ziehen, bemühten sich die Theaterschriftsteller jener Tage um eine Verhältnisbestimmung von Handlung und Pantomime, von Narration und Beschreibung.[144] Einem Kritiker wie Marmontel zufolge, dem es darum ging, zwischen moderner Gefühlsbetontheit und *Grand Manner* in Theater und Malerei eine mittlere Position zu wahren, sollte die Einbildungskraft innerhalb der von der Darstellung selbst gesetzten Grenzen wirken. Seine Konzeption des *tableau* war, gleich dem von Diderot, ein Versuch, die persönliche Reaktion in einem gesellschaftlichen Milieu zu verankern. David war ein mit dem Theater vertrauter Maler. Der unheimliche und leere Bildraum seiner *Horatier* – nahezu bar jeglichen requisitenartigen Beiwerks – ist ein Spiegelbild der Feedback-Ökonomie dessen, was in zunehmendem Maße auf der Bühne möglich war.[145] Er inszeniert Leere und Stille, um die Einbildungskraft anzuregen und jene intensiven, konfliktgeladenen Gefühle zu erzeugen, die Tischbein verstörten. Der Raum verführt die Betrachter zur Illusion und signalisiert ihnen durch deren Fremdheit zugleich, dass ihr Leiden ein Ende hat. In diesem dialektischen Prozess wird Diderots vierte Wand plötzlich zu einem undurchlässigen Schirm. Die Veränderung bewirkt weniger die Zerstörung der vom Bild ausgehenden Gemütsbewegung, sondern erzeugt Marmontels Zusatz ästhetischen Vergnügens – einen Überschuss an Bedeutung, der nirgendwo im Bild verortet ist.

Tischbeins Erfahrung im Umgang mit den *Horatiern* inszeniert das Paradox einer jeden Darstellung, die zwischen der physischen Anwesenheit als Illusion und der augenscheinlichen Darbietung der Zeichen oszilliert, aus denen

144 Diese Frage hat in der westlichen Tradition eine lange Geschichte. Siehe S. Alpers, Describe or Narrate?, in: New Literary History 8 (1976–1977), S. 15–41. Siehe auch T. Puttfarken, The Discovery of Pictorial Composition. Theories of Visual Order in Painting 1400–1800, New Heaven CT 2000, Kap. 12.

145 In der Literatur über die *Horatier* wird der Tatsache große Aufmerksamkeit geschenkt, dass David im Zuge einer zunehmenden Herausarbeitung der narrativen Struktur des Bildes sukzessiv anschauliche Einzelheiten entfernte. Siehe z.B. R. Rosenblum, Transformations in Late Eighteenth-Century Art, Princeton NJ 1967, S. 71 f.; und Crow, Painters and Public Life, S. 236–238.

heraus sie sich aufbaut. Der Betrachter hat nur die Wahl verschiedener Sichtweisen: sich in ein Ereignis als dessen Teilnehmer zu versenken oder das Spiel der Bedeutung unbeteiligt zu bezeugen. Michael Frieds Untersuchung von in ihren Gedanken oder Handlungen versunkenen Figuren hat dieses Feld in erheblichem Umfang für die Kunstgeschichte erschlossen.[146] Allerdings beschränkte sich der von Fried bestimmte nicht-deklamatorische Modus nicht auf gemalte Bilder, er war darüber hinaus von zentraler Bedeutung für die kritische Debatte um die Pantomime und er kennzeichnete die unpersönliche Art von Bezugnahme, die wir bei den Tafeln der *Enzyklopädie* finden. Ein Großteil der in ihnen zusammengestellten Informationen konnte sorgfältiger statt durch Menschen durch Instrumente wahrgenommen, aufgezeichnet und abgespeichert werden. Für viele Tafeln gilt, dass der Blick sich auf mehrere Beschreibungsordnungen verteilt, die zum formalen, die Präsenz eines Betrachters erfordernden und diesen bestätigenden Aufbau von *tableaux* nur gelegentlich wiederkehren.[147] Richtet man das Hauptaugenmerk allein auf die bildliche Darstellung von Versunkenheit, dann verschließt man sich der instrumentenartigen Wahrnehmung, die in der Kultur des 18. Jahrhunderts zunehmende Bedeutung erlangt.

Im dritten Kapitel hatten wir gezeigt, wie die Generation der Enzyklopädisten eine flutartig gestiegene Menge im Grunde unpersönlicher Daten aufzunehmen suchte, die durch neue Techniken und Geräte erzeugt wurden. Die Auswirkungen waren nicht auf die Fächer der Naturwissenschaften begrenzt. Historiker der Romanliteratur stellen fest, dass Schriftsteller wie Horace Walpole, Frances Burney, Jane Austen und Johann Wolfgang von Goethe mit einer unpersönlichen Form der Narration experimentierten, die im Rückblick „style indirect libre", „Erlebte Rede" oder „free indirect speech" genannt wird.[148] In unserer früheren Diskussion dieser Erscheinung haben wir deren Aufkommen mit dem Aufstieg des diagrammatischen Wissens und der Verbreitung von Prozessen der Korrelationsbildung in Verbindung gebracht. Wir stimmen Roy Pascals Vorschlag zu, dass eine vereinfachte Definition der Erlebten Rede lauten könnte, in ihr behalte „der Erzähler den auktorialen Modus durchweg bei[...] und [vermeidet] die ‚dramatische' Form von Rede und Wechselgespräch [...], [stellt] sich dennoch, sobald er die Worte oder Gedanken des Charakters berichtet, selbst unmittelbar in das Erlebnisfeld des Charakters [...] und [nimmt] die Einstellung des Letzteren hinsichtlich von Zeit und Ort ein[...]."[149] Die inneren

146 Siehe insbes. Fried, Absorption and Theatricality, Kap. 1.

147 Ebd., S. 100–105.

148 Die Geschichte dieser literarischen Erscheinung diskutiert Roy Pascal, siehe ders., The Dual Voice. Free Indirect Speech and Its Functioning in the Nineteenth-Century European Novel, Manchester 1977, insbes. S. 34–60; und Banfield, Unspeakable Sentences, insbes. S. 228–232.

149 Pascal, Dual Voice, S. 9.

Gedanken der Charaktere (deren „geheime emotionale Reaktion", könnte man mit Jaucourt sagen) werden enthüllt, ohne die Fremdkommentierung eines Erzählers oder Autors zu sein, jedoch auch ohne sie offen zum Ausdruck zu bringen – eine mit Frieds Versunkensein in Einklang stehende Haltung. Dieser innere Zustand tritt im Text hervor und gewinnt scheinbare objektive physische Präsenz, nicht als Sprachereignis eines aufzeigbaren Charakters, wohl aber die unpersönliche Stimme der dritten Person erzeugend. Ausdrücke dieser Art sind definitionsgemäß strikt literarischer Art, sie ergeben alltagssprachlich keinen Sinn. „Die hier verfolgte Idee lautet", so Ann Banfield, „dass in Sätzen dieser Art eine Verschmelzung zweier Perspektiven oder ‚Stimmen' erfolgt – des Charakters, dessen Bewusstsein linguistisch repräsentiert wird, und des Erzählers, der die ‚Perspektive des Charakters annimmt'".[150] Die „Verschmelzung zweier Perspektiven" – eine Technik, die in der Romanliteratur nach 1760 verstärkt zu finden ist und im 19. Jahrhundert mit Gustave Flaubert und Émile Zola zum Mainstream wird – verbindet zwei Weisen der Bezugnahme ähnlich der Verknüpfung verschiedener Perspektiven, die David in seinem Atelier die *Horatier* malend körperlich einübte.

Die Kunstgeschichte hat in David den Begründer einer neuen Schule gesehen, der die Tradition neu auslegte, indem er mit seiner eigenen Ausbildung brach. Wir stellen ihn in eine kulturelle, aus verschiedenen, sich überkreuzenden Verbindungen bestehende Matrix: die tiefe Gedankenverlorenheit und Gefühlsversunkenheit des neuen Romans; ein wieder zum Leben erwecktes, neuartiges illusionistisches Theater, in dem visuelle Effekte mit dem gesprochenen Wort in Konkurrenz treten; unpersönliche wissenschaftliche Illustrationen, die sich an allgegenwärtige virtuelle Zeugen wenden.[151] Gewiss stellten die *Horatier* eine beachtliche bildkünstlerische Intervention dar – die Grammatik der Historienmalerei verletzten sie allerdings nicht. Kritiker mochten Davids Stil für unwiderstehlich oder verstörend gehalten haben, keinesfalls fanden sie ihn unverständlich. Schnell wurde seine Ausdrucksweise zur Norm. In Romanen zeigt sich eine dazu analoge Beherrschung der Erlebten Rede; von Anbeginn wird diese „mit größtem Geschick und völliger Angemessenheit genutzt". Schriftsteller, die „ohne voneinander zu wissen und in Unkenntnis der für den Stil maßgeblichen Regeln arbeiten, wissen mit ihm umzugehen". Leser, die „zum ersten Mal mit einer linguistischen Form konfrontiert werden, die ihnen von ihrer Erfahrung als Sprecher her unbekannt ist", können diese deuten.[152] Pascal vermutet, dass ein „linguistischer Habitus" den aufkommenden, aber bereits kundigen Gebrauch der Erlebten Rede leitete. Banfield hingegen erklärt dieses

150 Banfield, Unspeakable Sentences, S. 185.
151 Shapin and Schaffer, Leviathan and the Air-Pump, S. 60–65.
152 Pascal, Dual Voice, S. 34; und Banfield, Unspeakable Sentences, S. 233.

Können unter Rückgriff auf die Generative Grammatik. Ohne den Versuch zu unternehmen, diesen Streit unter Experten zu schlichten, möchten wir doch hervorheben, dass beide Denkschulen als Anzeichen Erlebter Rede „Ausrufe und Schwüre, Fragmente und Verben mit einer subjektiven Bezugnahme, rhetorische Fragen usw." aufführen.[153] Diese linguistischen Merkmale erlauben uns, Davids Erfindung eines die *Horatier* zusammenführenden *Schwurs* in einen neuen Interpretationsrahmen zu stellen. Die Wahl eines Schwurs belegt seine profunde Kenntnis der dramatischen Handlung und sein intuitives Verständnis ihrer Grammatik. David erkennt in der Eidesleistung eine performative Gebärde, die miteinander nicht verbundene narrative, emotionale und deskriptive Elemente zu einer objektiven Bekundung vereinigen konnte. Er führte eine analytische, impersonale Syntax in die autografische Tradition der Malerei ein. Die *Horatier* sind Anzeichen eines umfassenden Bestrebens – zu dem auch die Reform des Theaters gehört wie auch die Tatsache, dass die *Enzyklopädie* ihre Nutzer ermutigt, eigenständig Daten zusammenzustellen –, sowohl Ästhetik als auch Einbildungskraft in einem sich erweiternden Erkenntnisfeld zu platzieren, das in zunehmendem Maße von der Naturwissenschaft bevölkert wird.

153 Pascal, Dual Voice, S. 20.

5. ZAHLEN

I.

Die *Enzyklopädie* unterlag den technologischen Sachzwängen des Buchdrucks: Ihre Diagramme und Erläuterungen setzten auf Druckerschwärze und Papier sowie eine sequenzielle, durch das Folio-Format bedingte Aufmachung. In anderen Bereichen, insbesondere in den in Echtzeit arbeitenden *métiers* von Theater und Spektakel, wurde mit gewagteren Korrelationen experimentiert, was schließlich – in einer Art Rückkopplungsschleife – andere Darstellungsformen wie etwa die Historienmalerei beeinflusste. Hinsichtlich der Art und Reichweite möglicher Verknüpfungen bieten jedoch Korrelationsfelder, die sich Ölfarben und Leinwand verdanken, gegenüber Druckerschwärze und Papier nur geringfügige Verbesserungen.

Im Lauf des 19. Jahrhunderts rückte die Mathematik als jenes Zeichensystem in den Mittelpunkt, das am ehesten diese Sachlage zu verbessern schien. Wir greifen die Mathematik – insbesondere Geometrie und Wahrscheinlichkeitsrechnung – erneut auf, um sie in diesem Kapitel im Zusammenhang nichtmimetischer, diagrammatischer Darstellungsformen zu erörtern. Mathematische Zeichen wurden ersonnen, um Felder und Zeitabschnitte zu bestimmen, Räume und Bewegungen zu beschreiben sowie zukünftige Ereignisse zu prognostizieren. Persönlichkeiten wie Hermann von Helmholtz nahmen mathematische Fehlerkorrekturverfahren in den Dienst, um die körperlich bedingte Unzuverlässigkeit menschlicher Wahrnehmung zu erklären. Das Instrumentarium der Wahrscheinlichkeitsaussage schuf Arbeitsgegenstände, die Physikern die Beschreibung von Elementen ermöglichte, deren Erfassung der menschliche Wahrnehmungsapparat – ganz gleich, wie dieser Vorgang verstanden werden kann – nicht leistet. Die Mathematik schien Objekte erzeugen zu können, die ohne materiellen Gehalt dennoch zur Bildung von Korrelationen taugen, die in der wirklichen Welt von praktischem Wert sind.

Um die Bedeutung dieser Entwicklung zu begreifen, ist noch über drei miteinander verbundene Teile unserer Geschichte zu berichten. Der erste Teil betrifft den Aufstieg der darstellenden Geometrie [descriptive geometry], den wir bezugnehmend auf die von uns früher gemachte Bemerkung diskutieren, dass Diagramme oftmals geometrisch strukturiert sind. Der zweite Teil beinhaltet die Aufgabe, die Behandlung der Geometrie im *Enzyklopädie*-Artikel über Beschreibung aus dem Jahre 1754 historisch neu zu situieren, um den sich abzeichnenden Stellenwert der Infinitesimal- und Wahrscheinlichkeitsrechnung aufzuzeigen, den d'Alembert in seinem Beitrag nicht angesprochen hatte. Die sich aus dieser Ausgangsposition ergebende Entwicklung wird uns von sinnlich fassbaren Gegenständen und Sozialstatistiken zur Quantenphysik führen. Im dritten Teil soll eine genauere Darlegung unserer Ansicht erfolgen, dass die Diagrammatik die Auflösung fester Bezugspunkte innerhalb eines sich wandelnden materialen Netzes beinhaltet – einen Vorgang, den wir abkürzend als „das Weiße" bezeichnet haben.

In der Diskussion von Davids *Schwur der Horatier* hatten wir auf diese drei Interessenbereiche verwiesen. Unserer Auffassung nach kristallisiert sich in diesem Gemälde die Kultur des Diagramms in der ganzen Komplexität heraus, die sie gegen Ende des 18. Jahrhunderts kennzeichnete. Sicherlich handelt es sich um ein perspektivisches Bild, offenbar bietet es eine Ansicht aus einem einzelnen Blickwinkel heraus. In der abschließenden Gestaltung durch David, wie bereits im Prozess der Ausarbeitung, erzeugen miteinander konkurrierende Blickwinkel allerdings jene häufig bemerkten Spannungen zwischen verschiedenen Elementen des Bildes und komplizierten darüber hinaus dessen Bedeutung. Ein geometrisches Arrangement von Geraden und Dreiecken liegt der Komposition von Davids Figurenfries zugrunde, eine Anordnung darstellerischer Abstraktionen, die zum prägnant gegliederten Inneren des sie eingrenzenden Perspektivenraums nicht recht passt. Wir haben geltend gemacht, dass die tableauartige Darstellung der Geschichte Davids die Auseinandersetzung des Malers mit dem affektiven Potenzial am Theater inszenierter *tableaux* erkennen lässt. Das Gemeinsame seiner künstlerischen Anspruch verratenden Protokolle, der zeitgenössischen Bühnenwerke und Theaterentwürfe bestand in einer Geometrie guter Sichtachsen und den Formvorschriften für eine fesselnde Illusion.

Unsere Diskussion Davids und des Theaters im Allgemeinen legt nahe, mit Geometrie und Mathematik der Perspektive zu beginnen. Die der Form geschuldeten Spannungen, die Davids *Horatier* kennzeichnen, deuten darauf hin, dass der scheinbare Naturalismus der Zentralperspektive auf zeitgenössische Herausforderer getroffen war. Anhänger der darstellenden Geometrie und Befürworter einer durchgängig mathematischen Raumbeschreibung stellten gleichzeitig das bestehende Renaissance-Modell infrage. Unter Theoretikern der Perspektive kam es, wie James Elkins schreibt, zu einem dramatischen Dissens hinsichtlich der Frage, wie der Raum mathematisch am besten zu interpretieren sei. Die einen wollten an jenen Perspektiven-Schemata und künstlerischen Methoden festhalten, die durch die Renaissance-Verfahren Albertis und anderer inspiriert worden waren, einschließlich der in Nordeuropa verbreiteten Distanzpunktmethode. Andererseits kam neben der praktisch orientierten Tradition und letztlich mit dieser konkurrierend eine theoretisch analytische Einstellung zur Perspektive auf, die zwei Zielsetzungen verfolgte. Erstens ging es darum, die Ursprünge der Perspektive selber zu erforschen und die konstruierten und erfundenen Eigenschaften von Albertis System zu verstehen. Man könnte dies eine Metakritik der Perspektive nennen. Zweitens bestand der Wunsch, die Perspektive, wie Elkins bemerkt, „von der Bürde überlieferter Gepflogenheiten zu befreien und sie in einer allgemeingültigeren Verfassung wiederherzustellen".[1] In Verfolgung dieses Ziels waren Theoretiker bestrebt, den Raum in rein geometrischen Begriffen zu beschreiben, ohne Bezug auf Maßstab und Schwerkraft, d. h. die Horizontlinie, mit der sich Albertis Verfahren an die natürliche Welt gebunden hatte. Als Beispiel führt Elkins Heinrich Lamberts *Freye Perspektive* (1759) an, in der eine unberührte, vom nächtlichen Sternenhimmel umfangene ländliche Szenerie ihre Neubeschreibung durch ein horizontloses Netz verschränkter Dreiecke erfährt, die in den Himmel inskribiert den Darstellungsrahmen überschreiten, als ob sie ausgeklappte Bildteile wären. Wesentlich für Elkins ist hierbei, dass diese geometrischen Darstellungen nicht mehr räumlich lesbar sind; wesentlich für uns hingegen ist daran, dass das Weiße ihrer Seiten zum integralen Bestandteil der Raumbeschreibung wird.

Die während dieser Jahrzehnte unternommenen Versuche der geometrischen Raumbeschreibung führten schließlich zur Abspaltung dreier, miteinander verbundener Bereiche: der darstellenden Geometrie, der projektiven Geometrie und der analytischen Perspektive (die selber einen Zweig der analytischen Geometrie bildet). In jeder von ihnen drängte die auf hohem Niveau praktizierte Untersuchung der Perspektive auf das Feld der Mathematik. Diagrammatische Beweisführungen, wie sie die darstellende Geometrie charakterisierten, wurden zunehmend unanschaulich und waren letztlich nur noch ausgebildeten Fachleuten zugänglich. Einige Abhandlungen zur analytischen Perspektive, wie

1 J. Elkins, Clarification, Destruction, and the Negation of Pictorial Space in the Age of Neoclassicism, 1750–1840, in: Zeitschrift für Kunstgeschichte 56 (1990), S. 560–582, insbes. S. 567. Für eine umfassende Darstellung der Perspektive seit der Renaissance siehe: Elkins, The Poetics of Perspective, dort insbes.: Mathematics and Perspective, S. 273–278. Zur Stellung der Perspektivenkonzeption Albertis im umfassenderen Zusammenhang der Geometrie der Renaissance siehe: G. L. Hersey, Architecture and Geometry in the Age of the Baroque, Chicago 2000, S. 161–168.

die von Wenceslaus Johann Gustav Karsten im Jahre 1777 veröffentlichte, sind Extremfälle; in ihnen wurden Illustrationen nahezu vollständig durch Formeln und die reale Anschauung durch Gleichungen ersetzt.[2] Untersuchungen von Darstellungssystemen, die wie diese ohne einen einzelnen Bezugspunkt und ohne einen festen Satz an Koordinaten auskommen, finden ihre Entsprechung in Entwicklungen zur aperspektivischen Objektivität, die Lorraine Daston mit den ersten Ausprägungen moderner wissenschaftlicher Objektivität in Verbindung bringt. Wesentlich für die von ihr angeführten Experimente ist die Entfernung eines einzelnen subjektiven Zeugen und dessen Ersetzung durch eine Vielzahl von Aufmerksamkeitsrichtungen – genau in Übereinstimmung mit den verstreuten Blickwinkeln, welche die Tafeln der *Enzyklopädie* kennzeichnen.[3]

Die Wende, die Theoretiker der Perspektive bereits in den 1750er Jahren vollzogen hatten, verunklart die präzise Aufteilung, die d'Alembert in seinem kurzen, der Geometrie gewidmeten *Enzyklopädie*-Eintrag zum Thema Beschreibung vorzunehmen versuchte. Wie in Kapitel 3 hervorgehoben unterschied d'Alembert zwischen einer reinen, nur mit immateriellen Ideen befassten Mathematik und einer unreinen, praktisch angewandten Mathematik, die in experimentellen Untersuchungen und Beschreibungen genutzt wird. Auf dem Gebiet der Perspektive arbeitende Fachleute der Geometrie ersannen Beschreibungen von Bereichen, die der wirklichen Welt enthoben waren, und bewegten sich allmählich in Richtung von Darstellungen des unendlichen Raums. Untersuchungen dieser Art entstammten womöglich praktischen Zusammenhängen, tendierten dann aber zunehmend zur Einbeziehung reiner Theorie, von Gleichungen und Abstraktionen nichtwahrnehmbarer Welten. Eigentlich inszenierte d'Alembert jene Aufteilung des Wissens, die Foucault später im 18. Jahrhundert verortete: die Trennung zwischen einerseits deduktiven und formalen Wissenschaften, „die zur Logik und Mathematik gehören", und andererseits empirischen, der Untersuchung der Dinge gewidmeten Wissenschaften, welche „die deduktiven Formen nur fragmentarisch und in eng begrenzten Gebieten benutzen".[4] Foucault dramatisierte diesen Konflikt als den Triumph der Mathematik in der Zeit des Bruchs zwischen dem, was er „klassisches" Zeitalter nannte, und der Moderne.

Zeitgenössische Anwender der reinen Mathematik hingegen fürchteten, ihr Fach sei an einem toten Punkt angekommen. In einem Brief aus dem Jahre 1781 schrieb Joseph-Louis Lagrange seinem Förderer Jean d'Alembert:

2 Elkins, Clarification, S. 572–574.
3 Daston, Objectivity and the Escape from Perspective, S. 110–123.
4 Foucault, Die Ordnung der Dinge, S. 299, 303.

„Ich beginne die allmähliche Zunahme meiner ‚Trägheit' zu verspüren und bin mir nicht sicher, die Geometrie in den kommenden zehn Jahren noch praktizieren zu können. Auch scheint mir die Grube schon beinahe zu tief gegraben zu sein und sie früher oder später aufgegeben werden zu müssen, sollen wir nicht auf eine neue Ader stoßen."[5]

Damit rannte Lagrange offene Türen ein. Denn d'Alembert hatte bereits bemerkt, dass die Anwendung der Mathematik auf gegenstandsorientierte Beschreibungen zu erheblichen erkenntnistheoretischen Schwierigkeiten führte.[6] Lagrange schrieb als Mathematiker am Hof Friedrichs des Großen aus Berlin und hatte möglicherweise nicht bemerkt, dass ein jüngerer Mann, stark von seiner eigenen Arbeit begeistert, an der Militärschule von Mézières ein neues Instrumentarium entwickelte, das innerhalb einer Generation ins Zentrum der Aufmerksamkeit rücken sollte.

II.

Eines der Hauptanliegen Gaspard Monges war die Anwendung der Geometrie zu Zwecken praktischer Konstruktion. Im Jahre 1765 unterrichtete er in Mézières Studenten im Fach technisches Zeichnen und löste in diesem Zusammenhang ein Problem der Geschützbewehrung in so kurzer Zeit und ohne die üblichen zeitraubenden arithmetischen Prozeduren, dass der verantwortliche Kommandant der Lösung die Anerkennung verweigerte.[7] Das von Monge schließlich „darstellende Geometrie" [„géométrie descriptive"] genannte Verfahren erwies sich dann als so wirkungsvoll, dass es das Militär zum sorgsam gehüteten Geheimnis machte: Erst im Jahr 1795 begannen seine Vorlesungen im Druck zu erscheinen. Monges Methode bestand darin, Gegenstände auf zwei für gewöhnlich rechtwinklig zueinander befindliche Ebenen zu projizieren, welche dann wieder durch Drehung in eine Ebene gebracht werden, um „das zweidimensionale Diagramm eines dreidimensionalen Gegenstands" zu erzeugen. Der Kunst-

5 Brief von Lagrange in Berlin an d'Alembert v. 21. September 1781, in: Correspondance Inédite de Lagrange et d'Alembert, hg. v. L. Lalanne, 1882, S. 368. Bd. 13 der Œuvres de Lagrange, publiées par les soins de M. J.-A. Serret, Paris 1867–1892. Hankins, Jean d'Alembert, bemerkt, Diderot habe Mitte der 1750er Jahre ähnliche Ansichten geäußert.

6 Diesen Zeitpunkt in der Geschichte der Mathematik in Frankreich diskutiert Lorraine Daston. Siehe dies., The Physicalist Tradition in Early Nineteenth-Century French Geometry, in: Studies in the History and Philosophy of Science 17 (1986), S. 269–295.

7 François Pairault, Gaspard Monge: Le fondateur de Polytechnique, Paris 2000, S. 24 f.

griff seines Verfahrens bestand im Wesentlichen darin, die Darstellungsachsen vom vertikalen und horizontalen Raster der gewöhnlichen optischen Vorstellung zu lösen. Wie Ken Alder bemerkt, waren diese

> „Ansichten eng aufeinander bezogen, logisch angeordnet und an die Welt der mathematischen Analysis gebunden. Damit wurde die darstellende Geometrie letztlich auch zu einem ‚konstruktiven' Verfahren, das ihr Anwender zur Konstruktion neuer Formen und Anordnungen nutzen konnten. Indem sie Technikern erlaubte, diese materiellen Gegenstände auf dem Reißbrett zu analysieren und zu manipulieren, half sie ihnen bei der Lösung von Problemen des Festungsbaus, der Steinbearbeitung und sogar der Maschinenkonstruktion. Diese Geschichte erzählt folglich davon, was aus der Welt der Dinge wird, wenn Menschen sie zu Papier bringen."[8]

Hierbei handelt es sich um Zeichnungen ohne einen normativen Blickwinkel, um Beispiele jener von Daston erkannten aperspektivischen Objektivität (Bild 42). Für Zwecke der Problemlösung lassen sie sich objektartig manipulieren, womit sie zur Kategorie der Arbeitsgegenstände gehören – gleich den technischen Zeichnungen oder computer- und bildschirmgenerierten Vorabbildungen in heutigen Designstudios.

In welchem Verhältnis stehen Monges Projektionen, seine Demonstrationen auf dem Gebiet der darstellenden Geometrie, zu den Tafeln der *Enzyklopädie*? Formal gesehen gehören sie zur selben Familie, allerdings mit einem wichtigen Unterschied. Im Gegensatz zu Monges Zeichnungen nutzen die Tafeln im Ganzen genommen nicht einen einzelnen Korrelationsmodus, sondern fordern Nutzer dazu auf, visuellen Ordnungen von individuellen Orientierungen, imaginierten Positionen und subjektiven Podien aus zu begegnen. Bedeutungen sind nicht festgefügt, sondern variieren nach der Art der ästhetischen Erfahrung. Unsere Untersuchung der Tafeln stimmt mit Dastons sehr allgemeiner Bemerkung überein, dass die „aperspektivische Objektiviät […] anfänglich nicht in den Naturwissenschaften in Erscheinung [trat], sondern in der Moralphilosophie und der Ästhetik der zweiten Hälfte des 18. Jahrhunderts".[9] Monge hingegen hatte eine Reihe geometrischer Protokolle im Sinn, um Teile miteinander

8 Für die Zitate siehe: Boyer, A History of Mathematics, S. 531, sowie: Alder, Engineering the Revolution, S. 139 f. Siehe auch: P.-J. Booker, A History of Engineering Drawing, London 1963, Kap. 9 und 10; J. Sakarovitch, Épures d'architecture: De la coupe des pierres à la géométrie descriptive XVIe –XIXe siècles, Basel 1998, Kap. III und IV; Grattan-Guinness, The Norton History of the Mathematical Sciences, S. 369; Daston, The Physicalist Tradition, S. 280 f; B. Latour, Drawing Things Together, in: Lynch, Woolgar, Representation in Scientific Practice, S. 52 f.

9 Daston, Objectivity and the Escape from Perspective, S. 111.

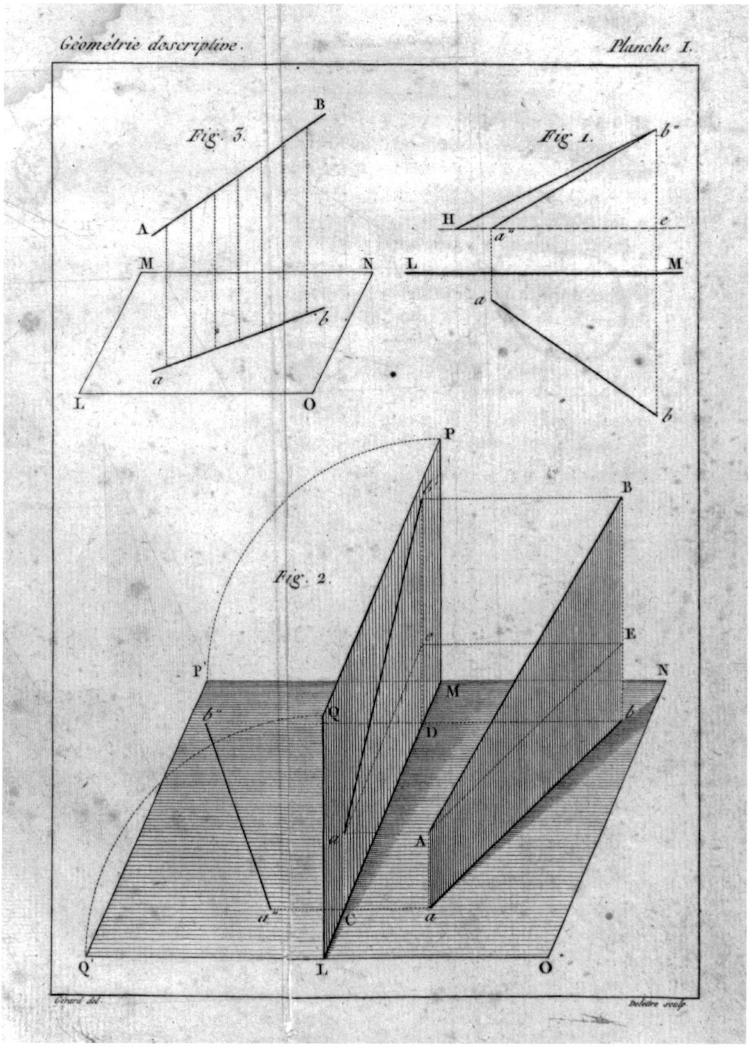

Bild 42 Géométrie descriptive, Tafel I, Stich von Delette nach einem Entwurf von Girard für Gaspard Monge, Géométrie descriptive, 1799.

zu verknüpfen und einen einzelnen wahrnehmbaren Gegenstand zu erzeugen, der sowohl in sich stimmig als auch von unmittelbarem Nutzen in der Körperwelt war. Wohl fungiert das Weiße des Papiers in seinem Projekt als Schauplatz des *rapport* – allerdings als solcher, auf dem jeder Schritt geometrisch dargestellt und arithmetisch bestimmt ist. Der hierbei vorstellig gemachte Gegenstand lässt sich als imaginär bezeichnen, gehört aber eher dem Ingenieurwesen zu als der Ästhetik.[10] Die von Monge in seinem Verfahren verfochtene mathematische Strenge war nur durch die völlige Disziplinierung der imaginären und geheimen Emotion des Nutzers durch die Geometrie möglich. Die Vorherrschaft von Monge und seiner Schule während der 1790er Jahre signalisiert jenen historischen Moment in der Geschichte der Kultur des Diagramms, zu dem Papier und Drucktechnik den Gipfelpunkt ihrer Wirkungskraft erreicht hatten.

Ohne Zweifel war Monges darstellende Geometrie äußerst nützlich. Als der Nationalkonvent im Jahre 1792 Unterrichtsreformen einleitete, um das Gemeinwohl der neuen Französischen Republik zu befördern, entstanden Schulen, die mit dem Erbe aristokratischer Patronage brachen. Die École Centrale des Travaux Publics wurde zur zentralen Lehranstalt für Ingenieure, sie bildete den Gipfelpunkt eines Bildungssystems, dessen Neugestaltung durch den Marquis de Condorcet erfolgte.[11] Dass Monge zum Leiter der Schule berufen wurde, hatte er hauptsächlich seinem System der darstellenden Geometrie zu danken, das – zuvor in Mézières eingeführt – tadellos funktionierte. Die darstellende Geometrie bot die Möglichkeit, Entwurf, Gestaltung und Konstruktion in der Sprache der Kunst miteinander zu verknüpfen. Sein System schien eine Universalsprache jener Art in Aussicht zu stellen, die Diderot in seinem Bestreben erträumt hatte, das Monopol und die Geheimnistuerei der Zünfte und Gewerbe zu brechen.[12] Unter Monges Leitung bildete die darstellende Geometrie das Fundament der Bildung, die an der École Centrale vermittelt wurde: 48 % der Zeit der Lehrveranstaltungen wurden ihr gewidmet, Mathematik und Mechanik blieben nur 9,3 %.[13] Monge war sich der materialistischen Ausrichtung des Lehrplans deutlich bewusst und rühmte diese in seinem Bericht an den Verwaltungsrat der Schule vom Februar 1796 mit folgenden Worten:

> „Diese Zeichnungen, diese Konstruktionen fordern den Schülern ein tiefes Nachdenken ab. Dem Nachdenken allein wird allerdings keine Zeit eingeräumt. Es wird im Konstruktionsprozess selber zutage treten müssen. Der Schüler, der gleichzeitig seine Intelligenz und seine Handfertig-

10 B. Belhoste, A. Picon, J. Sakarovitch, Les Exercises dans les écoles d'ingénieurs sous l'Ancien Régime et la Révolution, in: L'Histoire de l'éducation 46 (1990), S. 53–109, insbes. S. 91–108 zu der für das Beherrschen der darstellenden Geometrie an der École Polytechnique geforderten anspruchsvollen Ausbildung.

11 B. Belhoste, École de Monge, école de Laplace: le débat autour de l'École polytechnique, in: L'Institution de la raison: La Révolution des idéologues, hg. v. F. Azouvi, Paris 1992, S. 101–112. Siehe auch Belhoste, Les origines de l'École Polytechnique: Des anciennes écoles d'ingénieurs à l'École centrale des travaux publics, in: L'Histoire de l'éducation 42 (1989), S. 13–53.

12 Belhoste, École de Monge, école de Laplace, S. 106 f.; Alder, Engineering the Revolution, S. 306–307.

13 J. Langins, La République avait besoin de savants, Paris, Berlin 1987, S. 27 f.

keit ausübt, erlangt als Belohnung der von ihm geleisteten zweifachen Arbeit die genaue *Description* des Wissens, das er erworben hat."[14]

Keine aufschlussreichere Erklärung der Stellung ist möglich, die Monges Zeichnungen als Arbeitsgegenständen zukommt, als diese Zusammenfassung dessen, wie deren tatsächliche Erzeugung ein sowohl intellektuelles als auch materiales Darstellungswissen hervorbringt.

Monges bestimmender Einfluss auf den Lehrplan der École Centrale war nur von kurzer Dauer, teils seiner Abwesenheit wegen, als er in den Jahren von 1796 bis 1799 in den Diensten Bonapartes stand.[15] Im Jahr 1795 wurde die Schule in „École Polytechnique" umbenannt und der bedeutende Mathematiker Pierre-Simon Laplace zu einem der Examinateure ernannt. Laplace stellte die reine Mathematik ins Zentrum der Prüfungen und umging damit absichtlich Fragestellungen der darstellenden Geometrie und deren Anwendungen.[16] Auf diese Weise schrieb Laplace stillschweigend Monges Lehrplan um. Im Jahre 1797 waren alle für die Werkstätten verantwortlichen Handwerksassistenten entlassen und der Schwerpunkt nunmehr auf Lehrgänge in abstrakter mathematischer Analysis verlagert. Letzteres sollte gewährleisten, dass Laplaces Prüfungen erfolgreich zu absolvieren waren.[17] Diesen Änderungen wurde im Jahre 1799 eine feste Form gegeben, als Laplace als neu ernannter Innenminister den Personalbestand im Fach Mathematik durch Austausch des alten Lehrkörpers und die Einrichtung eines neuen Lehrstuhls für das Fach Analysis stärkte.[18] Die Wirkung war eindrucksvoll. Im Jahre 1810 hatte sich das Verhältnis zwischen Geometrie und mathematischer Analysis im Vergleich zum Jahr 1795 nahezu umgekehrt: Dem zweijährigen Lehrplan zufolge waren 137 Unterrichtsstunden im Fach Analysis, jedoch nur 85 im Fach Geometrie obligatorisch.[19] Alder erinnert daran, dass einer der Gründe für den Wechsel hin zur Mathematik Bonapartes

14 Extrait des Procès-Verbaux des Séances du Conseil d'administration de l'École centrale des travaux publics 20 pluviôse an III (8 févier 1795), Wiederabdruck in: Langins, La République avait besoin de savants, S. 116–119.

15 Pairault, Gaspard Monge, Kap. 5–7.

16 Eine Auswertung des von Laplace an den Direktor der École Polytechnique im Dezember 1796 gerichteten Briefes bietet J. Langins, Sur l'enseignement et les examens à l'École polytechnique sous le Directoire: à propos d'une lettre inédite de Laplace, in: Revue d'histoire des sciences 40 (1987), S. 145–177. Laplace äußerte, die Kenntnisse vieler Examenskandidaten im Bereich der Mechanik schienen nicht hinreichend zu sein.

17 B. Belhoste, Un modèle à l'épreuve: L'École polytechnique de 1794 au Second empire, in: ders., A. Dahan Dalmadico, A. Picon, La Formation polytechnique 1794–1994, Paris 1994, S. 9–30, insbes. S. 17–23.

18 R. Hahn, Le rôle de Laplace à l'École polytechnique, in: Belhoste, Dalmedico, Picon, La Formation polytechnicienne, 1794–1994, S. 54–57, insbes. S. 54.

19 Belhoste, Un modèle à l'épreuve, S. 20–22.

Wunsch war, die Schule zur zentralen Kaderschmiede einer neuen Militärelite zu machen. Dies bedeutete weniger Stipendien, eine härtere Aufnahmeprüfung und die Aufkündigung der mit der Revolution verbundenen Kombination von praktischer und theoretischer Ausbildung zugunsten geistiger Arbeit, welche die mathematischen Lehrveranstaltungen verkörperten.[20]

III.

Der kurzzeitige Siegeszug der darstellenden Geometrie an der École Polytechnique lässt das diagrammatische Wissen um die Jahrhundertwende ambivalent erscheinen. Einerseits kündet der Niedergang der darstellenden Geometrie davon, dass der Erkenntnisertrag der durch grafische Mittel und die handgezogene Linie erzeugten *rapports* nicht weiter gesteigert werden kann. Andererseits wird aber mit dem nunmehr der mathematischen Analysis zugeschriebenen Vermögen, Beobachtungen, insbesondere im Bereich der Himmelsmechanik, zu erklären, die Theorie zum Antriebsmotor, um die Forschung auf Bereiche jenseits der menschlichen Wahrnehmung und der visuellen Darstellung auszudehnen. Laplaces eigenes Werk zur Himmelsmechanik ist ein bleibendes Zeugnis dafür, dass sich die empirischen Daten eigenen Unregelmäßigkeiten mathematisch bewältigen lassen. „Laplaces *Mécanique* bedeutete", so Roger Hahn, „den vollständigen Sieg der Theorie über bloße, mit empirischen Methoden verallgemeinerte Tatsachen." Laplace hatte die Absicht, jene Interpretation der Beobachtungen theoretisch zu stützen, die Astronomen, in zunehmendem Maße aber Instrumente lieferten. Diese Messungen kleinster Größen erfolgten mittels der hochformalisierten, abstrakten Sprache der Mathematik.[21]

Während Lagrange im Jahre 1781 noch befürchtete, die Mathematik sei an einem toten Punkt angelangt, stellte diese innerhalb von zwanzig Jahren, als ihre Beschäftigung mit Problemen der Wahrscheinlichkeit zu neuen Fragestellungen und neuen Instrumenten führte, eine wiedergewonnene Vitalität zu Schau. Laplace hatte in den 1770er und 1780er Jahren verschiedene Abhandlungen verfasst, um die Wahrscheinlichkeit von hinter Ereignissen steckenden Ursachen ausgehend von Beobachtungen durch Rückrechnung zu bestimmen.[22] Er war folglich stark an präzisen Messgeräten interessiert, was ihn zur Zusammenarbeit mit Antoine Laurent de Lavoisier brachte.[23] Auf der Suche nach einer

20 Alder, Engineering the Revolution, S. 308–310.

21 R. Hahn, Pierre-Simon Laplace: A Determined Scientist, Cambridge 2005, S. 149. Für eine umfassende Diskussion der *Himmelsmechanik* siehe: ebd., Kap. 9; C. C. Gillispie, Pierre-Simon Laplace, 1749–1827: A Life in Exact Science, Princeton NJ 1997, Kap. 21.

22 Gillispie, Laplace, S. 13–28.

23 Hahn, Laplace, S. 81–97.

Möglichkeit, die durch ihn hergeleiteten Formeln auf große Datenmengen anzuwenden und selbst zukünftige Ereignisse mit ihrer Hilfe zu prognostizieren, beschäftigte sich Laplace mit Bevölkerungsanalyse und geschlechtsspezifischen Abweichungen von Geburtenraten.[24] Diese Aspekte seiner Arbeit, die am Optimismus des späten 18. Jahrhunderts hinsichtlich der Möglichkeit gesellschaftlichen Fortschritts teilhatten, wurden durch politische Theoretiker wie Condorcet begeistert begrüßt. Im Vorwort jenes Bandes, in dem Laplaces *Mémoire sur la probabilité des causes par les événements* (1774) erschien, bemerkt Condorcet, dass die Wahrscheinlichkeit „all die Anwendungen der Lehre vom Zufall einschließt, die für das Leben von Belang sind. Dies ist der Teil der Wissenschaft, der für Philosophen einzig nützlich ist, und es ist der Teil, der dessen ernsthafte Aufmerksamkeit verdient".[25] Allerdings war Laplace darauf bedacht, keine übermäßigen Ansprüche hinsichtlich der Anwendung seiner Konzeptionen auf das gesellschaftliche oder politische Leben zu erheben – eine Zurückhaltung, die ihn im Einflussbereich seines Mentors d'Alembert verharren ließ, der die Anwendung der Wahrscheinlichkeitsrechnung auf physikalische Probleme der wirklichen Welt ablehnte.[26]

Die Untersuchungen zur Wahrscheinlichkeit waren die selbstverständliche Folge des von Laplace gehegten Glaubens an eine geordnete, ja mechanistisch strukturierte Naturwelt, deren Abläufe zuweilen die Grenzen des menschlichen Verstandes einfach überschritten.

> „Es gibt Dinge, die ihm [dem Menschen] ungewiss, mehr oder weniger wahrscheinlich sind. Die Unmöglichkeit ihrer Erkenntnis sucht er durch die Bestimmung der verschiedenen Stufen ihrer Wahrscheinlichkeit wettzumachen. Wir verdanken der Schwäche des menschlichen Geistes eine der präzisesten und geistreichsten mathematischen Theorien, die Wissenschaft vom Zufall oder der Wahrscheinlichkeit."[27]

24 Gillispie, Laplace, S. 78–84.

25 Préface, Mémoires de Mathématique et de Physique, Présentés à l'Académie Royale des Sciences, par divers Savans, & lûs dans ses Assemblées, Bd. 6, Paris 1774, S. 18.

26 Gillispie, Laplace, S. 23–28; Hankins, D'Alembert, S. 145–149.

27 Mémoires extraits des recueils de l'Académie des Sciences de Paris et de la classe des sciences mathématiques et physiques de l'Institut de France, 1891, S. 145. Bd. 8 der Œuvres complètes de Laplace, hg. unter Schirmherrschaft der Académie des Sciences, Paris 1878–1912. Zur Stellung von Condorcet im Kontext der Diskussion um die Wahrscheinlichkeit, einschließlich der Überlegungen von Laplace, siehe: K. M. Baker, Condorcet: From Natural Philosophy to Social Mathematics, Chicago 1975, S. 155–189. Siehe auch: L. Daston, Classical Probability in the Enlightenment, Princeton NJ 1988.

Laplace wiederholte diese Aussage achtunddreißig Jahre später, in der *Théorie analytique des probabilités*, nahezu Wort für Wort.[28] Dass er im frühen neunzehnten Jahrhundert erneut Fragen der Wahrscheinlichkeitstheorie aufgreift, lässt gleichwohl keinen Wandel seiner Grundeinstellung erkennen. Motiviert hatten ihn neue Forschungsergebnisse in jenem Bereich, den er in seine bestehende Konzeption der Himmelsmechanik integrierte. Andere hingegen sollten von der gegenwärtigen Beschäftigung mit der Wahrscheinlichkeit abrücken und Laplaces ordnungsgeprägte Ansicht der Natur untergraben. Um die Ursprünge dieser Entwicklung zu umreißen, müssen wir uns den bahnbrechenden Veröffentlichungen von Adrien-Marie Legendre und Carl Friedrich Gauß zuwenden.

Im März des Jahres 1805 veröffentlichte Legendre einen kleinen Band zum Problem der Aufzeichnung einer Kometenbahn, der im Anhang eine Einführung in die „Methode der kleinsten Quadrate" enthielt. Dabei handelte es sich um ein Verfahren, die bei der mehrfachen Sichtung von sich im Raum bewegenden Körpern auftretenden Fehler so zu verteilen, dass sich „eine Art Gleichgewicht zwischen den Fehlern einstellt, das die Vorherrschaft der Extremwerte verhindert und sich deshalb dazu eignet, den der Wahrheit am nächsten kommenden Systemzustand erkennen zu lassen".[29] Mathematisch gesehen war Legendres Verfahren einfach: Die Summe der Quadrate der Fehler war zu minimieren, sodass eine jede Beobachtung einbezogen wird, jene mit großen Abweichungen jedoch das Ergebnis nicht verzerren. Innerhalb von zehn Jahren wurde das Verfahren zur Standardmethode für Astronomie und Geodäsie in ganz Europa.[30]

Der erstaunlichste Nachweis der Brauchbarkeit der Mathematik für die astronomische Beobachtung erfolgte am 23. September 1846. Unter Rückgriff

28 P.-S. Laplace, Théorie analytique des probabilités, Paris 1812, ND Brüssel 1967, S. 177 f., Buch 2, Kap. 1; diskutiert bei Gillispie, Laplace, S. 224–228.

29 A. M. Legendre, Nouvelles méthodes pour la détermination des orbites des comètes, Paris 1805, S. 72–73. Zur Bedeutung des Verfahrens von Legendre siehe: S. M. Stigler, The History of Statistics. The Measurement of Uncertainty before 1900, Cambridge MA 1986, S. 12–15, 55–61; T. M. Porter, The Rise of Statistical Thinking 1820–1900, Princeton NJ 1986, S. 95 f. Zu den umfassenderen Folgen, die sich aus der späteren weitgehenden Anerkennung der Methode der kleinsten Quadrate für die Frage der Objektivität ergaben, siehe Swijtink, The Objectification of Observation, S. 261–265.

30 Die Bedeutung dieses Verfahrens führte um das Jahr 1809 sogar zu einer erregten Debatte zwischen Legendre und Carl Friedrich Gauß. Letzterer reklamierte die geistige Urheberschaft der Methode für sich, weil er sie seit dem Jahr 1795 genutzt habe. Obwohl Gauß das Verfahren verwendet haben mag, sei er sich, wie Stigler behauptet, ihrer Folgen wohl erst nach Erscheinen der Abhandlung von Legendre bewusst geworden. Siehe Stigler, History of Statitics, S. 145 f.

auf Koordinaten, die John Couch Adams und Urbain Le Verrier aus der mathematischen Analyse von Abweichungen der Bahn des Planeten Uranus gewonnen hatten, wurde an der Berliner Sternwarte der Planet Neptun entdeckt. Astronomen war es nicht gelungen, den Planeten mittels direkter Beobachtung zu finden; als sie aber der Mathematik wirklich zutrauten, ihnen die Richtung zu weisen, war ihnen Erfolg beschieden. Auf der Eröffnungsveranstaltung der British Association im Jahre 1847 unterstrich Robert Harry Inglis die Bedeutung dieses Ereignisses mit folgenden Worten:

> „Der Fortschritt, den die Astronomie im vergangenen Jahr erreicht hat, ist durch eine Entdeckung gekennzeichnet, der bemerkenswertesten, die möglicherweise jemals als Resultat des reinen, vor der Beobachtung genutzten Verstandes gemacht worden ist. Sie besteht darin, ohne Beobachtung Existenz und Bewegungskräfte eines Planteten bestimmt zu haben, dessen Existenz und Bewegungskräfte anschließend durch die Beobachtung bestätigt wurden."[31]

Inglis rühmte die Mathematik nicht dafür, die Astronomie auf eine höhere Ebene gehoben zu haben. Vielmehr pries er ihr Vermögen, wahre Behauptungen aufzustellen, die der Erfahrung *vorhergehen*, bemerkenswerterweise im Zusammenhang der Untersuchung von mutmaßlich stabilen Kräften der Planetenbewegung. An diesem Beispiel der Astronomie Mitte des 19. Jahrhunderts bleibt festzuhalten, dass Wissenschaftler mit Umständen konfrontiert waren, unter denen mathematische Berechnungen möglicherweise Erfahrungen und Experimente hätten leiten können – und dass sie bereit waren, diese Situation zu akzeptieren.[32] Die Entdeckung des Planeten Neptun hatte eindrucksvoll den enormen Nutzen der Mathematik für die praktische Arbeit in einem bedeutenden Zweig der Naturwissenschaften vor Augen geführt.

Legendre hatte das Problem der Fehlerberechnung in dem hochspezialisierten Teilbereich der Astronomie in Angriff genommen. Im Jahre 1809 erschütterte Carl Friedrich Gauß diese Welt, als er Legendres intuitive Erkenntnis der Methode der kleinsten Quadrate explizit probabilistisch reformulierte.[33] Gauß behauptete, die Methode funktioniere nur unter Annahme eines solchen Fehler-

31 R. H. Inglis, Address, in: Report of the Seventeenth Meeting of the British Association for the Advancement of Science held at Oxford in June 1847, London 1848, zitiert in: E. Bellone, A World on Paper. Studies on the Second Scientific Revolution, übers. v. M. und R. Giacconi, Cambridge MA 1980, S. 36 f.

32 Zur zunehmenden Bedeutung der Mathematik für die Physik siehe: I. Grattan-Guinness, Mathematical Physics in France, 1800–1840: Knowledge, Activity, and Historiography, in: Mathematical Perspectives. Essays on Mathematics and Its Historical Development, hg. v. J. W. Dauben, New York 1981, S. 95–138.

33 C. F. Gauß, Theoria Motus Corporum Coelestium in Sectionibus Conicis Solum Ambientum, Hamburg 1809.

vorkommens, das später als „Normal-" bzw. „Binomialverteilung" bekannt wurde.[34] Genau betrachtet war Gauß' Gedankengang zirkulär: Zu Beginn eine Normalverteilung anzunehmen war gleichbedeutend damit, die Schlussfolgerung vorauszusetzen, die man zu beweisen suchte. Laplace, der seit den 1770er Jahren der Frage nachging, wie mittels der Wahrscheinlichkeitsrechnung zukünftige Ereignisse aus vergangenen Ereignissen vorhersagbar sind, erkannte, trotz ihrer logischen Schwäche, sofort die Bedeutung von Gauß' Veröffentlichung. Schon vor der Lektüre der Gaußschen Schrift hatte Laplace in einer Abhandlung vom April 1810 den Zentralen Grenzwertsatz vorgestellt, in dem er allgemein darstellte, dass eine jede Summe oder ein jedes Mittel über eine große Zahl von unabhängigen Zufallsvariablen normalverteilt sein wird.[35] Er ging dabei so vor, das Mittel einer unendlichen Anzahl von Beobachtungen in eine konvergente Reihe umzuwandeln.[36] Die Wahrscheinlichkeit eines in das unendlich kleine Intervall zwischen den konvergierenden Grenzwerten fallenden Resultats ließ sich als Annäherung an die Gewissheit der Wahrheit verstehen.[37]

Laplace hatte bemerkt, dass sein Zentraler Grenzwertsatz die unerwiesene Voraussetzung der Gaußschen Abhandlung begründet und verallgemeinert. Die Binomialkurve würde die Verteilung aller Abweichungen beschreiben, die bei einer jeden Beobachtung über eine sehr große Anzahl von Variablen auftritt. Stephen Stigler schreibt dazu:

> „Die Gauß-Laplace-Synthese führte zwei gut entwickelte Gedankenlinien – einerseits die Kombination von Beobachtungen durch die Aggregation von linearisierten Bedingungsgleichungen, andererseits die Anwendung der Wahrscheinlichkeitsrechnung, um Unbestimmtheiten einschätzen und Schlussfolgerungen ziehen zu können – zu einem geschlossenen Ganzen zusammen. In vielerlei Hinsicht war dies eine der großen Erfolgsgeschichten der Wissenschaftsgeschichte."[38]

In diesem entscheidenden Augenblick verband sich die Mathematik mit der direkten Beobachtung, um der Fehlerkorrektur zugängliche Beschreibungen

34 Porter, Rise of Statistical Thinking, S. 93–100; Stigler, History of Statistics, S. 136–148; A. Desrosières, La Politique des grands nombres, Paris 1993, S. 82–84.

35 P.-S. Laplace, Supplément au Mémoire sur les approximations des formules qui sont fonctions de très grands nombres et sur leur application aux probabilités, in: Mémoires de l'Académie des sciences de Paris, 1er série, 10 (1810), S. 559–565. ND in: P.-S. Laplace, Œuvres Complètes de Laplace, 14 Bde., Paris 1878–1912, Bd. 12, S. 349–353. Laplaces Fassung des Zentralen Grenzwertsatzes wurde als kurzfristig eingefügte Ergänzung dieses *mémoire* veröffentlicht. Siehe Stigler, History of Statistics, S. 143–145; Hahn, Laplace, S. 176–179; Gillispie, Laplace, S. 216–223.

36 Stigler, History of Statistics, S. 136–138; Gillispie, Laplace, S. 216 f.

37 Gillispie, Laplace, S. 218.

38 Stigler, History of Statistics, S. 158.

erzeugen und Voraussagen treffen zu können. Überraschend ist an dieser Vereinigung, dass sie weder selbstverständlich noch unvermeidlich ist, denn die meisten Menschen überlassen sich beim Betrachten der Wirklichkeit ihren mit Unwägbarkeiten behafteten Sinnen, statt dabei auf die Strenge mathematischer Gleichungen zu setzen.

Eine neue Klasse von Arbeitsgegenständen trat in Erscheinung, deren Anwendungsfälle noch zu bestimmen waren. Dieses leistungsfähige Werkzeug erlaubt Verallgemeinerungen aus kleinen, selbst unvollständigen Datensätzen heraus und erfasst gleichzeitig Aufzeichnungsfehler. Es kann die Folge zukünftiger Beobachtungen innerhalb von Grenzen und Toleranzbereichen prognostizieren, die durch die Wahrscheinlichkeitsrechnung festgelegt werden. Ganz ohne Vorfahren ist dieses Werkzeug allerdings nicht. Denn auch die Diagramme der *Enzyklopädie* waren erkenntnisproduzierende Arbeitsgegenstände. Auch sie legten die Bandbreite von Korrelationen innerhalb bestimmter Grenzen fest: den physischen Begrenzungen von Papier, Gravur und Buchdruck sowie den Grenzen, die der Buchmarkt mit sich brachte. Die neuen, auf der Wahrscheinlichkeitstheorie gegründeten Arbeitsgegenstände hingegen setzten ihre Grenzen immateriell, durch abstrakte Gleichungen fest. Der Bereich diagrammatischen Wissens erweiterte sich ausgehend von der Welt physischer Gegenstände, um jene der Zahlen einzubeziehen; er beinhaltete den Bereich menschlicher Sinneserfahrung und das Universum sinnlich nicht fassbarer Entitäten. Auch wenn sich Erklärungen vom Feld grafischer Darstellungen zu dem der Notationen verlagern sollten, so ist es doch eine funktionale Kontinuität aller Arbeitsgegenstände, welche die Diagrammkultur durchzieht und eine geschichtliche Auffassung untergräbt, die von epistemologischen Brüchen in der Geschichte ausgeht.[39]

IV.

Könnte die Verknüpfung der Mathematik mit der Beobachtung nicht auch in anderen Forschungsbereichen nützlich sein? Laplace war gewiss davon überzeugt. An einen breiten Leserkreis gewandt, prognostizierte er gegen Ende des *Essai philosophique sur les probabilités* im Jahre 1825, dass sich „analytische Ausdrücke für Wahrscheinlichkeiten [...] als notwendige Ergänzung der Wissenschaften verstehen [lassen], die auf einer Sammlung von Beobachtungen gründen, die fehlerhaft sein können. Sie sind sogar unverzichtbar, um eine große

39 Zur analogen Entwicklung von Arbeitsgegenständen in der organischen Chemie infolge der Annahme des von Jöns Jakob Berzelius entwickelten Notationssystems siehe: U. Klein, Experiments, Models, Paper Tools: Cultures of Organic Chemistry in the Nineteenth Century, Stanford CA 2003. Klein zeigt, dass ab den 1820er Jahren Experimente zunehmend zuerst auf Papier ersonnen wurden, um darauf folgend die Laborarbeit in diesem technisch komplexen Arbeitsbereich zu leiten.

Zahl von Fragen in den Natur- und Geisteswissenschaften zu klären."[40] Adolphe Quetelet, einer der produktivsten Statistiker des 19. Jahrhunderts, ließ sich in seiner Arbeit beständig von Laplaces Projekt motivieren.[41] Quetelet erhielt seine Ausbildung an einem französischen Gymnasium in Belgien während der Besetzung durch Napoleon, schloss seine Dissertation über Kegelschnitte im Jahre 1819 ab und begann in Brüssel Mathematik zu lehren. In den frühen 1820er Jahren stand er an den Spitze einer Bewegung zur Gründung einer Sternwarte in Brüssel. Das Jahr 1823 über hielt er sich mehrere Monate am Königlichen Observatorium in Paris auf, um sich die Grundlagen der Astronomie anzueignen. Er lernte, eine Sternwarte zu betreiben, und wurde mit den neuesten Praktiken wissenschaftlicher Beobachtung bekannt, einschließlich der Methode der kleinsten Quadrate, die unter Astronomen bereits zur Routine geworden war. Er verließ Paris tief beeindruckt davon, wie in der Astronomie die Wahrscheinlichkeitstheorie genutzt wurde, um die Gesetzmäßigkeiten des Kosmos zu enthüllen.

Seine Anstellung beim belgischen Amt für Statistik im Jahre 1826 verschaffte Quetelet Zugang zu umfänglichen Datensammlungen, die Geburten, Todesfälle, Kriminalitäts- und Suizidraten umfassten. Von der Astronomie inspiriert, veröffentlichte er in den späten 1820er Jahren eine Reihe von Abhandlungen, in denen er aus den Rohdaten der Sozialstatistiken periodisch auftretende Muster herauslas. Er nutzte hierbei die analytischen Werkzeuge der Wahrscheinlichkeitstheorie, die er von Laplace kannte. In einer der ersten dieser Abhandlungen stellte er Volkszählungsdaten über Änderungen der Bevölkerung zusammen, die durch Geburten und Todesfälle bewirkt wurden, über die Anzahl von Eheschließungen sowie die aus ihnen hervorgegangenen Kinder (unterteilt in Jungen und Mädchen).[42] Für eine jede Kategorie errechnete er einen, auf der Gesamtbevölkerung des Landes beruhenden Mittelwert und dann

40 P.-S. Laplace, Essai philosophique sur les probabilités, 5. Aufl., Paris 1825, S. 273 f. Von der ersten Auflage im Jahre 1814 ausgehend, hat sich Laplaces Blick stetig erweitert, um (wie hier) nahezu einen jeden Zweig wissenschaftlicher Erkenntnis einzuschließen.

41 Eine prägnante Darstellung des Werdegangs von Quetelet und seiner Bedeutung bieten Stigler, History of Statistics, S. 161–220, sowie Porter, Rise of Statistical Thinking, S. 41–55 und S. 100–109. Siehe auch I. Hacking, The Taming of Chance, Cambridge 1990, S. 105–114, sowie I. B. Cohen, The Triumph of Numbers. How Counting Shaped Modern Life, New York 2005, S. 124–146.

42 Ein typisches Frühwerk ist: A. Quetelet, Recherches sur la population, les naissances, les décès, les prisons, les dépôts de mendicité, etc., dans le royaume des Pays-Bas, in: Nouveaux mémoires de l'Académie Royale et Belles-Lettres de Bruxelles 4 (1827), S. 117–192, mit zwei Tafeln.

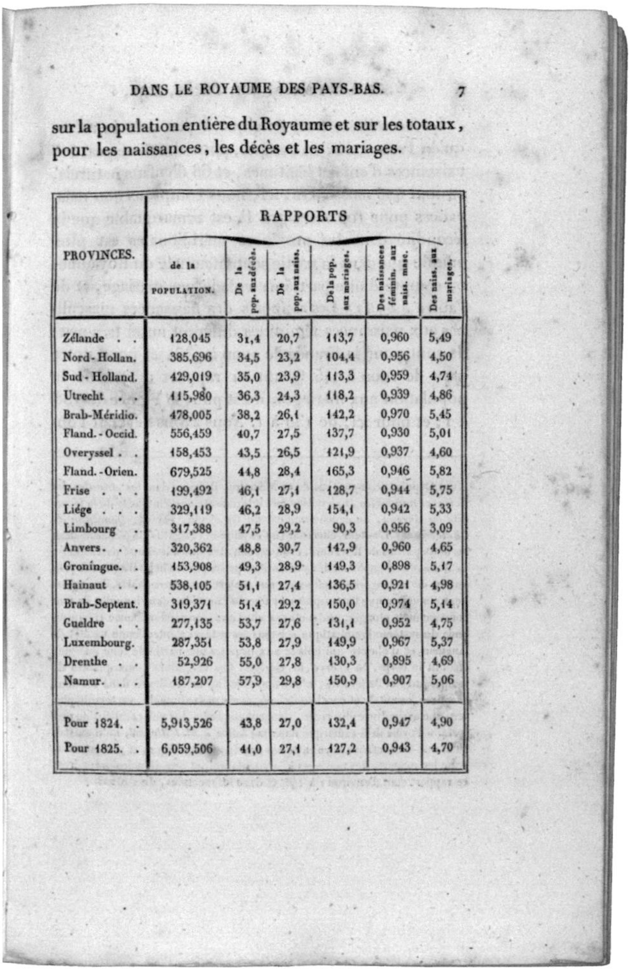

DANS LE ROYAUME DES PAYS-BAS. 7

sur la population entière du Royaume et sur les totaux, pour les naissances, les décès et les mariages.

PROVINCES.	RAPPORTS					
	de la POPULATION.	De la pop. aux décès.	De la pop. aux naiss.	De la pop. aux mariages.	Des naissances fémin. aux naiss. masc.	Des naiss. aux mariages.
Zélande . .	128,045	31,4	20,7	113,7	0,960	5,49
Nord-Hollan.	385,696	34,5	23,2	104,4	0,956	4,50
Sud-Holland.	429,019	35,0	23,9	113,3	0,959	4,74
Utrecht . .	115,980	36,3	24,3	118,2	0,939	4,86
Brab-Méridio.	478,005	38,2	26,1	142,2	0,970	5,45
Fland.-Occid.	556,459	40,7	27,5	137,7	0,930	5,01
Overyssel . .	158,453	43,5	26,5	121,9	0,937	4,60
Fland.-Orien.	679,525	44,8	28,4	165,3	0,946	5,82
Frise . . .	199,492	46,1	27,1	128,7	0,944	5,75
Liége . . .	329,119	46,2	28,9	154,1	0,942	5,33
Limbourg .	317,388	47,5	29,2	90,3	0,956	3,09
Anvers. . .	320,362	48,8	30,7	142,9	0,960	4,65
Groningue. .	153,908	49,3	28,9	149,3	0,898	5,17
Hainaut . .	538,105	51,1	27,4	136,5	0,921	4,98
Brab-Septent.	319,371	51,4	29,2	150,0	0,974	5,14
Gueldre . .	277,135	53,7	27,6	131,1	0,952	4,75
Luxembourg.	287,351	53,8	27,9	149,9	0,967	5,37
Drenthe . .	52,926	55,0	27,8	130,3	0,895	4,69
Namur. . .	187,207	57,9	29,8	150,9	0,907	5,06
Pour 1824. .	5,913,526	43,8	27,0	132,4	0,947	4,90
Pour 1825. .	6,059,506	41,0	27,1	127,2	0,943	4,70

Bild 43 Adolphe Quetelet, Statistische Tabelle, aus: Recherches sur la population, les naissances, les décès, les prisons, les dépôts de mendicité, etc.: dans le royaume des Pays-Bas, 1827, S. 7.

für jede Provinz die einzelnen Abweichungen von diesem Mittelwert. Er stellte diese Zahlen in tabellarischer Form dar (Bild 43), wobei die Provinzen in der Ordnung der auf ihre jeweilige Bevölkerung bezogenen Sterbefälle aufgelistet wurden. Verhältnisbestimmungen für andere Kategorien – wie Geburten, Ehen, Anzahl der Kinder, das Verhältnis Mädchen zu Jungen – sind gleichermaßen nebeneinander in Spalten aufgelistet. Quetelet hatte erkannt, dass diese Zusammenstellung ziemlich unübersichtlich war, und griff, um diese Verhältnisse verständlicher zu machen, auf ein Modell der Physik zurück:

> „Um all diese Beziehungen vernehmbarer zu machen, haben wir den Zahlentabellen eine Tafel beigefügt, in der verschiedene Kurven vermöge ihrer Krümmungen die Abweichungen dieser Werte in den verschiedenen Provinzen des Königreiches darstellen. Diese Methode entspricht etwa jener, die sich Physiker zunutze machen, wenn sie Temperatur- und Luftdruckschwankungen als Ordinatenabweichungen einer Kurve ausdrücken."[43]

Quetelets metaphorische Bezugnahme auf Thermometer und Barometer ist aufschlussreich. Sie zeigt, dass er Menschen betreffende Zahlenangaben unpersönlich interpretiert, als ob diese von Instrumenten aufgezeichnet worden wären. Seine Datenanalyse entspricht der eines Physikers.

Schließlich verweist Quetelet den Leser auf eine am Ende seiner Studie angefügte Tafel, welche „die Ergebnisse der vorhergehenden Tabellen mittels Linien augenfällig machen" soll.[44] Die fragliche Darstellung (Bild 44) ist ein bemerkenswerter Anwendungsfall diagrammatischer Aufstellung statistischer Daten. Die Grundlinien, die von Vertikalen für die verschiedenen Provinzen geschnitten werden, stehen für die Mittelwerte der jeweiligen Kategorien. Die wesentliche, die Wahrnehmung organisierende Kurve folgt dem Verhältnis der Einwohnerzahl zur Zahl der Todesfälle; sie bewegt sich von links nach rechts, vom höchsten Anteil in Zéland zum niedrigsten in Namur. Unterhalb dieser Kurve befinden sich weitere, welche Eheschließungen und Geburten mit der Einwohnerzahl sowie Geburten mit Ehen korrelieren. Bezogen auf die geradlinigen, die Mittelwerte anzeigenden Abszissen vermittelt die „Gewundenheit" dieser Kurven dem Leser eine Vorstellung von Lebendigkeit, die hinter diesen Zahlen steht. Die Ordinaten, welche die Daten bezogen auf jeweils eine Provinz organisieren, beschreiben ein komplexartiges Wissen – es besteht in der Beziehung der Einwohnerzahl zu Todesfällen, Eheschließungen und Geburten –, das nach einer grafischen Darstellung verlangt. So zeigt die Provinz Nord-Holland eine hohe Sterberate, nahezu die höchste Zahl an Eheschließungen, eine recht hohe Geburtenrate und eine unterdurchschnittliche Fertilitätsrate. Luxembourg hingegen kennzeichnet eine niedrigere Sterberate, weniger Eheschließungen und Geburten, jedoch eine höhere Fekundität.

Es kann nicht überraschen, dass Quetelet diese Konstellationen veränderlicher Größen dazu führte, in einer Kontroverse unter seinen Zeitgenossen Stellung zu beziehen:

43 Ebd., S. 122.
44 Ebd., S. 125.

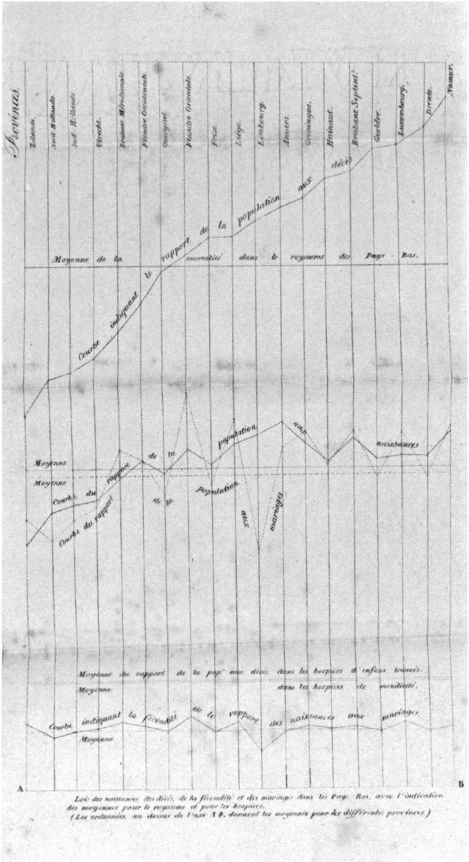

Bild 44 Adolphe Quetelet, Statistisches Diagramm, aus: Recherches sur la population, les naissances, les décès, les prisons, les dépôts de mendicité, etc.: dans le royaume des Pays-Bas, 1827, Faltblatt S. 90 décès, les prisons, les dépôts de mendicité, etc.: dans le royaume des Pays-Bas, 1827, S. 7.

„Bemerkenswerterweise findet das Prinzip von Malthus hier wiederum seine Anwendung. Denn es lässt sich zeigen, dass die Provinzen mit der höchsten Mortalität zugleich jene mit den meisten Geburten sind. Auf diese Weise schließen sich die Leerstellen, praktisch sobald sie entstanden sind. Allerdings ist diese schnelle Abfolge nachteilig für die Gesellschaft, denn diese muss sich mit vergleichsweise weniger erwachsenen Männern begnügen, die zu arbeiten und zu ihrem Wohlstand beizutragen in der Lage sind."[45]

45 Ebd., S. 127.

Experten mögen erkannt haben, dass Quetelets Befunde malthusianische Implikationen hatten. Schlussfolgerungen dieser Art sind allerdings mathematisch nicht formulierbar. Seine grafischen Darstellungen von Verhältnissen verzeichnen nichts in der physischen Welt Wirkliches. Im Unterschied zum Weißen der *Enzyklopädie* oder dem der darstellenden Geometrie erregt das Weiße seiner Tafel nie den Schein der Räumlichkeit. Nie ist es etwas anderes als ein Notationsfeld, auf dem tabellarisches Wissen visuell rearrangiert die vergleichende Analyse erleichtert. Dennoch gibt das Weiße die Möglichkeit, Unterschiede, die zwischen den Provinzen bestehen, schnell zu erfassen und die Kräfte zu erkennen, die der nationalen Demografie zugrunde liegen. Die Tafel erzeugt – wie bei Diagrammen erwartbar – einen Erkenntnismehrwert, der aus den Zahlen, die für sich nicht sprechen können, herausgearbeitet wird. Quetelets Tafel dient nicht nur der Veranschaulichung, sie erzeugt darüber hinaus neue Sichtweisen auf seine Daten.[46] So gesehen ist sie ein Arbeitsgegenstand. Hierin kommt sie mit den Tafeln der *Enzyklopädie* überein, denn Quetelets Bild vergegenständlicht eine Wissensform, die sich nur diagrammatisch verstehen lässt.

In einem Aufsatz vom März des Jahres 1831 sah Quetelet dann eindeutige Analogien zwischen der Himmelsmechanik der Astronomie und der, in den eigenen Untersuchungen enthüllten „Gesellschaftsmechanik". „Unter diesen war", so bemerkt Theodore Porter, „insbesondere die Unterscheidung zwischen den gleichbleibenden Kräften der Natur und den störenden Kräften auffallend, die von den bewussten Entscheidungen des Menschen herrühren."[47] Quetelet beließ es aber nicht bei der bloßen Kennzeichnung dieser „Störkräfte". Er ging weiter zur Untersuchung ihrer statistischen Verteilung, wobei er schnell entdeckte, dass sie gleichmäßigen Mustern folgend unter Bezugnahme auf die Binomialrechnung mathematisch darstellbar sind, die auch Astronomen für die Fehlerberechnung ihrer Himmelsbeobachtungen nutzten. Quetelet erkannte, dass Abweichungen vom menschlichen „Normal"verhalten – wie etwa Kriminalität oder Selbstmord – bezogen auf eine große Anzahl von Menschen nicht anders als physische Abweichungen verteilt sind, wie etwa Körpergröße oder der Umfang des Brustkorbes. Die Neuerung, die sich zum ersten Mal in seinem einflussreichen Buch *Sur l'homme* aus dem Jahre 1835 findet, besagte, dass diese gleichmäßigen Verteilungsmuster für eine jede spezifisch definierte gesellschaftliche Gruppe – unter Voraussetzung der Bezugnahme auf eine sehr große Anzahl von Individuen – auf das Vorliegen eines Durchschnittsmenschen [homme moyen]

46 H. G. Funkhouser, Historical Development of the Graphical Representation of Statistical Data, in: Osiris 3 (1938), S. 269–404, insbes. S. 290–310.
47 Porter, Rise of Statistical Thinking, S. 47.

verweisen.[48] „Quetelets wesentliches Interesse", schreibt Stigler, „galt dem Verhältnis dieser Durchschnittsmenschen zueinander, ihren Entwicklungsverhältnissen, ihren Unterschieden und Ähnlichkeiten. Der Durchschnittsmensch war ein konzeptionelles Werkzeug, um die zufälligen Abweichungen in der Gesellschaft herauszurechnen und die Regelmäßigkeiten zu entdecken, die zu den Gesetzen der ‚Gesellschaftsphysik' Quetelets werden sollten."[49] Letzterer nahm an, die Regelhaftigkeit von Abweichungen im menschlichen Körperbau und dem gesellschaftlichen Verhalten innerhalb einer großen Anzahl von Fällen verweise auf ein „Beharren von Ursachen", und er meinte, in der Möglichkeit ihrer Aufzeichnung als Arten von Fehlern offenbare sich eine wesentliche Ähnlichkeit zwischen der Theorie der Gesellschaft und der des Himmels.[50] Für unsere Archäologie des diagrammatischen Wissens ist Quetelets Durchschnittsmensch allerdings deshalb von größter Relevanz, weil es sich bei ihm um eine *fiktive*, mathematisch aus Beobachtungsdaten erzeugte Entität handelt. Obgleich das meiste dessen, was Quetelet behauptet hatte, im Nachhinein widerlegt wurde, war sein Werk doch insofern erfolgreich, als es zeigen konnte, „dass die Natur verlässlich den Gesetzen der Wahrscheinlichkeit folgt".[51] Quetelets Rückgriff auf die mathematische Wahrscheinlichkeitstheorie zur Erläuterung von Erscheinungen wurde von Forschern verschiedener Disziplinen übernommen: Die für unsere Darstellung der Kultur des Diagramms auffallendste Abwanderung war jene in den Bereich der Physiologie durch Hermann von Helmholtz und jene in die Atomphysik durch James Clerk Maxwell und Ludwig Boltzmann.

V.

Für Quetelet setzte die Migration diagrammatischer Modelle in den Konstruktionsprozess von Wissen voraus, große Datenmengen mit mathematischen Verfahren bearbeiten zu können, welche die Möglichkeit bieten, Regelmäßigkeiten über ein breites Spektrum von Individuen zu finden. Sein Verfahren ignorierte jedoch den Mechanismus der individuellen Wahrnehmung und Reaktion. Dieser wurde zugunsten von Erklärungsmustern systematisch vernachlässigt, die

48 A. Quetelet, Sur l'homme et le développement de ses facultés, ou Essai de physique sociale, Paris 1835; ND. Paris 1991, insbes. S. 491–522. Der Durchschnittsmensch war Quetelet zufolge „immer nur das, was Ort und Zeit von ihm verlangten" (ebd., S. 508). Siehe die Diskussion bei Stigler, History of Statistics, S. 170–172.

49 Stigler, History of Statistics, S. 171.

50 Porter, Rise of Statistical Thinking, S. 106.

51 Zitat aus Stigler, History of Statistics, S. 202. Das spätere Werk von Wilhelm Lexis zeigte die Fehlerhaftigkeit der Annahme, das „Beharren von Ursachen" mithilfe der Binomialverteilung von Mustern zu erklären: Siehe Desrosières, La Politique des grands nombres, S. 119–121; Porter, Rise of Statistical Thinking, S. 247–253; Stigler, History of Statistics, S. 229–238.

zu Aussagen über das Verhalten führten, welche sich (für eine Sozialwissenschaft angemessen) auf der Ebene „des Menschen" bewegten. Trotz des Eindringens der Mathematik, insbesondere von Wahrscheinlichkeits- und Fehlerrechnung, in seine Untersuchungsmethoden, brachte Quetelet zu keinem Zeitpunkt die Frage zur Sprache, was denn das menschliche Subjekt per se konstituiere: In seinem Forschungsbereich waren solche Entitäten nur dann von Belang, wenn es darum ging, deren gesellschaftliche Eigenschaften zu sortieren und tabellarisch zu erfassen. Eine für unsere Darstellung bedeutsame Wendung erfolgte mit der Übernahme der statistischen Verfahren Quetelets für die Beschreibung physischer Prozesse des menschlichen Organismus, insbesondere der Sinnesorgane. Einer der für diesen Kurswechsel wesentlich Verantwortlichen war Helmholtz. Einen großen Einfluss auf seine Forschungsarbeit hatte die Revision des Raumbegriffs durch seinen älteren Kollegen Johann Friedrich Herbart. Beide Männer hoben, wie Timothy Lenoir gezeigt hat, die Untersuchung von Subjektivität und Wahrnehmung auf eine neue Ebene von Funktionalität und Physiologie, auf der bedeutsamerweise die gleichen mathematischen Regeln der Wahrscheinlichkeit und Fehlerrechnung galten, von denen sich Quetelets Sozialwissenschaft leiten ließ.[52]

Die Tradition einer stabilen anthropozentrischen Auffassung der Wahrnehmung infrage zu stellen – geschweige denn, sie zu untergraben – bedeutet, den Begriff des Raumes, in dem Menschen sich befinden, einer Revision zu unterziehen. Albertis System folgend stand das Wahrnehmungssubjekt im Mittelpunkt einer geometrisch um einen Fluchtpunkt herum aufgezeichneten Welt, wobei der Fluchtpunkt nicht zufällig sein Spiegelbild im Blickpunkt des Auges fand. Das Camera obscura-Modell der Vorstellung, wie dies zuweilen genannt wurde, ersetzte das Auge zwar durch eine Blende, zog aber die geometrische Struktur des Raumes nicht in Zweifel. Unserer Darstellung zufolge erfüllten miteinander im Wettstreit liegende Perspektivenkonzeptionen des späteren 18. Jahrhunderts gemeinsam mit Monges System der darstellenden Geometrie die entscheidende Aufgabe, die geometrische Beschreibung des Raumes von der Einzelperspektive zu entkoppeln: Der Raum wird nunmehr zum System beweglicher Gitternetze ohne Zentrum. Wo aber finden in dieser Konzeption wahrnehmende Menschen den Platz, von dem her sie sich in der Welt orientieren können?

52 T. Lenoir, Operationalizing Kant: Manifolds, Models, and Mathematics in Helmholtz's Theories of Perception, in: The Kantian Legacy in Nineteenth-Century Science, hg. v. M. Friedman und A. Nordmann, Cambridge MA 2006, S. 141–210; und: The Eye as Mathematician: Clinical Practice, Instrumentation, and Helmholtz's Construction of an Empiricist Theory of Vision, in: Hermann von Helmholtz and the Foundation of Nineteenth-Century Science, hg. v. D. Cahan, Berkeley 1993, S. 109–153. Zu Herbart siehe auch Crary, Techniken des Betrachters, S. 105–107.

In seiner Inaugural-Dissertation aus dem Jahre 1770 hatte Kant argumentiert, Raum und Zeit seien als reine Anschauungen zu begreifen, die den notwendigen Rahmen für das Verständnis der rohen Wahrnehmungsdaten liefern. Newtons Vorstellung vom Raum als eines unabhängigen, eigenständig existierenden Objekts lehnte er ab, ohne jedoch dessen Autonomie preiszugeben: Kants Lösung bestand in der Annahme eines spezifischen Anschauungsvermögens für die bewusste Wahrnehmung von Raum und Zeit. Dieses erlaube es menschlichen Wesen, aus der Sinneserfahrung heraus Verallgemeinerungen zu treffen, ohne eine materialistische Grundlegung annehmen zu müssen, welche nach der empirischen Bestätigung einer jeden Idee verlangte. Kant hatte die Absicht, bestimmte Vorstellungen – wie etwa jene durch die Mathematik erzeugten – vor einer erkenntnistheoretischen Infragestellung in Schutz zu nehmen. Für ihn waren, wie Michael Friedman schreibt, „Raum und Zeit [...] in keiner Weise aus unserer Erkenntnis des zugrundeliegenden monadischen Bereichs herleitbar [...]. Vielmehr konstituierten sie den autonomen Gegenstand der exakten mathematischen Wissenschaften." Im kantischen System besteht eine grundlegende Trennung zwischen den vom menschlichen Geist erzeugten und von der reinen Mathematik zur Sprache gebrachten Vorstellungen von Zeit und Raum einerseits und der materiellen Welt um uns herum, die dennoch die Ursache unserer Empfindungen ist, andererseits.[53] Es ist diese beunruhigende Trennung, an der Herbart ansetzte, um Kants Raumbegriff einer Überarbeitung zu unterziehen.

Herbart umging das kantische Problem durch die unorthodoxe Annahme, dass Raum nicht per se existiert, sondern ein aktiv konstruiertes „Symbol der möglichen Gemeinschaft der Dinge im Causal-Verhältniß" sei.[54] Menschen würden, ausgehend von ihren verschiedenen und qualitativ je besonderen Wahrnehmungen dieser Dinge, dazu gebracht, den Raum zu erzeugen. In einem Textabschnitt, der seine Abkehr von Kants Konzeption eines Vermögens der räumlichen Anschauung dramatisch vor Augen führt, schreibt Herbart:

> „Ja sogar der sinnliche Weltraum ist nicht ursprünglich nur Einer; sondern Auge, und Gefühl oder Getast, haben *unabhängig von einander* Gelegenheit zur Production des Raumes gegeben; später ist beydes verschmolzen und erweitert. – Man kann nicht oft genug gegen das Vorurtheil warnen, als gebe es nur Einen Raum, den des sinnlichen Weltalls. Es

53 M. Friedman, Kant and the Exact Sciences, Cambridge MA 1992, S. 29–34, Zitat von S. 31.

54 J. F. Herbart, Psychologie als Wissenschaft, neu gegründet auf Erfahrung, Metaphysik, und Mathematik, Zweyter, analytischer Theil, Königsberg 1825, S. 352. Unsere Darstellung der Ideen Herbarts folgt wesentlich Lenoir, Operationalizing Kant, S. 148–160.

> *giebt* ganz und gar keinen Raum; aber es giebt Veranlassungen, daß Systeme von Vorstellungen ein Gewebe von Reproductions-Gesetzen durch ihre Verschmelzung erzeugen, dessen *Vorgestelltes* nothwendig ein Räumliches – nämlich für den *Vorstellenden* – seyn muß [...]."[55]

Lenoir ist zuzustimmen, wenn er ausführt, dass Herbarts Raum „nicht etwas Wirkliches ist, ein einzelner Behälter zur Unterbringung von Dingen, sondern ein Werkzeug zur Symbolisierung und Darstellung verschiedenen Interaktionsweisen zwischen der Welt und unseren Sinnen".[56] Wir behaupten eine Dreifachanalogie zwischen Herbarts konstruiertem symbolischen Raum, dem Weißen der visuellen Ordnungen der *Enzyklopädie* und der Leere, welche die Figuren in Monges darstellender Geometrie umgibt und durchdringt – wobei diese drei Sachverhalte die Annahme verbindet, dass der Raum der Erfahrung nicht vorausliegt und jeder der drei die Fähigkeiten der Nutzer zur Korrelationsbildung herausfordert, um Bedeutungssysteme über scheinbar leere Felder hinweg und durch sie hindurch zu erzeugen.

Herbarts Kantrevision veranlasste Helmholtz dazu, Darstellungen der empirischen Welt als funktionale, erfahrungsvermittelte Konstruktionen zu konzipieren. Als wirklich wird ein Netzwerk von Zeichen erfahren, das ein Organismus aus den Sinnesdaten erzeugt und einem mathematischen Kalkül folgend, das Herbart „Reihenformen" nannte, zu Mustern ordnet. Herbart hatte ein Wahrnehmungskalkül im Sinn, das mathematisch – nämlich hinsichtlich Intensität, Qualität und Quantität – die Kräfte oder Vektoren in einem Feld von Empfindungen beschreiben sollte, das durch ein mobiles Zusammentreffen von Sinnesorganen mit der physischen Welt entsteht. Seine Raumkonzeption bot Helmholtz, wie Lenoir schreibt, „einen anregenden Bauplan für eine konstruktivistische Wahrnehmungstheorie".[57] Herbart gab ihm die Möglichkeit, unter Darstellungen anderes als Spiegelbilder der Erscheinungswelt zu verstehen. Helmholtz zufolge werden räumliche Darstellungen nicht direkt auf der Großhirnrinde aufgezeichnet, denn die optisch wahrnehmbare Welt hinterlasse auf der Netzhaut statt eines stimmigen Bildes nur eine Spur einwirkender Kräfte, und Geräusche würden als nichts anderes als in ihrer Intensität variierende Einwirkungen auf das Ohr erfasst. Bei Darstellungen handele es sich vielmehr um Gegenstände eigener Art, die mit den physischen, in Raum und Zeit existierenden Gegenständen zu korrelieren seien – ein Prozess, der eine wirksame Interaktion mit der uns umgebenden Welt erzeugt. Innerhalb von Herbarts Welt von

55 J. F. Herbart, Psychologie als Wissenschaft, neu gegründet auf Erfahrung, Metaphysik, und Mathematik, Erster, synthetischer Theil, Königsberg 1824, S. 360 f. Hervorhebungen im Original.

56 Lenoir, Operationalizing Kant, S. 153.

57 Ebd., S. 156.

Funktionalität und Erfahrung schuf Helmholtz ein Modell des Beobachters, das, auf einem Kontinuum der Wahrnehmung gegründet, den menschlichen Organismus an die Instrumente der Wissenschaft bindet.

Stets hatte Helmholtz Kants auf reiner Anschauung beruhende Auffassung des Raumes als durch die historischen Umstände des älteren Philosophen bedingt abgetan. In einer an der Berliner Universität im August des Jahres 1878 gehaltenen Rede blickte er aus der Perspektive des experimentellen Empirismus auf Kant zurück:[58] „Kant ist bei seiner Behauptung, dass räumliche Verhältnisse, die den Axiomen Euklids widersprächen, überhaupt nicht einmal vorgestellt werden könnten, [...] durch den damaligen Entwickelungszustand der Mathematik und Sinnesphysiologie beeinflusst gewesen." Er bemerkt weiter, dass der „Begriff von Raumgebilden, die der gewöhnlichen Anschauung nicht entsprechen sollen, [...] nur durch die rechnende analytische Geometrie sicher entwickelt werden" könne, und er verweist auf Gauß und Riemann als Beispiele für das, was er als „metamathematische Untersuchungen" bezeichnet. Etwa zur gleichen Zeit veröffentlicht Helmholtz eine Entgegnung auf Jan Pieter Nicolaas Land, der Widerspruch gegen die Kantinterpretation erhoben hatte, die sich in Helmholtz' Vorlesung „Über den Ursprung und die Bedeutung der geometrischen Axiome" aus dem Jahre 1870 findet.[59] In seiner Entgegnung verfolgt Helmholtz ein doppeltes Ziel. Wiederum verweist er im Widerspruch zu Kant auf „metamathematische" Untersuchungen, die gezeigt hätten, dass nichteuklidische Raumverhältnisse in der Tat vorstellbar seien. Getreu seiner empiristischen Maxime behauptet er, man solle fähig sein, mittels der Erfahrung die durch transzendentale Anschauung gegebenen Raumgrößen mit den Größen zu korrelieren, die experimentell in der physischen Welt gemessen werden. Wie er bereitwillig darlegt, liegt die Schwierigkeit darin, dass wir nur die Erfahrung der physischen Welt einzuschätzen in der Lage sind, wodurch schließlich die Grenzen dessen festgelegt werden, was wir wissen. Selbst wenn die aus der Erfahrung herausgelesenen Raumgrößen irgendwie mit den in der reinen Anschauung gegebenen vergleichbar wären, würden wir dennoch berechtigt sein, letztere als „falschen Schein" außer Acht zu lassen.

58 H. Helmholtz, Die Thatsachen in der Wahrnehmung, Berlin 1879, S. 23 f.

59 Die Vorlesung von Helmholtz wurde schließlich veröffentlicht in: Mind. A Quarterly Review 1 (1876), S. 301–321. Lands Entgegnung erschien unter dem Titel „Kant's Space and Modern Mathematics" in: Mind 2 (1877), S. 38–46, worauf wiederum Helmholtz unter dem Titel „The Origin and Meaning of Geometric Axioms (II)" replizierte: Mind 3 (1878), S. 212–225. Wir zitieren aus der deutschen Ausgabe: Ueber den Ursprung und Sinn der geometrischen Sätze. Antwort gegen Herrn Professor Land, in: H. Helmholtz, Wissenschaftliche Abhandlungen, Bd. 2, Leipzig 1883, S. 640–660, hier insbes. S. 653 f.

Dennoch bewegt sich Helmholtz auf dem schmalen Grad zwischen Erfahrung und Transzendenz, zwischen seinem harten Empirismus und dem Idealismus eines Kant oder Schopenhauer. Er setzt das, was er „Causalgesetz“ nennt, voraus, weil es für sein Vorhaben von entscheidender Bedeutung ist. Denn es sichert ab, dass „die mit dem Charakter der Wahrnehmung in uns zu Stande kommenden Vorstellungen nach festen Gesetzen zu Stande kommen, sodass wenn verschiedene Wahrnehmungen sich uns aufdrängen, wir berechtigt sind, daraus auf Verschiedenheit der reellen Bedingungen zu schliessen, unter denen sie sich gebildet haben“.[60] Dass wir über diese Bedingungen nichts wissen können, nichts über das „tatsächlich Wirkliche“, das die Wahrnehmungen in ihrer Verschiedenheit erzeugt, tut nichts zur Sache. Die Annahme strikter Gesetzmäßigkeit dient Helmholtz zur Begründung seiner Aufmerksamkeit auf die grenzenlosen Abweichungen der instrumentell messbaren Wahrnehmungsreaktion. Das scheinbare Paradox seines Standpunktes glättet Helmholtz mittels einer auf einem Zeichenbegriff gegründeten Wahrnehmungstheorie.

> „Unsere Empfindungen sind eben Wirkungen, welche durch äussere Ursachen in unseren Organen hervorgebracht werden, und wie eine solche Wirkung sich äussert, hängt natürlich wesentlich von der Art des Apparats ab, auf den gewirkt wird. Insofern die Qualität unserer Empfindung uns von der Eigenthümlichkeit der äusseren Einwirkung, durch welche sie erregt ist, eine Nachricht giebt, kann sie als ein Zeichen derselben gelten, aber nicht als ein Abbild. Denn vom Bilde verlangt man irgend eine Art der Gleichheit mit dem abgebildeten Gegenstande […]. Ein Zeichen aber braucht gar keine Art der Aehnlichkeit mit dem zu haben, dessen Zeichen es ist. Die Beziehung zwischen beiden beschränkt sich darauf, dass das gleiche Object, unter gleichen Umständen zur Einwirkung kommend, das gleiche Zeichen hervorruft, und dass also ungleiche Zeichen immer ungleicher Einwirkung entsprechen.“[61]

Verschiedene bedeutsame Folgerungen sind mit Helmholtz’ Zeichentheorie der Wahrnehmung und dem dazugehörigen „Causalgesetz“ verbunden. Obwohl die Wahrnehmungsdaten mit Wesenswahrheiten über Gegenstände in der Welt nichts mehr zu tun haben, hindere dies uns nicht daran, Erfahrungen über die Welt zu gewinnen. Unterschiede in der Wahrnehmung vermerkten Unterschiede in der Welt. Die menschlichen Sinnesorgane werden als Apparate verstanden, die, den Parametern ihres je speziellen Aufbaus entsprechend, die Abfolge der

60 Helmholtz, Ueber den Ursprung und Sinn der geometrischen Sätze, S. 656.
61 Helmholtz, Die Thatsachen in der Wahrnehmung, S. 12 f.

Reize und deren Abweichungen aufzeichnen und diese Abweichungen in erkennbaren Formen, welche die Zeichen der Wahrnehmung bilden, vermelden.[62]

Folgt man Helmholtz, dann empfängt der wahrnehmende Körper kein „directes Bild einer nach drei Dimensionen ausgedehnten Raumgrösse". Er bringt allerdings das Vorhandensein eines festen Körpers „durch die Vergleichung der Bilder beider Augen, oder durch Bewegung des Körpers, beziehlich der Hand" in Erfahrung.[63] Zuerst müsse die Vorstellung eines festen Körpers gegeben sein, darauf folgend werde die Vorstellung des Raums erschlossen, die dieser insbesondere in Gemeinschaft mit ähnlichen Körpern erfordere. Helmholtz' Wahrnehmungstheorie gründet auf einem „Begriff, welcher eine unendliche Anzahl von einzelnen in der Zeit auf einander folgenden Anschauungen unter sich begreift, die alle aus ihm abgeleitet werden können". Zuweilen bezeichnet Helmholtz psychische Akte als „unbewusste Urtheile" oder „unbewusste Analogieschlüsse" – Bezeichnungen, die seine Kritiker nicht durchgängig akzeptieren.[64] Genau deshalb, weil unbewusste Analogieschlüsse „nicht Acte des freien bewussten Denkens sind", würden sie, so Helmholtz, „mit zwingender Nothwendigkeit" auftreten. Wahrnehmung war gleichbedeutend damit, einem Feld räumlicher Ungewissheit – sowie einem Strom einzelner Datenelemente – mit der Absicht der Bedeutungszumessung zu begegnen. Ein Äquivalent dazu wäre das Weiße der visuellen Ordnungen der Tafeln der *Enzyklopädie*. Die Wahrnehmungstheorie von Helmholtz, die Gegenstände an ihre Umgebung knüpft, und zwar im Zuge eines sich ausprägenden Vorgangs der Korrelationsbildung, der auf einem bisher unbekannten Darstellungsfeld und über dieses hinweg erfolgt, ist unserer Auffassung nach als diagrammatisch zu betrachten.

Für Empiristen wie Helmholtz setzt die Untersuchung der um uns befindlichen Welt mit den am nächsten liegenden Belegen an: der genauen Betrachtung der physiologischen Reaktion des Körpers auf Reize. Diese Idee ist die treibende Kraft seines gesamten Forschungsprogramms. Nachdrücklich hat er die Meinung vertreten, dass die menschlichen Sinnesorgane als Werkzeuge zu betrachten und hinsichtlich ihrer Mängel und Vorzüge zu untersuchen seien. Ebenso wie viele seiner Zeitgenossen verglich er das menschliche Auge mit einer Camera obscura, allerdings nicht, um dessen vermeintlich vorzüglichen

62 H. v. Helmholtz, Über den Ursprung der richtigen Deutung unserer Sinneseindrücke, in: Zeitschrift für Psychologie und Physiologie der Sinnesorgane 7 (1894), S. 81 f.; Helmholtz, Die neueren Fortschritte in der Theorie des Sehens, in: Preußische Jahrbücher, hg. v. H. v. Treitschke und W. Wehrenpfennig, Bd. 21, S. 425.

63 H. v. Helmholtz, Handbuch der physiologischen Optik, Leipzig 1867, S. 446.

64 Helmholtz, Die neueren Fortschritte in der Theorie des Sehens, S. 428; Helmholtz, Handbuch der physiologischen Optik, S. 430 f. Eine umfassende Diskussion findet sich bei R. S. Turner, Consensus and Controversy: Helmholtz on the Visual Perception of Space, in: Hermann von Helmholtz and the Foundations of Nineteenth-Century Science, hg. v. D. Cahan, Berkeley 1993, S. 154–204.

Eigenschaften zu preisen, sondern um zu zeigen, dass es eigentlich ein ziemlich mangelhaftes Werkzeug ist.

> „Wir sahen bisher, daß das Auge an sich als optisches Instrument durchaus nicht so vollkommen ist, wie es scheint, sondern so Außerordentliches nur leistet bei der besonderen Art, wie wir es gebrauchen. Seine Vollkommenheit ist eine rein praktische, keine absolute; sie besteht nicht darin, daß alle Fehler vermieden wären, sondern darin, daß alle diese Fehler den nützlichsten und mannigfaltigsten Gebrauch nicht unmöglich machen."[65]

Wäre eine Camera obscura mit all den optischen Mängeln behaftet, die das Auge kennzeichnen, dann würde sie sehr schlechte Bilder erzeugen.[66] Warum aber ist das Auge trotz seiner Mängel besser? Es ist dies deshalb, weil es beständig schnell aufeinander folgende Bewegungen vollzieht und so einen Strom disjunkter Wahrnehmungsmomente erzeugt, die im Zuge der Erzeugung des Erfahrungsflusses fortlaufend geprüft und korrigiert werden.[67] Helmholtz legt Wert auf die Feststellung, dass sich das Auge von jedem ähnlichen, auch optisch höherwertigen Werkzeug „[d]urch die Beweglichkeit" unterscheidet, „welche uns erlaubt schnell hinter einander den Blick jedem einzelnen Theile des Gesichtsfeldes zuzuwenden […], und in dieser großen Beweglichkeit beruht in der That der größte Vorzug, den das Auge vor unseren schwerfälligeren künstlichen Instrumenten ähnlicher Art voraus hat".[68] Es kann deshalb nicht überraschen, dass Helmholtz und seine Mitarbeiter (insbesondere Wilhelm Wundt) dem Studium der Augenbewegungen beträchtliche Zeit und Tatkraft widmeten. Was konnten sie entdecken?

Das umfangreiche, mit dem Thema Augenbewegungen befasste Kapitel aus Helmholtz' *Handbuch der physiologischen Optik* bietet den sachlich höchst einschlägigen geschichtlichen Abriss der Forschungspraktiken, mit denen Helmholtz seinerzeit arbeitete.[69] Es umreißt die von einer Reihe von Forschern unternommenen Experimente, unter ihnen die von Franciscus Cornelis Donders, Adolf Eugen Fick, Georg Meissner, Wilhelm Wundt, Alfred Wilhelm Volkmann,

65 Helmholtz, Die neueren Fortschritte in der Theorie des Sehens, S. 153–170, Zitat S. 169.

66 In einer Vorlesung hat Helmholtz seine Untersuchungen zur Physiologie des Auges mit der Malerei in Beziehung gesetzt. Diese Vorlesung wurde später für die Veröffentlichung umgearbeitet und erweitert: H. Helmholtz, Optisches über Malerei, Braunschweig 1876. Die dort vertretenen Auffassungen und deren Konsequenzen sind mehrfach diskutiert worden. Siehe hierfür insbes. Lenoir, Instituting Science, Kap. 6, und Crary, Suspensions of Perception, Kap. 3.

67 Helmholtz, Die neueren Fortschritte in der Theorie des Sehens, S. 160, 167 f.

68 Ebd., S. 160.

69 Helmholtz, Handbuch der physiologischen Optik, S. 457–529.

Christian Georg Theodor Ruete und Johann Benedict Listing. Diese Wissenschaftler hatten Strategien entwickelt, um die Winkel der Augenbewegungen zu messen, die Subjekte beim Abtasten des Gesichtsfelds vollziehen. Dabei wurde zwischen drei Achsen unterschieden: der Horizontal- oder Frontalachse, der Vertikal- und der Sagittalachse entlang der Blickrichtung.[70] An den detaillierten, aus diesen Experimenten resultierenden Datenaufstellungen interessiert uns hier nur, dass Helmholtz und seine Kollegen ganz auf diese gestützt zwei Gesetzen der Augenbewegung vertrauten: dem Gesetz von Donders für den Raddrehungswinkel der Augen bei parallelen Blicklinien und dem Gesetz von Listing für den Raddrehungswinkel bei Überführung der Blicklinie aus einer Primärstellung heraus in eine andere. Bedeutsam finden wir hierbei, wie Helmholtz diese beiden Gesetze mathematisch bestätigte und erläuterte.

Helmholtz' Aufmerksamkeit der Augenbewegung gegenüber stimmt damit überein, dass er die menschlichen Sinnesnerven mit Instrumenten vergleicht, deren jedes darauf abgestimmt ist, spezielle Sinneseindrücke den fünf Gruppen gemäß aufzuzeichnen, die als die Sinne gelten. So können Sonnenstrahlen mittels „Sehnerven" als Lichtstrahlung empfunden werden oder durch „Hautnerven" als Wärmestrahlung. Denn die Qualität der Sinnesempfindung ist „keineswegs identisch mit der Qualität des Objects, durch welche sie hervorgerufen wird, sondern sie ist in physischer Beziehung nur eine Wirkung der äusseren Qualität auf einen besonderen Nervenapparat, und für unsere Vorstellungen ist die Qualität der Empfindung gleichsam nur ein Symbol, ein Erkennungszeichen für die objective Qualität".[71]

Weitere Untersuchungen zur Reizempfänglichkeit der Netzhaut, insbesondere zur Erzeugung positiver und negativer Nachbilder, machten deutlich, dass das Auge schnell von primärem Licht gereizt wird, die anhaltende Reizung jedoch die Empfänglichkeit der Netzhaut für neue Reize mindert. „Dass Reizung einen Zustand verminderter Reizempfänglichkeit zurücklässt", schreibt Helmholtz, „findet auch bei den motorischen und anderen empfindenden Nerven statt. Wir nennen einen solchen Zustand Ermüdung."[72] Die Untersuchung der jeweiligen Schwellenwerte sensorischer Nervenermüdung blieb für ihn ein wichtiges Thema seiner Forschungen.

Viele seiner Experimente waren Untersuchungen zu den Grenzen und den produktiven Fähigkeiten des Sehens, wobei Helmholtz ein besonderes Inte-

70 Für Überblicksdarstellungen dieser Versuche siehe z. B.: E. E. Maddox, Test and Studies of the Ocular Muscles, 3., und überarb. Aufl., Philadelphia 1907; B. Barnes, Eye Movements, American Journal of Psychology 16 (1905), S. 199–207.

71 Helmholtz, Handbuch der physiologischen Optik, S. 191–195, Zitat S. 194.

72 Ebd., S. 356–387, Zitat S. 362.

resse für das Phänomen retinaler Nachbilder hegte. „Um die positiven Nachbilder recht schön zu haben", so bemerkt er, sei es erforderlich, jede Bewegung des Auges und jegliche heftigere Bewegung des Körpers zu vermeiden, denn beides bewirke deren Verschwinden. Das Bewusstsein der zerstörerischen Auswirkungen von Bewegungen beim Versuch, Nachbilder so deutlich wie möglich zu sehen, und Versuche mit rotierenden Scheiben mit sektoral unterteilten Farben, die das Auge als kontinuierlich empfindet, führten Helmholtz zur Annahme, dass die Bewegung für die Funktion des Sehens bedeutsam sei. Später hat er diese Einsicht für alle Sinnesnerven verallgemeinert:

> „Ich kehre zurück zur Besprechung der ersten ursprünglichen Thatsachen unserer Wahrnehmung. Wir haben, wie wir gesehen, nicht nur wechselnde Sinneseindrücke, die über uns kommen, ohne dass wir etwas dazu thun, sondern wir beobachten unter fortdauernder eigener Thätigkeit, und gelangen dadurch zur Kenntniss des Bestehens eines gesetzlichen Verhältnisses zwischen unseren Innervationen und dem Präsentwerden der verschiedenen Eindrücke aus dem Kreise der zeitweiligen Präsentabilien. Jede unserer willkürlichen Bewegungen, durch die wir die Erscheinungsweise der Objecte abändern, ist als ein Experiment zu betrachten, durch welches wir prüfen, ob wir das gesetzliche Verhalten der vorliegenden Erscheinung, d. h. ihr vorausgesetztes Bestehen in bestimmter Raumordnung, richtig aufgefasst haben."[73]

Wiederholt kehrt Helmholtz zu diesem Modell körperlicher Experimente zurück, mit deren Hilfe wir unsere Empfindungen kontrollieren.[74] Insbesondere war er daran interessiert zu verstehen, wie die Augen, physisch eher schlechte optische Instrumente, präzise und umfängliche Informationen über die Welt um uns zu erzeugen in der Lage sind.

Der allgemeinen, oben umrissenen Argumentationslinie folgend, kam Helmholtz zu der Auffassung, dass eine jede Augenbewegung eine Art Experiment sei, das ein „constante[s] System[] von Aenderungen der Empfindung in den Nervenfasern" ergebe.[75] Dennoch führen, wie zahlreiche Experimente gezeigt hatten, Raddrehungen des Auges im Vollzug dieser Bewegungen zu einer Reihe von fehlerhaften Perzeptionen im Gesichtsfeld. Wie wäre dann der paradoxe Befund zu erklären, dass Bewegungen, welche die Perzeption auf der Netzhaut ermöglichen, zugleich optische Verfälschungen bewirken? Helmholtz' Idee bestand darin, Verfahren für den Umgang mit Datenabweichungen anzuwenden, die anderen Wissensbereichen entstammten. Er ging dabei von der Annahme

73 Helmholtz, Die Thatsachen in der Wahrnehmung, S. 32 f.
74 Helmholtz, Die neueren Fortschritte in der Theorie des Sehens, S. 426 und 432.
75 Helmholtz, Handbuch der physiologischen Optik, S. 482.

aus, unsere Augen seien dafür ausgelegt, Fehler zu minimieren. Da „in einem ausgedehnten Felde solche Raddrehungen der Augen, die dergleichen Inconsequenzen hervorbringen, nicht ganz vermieden werden können", so schreibt er, „kann nur gefordert werden, dass die Raddrehungen des Auges [...] so gewählt werden, dass die Summe aller Fehler in der Orientierung, die aus den Raddrehungen des Auges herfliessen, möglichst klein werde". Er beschließt diesen wichtigen Textabschnitt mit dem allgemeinen Gesetz: „[D]ie Summe dieser Fehlerquadrate für alle vorkommenden unendlich kleinen Bewegungen des Auges [solle] ein Minimum [werden]. Die Quadrate der Fehler müssen hier aus denselben Gründen, wie bei den Fehlerausgleichungen nach der Methode der kleinsten Quadrate genommen werden."[76] Auf diesem Wege gelangen wir zu einem höchst bedeutsamen Punkt in unserer Geschichte, denn Helmholtz behauptet hier, die menschliche Wahrnehmung arbeite denselben Gesetzen der Wahrscheinlichkeit folgend, die auch Adams und Le Verrier beachteten, als sie die Bahn des Neptun lokalisierten, und die Quetelets Durchschnittsmenschen legitimierte, als er diesen aus einer großen Anzahl statistischer Daten zusammensetzte. Durch die Arbeit von Helmholtz und die seiner Kollegen wird der menschliche Körper Teil einer Reihe technischer Messinstrumente, die große Datenmengen sammeln und diese mittels der Wahrscheinlichkeitsrechnung korrigieren.[77] An diesem entscheidenden Punkt unserer Geschichte wird es begrifflich möglich, sich einen Chirurgen vorzustellen, der, mit einem Patienten über Computer und einem Komplex von Sensoren verbunden, sich zu einer heiklen Augenoperation anschickt.

VI.

Wir folgen der Spur der Angleichung eines mathematischen Verfahrens an verschiedene akademische Disziplinen, die zu einem bestimmten Zeitpunkt in der Wissenschaftsgeschichte des 19. Jahrhunderts erfolgte: Die Methode der kleinsten Quadrate, die Astronomen zuerst genutzt hatten, um eine große Anzahl von Sichtungen von verschiedenen geografischen Positionen aus korrelieren und

76 Ebd., S. 483 f.

77 Besonders eindrucksvoll hat Wilhelm Wundt diese Vorstellung mit folgender Behauptung vertreten: „Wenn wir also die Sehaxe in eine neue Stellung überführen, so verfährt das Auge genau so wie der Mathematiker, wenn er nach den Regeln der Wahrscheinlichkeitsrechnung Beobachtungsfehler ausgleicht. Die einzelnen Augenmuskeln verhalten sich wie die einzelnen Beobachtungen, die Verkürzungen und Verlängerungen, die sie beim Uebergang in die neue Stellung erfahren müssen, verhalten sich wie die unvermeidlichen Beobachtungsfehler, und die Widerstandscoëfficienten der Muskeln verhalten sich wie die Gewichte der Beobachtungen." W. Wundt, Ueber die Bewegung der Augen, in: Archiv für Ophthalmologie, Bd. 8/2, Berlin 1862, S. 59.

korrigieren zu können, wurde von Quetelet übernommen und zur Entwicklung von Werkzeugen für die Verwertung großer Datenmengen der Sozialstatistik verwendet. Auf ähnliche Weise analysierte Helmholtz den scheinbar kontinuierlichen Fluss von Wahrnehmungsdaten, der sich menschlichen Organismen darbietet, indem er diesen in unendlich kleine, durch Muskelbewegungen bestimmte und gesteuerte Teile zergliederte. Helmholtz nahm an, dass Wahrscheinlichkeiten, die sich durch eine Binomialkurve beschreiben lassen, gleichfalls unsere physiologische Reaktion auf Reize steuern – ein fest verdrahteter, unfreiwilliger Impuls zum Zwecke der Verminderung von Wahrnehmungsfehlern. Während Quetelet aggregiertes Sozialverhalten in den Blick nahm, entdeckte Helmholtz die Fehlerberichtigung schon an den Nervenenden unserer Körper.

Etwa zur gleichen Zeit erkannte James Clerk Maxwell, ein junger schottischer Physiker, dass sich ausgehend von Quetelets Arbeit die Möglichkeit zur Erneuerung der Physik bot. Obwohl der spezifische Einfluss Quetelets auf Maxwell strittig ist, so wissen wir doch, dass Letzterer im Jahre 1850 eine umfassende Besprechung von Quetelets Werk durch John Herschel gelesen hatte.[78] Maxwell, der später mit der Methode von Quetelet vertraut wurde, bemerkte in jenem Jahr:

> „Die dieser Welt wirklich angemessene Logik ist die Wahrscheinlichkeitsrechnung, welche die Größe der Wahrscheinlichkeit in Betracht zieht (und die zur Denkweise einer jeden vernünftigen Person gehört oder gehören sollte). Dieser Bereich der Mathematik, von dem man gemeinhin glaubt, er begünstige das Glücks- und Würfelspiel sowie das Wetten, und sei deshalb höchst unsittlich, ist die einzige ‚Mathematik für den praktischen Mann', der ein jeder von uns sein sollte."[79]

78 T. L. Hankins, A „Large and Graceful Sinuosity": John Herschel's Graphical Method, in: Isis 97 (2006), S. 605–633. Hankins erfasst genau die geschichtlichen Umstände, unter denen Herschel arbeitete. Einerseits habe er Bedeutung und Brauchbarkeit der mathematischen Beweisführung erkannt, andererseits großes Vertrauen darin gesetzt, dass die grafische Darstellung das zu erreichen in der Lage ist, „was womöglich kein Rechensystem vollbringen kann, indem sie mit Hilfe von Auge und Hand die Urteilsbildung lenkt". Ebd., S. 608.

79 In einem undatierten Brief, zumeist dem Sommer des Jahres 1850 zugeordnet. Herschels unsignierte Besprechung erschien unter dem Titel „Quetelet on Probabilities" in: The Edinburgh Review 92 (1850). Siehe J. C. Maxwell, Maxwell on Molecules and Gases, hg. v. E. Garber et al., Cambridge MA 1986, S. 9. Zu Quetelet und Maxwell siehe auch ebd., S. 9–12. Weitere Untersuchungen zu Quetelet und Maxwell in: P. M. Harman, The Natural Philosophy of James Clerk Maxwell, Cambridge UK 1998, S. 124–126; I. B. Cohen, Scientific Revolutions, Revolutions in Science, and a Probabilistic Revolution 1800–1930, in: Krüger et al., The Probabilistic Revolution, Bd. 1, S. 39 f. Im gleichen Sammelband siehe L. Krüger, The Slow Rise of Probabilism: Philosophical Arguments in the Nineteenth Century, Bd. 1, S. 79–82.

Prüfstein für den Erklärungsgehalt dieser Methode war Maxwells preisgekrönte Abhandlung über die Ringe des Saturn, die er im Jahre 1857 erstmals konzipierte und zwei Jahre später veröffentlichte. Er betrachtete die Ringe als eine Ansammlung einzelner, den Planeten umkreisender Partikel. Da es aber unmöglich war, die Bewegung eines jeden dieser Teilchen zu verfolgen, entwickelte er eine statistische Beschreibung von Teilchenbündeln, welche den Zusammenhalt wie die Rotation der Ringe erklärten.[80] Obwohl sich Maxwell bei dieser Lösung der statistischen Analyse bediente, blieb seine Erklärung dafür, dass sich viele Teilchen gemeinsam bewegten, dem Paradigma der Newtonschen Mechanik verhaftet.

Schnell erahnte er, dass das gleiche statistische Verfahren auf Substanzen anwendbar sein müsste, die aus einer sehr großen Anzahl einzelner Komponenten, insbesondere Gasmolekülen, bestehen. Im Jahre 1859, in dem die Abhandlung über die Ringe des Saturn erschien, schrieb Maxwell an George Gabriel Stokes, um ihm seine Arbeitshypothese über das Verhalten von Gasen mitzuteilen. „Selbstverständlich haben meine Teilchen nicht alle die gleiche Geschwindigkeit, die Geschwindigkeiten sind jedoch", so lautet seine Grundannahme, „nach demselben Gesetz verteilt wie die Fehler in der Theorie der kleinsten Quadrate."[81] Dieser erste Vorstoß in Richtung einer Gastheorie traf auf kritische Reaktionen. Während der 1860er Jahre war Maxwell damit beschäftigt, seinen Ansatz zu verfeinern. Dies schloss eine jahrelange Experimentiertätigkeit ein, die seine Überlegungen über die Unabhängigkeit von Viskosität und Dichte bei Gasen bestätigte und seine Annahmen über Moleküle entscheidend änderte.[82] Maxwells praktische Untersuchungen gipfelten in einer grundlegenden Stellungnahme, die er unter dem Titel „On the Dynamical Theory of Gases" im Jahre 1866 der Royal Society übermittelte. Er hatte seine Auffassung über die Natur der Moleküle einer Nachprüfung unterzogen und völlig neu überdacht, indem er Moleküle eines Gases nun nicht mehr „als elastische Kugeln

80 Harman, The Natural Philosophy of James Clerk Maxwell, S. 48–57. Siehe auch D. Lindley, Boltzmann's Atom: The Great Debate That Launched a Revolution in Physics, New York 2001, S. 69–71.

81 Brief vom 30. Mai 1859. Maxwell, Molecules and Gases, S. 277–280. Hier zitiert in der Übersetzung von R. Hofmann und T. Görnitz, siehe: S. G. Brush, Kinetische Theorie I. Die Natur der Gase und der Wärme. Einführung und Originaltexte, Berlin, Oxford, Braunschweig 1970, S. 51. Siehe auch Harman, The Natural Philosophy of James Clerk Maxwell, S. 126 f.

82 Zum Haupteinwand hinsichtlich der Übertragung von Wärme, den Rudolf Clausius erhoben hatte, siehe C. Smith, The Science of Energy: A Cultural History of Energy Physics in Victorian Britain, London 1998, S. 241–247; Harman, The Natural Philosophy of James Clerk Maxwell, S. 176–180. Zu Viskosität und Dichte siehe L. Krüger, The Probabilistic Revolution in Physics, an Overview, in: Krüger et al., The Probabilistic Revolution, Bd. 2, S. 375.

von bestimmtem Radius, sondern als kleine Körper oder Gruppen kleinerer Moleküle" betrachtete, „die einander mit einer Kraft abstoßen, [...] deren Größe sehr genau durch eine gewisse Funktion des Abstands der Schwerpunkte dargestellt wird". Die wesentliche Veränderung liegt hierbei darin, dass die genaue physikalische Eigenart der Gase nunmehr bedeutungslos geworden ist, denn in Maxwells Analyse sind sie statistische Tatsachen, die „als Kraftzentren wirken". In Wirklichkeit mögen sie „bloße[n] Punkte[n]" gleichen, „Systeme[n] solcher Kraftzentren [...], die durch ihre Wechselwirkung aneinander gebunden sind", oder wir könnten sie, „falls nötig, als kleine feste Körper von bestimmter Form" voraussetzen.[83] Diese rein statistischen Entitäten werden zugleich mechanistisch betrachtet, als ob sie Körper im Bezugssystem der Newtonschen Theorie wären. Das ist ein Paradigmenwiderspruch in Maxwells Erkenntnistheorie.

In seiner Einführungsvorlesung in die Experimentalphysik, mit der er seine Lehrstuhltätigkeit in Cambridge begann, hat er diese, sein Denken tiefgreifend prägende Spannung hervorgehoben:

> „Bei der Anwendung dynamischer Prinzipien auf die Bewegung einer unübersehbar großen Anzahl von Atomen zwingen uns die Grenzen unserer geistigen Fähigkeiten, den Versuch aufzugeben, den genauen Weg, den ein jedes Atom zurücklegt, darzustellen, und uns damit zufriedenzugeben, den mittleren Zustand einer Gruppe von Atomen abzuschätzen, die groß genug ist, um beobachtet werden zu können. Diese Methode des Umgangs mit Gruppen von Atomen, die ich statistische Methode nennen möchte, und die unserem gegenwärtigen Wissensstand gemäß die einzige uns verfügbare Methode darstellt, die Eigenschaften wirklicher Körper zu untersuchen, erfordert die Ablehnung strikt dynamischer Prinzipien und die Annahme solcher mathematischer Methoden, die zur Wahrscheinlichkeitstheorie gehören."[84]

Maxwell zufolge wäre man mittels „dynamischer Prinzipien" in der Lage, nach Maßgabe von Newtons Bewegungsgesetzen den Weg eines jeden Atoms mechanistisch zu verfolgen. Das dynamische Prinzip gerät in Schwierigkeiten, wenn es auf eine unübersehbar große Anzahl von Atomen Anwendung finden soll. Maxwell begründet seinen Rückgriff auf die Statistik mit den „Grenzen unserer geistigen Fähigkeiten" – eine Argumentation, welche die weit frühere Laplacesche Ansicht widerspiegelt, der Gebrauch der Wahrscheinlichkeitstheorie erweitere die Grenzen menschlichen Vermögens. Für beide Männer stand die Wahr-

83 J. C. Maxwell, Über die dynamische Theorie von Gasen, in: S. G. Brush, Kinetische Theorie II, Irreversible Prozesse. Einführung und Originaltexte, Berlin, Oxford, Braunschweig 1970, S. 43, 49.

84 Maxwell, Molecules and Gases, S. 123. Die Einführungsvorlesung befindet sich auf den Seiten 110–125.

scheinlichkeitsrechnung im Dienst einer übergreifenden mechanistischen Auffassung der Materie.[85]

Die Spannung, welche die in Cambridge gehaltene Vorlesung charakterisiert, entsteht im Grenzebereich zwischen Maxwells Verpflichtung zu experimenteller Beweisführung und seinem Rückgriff auf die statistische Analyse. Mittels des in Cambridge beschworenen Maxwellschen Dämons, eines heute unter diesem Namen bekannten Gedankenexperiments, sollte diese Spannung als durch die Grenzen des menschlichen Erkennens bedingt illustriert werden. Das Problem bestand, wie er Peter Guthrie Tait erklärte, darin, dass die Menschen nicht „intelligent genug" seien.[86] Maxwell ersann ein Wesen mit unendlicher Auffassungsgabe, unmittelbarer Reaktionsfähigkeit und einer äußerst wichtigen thermodynamischen Neutralität. Dieses Wesen wäre in der Lage, mit einem jeden Molekül der Reihe nach umzugehen, ohne dabei Energie aufzuwenden. Ein solches Geschöpf bedürfte keiner Statistik, denn es könnte jedes Teilchen zu jedem Zeitpunkt erfassen. Die dem Dämon in Maxwells Überlegung zugewiesene Aufgabe bestand darin, die Bewegung von Molekülen zwischen zwei, durch eine sehr dünne Membran getrennten Gefäßen zu überwachen. Druck und Temperatur waren, so Maxwells Vorannahme, in beiden Gefäßen gleich.

Ein solches System verbliebe gemäß dem zweiten Hauptsatz der Thermodynamik im Gleichgewicht – es sei denn, externe Energie würde in Form von Arbeit aufgewendet. Das System wäre, wie es heißt, im Zustand maximaler Entropie. Nun erkennt Maxwells Dämon Moleküle, die sich der Membran von beiden Seiten her nähern, und öffnet ein magisches Loch, das ihnen den Durchgang ermöglicht. Hypothetisch gesehen könnte der Dämon im Laufe der Zeit alle Moleküle, die sich schneller als mit mittlerer Geschwindigkeit bewegen, auf einer Seite versammeln und alle sich langsamer bewegenden auf der anderen. Da sich die eine Seite auf einem höheren Energieniveau befände als die andere, wäre das System nunmehr in der Lage, Arbeit zu verrichten, was dem zweiten

85 Zu Maxwells Abhängigkeit von Laplaces statistischen Auffassungen siehe Harman, The Natural Philosophy of James Clerk Maxwell, S. 124. Siehe auch Maxwell, On the Dynamical Evidence of the Molecular Constitution of Bodies, in: Molecules and Gases, S. 217–237, insbes. S. 220, wo Maxwell Laplace zu den Vätern der dynamischen Auffassung rechnet.

86 Brief vom 11. Dezember 1867. Maxwell on Heat and Statistical Mechanics: On „Avoiding All Personal Enquiries" of Molecules, hg. v. E. Garber et al., London 1995, S. 176–178. Die Bezeichnung „Dämon" verdankt das Gedankenexperiment Lord Kelvin. Für die Diskussion des „Dämons" siehe: Smith, The Science of Energy, S. 239–267; E. E. Daub, „Maxwell's Demon", in: Studies in the History and Philosophy of Science 1 (1970), S. 213–227; S. G. Brush, The Kind of Motion We Call Heat. A History of the Kinetic Theory of Gases in the 19th Century, 2 Bde., Amsterdam 1976, Bd. 2, S. 587–598.

Hauptsatz der Thermodynamik widerspräche. Die Entropie hätte in diesem Fall abgenommen, aber die Gesamtenergie wäre gleich geblieben. Maxwells Überlegung hatte die Pointe, dass der zweite Hauptsatz „ohne Zweifel korrekt ist, solange wir mit Körpern als einer Gesamtmasse umgehen können und es nicht in unserer Macht steht, die Moleküle, aus denen sie sich zusammensetzen, einzeln zu erkennen oder uns mit ihnen zu beschäftigen".[87] Der fragliche Hauptsatz ist, anders gesagt, kein dynamisches Prinzip, das die Bewegung einzelner Moleküle beträfe, sondern ein statistisches Gesetz, das nur dann zutrifft, wenn die Komponenten als Gesamtmasse behandelt werden. Maxwell schrieb sogar einen parodistischen Katechismus, in dem er behauptete, der „Zweck" des Dämons sei „aufzuzeigen, dass der zweite Hauptsatz der Thermodynamik nur statistische Gewissheit besitzt".[88] Die Statistik macht es möglich, einen Behälter mit Molekülen als eine Gesamtmasse zu behandeln – welches das Höchste ist, das gewöhnliche Menschen zu tun hoffen können. Es besteht eine extrem geringe Wahrscheinlichkeit, dass die Natur das Handeln des Dämons spontan imitiert, Maxwell war aber gewillt, dies als unmöglich abzuschreiben.

Ludwig Boltzmann hatte die Forschungsarbeit Maxwells seit dem Jahre 1859 verfolgt. Besonders beeindruckte ihn die 1867 veröffentlichte Abhandlung „On the Dynamical Theory of Gases" und Maxwells Modellvorstellung, derzufolge Moleküle als über eine Distanz miteinander wechselwirkende Massepunkte statt als statische Kraftzentren verstanden werden. So gesehen stoßen Moleküle fortlaufend aneinander, wodurch sich Geschwindigkeiten und Bahnen von Teilchen ändern sowie deren Drall abwandelt. Mit Maxwells Aufsatz entstand eine kinetische Gastheorie, die zu einer Reihe neuer Probleme der mathematischen Beschreibung verschiedener Molekularbewegungen führte – von unmittelbaren Zusammenstößen und leichten Auslenkungen bis hin zu Änderungen von Geschwindigkeit und Rotation. Die mathematische Untersuchung der Viskosität und der Wärmeübertragung wurde nunmehr möglich, samt dem Verständnis dieser Eigenschaften in Bezug auf Temperatur und Druck. Im Rahmen seiner Abhandlung aus dem Jahre 1867 bot Maxwell die erste mathematisch genaue Analyse der sogenannten Transporteigenschaften von Gasmolekülen und eröffnete damit die Möglichkeit einer allgemeineren und exakteren Untersuchung von Teilchenbewegungen. Diese Dimension der Maxwellschen Arbeit war es, die Boltzmann besonders anzog. Im Jahre 1868 publizierte er einen Aufsatz, der unter Rückgriff auf gesicherte Daten über den Wechsel des Luftdrucks relativ zur Höhe den Nachweis für Maxwells Grundannahme

87 Maxwell on Heat and Statistical Mechanics, S. 220.
88 Smith, The Science of Energy, S. 251 f.

hinsichtlich der Geschwindigkeitsverteilung von Teilchen erbrachte – die seitdem als Maxwell-Boltzmann-Verteilung bekannt ist.[89]

Im Jahre 1872 stellte Boltzmann der Wiener Akademie einen maßgebenden Bericht vor, in welchem er für die Nutzung von Verhältnisbestimmungen und Durchschnittswerten in der kinetischen Theorie eintrat. Aufgrund der Notwendigkeit, eine sehr große Anzahl von Ereignissen erklären zu müssen, orientierte sich Boltzmann – Maxwell folgend – an Quetelets offensichtlicher Fähigkeit, große Datenmengen mittels statistischer Verfahren zu bewältigen.[90] Boltzmann argumentierte ganz ähnlich wie Maxwell:

> „Denn die Moleküle der Körper sind ja so zahlreich und ihre Bewegungen so rasch, daß uns nie etwas anderes als jene Durchschnittswerte wahrnehmbar wird. Man möchte die Regelmäßigkeit jener Durchschnittswerte mit der bewunderungswürdigen Konstanz der von der Statistik gelieferten Durchschnittszahlen vergleichen [...]. [...] Die Bestimmung von Durchschnittswerten ist Aufgabe der Wahrscheinlichkeitsrechnung. [...] Es wäre aber ein Irrtum zu glauben, daß der Wärmetheorie deshalb eine Unsicherheit anhaftete, weil daselbst die Lehrsätze der Wahrscheinlichkeitsrechnung in Anwendung kommen. Man verwechsle nicht einen unvollständig bewiesenen Satz, dessen Richtigkeit infolgedessen problematisch ist, mit einem vollständig erwiesenen Satze der Wahrscheinlichkeitsrechnung [...].“[91]

In Boltzmanns Unterscheidung zwischen einem „unvollständig bewiesenen Satz“ und einem „vollständig erwiesenen Satze der Wahrscheinlichkeitsrechnung“ wiederholt sich exakt die Einstellung Maxwells zum zweiten Hauptsatz der Thermodynamik: Dieser kann als „Gesetz“ gelten, denn es hat sich erwiesen, dass er statistisch gewiss ist. Beide Männer eint, statistisch definierte Bestimmungen als solche Entitäten zu akzeptieren, die – obwohl nicht physisch aufzeigbar – weiterer Bearbeitung zugänglich sind. Wie im Falle von Quetelets Durchschnittsmenschen handelt es sich auch bei Bestimmungen dieser Art um mathematisch abgeleitete Arbeitsgegenstände.

89 Die Beziehung zwischen Boltzmann und Maxwell lief über Umwege und war vielschichtig. Siehe: Maxwell, Molecules and Gases, „Introduction“, insbes. S. 18, 22–29, 32 f. Siehe auch: Lindley, Boltzmann's Atom, S. 39–41; C. Cercignani, Ludwig Boltzmann. The Man Who Trusted Atoms, Oxford 1998, S. 198–200; E. Broda, Ludwig Boltzmann. Man, Physicist, Philosopher, übers. v. L. Gay, Woolbridge CT 1983, S. 68; Brush, The Kind of Motion We Call Heat, Bd. 2, S. 432–447.

90 L. Boltzmann, Weitere Studien über das Wärmegleichgewicht unter Gasmolekülen, in: Sitzungsberichte der Kaiserlichen Akademie der Wissenschaften, Wien, Math. Naturwiss. Classe 66 (1872). Hier zitiert nach: Brush, Kinetische Theorie II, S. 115–225. Zu Quetelet siehe Cohen, Scientific Revolutions, S. 39.

91 Boltzmann, Weitere Studien, S. 117 f.

Boltzmann verband mit seiner Denkschrift aus dem Jahre 1872 die Absicht, „die statistische Behandlung auf irreversible Phänomene auszudehnen".[92] An dieser Stelle trennt er sich von Maxwell, dessen Reaktion auf das Problem der Reversibilität – wie in einem geschlossenen System Entropie reduziert werden könnte – darin bestanden hatte, den Dämon zu erfinden. Boltzmann wollte die Wahrscheinlichkeit eines solchen Ereignisses berechnen. Seine Denkschrift gipfelte in dem, was nunmehr H-Theorem genannt wird, einer Formel, die eine „Größe ergibt, die durch die Geschwindigkeitsverteilung der Atome bestimmt wird, welche Form diese auch immer annehmen mag". Scharfsichtig erkannte er, dass das H-Theorem, obwohl in der Sprache der Statistik formuliert, eine irreversible Zunahme der Entropie voraussagte, trotz der unendlichen Anzahl molekularer Zusammenstöße. In der Tat implizierte sein Theorem, dass der zufällige Zusammenstoß von Teilchen in einem System zu einer allmählichen Verminderung der *Verteilung* von Geschwindigkeiten auf ein Minimum führen würde, was einen Zustand des Gleichgewichts oder der maximalen Entropie bedeutete.[93]

Maxwell hatte sofort eine beunruhigende Folgerung bemerkt, die sich aus Boltzmanns Formulierung ergab: Wenn die Bewegung der Teilchen selber dafür hinreichend war, ein System in Richtung Entropie zu bewegen, so musste für einige dieser Bewegungen die statistische Möglichkeit bestehen, eine Zunahme an Energie nach dem Vorbild seines berüchtigten Dämons zu erreichen. Auch wenn die Zufallsgeschwindigkeit von Teilchen zu einer mittleren Verteilung tendiert, sollte daraus nicht geschlossen werden, dass alle Teilchen zum Mittelwert tendieren. Dennoch schien Boltzmanns Gleichung allein diesen Weg offenzulassen. Seine erste Reaktion bestand in einem kleinen Rückzieher. Boltzmann gestand ein, dass in einigen Fällen die Entropie abnehmen könnte – wenn nämlich Teilchen sich in, wie man sagen könnte, besonderen Konstellationen befinden. Diese Wendung musste jedoch den Allgemeinheitsanspruch seines Theorems untergraben. Um das Dilemma zu überwinden, überarbeitete Boltzmann in den folgenden Jahren seine Konzeption, wobei er sich stärker auf die Wahrscheinlichkeitstheorie stützte als auf die Mechanik.[94] Er beginnt, wahr-

92 Cercignani, Ludwig Boltzmann, S. 88.

93 Wir werden hier nicht den Einwand diskutieren, den Boltzmanns älterer Kollege an der Wiener Universität Johann Josef Loschmidt im Jahre 1876 gegen das H-Theorem erhoben hatte. Loschmidts Paradox bestand in der Überlegung, dass keine irreduziblen Vorgänge aus einer zeitsymmetrischen Dynamik herleitbar seien. Loschmidt erklärte, Boltzmann sei von einem molekularen Chaos ausgegangen, habe also behauptet, dass die Geschwindigkeiten der zusammenstoßenden Teilchen unkorreliert und unabhängig von ihrer Position sind – womit er jedoch heimlich die Zeit betreffend ein Moment von Asymmetrie in seine Formel einbringe.

94 Lindley, Boltzmann's Atom, S. 75, 84, 88–93. Siehe auch Cercignani, Ludwig Boltzmann, S. 86–102, sowie Broda, Ludwig Boltzmann, S. 77–93.

scheinlichkeitstheoretisch ermittelte Korrelationen aus Situationen, die durch die Gleichungen mathematischer Verfahren definiert und beschrieben werden, höher zu schätzen als jene, die mittels einer visuell schematischen oder räumlichen Darstellung zu gewinnen sind. Seiner erklärten Geringschätzung philosophischer Systeme ungeachtet, war Boltzmanns kühne Aneignung eines kognitiven, weder Erfahrung noch unmittelbarer Anschauung zugänglichen Raums nur in der Folge von Herbarts Kritik an Kant möglich.[95] Somit lässt Boltzmanns konzeptionelle Wende von den Körpern im Raum zu Kraftfeldern in der Zeit eine bedeutsame Entwicklung in unserer Geschichte der Rolle der Mathematik in der Kultur des Diagramms erkennen. Mit Boltzmann rückt die Mathematik als Sprache der diagrammatischen Korrelation ins Zentrum der Aufmerksamkeit.

Es ist kein Zufall, dass Maxwell die Schwachstelle in Boltzmanns Theorie genau bestimmen konnte, denn der eigene Rückgriff auf wahrscheinlichkeitstheoretische Verfahren diente dem Zweck, den gleichen Abgrund zwischen der idealen Welt der Theorie und der wirklichen Welt des Experiments zu überbrücken. Genau genommen wurde ihm Boltzmanns Werk unverständlicher, je mehr er sich mit diesem beschäftigte. „Ich studiere Boltzmann und kann ihn nicht verstehen", schrieb Maxwell an Tait im Jahre 1873. „Er konnte mich meiner Kürze wegen nicht verstehen, seine Ausführlichkeit hingegen war und ist ein gleichgroßes Hindernis für mich."[96] Es ging aber um mehr als nur den Schreibstil: Boltzmann entfernte sich allmählich von einer mechanistischen Theorie bewegter Teilchen, um sich eine Konzeption von zeitbezogenen Energiezuständen zu eigen zu machen. Das H-Theorem beschreibt den Energiezustand eines Gases in einem bestimmten Augenblick. Im nächsten Moment hat sich, aufgrund der Teilchenkollisionen, ein neuer Energiezustand eingestellt. Dieser sich beständig auf der mikroskopischen Ebene von Teilchenbewegungen vollziehende Vorgang erzeugt einen anhaltenden, aber äußerst geringen Energiefluss.

Wie konnte Boltzmann mit der Situation klarkommen, dass bereits eine begrenzte Anzahl von Teilchen zu einer unendlichen Anzahl an Permutationen führt? Er hatte den Einfall, die Gesamtenergie des Gases auf eine Reihe von „Zellen" zu verteilen.[97] Dabei nahm er an, dass eine jede Zelle die gleiche begrenzte Energiemenge besitzt, obwohl die wirkliche Anzahl von Teilchen, die dieses Energieniveau erzeugen, von Zelle zu Zelle in Abhängigkeit von der Dichte und den Geschwindigkeiten der enthaltenen Teilchen variieren wird. Letztere können

95 Cercignani, Ludwig Boltzmann, Kap. 10, und Broda, Ludwig Boltzmann, S. 97–103.
96 Maxwell, Molecules and Gases, S. 47.
97 Unsere Darstellung nimmt Bezug auf folgende Quellen: Lindley, Boltzmann's Atom, S. 83–93; Broda, Ludwig Boltzmann, S. 79–81; Cercignani, Ludwig Boltzmann, S. 86–95; T. S. Kuhn, What Are Scientific Revolutions?, in: Krüger et al., The Probabilistic Revolution, Bd. 1, S. 15–17; Brush, The Kind of Motion We Call Heat, Bd. 2, S. 598–615.

schlagartig von Zelle zu Zelle springen und damit deren Partikelverteilung und die Beschaffenheit des Gases ändern. Die Gesamtzahl der Teilchen und die Gesamtenergie des Gases werden sich dennoch nicht ändern. Die physikalischen Eigenschaften bleiben die gleichen, die Energiezustände aber fluktuieren beständig. Boltzmanns Definition folgend würde die Bestimmung des momentanen Gaszustands bedeuten, die Anzahl der Teilchen unter jeder Zelle aufzulisten. Sie zu zählen war nicht möglich. So machte Boltzmann den radikalen Vorschlag, dass die Berechnung der wahrscheinlichen Verteilung der Teilchen in den Energiezellen eine *Beschreibung* der Gesamtenergie des Gases liefert. Seine Forschungsergebnisse wurden im Jahre 1877 veröffentlicht.

Seine Forschung brachte Boltzmann zu der Schussfolgerung, dass die wahrscheinlichste Teilchenanordnung ein durch die Maxwell-Boltzmann-Verteilung bestimmtes Gleichgewicht darstellt. Dieser Schritt hatte tiefgreifende Konsequenzen. Boltzmann konnte nunmehr behaupten, dass das Wärmegleichgewicht (die maximale Entropie) einfach die für eine festgelegte Anzahl von Teilchen *wahrscheinlichste* Art ist, eine festgelegte Energiemenge zu teilen. Auch konnte er eine Gleichung für das Maß der Entropie einer jeden Verteilung von Teilchen formulieren ($S = k \log W$). Diese Formel, die auch seinen Grabstein auf dem Wiener Zentralfriedhof ziert, wird Boltzmanns Gesetz genannt. Im Grunde handelt es sich bei ihr um eine Reformulierung des H-Theorems auf völlig neuer Grundlage. Die frühere Formulierung gründete in der Welt einer endlichen Anzahl von Teilchen und deren unaufhörlicher Zusammenstöße, das neue Werk hingegen geht von einem vorgestellten Universum möglicher Zustände und Anordnungen von Teilchen aus, die allein im Geiste existieren. Boltzmanns Gesetz und seine Konzeption der Energiezellen sollte später zu der Grundlage werden, auf welcher Max Planck seine Quantentheorie errichtete.

Mit Boltzmanns Rekurs auf die Wahrscheinlichkeitstheorie wurde die Beschreibung der Moleküle von der Beobachtung weg in den Bereich abstrakter, durch mathematische Gleichungen gesteuerter Korrelationen verlagert. Die Konsequenzen seines Verfahrens für die Experimentalwissenschaft fanden große Resonanz und stießen bei zahlreichen führenden europäischen Physikern auf Skepsis. „Sie setzen die Mathematik an die Stelle des Denkens und geben somit die solide empirische Forschung preis", schrieb Tait im Jahre 1886 in einer scharf formulierten Entgegnung, mit der er Boltzmann zur Rede stellte. „Statt die Mathematik als ein Hilfsmittel des Denkens bei der Erforschung der Wirklichkeit zu nutzen, machen Sie aus den physikalischen Wissenschaften ein bloßes Spiel abstrakter Symbole und verstecken Überlegungen hinter einer Mauer ‚grandioser Zeichenreihen'."[98] Tait war ein enger Mitarbeiter von Lord Kelvin

98 P. G. Tait, On the Foundations of the Kinetic Theory of Gases, in: Philosophical Magazine 21 (1886), zitiert bei Bellone, A World on Paper, S. 29.

und vermutlich hat ihn letzterer – also der seinerzeit einflussreichste Physiker – dazu gebracht, eine Reihe pointierter Kritiken der Konzeptionen und Methoden Boltzmanns zu publizieren.[99]

Warum empfand man Boltzmanns Arbeit als Bedrohung des Status quo? Die kurze Antwort besteht, wie Enrico Bellone behauptet, darin, dass Boltzmann

> „unmittelbar von der Natur auferlegte Beschränkungen nicht zu akzeptieren scheint und offenbar versucht, die empirische Forschung durch die verrückte Anmaßung zu ersetzen, Naturgesetze a priori zu deduzieren, wobei er Annahmen macht, die bei weitem nicht mit der Beobachtung übereinstimmen, wie er auch formale Methoden nutzt, die kaum praktikabel hinlänglich sind".[100]

Die ausführliche Antwort, die wir nicht eingehend erörtern können, besteht darin, dass Kelvin und Tait eingeschworene Newtonianer waren. „[D]er Naturforscher mag sich", so glaubten sie, „mit dem Wissen um die Materie als dem zufrieden geben, was sich durch die Sinne erkennen lässt, oder dem, worauf Kräfte einwirken können, oder dem, das Kräfte ausüben kann".[101] Kelvin hatte im Jahre 1851 die Grundlagen für die moderne Thermodynamik gelegt, indem er für eine dynamische Wärmetheorie argumentierte.[102] Allerdings war sein Beharren auf der Vorrangstellung des materialen Experiments mit einem heiklen Problem verbunden. Kelvin akzeptierte den ersten Hauptsatz der Thermodynamik, der die Erhaltung der Energie behauptet. Auch erkannte er, dass Sadi Carnots These durch Experimente erhärtet wurde, derzufolge Wärme nur dann in Arbeit umgewandelt werden kann, wenn die Temperatur auf ein niedrigeres Niveau fällt – perpetua mobilia sind physikalisch ausgeschlossen.[103] Bereits im Jahre 1852 zog Kelvin den unausweichlichen und pessimistischen Schluss:

> „Gegenwärtig gibt es in der materiellen Welt eine allgemeine Tendenz zur Dissipation mechanischer Energie. [...] Innerhalb eines begrenzten Zeitabschnitts der Vergangenheit ist die Erde als Wohnstätte des Menschen, wie sie gegenwärtig besteht, mit Sicherheit ungeeignet gewesen; innerhalb eines künftigen begrenzten Zeitabschnitt wird sie wieder dazu

99 Bellone, A World on Paper, S. 87–98.
100 Ebd., S. 39.
101 W. Thomson (Lord Kelvin), P. G. Tait, A Treatise on Natural Philosophy, 2 Bde., Cambridge UK 1879, Bd. 1, S. 219.
102 W. Thomson (Lord Kelvin), The Dynamical Theory of Heat, in: Transactions of the Royal Society of Edinburgh (März 1851).
103 Zu Carnots Prinzip siehe A. d'Abro, The Rise of the New Physics, 2 Bde., New York 1951, Bd. 1, S. 337–342. Siehe auch Smith, The Science of Energy, S. 86–99, und Brush, The Kind of Motion We Call Heat, Bd. 2, S. 566–583.

> ungeeignet sein – es sei denn, Vorgänge haben gewirkt oder müssen zur Wirkung kommen, die angesichts der gegenwärtig bekannten Gesetze, denen die bekannten, gegenwärtig in der materiellen Welt wirkenden Vorgänge unterliegen, ausgeschlossen sind."[104]

Gezwungenermaßen akzeptierte Kelvin eine zyklische Vorstellung der Welt, die – wie der zweite Hauptsatz der Thermodynamik vorhersagte – in einem Zustand der Entropie an ihr Ende kommt: Mit einer jeden, in einem abgeschlossenen System auftretenden reversiblen Änderung bleibt der Wert der Gesamtentropie des Systems unverändert und eine jede irreversible Änderung bewirkt die Zunahme der Gesamtentropie.[105] Während Maxwells Dämon einen fiktiven Ausweg aus dieser Zwangslage unterbreitete, scheinen Änderungen im wirklichen Leben nur irreversibel zu sein. Scheinbar ist die Welt dazu verurteilt, dass ihr die in Arbeit umsetzbare Energie ausgeht.[106]

Statt in der Entropie ein Ultimatum zu sehen, erkannte er in ihr ein Paradox: Obwohl der Wärmefluss von der Zeit abhängt (Entropie ist offenbar ein unumkehrbarer Zustand, bei dem Wärme von warmen auf kalte Körper übertragen wird), sind die Gesetze der Mechanik, nach denen sich Molekularbewegungen richten, nicht derart eingeschränkt: Vollständig umkehrbare elastische Zusammenstöße von Teilchen sind vorstellbar. Als Antwort auf das Rätsel der Energie zeigte Boltzmann, dass sich die Geschwindigkeiten der Moleküle in einem Körper – handelt es sich hierbei doch um eine große Teilchenzahl – in der Tendenz gemäß den Gesetzen der Wahrscheinlichkeit verteilen. „Wenn nun in einem gegebenen Systeme von Körpern", schrieb er im Jahre 1886, „ein gegebenes Energiequantum enthalten ist, so wird sich diese Energie nicht willkürlich bald in der einen, bald in der anderen Weise transformieren, sondern sie wird immer aus unwahrscheinlichen in wahrscheinlichere Formen übergehen; wenn ihre Verteilung unter den Körpern anfangs den Wahrscheinlichkeitsgesetzen nicht entsprach, so wird dies immer mehr und mehr angestrebt werden."[107] Was Kelvin „abgebaute" [„degraded"] Energieformen nennt, die den entropischen Zustand kennzeichnen, sind also für Boltzmann „nichts als die wahrscheinlichsten Formen". Der zweite Hauptsatz der Thermodynamik betrifft nichts Gravierenderes als die Tendenz eines Systems von Molekülgeschwindigkeiten, den wahrscheinlichsten Zustand „anzustreben".

104 W. Thomson (Lord Kelvin), On a Universal Tendency in Nature to the Dissipation of Mechanical Energy, in: Philosophical Magazine 4 (1852), zitiert bei Bellone, A World on Paper, S. 48.
105 Zur Diskussion siehe d'Abro, The Rise of the New Physics, Bd. 1, S. 344–357.
106 Porter, The Rise of Statistical Thinking, S. 126–128.
107 L. Boltzmann, Der zweite Hauptsatz der mechanischen Wärmetheorie, in: ders., Populäre Schriften, Leipzig 1905, S. 34.

Die Bedeutung von Boltzmanns Verknüpfung von Wahrscheinlichkeit und Entropie kann nicht hoch genug geschätzt werden. Boltzmann konnte damit nämlich behaupten, dass allein deshalb, weil Fälle spontaner Entropieabnahme noch nicht beobachtet wurden, nicht behauptet werden könne, diese seien nicht möglich. Schließen könne man daraus nur auf deren hohe Unwahrscheinlichkeit – angesichts der äußersten Komplexität des natürlichen Systems, in dem wir leben. Versteht man den zweiten Hauptsatz der Thermodynamik als Ausdruck der Wahrscheinlichkeit und nicht, wie Kelvin dies tat, als ein physikalisches Gesetzt absoluter Beweiskraft, ist man berechtigt, die Existenz von Ereignissen zu postulieren, die möglicherweise niemals (oder noch nicht) beobachtet werden können. „Unter der Annahme einer hinreichenden Größe des Universums", so schrieb Boltzmann im Jahre 1895,

> „ist die Wahrscheinlichkeit, dass ein solch kleiner Teil von ihm wie die unsrige Welt sich im gegenwärtigen Zustand befindet, nicht mehr gering. Wäre diese Annahme korrekt, dann würde unsere Welt dem thermischen Gleichgewicht immer näher kommen. Weil aber das Gesamtuniversum derart groß ist, wäre es wahrscheinlich, dass zu einem zukünftigen Zeitpunkt eine andere Welt vielleicht in so starkem Maße vom thermischen Gleichgewicht abweicht, wie dies für unsere Welt gegenwärtig gilt."[108]

Boltzmann forderte Kelvin heraus, indem er der Mathematik einen Erkenntniswert zuerkennt, selbst wenn dieser durch praktische Erfahrung nie eingelöst werden könnte.

Die Grenze zur philosophischen Debatte überschritten diese fachwissenschaftlichen Meinungsverschiedenheiten in den Schriften Ernst Machs, der Boltzmann eine sensualistische Anschauung entgegenhielt und unter statistischen Teilchen, da sie sich der Wahrnehmung entzogen, nichts anderes verstand als imaginäre Vorstellungen. Mach hielt an der positivistischen Auffassung fest, derzufolge wir hinsichtlich unserer die Natur betreffenden Ideen von der Erfahrung auszugehen hätten, und er lehnte den Gedanken ab, dass Boltzmanns Korrelationen irgend etwas mit der wirklichen Welt zu tun hätten.[109] In vollem Umfang hatte Mach erkannt, dass Boltzmanns Positionierung den Lockeschen klaren und deutlichen Vorstellungen den Todesstoß versetzte. Boltzmann zufol-

108 L. Boltzmann, On Certain Questions of the Theory of Gases, in: Nature, 51 (1895), S. 209. Wiederabdruck in: McGuinness, Theoretical Physics and Philosphical Problems, S. 201–209.

109 R. S. Cohen, Ernst Mach. Physics, Perception and the Philosophy of Science, in: Ernst Mach – Physicist and Philosopher, hg. v. R. S. Cohen und R. J. Seeger, Dordrecht 1970, S. 126–164; Brush, The Kind of Motion We Call Heat, Bd. 1, S. 274–294; J. T. Blackmore, Ernst Mach. His Work, Life, and Influence, Berkeley 1972, Kap. 12.

ge entstammt das Wissen nicht notwendigerweise der Wahrnehmung. So konnte er mit der Entdeckung des Planeten Neptun auf ein Beispiel dafür verweisen, dass sich die Existenz eines unbeobachteten Objekts erfolgreich vorausberechnen ließ. Auch verwies Boltzmann auf zeitgenössische Beispiele der Ingenieurtechnik wie den „Riesenbau der Brooklyner Brücke, welche sich unabsehbar in die Länge, und de[n] des Eiffelturms, der sich endlos in die Höhe erstreckt, sie beruhen nicht bloß auf dem festen Gefüge des Schmiedeeisens, sondern auf dem festeren der Elastizitätstheorie".[110] Der Bezug auf den Eiffelturm war im Jahre 1890 besonders zeitgemäß; gleichermaßen zu Recht betonte Boltzmann aber, dass Eiffel und seine Ingenieure weit vor dem tatsächlichen Baubeginn in einer Machbarkeitsstudie die Masse des Turms, dessen Statik sowie die Auswirkungen des Windes berechnet hatten.[111] Der Turm in Paris war ein Alltagsbeispiel für die Anleitung der Praxis durch die Theorie – nicht weniger radikal als jenes, das Boltzmann für die Analyse der Thermodynamik vorschlug.

VII.

Boltzmanns Werk wurde zum Zeitpunkt seiner ersten Veröffentlichungen intensiv diskutiert, auch wenn es bis in den 1890er Jahren, als sogar das Prinzip des Atomismus zur Kontroverse wurde, an Ansehen verlor. In den ersten Jahrzehnten des 20. Jahrhunderts galt Boltzmann jedoch als Pionier der statistischen Analyse mechanischer Erscheinungen. Seine umfängliche Nutzung der Mathematik war von großem Einfluss auf die Entwicklung der Quantenphysik.[112] Kurz nach der Wende zum 20. Jahrhundert übertrug Max Planck Boltzmanns Wahrscheinlichkeitstheorem für die thermodynamische Entropie auf die Untersuchung der Abstrahlung von Wärmeenergie.[113] Obwohl Planck letztlich statistisch definierte Zellen analog jenen annahm, die sein älterer Kollege zur Untersuchung von Gasen genutzt hatte, war seine Beziehung zu Boltzmann nicht einfach. So wurde Letzterer von ihm für seine Grundannahme scharf kritisiert,

110 L. Boltzmann, Die Bedeutung von Theorien, Rede, gehalten am 16. Juli 1890 in Graz, in Erwiderung auf die Abschiedsworte von A. Tewes und H. Streintz bei der Berufung nach München, veröffentlicht in: ders., Populäre Schriften, S. 78.

111 Siehe z. B. die vielen Seiten komplexer mathematischer Berechnungen, die vor Baubeginn angefertigt wurden, in: G. Eiffel, La Tour de Trois Cents Mètres, 2 Bde., Paris 1900, Bd. 1, S. 15–71.

112 Porter, The Rise of Statistical Thinking, S. 217–219. Zur Kontroverse um den Atomismus, die Schwächung der Stellung Boltzmanns in den 1890er Jahren sowie dessen Bedeutung für die Quantentheorie siehe auch Lindley, Boltzmann's Atom, S. 143–146, 174–178, 208 f.

113 Die folgende, Plack und dem Schwarzkörperproblem gewidmete Diskussion nimmt Bezug auf Thomas S. Kuhns ausführliche geschichtliche Darstellung. Siehe ders., Black-Body Theory and the Quantum Discontinuity 1894–1912, Oxford 1978.

Wandlungen in der Natur tendierten immer vom am wenigsten wahrscheinlichen zum wahrscheinlichsten Zustand – das heißt zum Gleichgewicht. In einem an einen Freund gerichteten Brief aus dem Jahre 1897 gestand Planck, die „Wahrscheinlichkeitsrechnung kann wohl dazu dienen, wenn man vorher garnichts weiss, einen Zustand als den wahrscheinlichsten zu finden". Dafür, „wenn ein unwahrscheinlicher Zustand gegeben ist, nun den daraus folgenden zu berechnen", sei sie aber nutzlos, „denn dieses ist dann nicht mehr durch Wahrscheinlichkeit, sondern durch die Mechanik bestimmt".[114] In dieser Phase suchte Planck nach einem direkten Beweis der Unumkehrbarkeit ohne Rückgriff auf das statistische Verfahren oder Spezialannahmen, wie sie von Maxwell und Boltzmann genutzt wurden. Er blieb einer mechanistischen Auffassung der Physik verpflichtet, die auf der unterstellten Kontinuität von Energie und Materie gründete.

Die Arbeiten, die Planck vor dem Jahre 1895 verfasst hatte, betrafen ein Thema, das zu Boltzmanns Arbeitsfeld der Thermodynamik in Beziehung stand – das sogenannte Schwarzkörperproblem. Die Frage war die folgende: Warum verursacht die Wärmeenergie, wenn ihr ein Material wie etwa Eisen ausgesetzt wird, zuerst infrarote Strahlung, dann ein zunehmendes Glühen im roten Spektralbereich, bis schließlich das Gesamtspektrum weißen Lichts abgestrahlt wird? Welche Beziehung besteht zwischen der Frequenz der emittierten Strahlung und der Temperatur oder der dem System zugeführten Energiemenge? Von Maxwell und Wilhelm Wien entwickelte mechanische Theorien boten innerhalb eines schmalen Spektrums von Wellenlängen gute Näherungen an die experimentell erzielten Resultate. Planck hatte mehrere Jahre innerhalb des experimentellen Rahmens von Wien gearbeitet. Wie Thomas Kuhn bemerkt, hätte Planck, wäre er innerhalb der Welt von Wien verblieben, ein tadellos respektables Vermächtnis geschaffen. Allerdings ließ sich um das Jahr 1900 durch verbesserte Instrumente für die Erfassung langwelliger Strahlen eine Abweichung um bis zu 50 % von der prognostizierten Verteilung aufweisen.[115] An dieser Stelle trifft Plancks Forschungsweg auf die tradierte Einsicht Helmholtz', derzufolge die menschliche Wahrnehmung innerhalb der Protokolle ihrer Instrumentierung operiert. Neue Vorrichtungen, entwickelt und gefertigt, um die Energie von Wellen oberhalb des sichtbaren Spektrums zu messen, ergaben Resultate, die nahezu niemals als mögliche Wahrnehmungen angefochten wurden. In Reaktion auf diese neuen Forschungsergebnisse nahm Planck das Problem in Angriff, eine durch neue Instrumente offenkundig gewordene Theorie

114 Ebd., S. 265 f., Zitat des Briefes von Planck an Leo Graetz vom 23. Mai 1897 (im deutschen Original).
115 Ebd., S. 3–11 und 92–97.

elektromagnetischer Energie mit den etablierten Gesetzen der Erhaltung und des Gleichgewichts in Einklang zu bringen.

Zuerst postulierte Planck fiktive „Resonatoren", um seine Gleichungen mit den neuen, experimentell gewonnenen Beobachtungen in Übereinstimmung zu bringen. Er beschreibt die Funktion dieser ohne Reibung und Leitungswiderstand wirkenden Mittel wie folgt:

> „Ein solcher Resonator wird erregt, indem er Energie aus der von aussen auf ihn fallenden Schwingung absorbirt, und er wird gedämpft, indem er Energie ausstrahlt. Die ausgestrahlte Energie ist nun im Allgemeinen nicht von derselben Art wie die absorbirte; daher wird der Resonator durch seine Schwingung an den in seiner Umgebung fortschreitenden elektromagnetischen Wellen gewisse Veränderungen hervorrufen[...]."[116]

Auf dieser Stufe seines Denkens waren diese fiktiven Hilfsmittel erforderlich, um Plancks Welt zusammenzuhalten. Nicht weniger imaginär oder unwirklich als Maxwells Dämon, hatten sie dennoch den Vorzug mathematischer Beschreibbarkeit. Plancks Resonatoren existierten als Gedanken und auf dem Papier, waren in der materiellen Welt aber nicht nachzuweisen.

Kuhn beschreibt, wie Planck sukzessive die Grundlage seiner Untersuchung von der strengen Mechanik hin zu einer wahrscheinlichkeitstheoretischen, eng auf Boltzmanns H-Theorem bezogenen Formulierung verlagerte. Für sein Modell elektromagnetischer Strahlung rekurrierte Planck auf Aspekte der Abhandlung Boltzmanns aus dem Jahre 1877, die irgendwie fremd geblieben waren – insbesondere dessen Gebrauch der Wahrscheinlichkeitsrechnung und eine kombinatorische Definition der Entropie. Planck hatte genau begriffen, dass sich Boltzmann der Wahrscheinlichkeitsrechnung zuwandte, um das scheinbare Paradox der Entropie zu vermeiden. Die eigenartige Wendung in Plancks Rekurs auf die Wahrscheinlichkeitstheorie bestand darin, seiner Formel „einen wirklichen physikalischen Sinn [...] verschaffen" zu wollen, „und diese Frage führte mich von selbst zu der Betrachtung des Zusammenhangs zwischen Entropie und Wahrscheinlichkeit, also auf Boltzmannsche Gedankengänge".[117] Er ahmt Boltzmanns Vorgehensweise nach, mit „Zellen" gleicher Energie zu

116 M. Planck, Über irreversible Strahlungsvorgänge. Erste Mittheilung, in: Sitzungsberichte der Königlich-Preussischen Akademie der Wissenschaften zu Berlin 55 (1897), S. 59.

117 M. Planck, Die Entstehung und bisherige Entwicklung der Quantentheorie. Nobel-Vortrag, gehalten vor der Königlich-Schwedischen Akademie der Wissenschaften zu Stockholm am 2. Juni 1920, hier zitiert nach: ders., Vorträge, Reden, Erinnerungen, hg. v. H. Ross und A. Hermann, Berlin 2001, S. 29. Zur Deutung Boltzmanns durch Planck sowie dessen Nutzung der Herleitung des H-Theorems siehe Kuhn, Black-Body Theory, S. 70 f., 76–91.

arbeiten, unterteilte das Kontinuum der Strahlungsenergie in Pakete, allerdings mit einer wichtigen Abweichung: Während Boltzmann die Anzahl der Zellen mit dem Quadrat der Molekularenergie variieren ließ, war sie für Planck begrenzt und proportional zur Wellenfrequenz.

Planck erkannte, dass die Größe der Energiezellen konstant sein muss, wenn die Zellen mit der Wellenfrequenz in linearer Beziehung stehen.[118] Für die Annahme der Linearität gab es keinen offensichtlichen Grund, dennoch war Planck geneigt, dieser zumindest ab seiner Arbeit des Jahres 1899 zu folgen, in welcher er den Versuch unternahm, die Wiensche Energieverteilung im Emissionsspektrum eines schwarzen Körpers theoretisch nachzuweisen. Planck nahm zwei Naturkonstanten analog der Lichtgeschwindigkeit und der Gravitationskonstante an. „Gemeinsam erlauben sie", so Kuhn, „die erste Definition einer Reihe von Einheiten von Masse, Raum, Zeit und Temperatur, die ihren absoluten Charakter teilen". Wenn sich Plancks Verweis auf eine Konstante der Strahlungsenergie auch logisch aus seiner vorhergehenden Arbeit ergab, so hatten doch die neuesten Messdaten eines jüngst im Labor von Otto Lummer und Ernst Pringsheim in Charlottenburg in Dienst genommenen schwarzen Strahlungskörpers begleitenden Einfluss.[119]

Zwischen den Jahren 1901 und 1906 war Planck intensiv mit verschiedenen Ausarbeitungen einer allgemeinen Formel der Strahlungsverteilung beschäftigt. Allmählich machte er sich eine Methode zu eigen, die Boltzmanns Zugang zur Thermodynamik entsprach, und vertraute sogar auf viele der Boltzmannschen Beschreibungen und komplexen Integrale. Ausgehend von der Annahme, dass sich Resonatoren im Gleichgewichtszustand befinden (maximale Entropie), sowie von der Voraussetzung der Gültigkeit des Wienschen Verteilungsgesetzes für seine Ableitung, kam Planck zu dem Schluss, dass ein völliges Gleichgewicht nur dann möglich ist, wenn die Größe der Energiezelle ε proportional zur Frequenz ist. Plancks maßgebende Voraussetzung wurde $\varepsilon = h\nu$, wobei h das nunmehr berühmte „Plancksche Wirkungsquantum" darstellt. Diese hergeleitete Formel begründet im Nachhinein auch seine Bestimmung der Energiezellen als der Anzahl nach begrenzt und gleich in der Größe. Kuhn merkt an, dass Plancks Nachweis zu weiten Teilen ad hoc-Charakter hatte. „Nicht die Exaktheit war es, [...] wodurch die neuen Folgerungen der Planckschen Theorie besonders beeindruckten. Beeindruckend war die Tatsache, dass auf diesem Gebiet überhaupt irgendwelche Resultate erzielt wurden. Planck hatte einen konkreten quantitativen Zusammenhang zwischen dem Elektromagnetismus einerseits und den

118 Kuhn, Black-Body Theory, S. 104, sowie Anm. 25 (S. 283).
119 Ebd., S. 90, 93–96.

Eigenschaften der Elektronen und der Atome andererseits hergestellt".[120] Entscheidend ist, dass Plancks Lösung mit ihren gedämpften Resonatoren, die Energie aufnehmen und wieder emittieren, innerhalb der klassischen Vorstellungen eines mechanischen Universums verblieb.

Plancks ursprüngliche Arbeit aus dem Jahre 1901 führte sofort zu einer hektischen Betriebsamkeit, die sich in einer Reihe peripherer experimenteller Forschungen und theoretischer Ausarbeitungen zeigte. Erfolglos versuchten Mathematiker, Plancks Theorie ohne seine Bedingung $\varepsilon = h\nu$ zu bestätigen. Auch konnten sie ε nach strikt klassischen Prinzipien nicht herleiten. Noch im Jahre 1906 hielt Planck an den Übereinstimmungen zwischen seiner Konzeption und der Boltzmanns über Gase wie auch der klassischen Mechanik beider fest. Dennoch erkannte er, dass die Festlegung der besonderen Beziehung $\varepsilon = h\nu$ „ein[en] westenliche[n] Unterschied gegenüber dem Ausdruck der Entropie eines Gases" darstellt:

> „[D]ie Thermodynamik der Strahlung [wird] erst dann zum vollständig befriedigenden Abschluß gelangt sein, wenn die Konstante *h* in ihrer vollen universellen Bedeutung erkannt ist. Ich möchte dieselbe als ‚elementares Wirkungsquantum' oder als ‚Wirkungselement' bezeichnen [...]."[121]

Für Kuhn markieren diese Worte eine bedeutende Wendung. In Plancks Denken war die Konstante zu einem „Wirkungsquantum" geworden, mit dessen Auftreten „eine neue Epoche in der physikalischen Wissenschaft anhebt", in dem sich „etwas bis dahin Unerhörtes an[kündet], das berufen ist, unser physikalisches Denken [...] von Grund auf umzugestalten", und das „eine viel bedeutendere Rolle spielt, als ich anfangs geneigt war anzunehmen". Planck antwortete auf Fragen, welche die Struktur betrafen, auf der sein System gründete. In einem Brief vom Juli 1905 an den Physiker Paul Ehrenfest gestand er ein, dass „zur Ableitung des Gesetzes der Energieverteilung im Normalspektrum die Resonatorentheorie (einschliesslich der Hypothese der natürlichen Strahlung) nicht ausreicht, und dass die Einführung des *endlichen* Energiequantums $\varepsilon = h\nu$ eine neue, der Resonatorentheorie an sich fremden, Hypothese bedeutet".[122] Schließ-

120 Ebd., S. 112. Zu den Schritten der Herleitung des Planckschen Wirkungsquantums siehe S. 105–109.

121 M. Planck, Vorlesungen über die Theorie der Wärmestrahlung, Leipzig 1906, S. 153 f. Zu Plancks Zurückhaltung hinsichtlich des Eingeständnisses der Quantendiskontinuität siehe Kuhn, Black-Body Theory, S. 114–130.

122 M. Planck, Wissenschaftliche Selbstbiografie, Leipzig 1970, S. 21. M. Planck, Brief an Paul Ehrenfest vom 6. Juli 1905. Vollständig zitiert in: Kuhn, Black-Body Theory, S. 288. Hervorhebung im Original.

lich, im Juni 1906, veröffentlichte Ehrenfest eine Abhandlung, die mit der überraschenden Ansicht schloss, die Plancksche Theorie gelte unter Annahme einer zusätzlichen Beschränkung für den Wert von ε auf ganzzahlige Vielfache der Energiemenge $h\nu$. Auf die komplexen Beziehungen zwischen gedämpften Resonatoren und dem Energiefeld, die Planck erhebliches Kopfzerbrechen bereitete, konnte völlig verzichtet werden, allerdings nur unter Preisgabe des Prinzips der Stetigkeit, also der grundlegenden Idee der klassischen Mechanik, und bei Annahme einer Welt unstetiger Quanten. Die Mathematik hatte den Weg bis zu dieser geschichtlich bedeutsamen Weggabelung mit der gleichen Präzision und Zwangsläufigkeit gewiesen, wie sie bereits im Jahre 1846 Astronomen zur Auffindung des Planeten Neptun geleitet hatte. Nun aber stellte sie die Newtonsche Himmelsmaschine in ihrer Gesamtheit infrage.

Im Jahre 1925 eröffnete Niels Bohr einen kurzen Überblick über die Quantentheorie mit der Anerkennung, dass das Entropiegesetz von Boltzmann, das „auf das statistische Verhalten einer großen Anzahl mechanischer Systeme zurückgeführt wird", deshalb interessant sei, weil „statistische Betrachtungen nicht nur erlaubt haben, das mittlere Verhalten der Atome zu beschreiben, sondern auch die Schwankungserscheinungen, die bei der Erforschung der Brownschen Bewegungen eine unerwartete Möglichkeit ergeben haben, die Atome zu zählen".[123] Auf dem Weg von Boltzmann zu Bohr hatte die Physik eine gewaltige Schwelle überschritten: Die Vorstellung, Atome seien die kleinsten Entitäten, war der Ansicht gewichen, dass sie aus separaten Elementarteilchen bestehen – einem Kern, von einer Anzahl Elektronen umkreist –, wie auch der Annahme eines Verhaltensmusters, das nach den Gesetzen der klassischen Mechanik nicht erklärbar war. Zuerst war man geneigt, die Atomstruktur als extrem verkleinertes Sonnensystem zu verstehen, in dem sich Elektronen so um den Kern bewegen, wie die Erde die Sonne umrundet. Dies war das von Ernest Rutherford im Jahre 1911 verbreitete Modell. Bohr, einer der jungen Mitarbeiter Rutherfords, erkannte, dass das Sonnensystemmodell des Atoms stabil sein musste und weder Energie aufnehmen noch abgeben konnte. Er machte sich Plancks Idee der Energiequanten zu eigen, um ein Modell vorzuschlagen, demzufolge Elektronen Umlaufbahnen diskontinuierlich, durch Sprünge wechseln. Licht wird bei Energieabnahme emittiert, wenn das Elektron auf eine niedrigere Umlaufbahn springt. Ein Quantum Licht wird absorbiert, das Energieniveau steigt und das Elektron bewegt sich auf eine höhere Umlaufbahn. Bohrs revolutionäres Modell hielt an der scheinbaren Stabilität einer planetarischen Atomstruktur fest und

123 N. Bohr, Atomtheorie und Mechanik, in: Die Naturwissenschaften 1 (1926), S. 1.

stimmte doch mit Messdaten des von Wasserstoff emittierten Lichtspektrums überein. Im Jahre 1919 erhielt er der Nobelpreis.[124]

Bohr bemerkt, „daß es bei dem allgemeinen Problem der Quantentheorie sich nicht um eine auf Grundlage der gewöhnlichen physikalischen Begriffe beschreibbare Abänderung der mechanischen und elektrodynamischen Theorien handelt, sondern um ein tiefgehendes Versagen der raumzeitlichen Bilder, mittels welcher man bisher die Naturerscheinungen zu beschreiben versuchte".[125] Die Bemühungen, sich extrem kleine Teilchen in einem entsprechend kleinen Raum vorzustellen, rütteln an den Grundvoraussetzungen des Theatermodells visueller Darstellung – eines Modells, das seiner Natur nach mechanisch ist, weil es von der Annahme im Raum befindlicher Gegenstände ausgeht. Die weitere Erforschung an Lichtspektren brachte die Experimentalphysiker der Generation von Bohr zu der Annahme, „daß das Wechselspiel der Elektronen einen mechanisch unbeschreibbaren ‚Zwang' enthielt, der eine eindeutige Zuordnung von Quantenzahlen in Anlehnung an die Quantisierungsregeln für Periodizitätssysteme ausschließt". Für das Gefühl der Physiker werde es, so schließt Bohr seine Abhandlung aus dem Jahre 1925, „wohl zunächst bedauerlich vorkommen, daß wir bei den Atomfragen auf eine derartige Begrenzung unserer üblichen Anschauungsmittel gestoßen sind. Dieses Bedauern wird aber vor der Dankbarkeit weichen müssen, daß die Mathematik auch auf diesem Gebiet uns die Werkzeuge schenkt, um Wege zu weiteren Fortschritten zu bahnen." Im Unterschied zu Tait, der Boltzmann Vorwürfe machte und Mathematik und empirische Forschung gegeneinander ausspielte, begrüßte Bohr die Mathematik als ein wirkungsvolles Instrument im Repertoire der Physik. Offen akzeptiert er, dass die Mathematik Korrelationen in der Physik zulässt, die den menschlichen Sinnesapparat übersteigen, und er hält diese Entwicklung für notwendig, um weitere Fortschritte zu erzielen. Bohr ist nicht der Auffassung, die Mathematik verstecke die Welt hinter einem „bloßen Spiel abstrakter Symbole", wie Tait formulierte, sondern er ist überzeugt, sie lasse uns deren innerste Funktionsweise erkunden. Sein Kommentar offenbart, dass die Mathematik ihre Referenzen dafür, ein Weg zur physikalischen Wahrheit zu sein, unmissverständlich ausgewiesen hat.[126]

124 Die Standarddarstellung der Geschichte des Bohrschen Atommodells bieten John L. Heilbron und Thomas S. Kuhn: The Genesis of the Bohr Atom, in: Historical Studies in the Physical Sciences 1 (1969), S. 211–290; wiederabgedruckt in: J. L. Heilbron, Historical Studies in the Theory of Atomic Structure, New York 1981, S. 149–228. Siehe auch I. B. Cohen, The Revolution in Science, Cambridge MA 1985, S. 427–430, und Kuhn, Black-Body Theory, S. 247–249.

125 Bohr, Atomtheorie und Mechanik, S. 4. Weiter Zitate in diesem Absatz finden sich auf S. 7 und 10.

126 Die Auseinandersetzung zwischen Mathematik und empirischer Forschung hat eine lange Geschichte, die bis ins 17. Jahrhundert zurückreicht. Für uns ist wesentlich,

Zwei Jahre später, im Jahre 1927, in einer Zeit atemberaubender Entwicklungen in der theoretischen Physik, behauptet Bohr, die Beobachtung selber sei eine Konstruktion, abhängig davon, was man sehen möchte.

> „Lassen wir andererseits, um Beobachtungen zu ermöglichen, eventuelle Wechselwirkungen mit geeigneten, nicht zum System gehörigen, äußeren Messungsmitteln zu, so ist der Natur der Sache nach eine eindeutige Definition des Zustandes des Systems nicht mehr möglich, und es kann von Kausalität im gewöhnlichen Sinn keine Rede sein. Nach dem Wesen der Quantentheorie müssen wir uns also damit begnügen, die Raum-Zeit-Darstellung und die Forderung der Kausalität, deren Vereinigung für die klassischen Theorien kennzeichnend ist, als komplementäre, aber einander ausschließende Züge der Beschreibung des Inhalts der Erfahrung aufzufassen, die die Idealisation der Beobachtungs- bzw. Definitionsmöglichkeiten symbolisieren."[127]

In diesem Aufsatz geht Bohr davon aus, dass „der Begriff der Beobachtung eine Willkür" enthalte, „indem er wesentlich darauf beruht, welche Gegenstände mit zu dem zu beobachtenden System gerechnet werden". Sein Standpunkt ergibt sich aus der systemischen Auffassung der Beobachtung, die durch Helmholtz angeregt und später durch Albert Einsteins Studien zum Relativitätsprinzip und Werner Heisenbergs Unschärferelation theoretisch erfasst wurde.[128] Bohr schließt seinen Aufsatz mit der Annahme, als Physiker müsse man „bei der singemäßen Anpassung der Relativitätsforderung an das Quantenpostulat auf einen noch weiter gehenden Verzicht auf Anschaulichkeit im gewöhnlichen Sinne gefaßt sein", bis hin zur „Anpassung unserer den Sinnesempfindungen entlehnten Anschauungsformen an die allmählich vertiefte Kenntnis der Naturgesetze".[129] Wie vor ihm Helmholtz, so ist auch Bohr der Überzeugung, dass die schmale Bandbreite menschlicher Wahrnehmung und deren eingelebte Gewohnheiten unser Erkennen behindern, und er meint, dass die Fähigkeiten der Menschen sich letztlich den Arten von Daten anmessen werden, welche hochspezia-

dass zu diesem geschichtlichen Zeitpunkt beide Aktivitäten zusammenlaufen und die Grenzen zwischen ihnen verschwinden. Thematisch relevant sind u.a. Hacking, Representing and Intervening, insbes. Kap. 9; sowie seine Abhandlung „Experimentation and Scientific Realism", Kap. 13 in: R. Boyd, P. Gasper et al. (Hg.), The Philosophy of Science, Cambridge MA 1997. Zur Interaktion zwischen physikalischem und theoretischem Beweis in der Physik siehe: Galison, Image and Logic, insbes. Kap. 1 und 9.

127 N. Bohr, Das Quantenpostulat und die neuere Entwicklung der Atomistik, in: ders., Atomtheorie und Naturbeschreibung. Vier Aufsätze mit einer einleitenden Übersicht, Berlin 1931, S. 35 f.

128 Ebd., S. 34–37.

129 Ebd., S. 58 f.

lisierte Instrumente erzeugen. Wir verstehen dies als Hinweis, dass die zwischen Mensch und Maschine bestehende Schnittstelle der Wissenschaft – in überzeugender Weise von Helmholtz problematisiert – sich zu jenem multisensorischen System der Interaktion von Instrument und Nutzer entwickelt, das der Vorbote des Augenarztes zu Anfang unseres Buches ist. Das von uns, ausgehend vom späten 18. Jahrhundert, skizzierte diagrammatische Wissen war eine interaktive und immersive Form des Denkens. Was Bohr hier eigentlich voraussieht, ist die fortlaufende Diagrammatisierung der wissenschaftlichen Praxis.

VIII.

Möglicherweise haben wir uns weit von jenen Beschreibungen der Naturwissenschaft entfernt, die gestützt auf den menschlichen Sinnesapparat und verankert in der Sprache das „Portrait der verschiedenen Erzeugnisse der Natur zeichnen und ein *tableau* verfertigen, das sie […] vergegenwärtigt", wie Daubenton in der *Enzyklopädie* schrieb. In der Tat brachte Bohr diese Distanzierung in zwei Abhandlungen des Jahres 1929 zur Sprache, in denen er auf erhellende Weise viele der die Beschreibung betreffenden Termini interpretiert, welche durch die *Enzyklopädie* ins Spiel gebracht worden waren.[130] Zum Abschluss kommen wir nochmals auf die *Enzyklopädie* zurück, um deren fraktionierte Behandlung der Beschreibung mit Bohrs Auflistung von Hindernissen zu vergleichen, welchen die Physik im Quantenzeitalter begegnet. So hatte Marmontel über die Beschreibung in der schöngeistigen Literatur geschrieben, „die Nachahmung [der Natur] kann im Detail unendlich variieren", weil „nahezu die gesamte Natur in Bewegung ist und alles in ihr aus Teilen besteht".[131] Bohr sieht eine analoge Plastizität in der Beschreibungen der natürlichen Welt am Werke, weil „mit der Entstehung der Relativitätstheorie […] durch eine weitgehende Vertiefung des Beobachtungsproblems de[r] subjektive[] Charakter aller Begriffe der klassischen Physik" offenbar werden sollte.[132] Bohr behauptet, Einsteins Relativitätstheorie komme „dem klassischen Ideal von Einheitlichkeit und Ursachenzusammenhang in der Naturbeschreibung in besonders hohem Maße entgegen". Nun behauptet er aber auch, dass Plancks Entdeckung des Wirkungs-

130 N. Bohr, The Quantum of Action and the Description of Nature (1929), deutsche Veröffentlichung als: Wirkungsquantum und Naturbeschreibung, in: ders., Atomtheorie und Naturbeschreibung, S. 60–66, sowie The Atomic Theory and the Fundamental Principles underlying the Description of Nature (1929), deutsche Veröffentlichung als: Die Atomtheorie und die Prinzipien der Naturbeschreibung, in: ebd., S. 67–77.

131 Marmontel, Description, Supplément.

132 Bohr, Wirkungsquantum und Naturbeschreibung, S. 63; weitere Zitate aus dieser Abhandlung von S. 62 f. und 65.

quantums mit der ihm innewohnenden Diskontinuität und (seit Heisenberg) dem „Austausch von Impuls und Energie mit den zum Vergleich benutzten Maßstäben und Uhren" einen „Bruch der Ursachenkette" mit sich führe.

Angesichts dieser Sachlage beobachtet Bohr eine Ähnlichkeit zwischen der Beschreibung atomarer Ereignisse und der „Gedankentätigkeit", bei der „keine strenge Trennung zwischen Objekt und Subjekt aufrechtzuerhalten ist". „[W]ir müssen", so schließt er, „darauf gefaßt sein, daß eine allseitige Beleuchtung eines und desselben Gegenstandes verschiedene Gesichtspunkte verlangen kann, die eine eindeutige Beschreibung verhindern". Hier betritt der Quantenphysiker Bohr den Gedankenkreis von Jaucourt, dem *littéraire*: „Da die Vorstellung selbst in der Lage ist", so hatte dieser geschrieben, „die Dinge größer, außerordentlicher und schöner darzustellen, als die Natur sie für gewöhnlich den Augen darbietet, [...] sollten sie nicht dargestellt werden, wie sie uns der Zufall tagtäglich vorstellig macht, sondern so, wie wir uns vorstellen, dass sie sein sollten."[133] In jedem der beiden Fälle sind Beschreibungen mit unbekanntem Terrain befasst: Für Jaucourt bringen sie eine Welt zur Sprache, welcher die Vorstellung Gestalt verleiht; für Bohr betreffen sie eine Welt der „unserer gewöhnlichen Anschauung unzugänglichen" Tatbestände, die uns durch die Mathematik der Quantentheorie enthüllt wird. So gesehen werden zwei Punkte der Übereinstimmung von Bohr und Jaucourt offenbar: Einerseits verstehen beide die Sinneswahrnehmungen als bestenfalls beschränkte Formen des Erkennens, andererseits akzeptieren sie die Vorstellung, dass die Beschreibung selber in einem Rahmen variabler Subjektivität operiert. Die Übereinstimmung ist umso überraschender, als die Tätigkeit des Beschreibens, selbst wenn die Welt des Wissenschaftlers sich nicht mit der der Literatur zu überschneiden scheint, beide Bereiche verbindet und echte Hybride extrasensorischen Wissens schafft.

In einer zweiten Abhandlung aus dem Jahre 1929, in der er sich mit der Schnittstelle zwischen Atomtheorie und sinnesbasierten Beschreibungen der Natur befasst, thematisiert Bohr die „eigentümliche Lage", die sich einstellt, wenn das immer detailreichere Wissen um die Struktur der Atome zugleich „die natürliche Begrenzung unserer Anschauungsformen" enthüllt.[134] Nachdem er einige der zeitgenössischen Entdeckungen in der Atomtheorie vorgestellt und dargelegt hat, warum die mechanischen Beschreibungen nicht mehr die bestimmenden Eigenschaften der Elemente erklären können, erläutert Bohr, wie Plancks Theorie des Wirkungsquantums verschiedene zentrale theoretische Probleme zu lösen vermochte. Dennoch verlangte die Annahme der Planckschen Theorie nach einem bedeutenden Zugeständnis: „Im Gegensatz zu der Forderung der

133 Jaucourt, Description, Supplément.

134 Bohr, Die Atomtheorie und die Prinzipien der Naturbeschreibung, S. 67; weitere Zitate aus dieser Abhandlung von S. 67, 70 f.

Kontinuität, welche die gewöhnliche Naturbeschreibung kennzeichnet, hat die Unteilbarkeit des Wirkungsquantums", so Bohr, „die Einführung eines wesentlichen Elements von Diskontinuität in die Beschreibung der Atomerscheinungen zur Folge." Wenn die neue Theorie „eine widerspruchsfreie Deutung des Erfahrungsmaterials" ermöglicht, dann fordert sie auch „einen Verzicht auf die nähere Beschreibung der einzelnen Übergangsprozesse". Den damit der Kausalität zugefügten Schaden hat Bohr korrekt eingeschätzt:

> „Wir sind hier soweit von einer Kausalbeschreibung entfernt, daß einem Atom in einem stationären Zustand im allgemeinen eine freie Wahl zwischen verschiedenen Übergangsmöglichkeiten zu anderen stationären Zuständen zugestanden werden muß. Für das Auftreten der einzelnen Prozesse können der Natur der Sache nach nur Wahrscheinlichkeitsbetrachtungen angestellt werden […]."

Obwohl die gegenwärtige Physik Bohrs Wissen um die Atomstruktur weit hinter sich gelassen hat, bleiben doch, wie das Zitat offenbart, verschiedene seiner Annahmen in der theoretischen Physik und in deren Beschreibungsordnung weiter wirksam. Vor allem betrifft das die Vorstellung von der Unmöglichkeit einer schrittweisen Kausalerklärung. Damit ist nicht gesagt, dass Physiker auf Erklärungen verzichten, sondern dass ihre Erkenntnis aus geschlussfolgerten Korrelationen zwischen einem Zustand und dem ihm folgenden besteht. Gleichermaßen bedeutsam ist die Annahme, dass der Folgezustand eines Atoms nicht exakt vorhersehbar ist. Der Verzicht auf die Kraft der Vorhersage ist Teil des Boltzmannschen Erbes der gegenwärtigen Physik.

Diagrammatisches Wissen besteht, wie wir behaupten, wesentlich aus Korrelationen. Diagramme bringen Knotenpunkte ins Spiel, von denen her die Nutzer nach Belieben in verschiedenen Richtungen gehend abzweigen können und deren Erkenntnisertrag nicht genau feststeht – obwohl dessen Umfang probabilistisch beschreibbar ist. Die von uns hervorgehobene Symmetrie zwischen diagrammatischem Wissen und den kognitiven Verfahren der theoretischen Physik hängt davon ab, dass man beide Formen der Erkenntnis als Korrelationen anerkennt, die durch Nutzer erzeugt werden, die in ihrem *métier* vertieft sind. Kurz gesagt finden wir in den Tafeln der *Enzyklopädie* verborgen ein Moment von Modernität, das der Anerkennung harrt.

Eines der in den Schriften Bohrs aus dieser Zeit wiederkehrenden Themen ist der Gedanke, dass der „Verzicht auf Anschaulichkeit und Kausalität", zu dem die Quantenmechanik die Physiker zwingt, von diesen doch „als ein[] wesentliche[r] Fortschritt unserer Erkenntnis" verstanden werden muss.[135] Er

135 Ebd., S. 75, weitere Zitate aus dieser Abhandlung von derselben Seite und aus Foucault, Die Ordnung der Dinge, S. 303.

akzeptiert diesen Bruch mit der Vergangenheit nicht, den Foucault später als eine mathematische Formalisierung bestimmt hat, die fähig sei, „auf einer anderen Ebene die Einheitlichkeit wiederzufinden". Bohr hatte erkannt, dass mit dem Quantum die Grundlagen der Beschreibung fraglich geworden sind:

> „Die Entdeckung des Wirkungsquantums zeigt uns nämlich nicht nur die natürliche Begrenzung der klassischen Physik, sondern sie bringt die Naturwissenschaft in eine ganz neue Lage, indem die alte philosophische Frage nach der objektiven Existenz der Erscheinungen[,] unabhängig von unseren Beobachtungen, in neue Beleuchtung gestellt wird. Wie wir gesehen haben, fordert jede Beobachtung einen Eingriff in den Verlauf der Erscheinungen, der seinem Wesen nach der kausalen Beschreibungsweise die Grundlage entzieht. Die Grenze der Möglichkeit, von selbständigen Erscheinungen zu reden, die uns die Natur selber in dieser Weise gesetzt hat, findet allem Anschein nach eben ihren Ausdruck in der Formulierung der Quantenmechanik."[136]

Die Quantenmechanik wird von Bohr nicht als Großtheorie einer Einheit höherer Ordnung verfochten. Vielmehr begrüßt er die befreiende Wirkung, die davon ausgeht, sich von Kausalität und Anschaulichkeit als notwendigen Bestandteilen der Naturbeschreibung zu entbinden. Das Zersplittern der Beschreibung, wie sie sich in den Texten und Tafeln der *Enzyklopädie* zeigt, die menschliches Empfindungsvermögen überschreitende Bandbreite des Helmholtzschen Wahrnehmungsapparats sowie die Bändigung des Chaos in der Mathematik Boltzmanns gehören seit Bohr dem Instrumentarium des Wissenschaftlers zu. Lord Kelvin hätte dies nicht gebilligt.

Üblicherweise teilt sich für Wissenschaftshistoriker die Geschichte der modernen Physik mit dem Auftreten des Wirkungsquantums. Dessen Hervortreten als Arbeitsgegenstand war das Ergebnis verschiedener zusammenlaufender theoretischer und praktischer Forschungsstränge, welche die klassische Mechanik und deren Annahme kontinuierlicher Wirkung und Energieübertragung infrage stellte. Die umfängliche Geschichte der Forscher und ihrer Experimente, welche das atomtheoretische Bild des Universums im frühen 20. Jahrhundert prägten, können wir nicht nachzeichnen. Als Kulturhistoriker sind wir jedoch fasziniert vom Aufkommen des Wirkungsquantums als Arbeitsgegenstand und von dessen letztlicher Annahme durch Forscher und die allgemeine Öffentlichkeit. Ein Wirkungsquantum hinterlässt bestenfalls momentane Spuren an den äußersten Grenzen instrumentengeleiteter Wahrnehmung. Warum sollte man es als gegeben ansehen?

136 Bohr, Die Atomtheorie und die Prinzipien der Naturbeschreibung, S. 75.

Die kurze Antwort darauf lautet, dass ein Wirkungsquantum, wie jeder andere Arbeitsgegenstand auch, etwas in der Welt hervorruft. Seine Nützlichkeit wird zum Ding an sich und vermeidet die Sorge, sich den Kopf über seinen ontologischen Status zerbrechen zu müssen. Die ausführliche Antwort, welche dieses Buch umrissen hat, lautet, dass Arbeitsgegenstände eine Geschichte haben und dass das Wirkungsquantum zu dieser Geschichte gehört. Wir begannen mit der *Enzyklopädie*, weil sie den kohärenten und gewaltigen Versuch verkörpert, der von Menschen seit Langem praktizierten korrelativen Erkenntnis Gestalt zu verleihen und deren Weitergabe an andere zu ermöglichen – sie zu vergesellschaften. Hierin liegt das utopische Projekt von Diderot und d'Alembert.

Die Tradition des Experimentierens, welche die Quantenmechanik schuf, brach freilich um das Jahr 1900 ab – die bloße Anzahl neuer Instrumente und deren Originalität bezeugen diesen Bruch.[137] Ein Kontinuitätsstrang allerdings blieb bestehen – einer, der sich mit den bemerkenswerten Umdeutungen der natürlichen Welt verband, die Planck, Bohr, Einstein und andere vornahmen. Dieser Strang führt uns zurück zu der Ordnung fragmentierter und zersplitterter Beschreibungen, welche sich in den Tafeln der *Enzyklopädie* artikulierte. Die Welt Diderots und d'Alemberts bestand aus Bildern und Worten, die auf Papierbögen angeordnet waren. Das Weiße des Papiers war der Raum ihrer Korrelationen. Die Wahrscheinlichkeitsrechnung schuf einen, auf ungeahnt hohem Abstraktionsniveau, weit jenseits des menschlichen Sinnesapparats befindlichen Schauplatz von Korrelationen. Diese Verlagerung hätte d'Alembert weder absehen noch vorhersagen können, als er die Infinitesimalrechnung vom Bereich nutzbringender Beschreibungen der Welt trennte. Aber er hätte, davon sind wir überzeugt, das Wirkungsquantum als ein geeignetes Denkwerkzeug begrüßt.

137 Galison, Image and Logic. Galisons detailreiche Materialgeschichte bietet eine umfassende Darstellung der neuen Instrumente der ersten Hälfte des 20. Jahrhunderts sowie der Interpretationen, zu denen sie Anlass gaben.

6. ÜBERSCHREITUNGEN

Unsere Archäologie des Diagramms hat den langen Prozess skizziert, in welchem Instrumente und Analysewerkzeuge den Erkenntnishorizont über die Beschränkungen des menschlichen Sinnesapparats hinaus erweiterten. Dem seit der Renaissance bestehenden und von da an vorherrschenden Modus der Visualisierung entsprechend, stand ein im Raum befindliches Objekt unter dem Blick eines exakt positionierten Beobachters. Die *Enzyklopädie* zeigt nun, in welchem Ausmaß die Beschreibung bereits zur Mitte des 18. Jahrhunderts fragmentiert war, und zwar teils deshalb, weil die Instrumente weiter blicken ließen oder mit größerer Detailgenauigkeit oder einer besseren Auflösung, als dies Menschen ohne diese vermochten, und Datensätze erzeugten, die nach neuen Schemata der Darstellung verlangten. Wir haben die Tafeln der *Enzyklopädie* als Resultate gemeinsamen Strebens interpretiert, diesen neuen Konfigurationen konkrete Gestalt zu geben, wenn auch innerhalb der technischen Grenzen des Papierdrucks. Unserer Darstellung zufolge besteht die vorrangige Eigenschaft der Tafeln in ihrem überraschenden, zuweilen schockierenden Gebrauch visueller Arrangements: Die divergierenden Maßstäbe und Blickwinkel wie auch die wechselnden Beziehungen zwischen zahlreichen Elementen in diesen Arrangements bilden die ergebnisoffene Darstellungsform, die Diagrammen eigen ist. Vermöge der Komplizenschaft eines Betrachters beim Überbrücken der weißen Felder, welche die Bestandteile sowohl miteinander verbinden als auch voneinander trennen, erbringen die Diagramme der *Enzyklopädie* einen Erkenntnisertrag, der von einem innerhalb der technischen Grenzen des menschlichen Sehvermögens handelnden Einzelbetrachter nicht erwartet werden kann. Selbst auf jenen zeitgenössischen Schauplätzen, auf denen verortete Betrachter Priorität behielten – insbesondere bei Theaterinszenierungen und in der Historienmalerei –, begannen Stimulation und Aufmerksamkeit in mannigfacher Weise, feste Bedeutungen zu unterminieren und den Betrachter zum Improvisieren einzuladen – ähnlich den Querverweisen der *Enzyklopädie* und den weißen Räumen ihrer Tafeln.

Obwohl sich die Autoren der *Enzyklopädie* bei der Beschreibung der Welt die diagrammatische Wende zu eigen machten, konnten sie doch über die damit verbundenen Konsequenzen keine Übereinkunft erzielen. Sie blieben einer impliziten erkenntnistheoretischen Rangordnung der Visualisierung verpflichtet, derzufolge der wahrnehmende menschliche Körper, somit der menschliche Sinnesapparat, seine Vorrangstellung behielt. Die physikalistische Voreingenommenheit der Autoren beschränkte zwangsläufig die Zweckdienlichkeit von Beschreibungen, die mittels Gleichungen statt mit den Werkzeugen der Geometrie erzeugt wurden. Auf unserem Weg durch das 19. Jahrhundert haben wir jene Momente verzeichnet, als die Mathematik, insbesondere die Infinitesimal- und Wahrscheinlichkeitsrechnung, zu unerlässlichen Arbeitsgegenständen wurden, obwohl dies bedeutete, der bildlichen Vorstellung die Bedeutung zu nehmen, vorrangiges Medium der Erkenntnis zu sein. Mit Laplace zog die Wahrscheinlichkeitsrechnung in den Bereich der Himmelsmechanik ein und erschütterte die positivistische Denkweise Newtons. Legendre und Gauß nutzten sie als Werkzeug zur Voraussage und Korrektur von Fehlern. Für Quetelet wurde sie zum Mittel, um die Daten umfangreicher Stichproben zu meistern sowie normative Hochrechnungen formulieren zu können. Boltzmann wiederum machte von ihr Gebrauch, um jenseits der Wahrnehmungsgrenzen befindliche physikalische Erscheinungen vorauszuberechnen und das Problem des Maxwellschen Dämons zu umgehen. In den Ausarbeitungen von Planck, Bohr und Einstein befreite die Quantenmechanik von der Unterstellung, „Beschreibungen" seien räumliche Visualisierungen und „Beobachtungen" hätten aus einem solchen Blickwinkel zu erfolgen, der von dem zu Untersuchenden unabhängig ist. Die Resultate der Quantenmechanik anzuerkennen bedeutete, die Sinneswahrnehmung als Grundlage des Weltwissens preiszugeben.

Letztlich hatten mathematische Berechnungen mittels ihrer abstrakten Präzision und die Instrumente vermöge ihrer Untrüglichkeit die mit grober Auflösung arbeitenden und zur Ermüdung neigenden Sinnesorgane des menschlichen Körpers als Basis der Erkenntnis abgelöst. So war es insbesondere Helmholtz gelungen, physiologische Untersuchungen und mathematische Beweisführung zusammenzuführen. Sein Befund – der darin bestand, dass der Probabilismus der Fehlerkorrektur die Grenzen menschlicher Wahrnehmung prognostiziert und bestimmt – eröffnete die Aussicht auf ein Kontinuum zwischen der relativ engen Bandbreite menschlicher Sinne und der großen Bandbreite der Instrumente, die ersonnen wurden, um sehr groß- wie auch sehr kleindimensionierte Wellenlängen, Teilchen und Bewegungen zu erfassen. Obwohl Helmholtz das menschliche Subjekt als Zentrum des Lebens beibehielt, verschwanden bei ihm doch die Menschen hinter einem Schleier unstetiger, nur partiell erfasster Daten, die der Welt beständig durch Korrelationen Gestalt verleihen, die aus Fehlerkorrekturen resultieren. Helmholtz zufolge ist die Wahrnehmung selbst diagrammatisch.

Die Untersuchung der Diagrammkultur des 19. Jahrhunderts in ihrer Komplexität führte uns zwangsläufig zu einer fachspezifischen Sichtweise. Anschaulich haben wir die Migrationsbewegungen von Korrelationsprozessen ausgehend von den buchstäblich weißen Räumen der Tafeln der *Enzyklopädie* und den Blättern der darstellenden Geometrie Monges hin zum virtuellen Weiß des mathematischen Raumes nachgezeichnet, die von algebraischen Unstetigkeiten der Infinitesimal- und der Wahrscheinlichkeitsrechnung bevölkert werden. Wir möchten unsere Diskussion insbesondere mit Bezug auf die Entwicklung mechanischer bildgebender Verfahren absichern und erweitern, und wenden uns zu diesem Zweck kurz dem Werk zweier bedeutender, allerdings auch voneinander sehr verschiedener Persönlichkeiten der Geschichte der Fotografie zu: Louis-Jacques-Mandé Daguerre und Étienne-Jules Marey.

In die Geschichte eingegangen ist Daguerre des Verfahrens wegen, das seinen Namen trägt und groß im Jahre 1839 angekündigt wurde. Seine Erfindung speicherte auf einer Kupferplatte das Bild von allem, was sich mittels einer Linse fokussieren lässt. Daguerre hatte entdeckt, manche meinen per Zufall, dass eine mit Silberjodid beschichtete und belichtete Platte ein Bild „entwickelt", wenn sie Quecksilberdampf ausgesetzt wird, und dieses Bild auf Dauer „fixiert" werden kann, wenn man die Platte in eine Kochsalzlösung legt. Daguerreotypien wurden umso mehr zur Sensation, als die sehr hohe, auf Molekülniveau wirkende Auflösung, die das Verfahren von Daguerre ermöglichte, eine atemberaubende optische Detailgenauigkeit erbrachte. „Die vorzügliche Genauigkeit der Darstellung ist unfassbar", schrieb Samuel Morse seinem Bruder in einem Brief aus Paris nach New York. „Noch kein Gemälde und kein Stich sind dem nahegekommen".[1] Die Natur schien mit halluzinatorischer Präzision und ohne menschlichen Eingriff abbildbar zu sein, womit dann letztlich doch der Renaissancetraum einer allumfassenden Darstellung der Welt aus der Zentralperspektive wahr werden würde. Oberflächlich gesehen schien Daguerres Verfahren exakt beschreibende *tableaux* zu liefern.

Die Rede von einer unverschleierten Objektivität, mit der man die ersten Daguerreotypien feierte, war, wie Joel Snyder aufzeigt, im Wesentlichen unzutreffend. Sie zeugte von einer erheblichen Überbewertung des Verfahrens, die sich aus den kritischen Erwartungen ergab, die durch jenes Ideal des Renaissancetableaus geprägt wurden.[2] Die Bilderzeugung mittels Daguerreotypien verlief anfangs so langsam, dass Belichtungszeiten von dreißig Minuten üblich

1 S. F. B. Morse, New York Observer (20. April 1839), ND in: H. Gernsheim, A. Gernsheim, L.-J.-M. Daguerre. The History of the Diorama and the Daguerreotype, 2. Aufl., New York 1968, S. 89 f. Dieser Band ist das Standardwerk zur Geschichte von Daguerres Erfindung und deren Verbreitung.

2 J. Snyder, Visualization and Visibility, in: Picturing Science/Producing Art, hg. v. C. A. Jones, P. Galison, New York 1998, S. 390–393.

waren. In diesem Zeitraum bewegten sich möglicherweise viele Bildelemente, besonders dann, wenn sich die Kamera aus dem Fenster heraus auf die Stadtlandschaft richtete: Das Gewimmel von Menschen, Kutschen, Booten und Tieren entfaltet sich unter dem untrüglichen Blick der Linse, wird aber nicht aufgezeichnet. Seltsamerweise brachten die entwickelten Drucke nur eine Stadt ohne Menschen, Verkehr und Leben zum Vorschein.[3] Die langen Belichtungszeiten ließen, wenig überraschend, eine befriedigende Ähnlichkeit von Portraits nicht zu. Es ist wahr, dass verbesserte Chemikalien und Linsen die Bewegungen des Alltagslebens – oft als Schleier auf der Bildfläche erscheinend – schließlich wieder zum Vorschein brachten und Aufnahmen von Portraits möglich wurden. Entscheidend ist jedoch, dass sich Daguerres Erfindung vor allem als dürftiges, dem menschlichen Auge sehr unähnliches Hilfsmittel erwies und ihre Mängel die Mythen von Wahrheit und Objektivität entlarvten, die schier unzertrennlich mit der Renaissancekonzeption des Bildes verbunden waren.

In den 1870er Jahren erfuhr die Geschichte der Fotografie eine eindrucksvolle Ausdifferenzierung. Einerseits wurde vermöge technischer Verbesserungen der Dispersionen, Kameras und der Optik die Illusion immer perfekter, eine vollkommene Nachahmung des Ideals des menschlichen Auges erzielen zu können – ein Hauptkapitel dieser Geschichte, das uns hier nicht beschäftigt. Ein ganz anderer Zweig des Experimentierens strebte danach, aus der Fotografie, statt sie das menschliche Auge bloß nachahmen zu lassen, möglicherweise eine Technik zu entwickeln, die das menschliche Sehvermögen ergänzt, indem es Dinge sichtbar werden lässt, die das Auge gar nicht sehen kann. Die in dieser Richtung Forschenden waren Geistesverwandte von Helmholtz und dessen Kollegen – der bedeutendste von ihnen war Étienne-Jules Marey.[4] Im Jahre 1878 über einige seiner Gerätschaften schreibend, verdeutlicht er seine Überzeugung von deren Überlegenheit gegenüber den menschlichen Sinnesorganen: „Nicht allein sind diese Instrumente dazu bestimmt, gelegentlich den Beobachter zu ersetzen und unter diesen Bedingungen ihre Rolle mit einer unbestreitbaren Überlegenheit zu erfüllen; sie haben auch ihren eigenen Anwendungsbereich, in dem nichts sie ersetzen kann."[5] Zu jener Zeit, in der er dies schrieb, war Marey

3 Ebd., S. 392, sowie S. Rice, Partisan Views, Cambridge MA 1997, S. 7, 10.

4 Über Marey ist viel geschrieben worden. Die Literatur, der wir diese Überblicksdarstellung verdanken, umfasst: M. Braun, Picturing Time. The Work of Étienne-Jules Marey, Chicago 1992, insbes. Kap. 3; F. Dagognet, Étienne-Jules Marey. A Passion for the Trace, übers. v. R. Galeta, J. Herman, New York 1992, S. 65–128; J. W. Douard, É.-J. Marey's Visual Rhetoric and the Graphic Decomposition of the Body, in: Studies in History and Philosophy of Science 26, 2 (Juni 1995), S. 175–204; J. Ellenbogen, Camera and Mind, in: Representations 101 (Winter 2008), S. 86–115; Snyder, Visualization and Visibility, S. 387–396.

5 É.-J. Marey, La Méthode graphique dans les sciences expérimentales et particulièrement en physiologie et en médicine, Paris 1878, S. 108.

wesentlich damit beschäftigt, mechanische Sensoren mit der Funktion zu entwerfen und zu bauen, physiologische Abläufe am lebenden Körper zu erfassen und aufzuzeichnen. Das bekannteste dieser Geräte, der Sphygmograph, konnte in Echtzeit und ohne menschliches Zutun die Pulskurve des Blutdruckwechsels eines schlagenden Herzens aufzeichnen. Der resultierende Graph machte beide Herztöne deutlich sichtbar und ließ zudem die internen Eigenschaften des menschlichen Blutkreislaufs, wie etwa die Strömungsgeschwindigkeit des Blutes, berechnen. Dies waren völlig neue Erkenntnisformen, die auf dem nichtinvasiven Zugang zum menschlichen Körper beruhten, den Mareys Apparat und dessen außerordentliche, weit jenseits der Grenzen des menschlichen Gefühls und Gehörs liegende Rezeptivität möglich machten.

Historiker, die sich mit Mareys langem Arbeitsleben beschäftigen, sind sich darin einig, dass um das Jahr 1878 – dem Jahr der Veröffentlichung seiner einflussreichen Schrift *La méthode graphique*, einem Überblick über seine bisherigen Experimente und Erfindungen – ein Einschnitt erfolgte. In diesem Jahr sah Marey erstmalig Eadweard Muybridges Fotografien eines galoppierenden Pferdes, die sein Freund Gaston Tissandier im Journal *La Nature* veröffentlicht hatte. Innerhalb weniger Tage bat er Tissandier, ihn mit Muybridge in Kontakt zu bringen, hatte er doch erkannt, dass ein Stift und eine sich bewegende grafische Oberfläche, die bisherigen Hauptmittel der Datenaufzeichnung, erfolgreich durch Fotografien ersetzt werden könnten. Im Verlauf der folgenden Jahre versuchte sich Marey am Umbau von Fotoapparaten, womit er im Grunde die Vorstellung von der *tableaux* erzeugenden Renaissance-Perspektive dekonstruierte, die mit Daguerres ursprünglicher Erfindung verbunden war. Muybridge hatte die Funktionsweise von Fotoapparaten nicht wirklich modifiziert, obwohl er mit einer großen Anzahl von Kameras arbeitete und deren Auslösung nacheinander mittels Stolperdrähten realisierte. Demgegenüber führte Marey verschiedene, die Apparatur zentral betreffende Neuerungen ein, die deren Beziehung zu ihrem Gegenstand von Grund auf änderten. Die erste bestand darin, statt mehrerer Platten eine einzelne lichtempfindliche Platte zu benutzen und die Kamera auf einen schwarzen Grund zu richten. Seit Daguerres erster Verlautbarung galt der Fotoapparat als ein alles erfassendes Auge gegenüber der Welt im Ganzen. Mareys scheinbar unschuldige Geste, welche die Kamera zur Komponente eines übergreifenden Aufzeichnungssystems machte, verdrängte erfolgreich die Vorstellung von der Fotografie als einer Allzweckform der Darstellung. Mareys Kamera „sah" nichts – bis sich eine weißgekleidete Figur über das Sehfeld bewegte und als kontinuierlicher Lichtschleier aufgenommen wurde.

Diese Ergebnisse führten zu Mareys zweiter bedeutsamer Neuerung: Der übliche Einzelverschluss, der mechanisch nur eine begrenzte Anzahl von Auslösevorgängen zuließ, wurde durch eine rotierende und mit Schlitzen versehene Scheibe ersetzt. Dadurch konnte die Platte in schneller Abfolge belichtet werden, wobei jede Belichtung das sich bewegende Objekt an einer anderen Stelle der Platte aufzeichnete. Der rotierende Schlitzscheibenverschluss, der das optische Feld in regelmäßigen Abständen „sampelt", erzeugte auf einer einzelnen Fotoplatte eine systematische Zusammenstellung mannigfacher Belichtungen der sich bewegenden Figur (Bild 45). Man könnte sagen, mit Mareys Schlitzverschluss findet die Logik der Infinitesimalrechnung ihre Anwendung auf die kontinuierliche Kurve, welche die Figur im Raum hinterlässt. Erzeugnisse dieses Verfahrens nannte er „Chronofotografien". Zu Recht betont Marta Braun deren verwirrende Neuartigkeit:

> „Seitdem die Linearperspektive in der Renaissance aufgekommen war, verstand man, ungeachtet weniger Ausnahmen, den Rahmen eines Bildes als etwas, das eine zeitliche und räumliche Einheit umschließt. Wir verstehen das, was innerhalb des Rahmens geschieht, als etwas, das zu einem bestimmten Zeitpunkt und an einer bestimmten Raumstelle erfolgt. Mareys Fotografien stellten diese Einheit infrage: Nunmehr mussten die Betrachter die einander folgenden Teile der Arbeit erst enträtseln, um zu erkennen, dass sie nicht verschiedene Personen in einer Reihe betrachten, sondern ein und dieselbe Figur, die nacheinander eine Reihe von Raumstellen einnimmt. Die Betrachter mussten es erst zulassen, von einer Figur zur nächsten übergeleitet zu werden und die verschiedenen Bilder der sich durch Raum und Zeit bewegenden Einzelfigur zu deuten. Das Ergebnis – eine Vorstellung, die den Anblick überschreitet – war eine neue Wirklichkeit."[6]

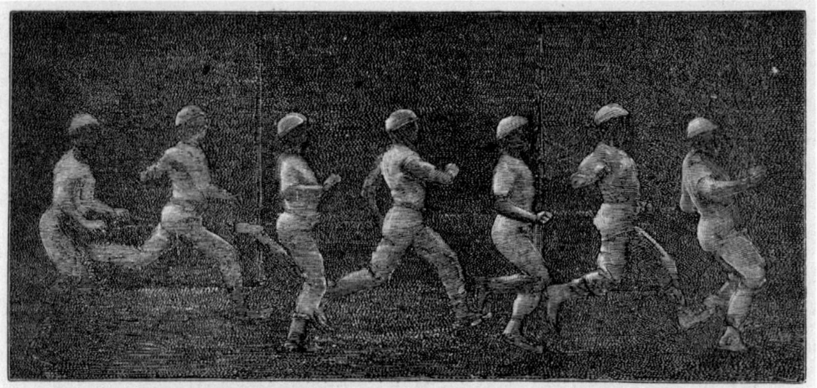

THE SUCCESSIVE PHASES IN THE MOTION OF A MAN RUNNING.

Bild 45 Étienne-Jules Marey, The Successive Phases in the Motion of a Man Running, Chronofotografie aus dem *Scientific American*, Bd. 47 (9. September 1882).

6 Braun, Picturing Time, S. 66.

Brauns Einschätzung von kognitiver Anstrengung und Mittäterschaft bei der Deutung von Mareys Chronofotografie stimmt völlig mit unserer Beschreibung des Korrelationsprozesses überein, der im Zentrum des diagrammatischen Erkennens steht. Mit dem Umbau der Kamera, den Marey bewerkstelligt hatte, wurde diese aus einem Gerät für die tableauartige Wiedergabe der Welt zu einem Bauteil innerhalb eines der diagrammatischen Aufzeichnung von Zeit und Bewegung gewidmeten Gesamtsystems – eines Systems, das Dinge weit jenseits der Möglichkeiten des menschlichen Auges zu sehen vermag.

Marey hatte an seinem System eine letzte Feinabstimmung vorgenommen. Weil er die Anzahl der Bilder pro Platte erhöhen wollte, suchte er die Ausschnitte belichteter Bereiche zu verkürzen, und erkannte dabei, dass die Stärke des Fotoapparats, jedes Detail aufzunehmen, in Wirklichkeit die Lesbarkeit behinderte. Er konnte Fotografien „mit einer solchen Vielzahl von Überschneidungen" erzeugen, dass das „einzige Resultat ein großer Wirrwarr" war.[7] Im Interesse größerer Deutlichkeit machte er nun paradoxerweise die Kamera systematisch „blind", indem er seine Modelle ganz in Schwarz kleidete – ausgenommen waren glänzende Knöpfe an den Körpergelenken, die durch schmale Streifen leuchtenden Metalls verbunden waren. Vor dem bereits schwarzen Hintergrund erfasste die Kamera dann allein die Knöpfe und Streifen der Kostüme und zeichnete diese auf der Platte auf. Marey waren somit erheblich mehr Aufnahmen ohne Einbuße an bildlicher Klarheit möglich. Das Resultat erstaunte: Ein marschierender Soldat wird als Muster von Punkten und Linien aufgezeichnet, welche die Bewegung seines Körpers in Raum und Zeit vollständig und deutlich zum Ausdruck zu bringen scheinen (Bild 46).

Es ist ein weiter Weg von hier zurück zu den Tafeln der *Enzyklopädie*, die sich taktischen Truppenbewegungen widmen (Bild 20, 21). Dennoch sind ihre Zwecke identisch: die visuelle Darstellung von sich im Raum bewegenden Körpern. Mareys Chronofotografien, wie auch die Tafeln zur Kriegsführung, analysieren zu untersuchende Körper als Punkte und Linien. Beide nutzen einen leeren Raum (der eine weiß, der andere schwarz), der dazu einlädt, sich diese Bewegung vorzustellen. Beide lösen eine Art des Sehens aus, die in der Alltagserfahrung nicht vorkommt. Die *Enzyklopädie* stellt den diagrammatischen Ordnungen eine *tableau*-Ansicht zur Seite, Mareys Bild hingegen erklärt seine visuelle Fremdheit im Widerspruch zu dem, was wir für gewöhnlich von Fotografien erwarten. Diese auffallenden Ähnlichkeiten über einen Zeitabstand von mehr als einem Jahrhundert stützen unsere Behauptung, dass die Kultur des Diagramms sowohl eine sich ausdifferenzierende Geschichte als auch einen Kernbestand wiederkehrender Themen hat.

7 Ebd., S. 79.

Marey untergräbt den mit dem Fotoapparat verbundenen Anspruch, die Welt, nett zum Vergnügen des Betrachters verpackt, abzuspiegeln. Er zeigt nämlich, dass der fotografische Nutzen in einer völlig anderen, eher diagrammatischen Richtung zu finden ist. Wir haben einige der Pfade nachgezeichnet, auf denen andere – von Laplace bis Legendre, von Monge bis Quetelet und von Boltzmann bis Bohr – zu der Erkenntnis kamen, dass die für das Erkennen unserer Welt nützlichsten Arbeitsgegenstände mit dem Regelwerk der Mimesis kaum etwas gemein haben. Aber natürlich verschwanden *tableaux* nicht völlig. Sie bildeten das Haupterzeugnis der meisten im 19. Jahrhundert arbeitenden Maler beiderseits der Trennlinie zwischen akademischer und modernistischer Ästhetik. In der rigiden Bildkomposition, in welcher David die *Horatier* malte (Bild 36/Tafel 8), verkörpern sich möglicherweise die Bestrebungen der Naturwissenschaften des Jahres 1785 – aber kein Maler, auch nicht David, wagte die Prämissen wissenschaftlicher Beschreibung so entschieden herauszufordern, wie dies Marey um das Jahr 1880 herum in seiner diagrammatischen Wendung

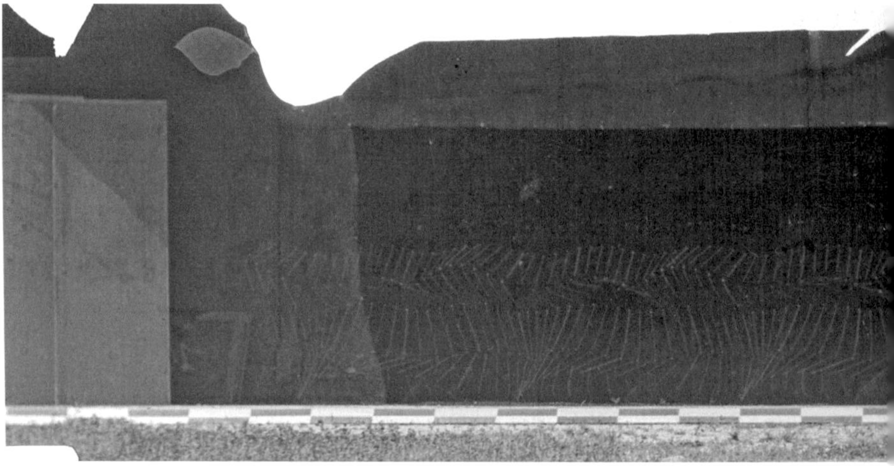

Bild 46 Étienne-Jules Marey, Joinville Soldier Walking, 1883. Chronofotografienegativ auf Glas (hier als Positiv). Paris, Collège de France, inv. III-Bb 5 (2,8 × 13 cm).

weg von der fotografischen Illusion getan hat. Dieses Beharren ist darin begründet, dass über die meiste Zeit des 19. Jahrhunderts hinweg die Malerei mit der mimetischen Darstellung des Raumes verbunden blieb: Damit ein Maler die Vorstellung eines Bildes gewinnt, das nicht etwas im Raum darstellt, musste er die Schwelle der Abstraktion überschreiten, der selbst nahezukommen weit vor der Jahrhundertwende wenige willens waren. In groben Umrissen möchten wir zeigen, warum dies um das Jahr 1910 möglich wurde.

Unter Kulturhistorikern ist es üblich, eine Annäherung zwischen der Quantentheorie und der Entwicklung des Kubismus von Georges Braque und Pablo Picasso etwa im Zeitraum der Jahre 1908 bis 1911 zu finden. Ein eher amüsantes Dokument dieser Literatur stellt der Brief dar, den Albert Einstein im Jahre 1946 an Paul Laporte in Reaktion auf einen Artikel schrieb, den Laporte über die Analogie von Kubismus und Relativitätstheorie verfasst hatte: „Diese neue künstlerische ‚Sprache'", schrieb Einstein, „hat mit der Relativitätstheorie nichts gemein."[8] Wir möchten nicht behaupten, dass Plancks Bemühungen im Jahre 1906 zur Entwicklung der Idee des Wirkungsquantums irgendeine erkennbare Auswirkung auf die Erkundungen von Braque und Picasso in der Malerei hatten, oder dass sich die Maler irgendwie dem Geist ihrer Zeit untergeordnet hätten. Vielmehr sind wir der Überzeugung, dass damals die Quantenmechanik und die Avantgarde der Malerei – völlig verschiedener Gründe wegen – hinsichtlich der Nützlichkeit der diagrammatischen Prinzipien übereinkamen. Für Planck war die Idee des Wirkungsquantums zu einem unverzichtbaren

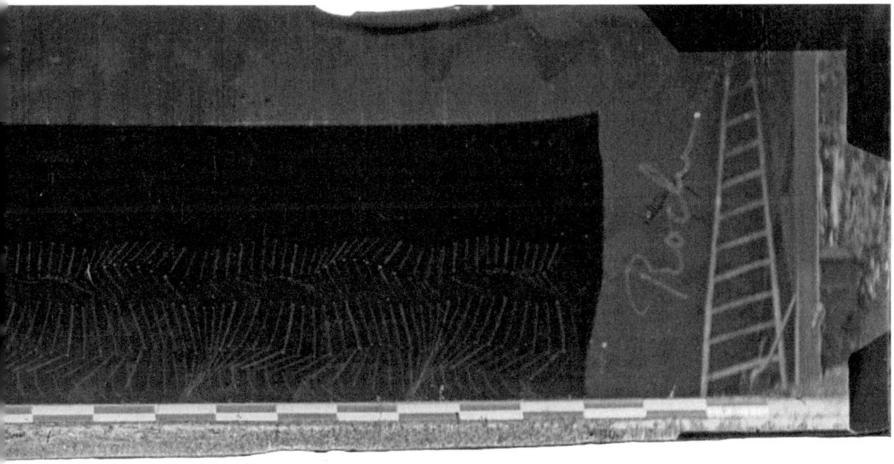

8 P. M. Laporte, Cubism and Relativity with a Letter of Albert Einstein, in: Art Journal 25, 3 (Frühjahr 1966), S. 246–248. Laporte reflektiert über einige Schriftsteller, beginnend mit Sigfried Giedion, der zuerst die Analogie zwischen Relativitätstheorie und Kubismus in seinen, an der Harvard Universität in den Jahren 1938–1939 gehaltenen Charles Eliot Norton-Vorlesungen erwogen hatte. Laportes eigene Veröffentlichungen zu diesem Thema beinhalten: The Space-Time Concept in the Work of Picasso, in: Magazine of Art 41, 1 (January 1948), S. 26–32; Cubism and Science, in: Journal of Aesthetics and Art Criticism 7, 3 (März 1949), S. 243–256.

Arbeitsgegenstand von enorm praktischem Wert geworden. Für Braque und Picasso beinhaltete der Wechsel zum Diagramm, über die Oberflächen, welche Dinge in der Welt voneinander trennen, hinaus zu denken, deren Häute zu durchbohren und nach Wegen zu suchen, Erinnerungen des Begreifens freizusetzen, die, statt visuell zu sein, möglicherweise den Tast-, den Geruchssinn oder das Gehör betreffen. Das Mittel, das die Malerei bietet, um Verbindungen dieser Art zu ermöglichen, nennt sich *Passage* – eine materiale Spur auf der Leinwand, der jegliche spezifische Referenz fehlt. Picassos Nutzung eines willkürlichen und künstlichen Elements, um die Einheit des Bildes herzustellen, war eine diagrammatische Geste wie es Plancks Erfindung des Wirkungsquantums war, um die Struktur des Atoms darzulegen.

In seiner wegweisenden und immer noch kanonischen Abhandlung über die Entwicklung des Kubismus verweist Daniel-Henry Kahnweiler auf den Spätsommer und Herbst des Jahres 1910, als Picasso das neue Instrument der Passagentechnik ergreift.[9] Die jetzt im Metropolitan Museum of Art befindliche Kohlezeichnung *Stehender weiblicher Akt* (Bild 47) ist ein gutes Beispiel für Picassos experimentellen Umgang mit der Passagentechnik aus genau dieser Zeit. Ein Gitterwerk aus Linien und Halbkreisen bildet entlang der Mitte des Blattes eine Konzentration von Strichen, welche die aufrecht stehende Figur in ihrer plastischen Präsenz nachbildet. Sich von scharfen Linien absetzende Schattierungen greifen auf Bereiche des Weißen über, in denen die Raumstellen der ebenen Ränder verschmelzen, durcheinander gebracht werden und sich gegeneinander schieben. Entscheidend hierbei ist die Funktion des materialen Weißen, Unsicherheit und Unbeständigkeit ans Licht zu bringen, eine Wahrnehmung, dass der Gegenstand unmittelbar nicht vollständig erfassbar ist, jedoch aus mehreren unterschiedlichen Blickwinkeln begriffen werden kann. Kahnweiler stellt diesen Effekt zusammenfassend so dar:

> „Eine unerhörte Freiheit schenkt diese neue Sprache der Malerei. Sie ist nicht mehr an das mehr oder weniger ‚naturähnliche' optische Bild gebunden, das ein einziger Standpunkt von einem Gegenstande gewährt. Sie kann, um von seinen ‚primären' Eigenschaften eine gründliche Darstellung zu geben, sie als stereometrische Zeichnung auf der Fläche aufzeigen, oder gar, mittels mehrerer Darstellungen des gleichen Gegenstandes, eine analytische Beschreibung von ihm geben, die der Beschauer erst in seinem Bewußtsein wieder zu einem Gegenstande verschmilzt."

Kahnweilers Zusammenfassung beinhaltet im Grunde genommen all das, was wir über die Natur diagrammatischen Wissens und die Funktion des Nutzers

9 D.-H. Kahnweiler, Der Weg zum Kubismus, Stuttgart 1958, S. 50. Diese Abhandlung wurde im Jahre 1915 geschrieben und im Jahre 1920 erstmals veröffentlicht.

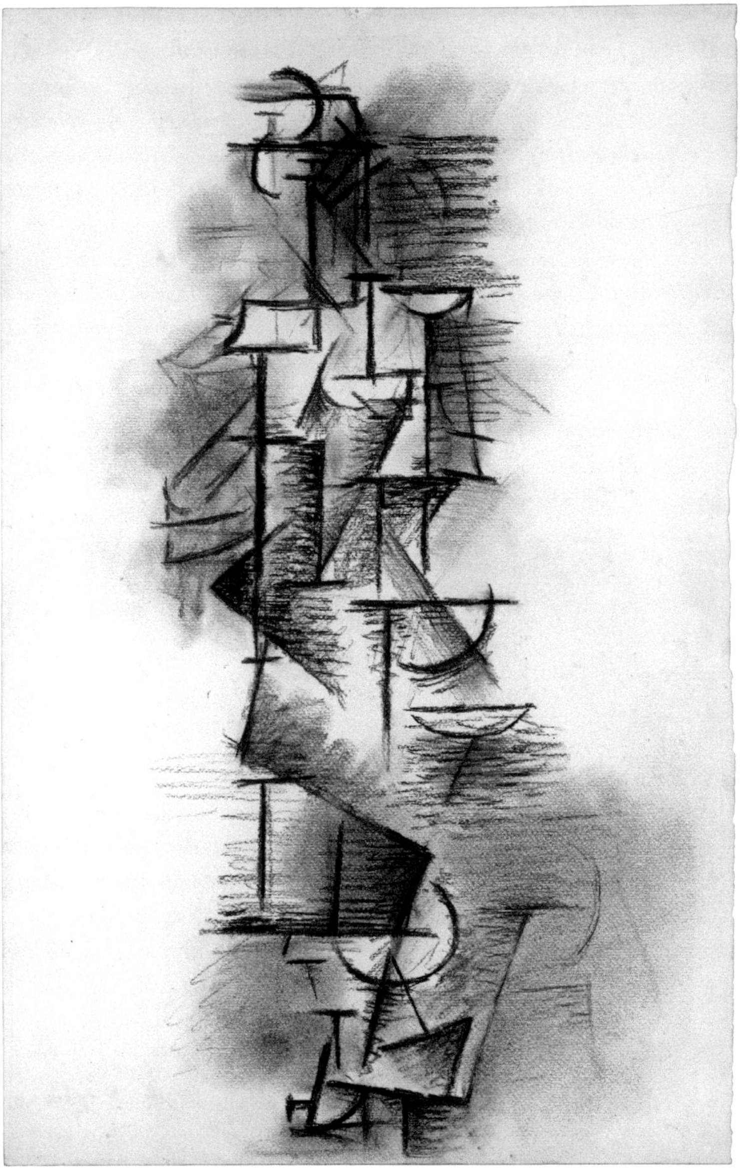

Bild 47 Pablo Picasso, Stehender weiblicher Akt, Sommer/Herbst 1910, 48,3 cm × 31,4 cm, Kohle auf Papier, New York, The Metropolitan Museum of Art, Alfred Stiglitz Collection 1949, Inv.nr. 49.70.34.

im Prozess der Korrelationsbildung erörtert haben. Für den Zweck eines Orthopäden, der Anatomiestudien betreiben will, eignet sich Picassos Aktstudie nicht. Hingegen verschafft sie eine Erkenntnis der Figur, die überrascht, womöglich auch verstörend ist. Für uns ist das ein Arbeitsgegenstand, ein solcher, der uns ein „Was ist das?" entlockt – als Widerhall der von Barthes gestellten Frage angesichts des zum Gefäßsystem reduzierten Körpers auf der Tafel der *Enzyklopädie* (Bild 4).

Unsere Diskussion der Zeichnung Picassos aus dem Jahre 1910 im Lichte der Würdigung durch Kahnweiler aus dem Jahre 1915 fordert zu einem Vergleich mit einem Ausbruch diagrammatischer Weiße heraus, der exakt zu dieser Zeit in den Ordnungen der Sprache erfolgt: die posthume Veröffentlichung von *Un coup de Dès jamais n'abolira le Hazard* im Jahre 1914 – Stéphane Mallarmés Meisterwerk dichterischen und typografischen Experimentierens aus dem Jahr 1897 (Bild 48). Präzise umreißt Mallarmé in seinem Vorwort das diagrammatische Verfahren, dem das Gedicht folgt:

> „Die Leere, das ‚Weiß' übernimmt in Wirklichkeit das Gewicht, es verblüfft zuerst, der Versbau erfordert es wie einen Rahmen aus Schweigen, gewöhnlich dem Raume entsprechend, den ein lyrisches oder aus wenigen Zeilen bestehendes Gedicht in der Mitte einnimmt, ungefähr ein Drittel des Blattes: ich überschreite diese Maße nicht, verteile sie nur. Das Papier schiebt sich ein, jedesmal wenn ein Bild von sich aus aufhört oder zurücksinkt, anderen das Kommen überlassend [...]."[10]

Mallarmé lenkt unsere Aufmerksamkeit auf den ungleichen Druck, den die materiale Weiße auf die reguläre Abfolge der auf der Buchseite aufmarschierten Worte ausübt. Gleich Picassos Zeichnung, die uns dazu einlädt, inmitten ihrer im Raum versponnenen Linien die Gestalt des Akts aufzufinden, fordert uns Mallarmé dazu auf, am Verfassen eines Gedichts teilzunehmen. Korrelationen

10 S. Mallarmé, Vorwort, zu: ders., Ein Würfelwurf, übers. und erl. v. M.-L. Erlenmeyer, Olten und Freiburg 1966, ohne Seitenangabe. Mallarmés Gedicht wurde zuerst in der Zeitschrift *Cosmopolis* im Jahre 1897 veröffentlich, allerdings nicht, wie von Mallarmé beabsichtigt, im Layout gegenüberliegender Seiten. Später dann, im Jahre 1914, erfolgte eine Veröffentlichung des freistehenden Gedichts durch *La Nouvelle Revue Française* in einer Typografie und Aufmachung, die sich an den von Mallarmé korrigierten Druckfahnen für eine Schmuckausgabe orientierte, die zu seinen Lebzeiten jedoch nicht erschienen war. Faksimiles der von Mallarmé hinterlassenen handschriftlichen Bearbeitungshinweise zur *Cosmopolis*-Ausgabe sowie der korrigierten, aber nicht veröffentlichten Druckfahnen sind kürzlich veröffentlicht worden in: S. Mallarmé, Un coup de Dès jamais n'abolira le Hazard, hg. v. F. Morel, Paris 2007. Unsere Abbildung ist dieser neuen Faksimile-Edition entnommen. Zu Geschichte und Kommentar des Gedichts siehe: S. Mallarmé, Collected Works, übers. und hg. v. H. Weinfield, Berkeley 1994, S. 119–145, 264–275.

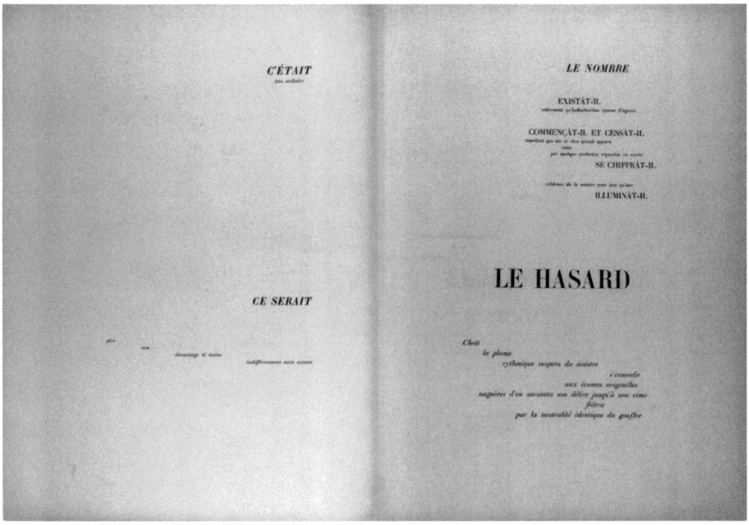

Bild 48 Stéphane Mallarmé, Un coup de Dès jamais n'abolira le Hazard, 1897/1914. Zwei Seiten einer unveröffentlichten Schmuckausgabe, wiederveröffentlicht in: Mallarmé, Un coup de Dès jamais n'abolira le Hazard (2007).

von Schriftbildern, Zeichengrößen und aufeinander bezogenen Positionen verschaffen eine ergebnisoffene ästhetische Erfahrung des wechselseitigen Gebens und Nehmens, die Historiker zu Recht mit der Moderne selbst in Verbindung bringen. Wir möchten darüber hinaus eine Verbindung herstellen zwischen den immersiven und gemeinschaftlich genutzten kognitiven Systemen, die von Picasso, Mallarmé und Marey aufgeboten wurden, und der Tradition von Korrelationsbildung und diagrammatischer Erkenntnis, die auf die Tafeln der *Enzyklopädie* zurückgeht.

Der Augenarzt, den wir zu Beginn unseres Buches ins Spiel brachten, wird zu einem Bestandteil von vielen innerhalb eines Beschreibungssystems, das die Augenoperation steuert. Denn er betritt einen Operationssaal, in welchem Servomechanismen seine Handbewegungen mittels Rückkopplungsschleifen stabilisieren, die über Mensch-Maschine-Schnittstellen laufen, in welchem die Lebenszeichen des Patienten in Echtzeit überwacht werden und in welchem ihn Videobilder einer virtuellen Welt im Auge des Patienten platzieren. Seine Versenkung [immersion] schließt die Möglichkeit aus, sich ein objektives oder umfassendes Bild des Gesamtsystems zu machen. Unser Augenchirurg ist das lebende Paradoxon, das Bohr und seine Mitarbeiter in den 1920er Jahren so in den Bann zog: Der Zuwachs an Wissen und Erfahrung innerhalb des Systems hat ein Bewusstsein der Grenzen unserer natürlichen Wahrnehmungsfähigkeiten wie auch das Selbstbewusstsein zur Folge, diese aus dem Inneren der Maschine heraus zu erweitern. Uns scheint die Behauptung nicht überzogen, dass diese zweiseitige Aufmerksamkeit – sowohl bezogen auf unsere menschlichen Grenzen als auch darauf, was wir tun könnten, wenn sie überschritten werden – die gegenwärtige Faszination für jene in der virtuellen Realität verorteten Actionspiele erklärt, die Millionen von Nutzern auf der ganzen Welt mit Begeisterung spielen.

Zu Beginn haben wir die Frage nach dem Vertrauen gestellt: Wie ist es zu verstehen, dass alle am Planspiel unserer Augenoperation Beteiligten – Arzt, Patient, Krankenhaus als Institution – ihre jeweiligen Rollen im Gesamtzusammenhang von Computer, Sensoren, Kameras und Digitalencodern mit einem dafür hinreichenden Zutrauen spielen, das Auge einem Skalpell auszusetzen? Über die gesamte Prozesskette von der Bilderfassung bis zur Bildgenerierung vollziehen Spezialmodule Fehlerrechnungen und Korrekturen, um den von Haus aus unstetigen (obwohl mit hoher Geschwindigkeit erfolgenden) Datenfluss durch das System zu verstetigen. Selbst der Chirurg überlässt seine Geste und Kompetenz der computerisierten Fehlerkontrolle des Ganzen. In unserem Buch sind wir über Zeiten, Kulturen und Fachdisziplinen hinweg dem Weg gefolgt, auf dem Menschen zur Überzeugung gelangten, dass die Wahrnehmungsausstattung des Körpers durch elektronische Zusatzglieder wirklich erweitert wird. Unsere Reise begann mit der *Enzyklopädie*, als die Korrelationsbildung qua Eigeninszenierung zur kulturellen Praxis wurde. Aus kontingenten Wissenssystemen erwachsende Arbeitsgegenstände nahmen zunehmend materiale Gestalt an und erlangten Anerkennung als in mannigfaltigen Erfahrungsbereichen verankerte Erfindungen. Eine Collage disparater Datenarten bildet den Kern jener grafischen Ordnungen einander kontrastierender Informationen, welche die Tafeln der *Enzyklopädie* einschließen. Wir haben behauptet, dass Format und Informationsgehalt der durch die Prinzipien des Buchdrucks festgesetzten Ordnungen der *Enzyklopädie* Muster der Darstellung wie der Gegenüberstellung schufen, die weiterhin die Gestaltung der Schnittstellen von Mensch und Maschine prägen. Es war der klare Anspruch der *Enzyklopädie*, Daten miteinander zu korrelieren, die aus verschiedenen Blickwinkeln, aus zahlreichen Größenordnungen und aus verschiedenen Zeiten gewonnen wurden. Die daraus resultierenden Neukombinationen schufen neue Wissensformen – sie taten das in dem Moment, in welchem sie den Primat der normativen Visualisierung von Objekten im Raum zerstörten. Die Tafeln synthetisieren Informationen in Strukturordnungen von *Diagrammen*.

Gewiss verwaltet das virtuelle Umfeld des Operationssaals, in dem unser Chirurg arbeitet, eine noch größere Menge an Daten verschiedener Art in genau strukturierten diagrammatischen Ordnungen. Diese werden permanent durch Rechner aktualisiert, die vor zwanzig Jahren nicht vorstellbar waren, geschweige denn in den Zeiten der *encyclopédistes*. Dennoch sind wir der Überzeugung, dass die systemische Beschreibungsordnung, die sowohl in der *Enzyklopädie* als auch im Szenario des Operationssaals Verwendung findet, auf ein Muster von Ähnlichkeiten verweist, das bedeutsamer ist als der technologische Abstand zwischen ihnen. Beide Systeme befreien die Beschreibung vom Modell der Darstellung, das von einem Beobachter ausgeht, der einem im Raum befindlichen Objekt gegenübersteht; und beide rechnen mit einer Bandbreite perzeptueller Unterscheidungen, die den menschlichen Sinnesapparat weit übertrifft. Was hält diese Systeme disparater Daten zusammen? Diese Frage bringt uns zum Prozess der Korrelationsbildung [rapport] und zur Technik der Querverweise [renvois] zurück, die für Diderots Überlegungen zur *Enzyklopädie* von entscheidender Bedeutung waren. In unserer Darstellung ist die *Enzyklopädie* eine Palette von Arbeitsgegenständen, ein Informationslabyrinth, durch welches Nutzer im Zuge unvorhersehbarer und sehr persönlicher Begegnungen mit dem Material Pfade der Erkenntnis entwerfen. Die Interessen, Leidenschaften und Launen dieser Nutzer verschmelzen mit der Erfahrung, die sie im Umgang mit dem Material machen, um einen kognitiven Ertrag zu bilden. Es ist offensichtlich, dass unser Chirurg weder mit weißen Seiten noch mit umfangreichen Texten konfrontiert ist; allerdings muss er sich gegen einen nicht weniger labyrinthartigen Datenstrom behaupten, der sich seinem Blick und Tastsinn bietet. Viele der Korrelationen sind über eine zugrunde liegende Matrix mathematischer Beziehungen organisiert, die den Raum beständig neu beschreiben – weniger materiell, aber nicht weniger wirklich als die weißen Felder der *Enzyklopädie* – und den man nunmehr „virtuelle Realität" nennt.

Die Meinung zu vertreten, dass konvergente Daten Arbeitsgegenstände in Zeit und Raum gemeinsam mit neuen Wissensformen schaffen, bedeutet nicht das Ende menschlichen Denkens und Bewusstseins: Das Leben geht „offline" weiter, wenn die Operation abgeschlossen und der Rechner abgeschaltet ist und beide, Patient und Arzt, sich von Angesicht zu Angesicht gegenüberstehen. In unserem Buch behaupten wir, dass die Beschreibungsordnungen unseres digitalen Zeitalters, historisch und philosophisch an jene der *Enzyklopädie* geknüpft, für das Leben nutzbringende Beschreibungen erzeugen können, obwohl sie – oder gar: weil sie – auf Proben, Berechnungen und Wahrscheinlichkeiten setzen. Digitale Datentechniken haben möglicherweise der Raumillusion als der stringentesten Vor-Stellung der Welt letztlich den Garaus gemacht. Die Wahrnehmungsgewissheit ist geopfert worden, aber Menschen sind in hohem Maße anpassungsfähig: Unsere Begeisterung für neue Medien bedeutet, dass wir alle Geschöpfe des Zufalls geworden sind. Die Wirklichkeit kehrt als virtuelle zurück, auf dass wir erkennen können.

DANKSAGUNG

An dem vorliegenden Buch, das sich mit Problemen vieler Wissensgebiete beschäftigt, ist über viele Jahre hinweg gearbeitet worden. In dieser Zeit halfen uns unzählige Freunde, Kollegen, Studenten, Bibliothekare und Kuratoren, wie auch Diskussionsbemerkungen zu Referaten, in Vorlesungen und Seminaren hilfreich waren. Obgleich es uns nicht möglich ist, einen jeden namentlich aufzuführen, so schätzen wir doch aufrichtig das wohlwollende Interesse, das unseren Ideen entgegengebracht wurde. Michael Marrinan möchte darüber hinaus Davey Hubay für die Stärkung seiner Arbeitsmotivation mittels langer Konversationen bei Hunderten von Sandwiches danken. John Bender wiederum dankt Ann Bender für mehr als zehn Jahre einfühlsamen Engagements für das Projekt.

Unter den von Stanford University Press beauftragten Gutachtern waren es Daniel Brewer, James Elkins und Timothy Lenoir, deren Kommentare sich als wesentlich für die Überarbeitung des Manuskripts erwiesen, als wir diesem die abschließende Gestalt gaben. Andere Kollegen – Ann Bermingham, Bliss Carnochan, Jay Fliegleman, Hans Ulrich Gumbrecht, Mary Pooveg und David Wellbery – prägten unser Denken in beträchtlichem Maße durch die Lektüre einer früheren Version.

Simon Goldhill und Peter de Bolla bewirkten eine Wende unserer Ansichten zum Thema Diagramm, als sie uns das Angebot unterbreiteten, eine Vorlesung sowie ein Seminarreihe am King's College, Cambridge, für eine Winterwoche des Jahres 2002 anzubieten. Ihre kritischen Kommentare sowie jene von John Forrester, Stefan Hoesel-Uhlig und Simon Schaffer führten uns durch ein Labyrinth neuer Ideen. Sechs Jahre später kehrten wir nach Cambridge zurück, um unsere präzisierten Ansichten zu diesem Thema vorzustellen. Für diese Gelegenheit sind wir Mary Jacobus, Direktorin des Center for Research in the Arts, Social Sciences and Humanities, zu Dank verpflichtet.

Wir hatten das Glück, unsere Vorstellungen an verschiedenen Universitäten einer kritischen Prüfung aussetzen zu dürfen. Die Gastgeber und ihre

Kollegen sparten nicht mit wertvollen Kommentaren. Nennen möchten wir John Frow, der die thematisch weitgespannte Konferenz „Visual Knowledges" im Jahre 2003 in Edinburgh organisierte; Laura Runge von der DeBartolo-Konferenz an der University of South Florida; Daniel Horowitz, Direktor des Institute for the Humanities an der University of Michigan; Deidre Lynch und Dror Wahrman vom Center for Eighteenh-Century Studies an der Indiana University, Bloomington; David Bates vom Department of Rhetoric an der University of California, Berkeley; sowie Béatrice Fraenkel von der École des Hautes Études, Koordinatorin der 2008 International Word and Image Conference, Paris.

Zu den Kollegen, die uns dieses Projekt voranzubringen halfen, gehören des Weiteren Keith Michael Baker, Marta Braun, Lorraine Daston, Daniel Edelstein, John Etchemendy, Peter Galison, Thomas Hankins, Roger Hahn, Marian Hobson, Peter Reill, Jessica Riskin, Clifford Siskin, J. B. Shank, Joanna Stalnaker, James Grantham Turner und Jason Weems.

Verschiedene kompetente Studenten konnten gewonnen werden, uns mit großer Geduld bei der Recherche und Kontrolle zu unterstützen: Wir danken Alexandra Arch, Joann Kleinneiur, Maia Kraus, Christy Pichichero und James Wood.

Keine Forschung ist ohne die Hilfe von Bibliothekaren und Kuratoren möglich. Obwohl wir von der Großzügigkeit all der in den Bildunterschriften erwähnten Institutionen profitiert haben, gilt unser spezieller Dank den Standford University Libraries sowie Michael Keller, John Mustain und Roberto Trujillo. Ian W. Hunter und Serge Lafontaine vom MIT stellten die ausschlaggebende Farbabbildung der robotergestützten Augenoperation zur Verfügung, mit der unsere Erörterungen einsetzen und welche die Rückseite des Buches ziert.

Über die Jahre hinweg hat Stanford University Press unsere Arbeit mit beharrlicher Ermutigung begleitet. Dafür schulden wir Geoffrey Burn, Emily-Jane Cohen, Alan Harvey und Norris Pope Dank, wie auch unserem exzellenter Korrektor Richard Gunde. Das Buchprojekt konnte vermöge der sachkundigen Aufmerksamkeit von Judith Hibbard, Bruce Lundquist und David Luljak abgeschlossen werden. Seitens der Stanford University wurde die Publikation durch das Department of English, das Department of Art and Art History und den Dekan der School of Humanities and Scienes finanziell unterstützt. Die deutsche Ausgabe erhielt finanzielle Zuwendungen durch das Büro des Präsidenten, die Stanford University Libraries und die Division of Literatures, Languages, and Cultures sowie die Kolleg-Forschergruppe „Bildakt und Verkörperung" der Humboldt-Universität zu Berlin.

Von vielen Lesern und Hörern wurden wir nach der Methode unserer Zusammenarbeit gefragt. Das Projekt haben wir gemeinsam im Jahre 1997 an der Rue de Seine in Paris entworfen, als uns die Umstände für einige Tage ungestörter Denkarbeit zusammenbrachten. Zunächst hatten wir versucht, Teile des

Textes jeweils gesondert zu schreiben – am Ende fanden wir aber, im Zuge der Entwicklung unserer Ansichten, zur gemeinsamen Arbeit am Manuskript, einander am selben Schreibtisch gegenüber sitzend.

Die Übersetzungen für die bei Stanford University Press erschienene Originalausgabe und ein Teil der in diesem Buch abgebildeten Spezialfotografien sind das Werk von Michael Marrinan. Letztendlich jedoch ist dieses Buch das Dokument der eigenwilligen Zielsetzung beider Autoren, ein Buch zu schreiben, das den Anspruch erheben kann, eine wirkliche Gemeinschaftsarbeit gänzlich interdisziplinären Charakters zu sein. Dies zu Wege gebracht zu haben, dokumentiert auch eine ungewöhnliche akademische Freundschaft.

Für die vorliegende deutsche Ausgabe sind wir der Freundschaft und Hilfe verschiedener Anderer zu Dank verpflichtet. An erster Stelle möchten wir Hans Ulrich Gumbrecht nennen, der das Projekt begeistert unterstützte und damit Kontakte zu unseren deutschen Forscherkollegen eröffnete. Besonderen Dank schulden wir Horst Bredekamp für seine wohlwollende Lektüre, wie uns auch sein Angebot ehrte, das Buch in der von ihm herausgegebenen Reihe „Actus et Imago“ zu veröffentlichen. Ohne seine Unterstützung wäre das Projekt nicht umgesetzt worden. Heiko Hartmann, der frühere Leiter des Akademie Verlags, hat es vorbehaltlos begrüßt und mit Sorgfalt und Umsicht dessen Veröffentlichung auf den Weg gebracht. Wir konnten uns auf die sorgfältige Recherche und vorzügliche Übersetzung von Veit Friemert stützen, der in ausgezeichneter Weise unseren Gedankengang erfasst und in die deutsche Sprache gebracht hat. Gemeinsam mit Shivaun Conroy hat er auch (soweit nicht anders ausgewiesen) die Übersetzungen aus dem Französischen realisiert. Schließlich haben Lilla Balint und Martin Steinbrück den deutschen Text gewissenhaft geprüft und viele noch verbliebene Einzelfragen und solche stilistischer Natur geklärt. Zutiefst möchten wir all diesen Mitarbeitern dafür danken, dass sie dieses Projekt Wirklichkeit haben werden lassen.

Stanford University, Oktober 2013
John Bender
Michael Marrinan

PERSONENREGISTER

Kursive Seitenzahlen verweisen auf Abbildungen

SACHREGISTER

Kursive Seitenzahlen verweisen auf Abbildungen

Epik 130 f., 133 f., 136

Wasserstoff, atomarer 226

BIBLIOGRAFIE

Elektronische Ressourcen

Intuitive Surgical, Firmenwebseite: www.intuitivesurgical.com.
Robotic Surgery, Brown University Biomedical Engineering Society: http://biomed.brown.edu/Courses/Bl108/Bl108_2005_Groups/04/neurology.html.
Stanford Encyclopedia of Philosophy, hg. v. E. N. Zalta: http://plato.standford.edu.
Visualizing Knowledge: From Albertis Window to Digital Arrays. Webseite und Archiv: http://visualization.stanford.edu.

Bücher und Artikel

d'Abro, A., The Rise of the New Physics, 2 Bde., New York 1951.
Addison, Joseph, The Pleasures of Imagination, in: The Spectator, Nr. 411 (12. Juni 1712).
d'Alembert, Jean Le Rond, Einleitende Abhandlung zur Enzyklopädie, hg. v. G. Klaus, Berlin 1958.
Alder, Ken, Engineering the Revolution: Arms and Enlightenment in France 1763–1815, Princeton NJ 1997.
Alpers, Svetlana, The Art of Describing Dutch Art in the Seventeenth Century, Chicago 1983, dtsch. Kunst als Beschreibung. Holländische Malerei des 17. Jahrhunderts, Köln 1985.
–, Describe or Narrate?, in: New Literary History 8 (1976–1977), S. 15–41.
Alston, David, David et le theater, in: David contre David, hg. v. Régis Michel, 2 Bde., Paris 1993, 1, S. 165–198.
Andrews, Michelle, A Guiding Hand, in: US News & World Report 141, 4 (31. Juli 2006), S. 59–62.
Angiviller, Charles-Claude Flahaut de la Billaderie, comte d', Correspondance de M. d'Angiviller avec Pierre, hg. v. Marc Furcy-Raynaud, in: Nouvelles Archives de l'Art Français, 1905.
Antal, Frederick, Classicism and Romaticism with Other Studies in Art History, New York 1966.
Apuzzo, Michael L. J., New Dimensions of Neurosurgery in the Realm of High Technology: Possibilities, Practicalities, Realities, in: Neurosurgery 38, Nr. 4 (April 1996): S. 625–637.

Baker, Keith Michael, Condorcet: From Natural Philosophy to Social Mathematics, Chicago 1975.
–, Epistérnologie et Politique: Pourquoi I'Encyclopödie est-elle un dictionnaire?, in: L'Encyclopédie: Du réseau au livre et du livre au réseau, hg. v. Robert Morrissey und Philippe Roger, Paris 2001, S. 51–58.
Bachtin, Michail. und V. Voloschinov, Marxismus und Sprachphilosophie, Frankfurt/M. 1975.
Ballantyne, Garth H., und Fred Moll. The da Vinci Telerobotic Surgical System: The Virtual Operative Field and Telepresence Surgery. In: Surgical Clinics of North America 83 (2003), S. 1293–1304.
Banfield, Ann. Describing the Unobserved: Events Grouped around an Empty Centre, in: The Linguistics of Writing: Arguments between Language and Literature, hg. v. Nigel Fabb et al., Manchester 1987, S. 265–285.
–, L'Imparfait de l'Objectif: The Imperfect of the Object Glass, in: Camera Obscura 24 (1990), S. 64–87.
–, The Phantom Table: Woolf, Fry, Russell and the Epistemology of Modernism, Cambridge UK 2000.
–, Unspeakable Sentences: Narration and Representation in the Language of Fiction. Boston 1982.
Barnes, Berenice, Eye Movements, in: American Journal of Psychology 16 (1905): S. 199–207.
Barthes, Roland, Sur Racine, Paris 1979.
–, Les planches de l'Encyclopédie, in: Le degré zéro de l'écriture suivi de Nouveaux essais critiques, Paris 1972.
Bates, David, Cartographic Aberrations: Epistemology and Order in the Encyclopedic Map, in: Using the Encyclopédie: Ways of Knowing, Ways of Reading, hg. v. Daniel Brewer and Julie Candler Hayes. Oxford 2002, S. 1–20.
Becq, Annie, Continu et discontinu dans l'écriture de l'Encyclopédie: Le choix de I'ordre alphabétique, in: L'Encyclopédie et ses lecteurs, Caen 1987, S. 17–33.
–, Les idées esthétiques de Marmontel, in: Jean-François Marmontel (1723–1799), hg. v. Jean Ehrard. Clermont-Ferrand 1970, S. 147–174.
Belhoste, Bruno. École de Monge, école de Laplace: le débat autour de l'École polytechnique, In : L'Institution de la raison: La Révolution des idéologues, hg. v. François Azouvi, Paris 1992, S. 101–112.
–, Les origines de l'École Polytechnique: Des anciennes écoles d'ingénieurs à I'École centrale des travaux publics, in: L'Histoire de l'éducation 42 (1989), S. 13–53.
–, Un modèle à l'épreuve: L'École polytechnique de 1794 au Second Empire, in: La Formation polytechnicienne, 1791–1994, hg. v. Bruno Belhoste et al., Paris1994, S. 9–30.
Belhoste, Bruno et al., Les Exercices dans les écoles d'ingénieurs sous l'Ancien Régime et la Révolution, in: L'Histoire de l'éducation 46 (1990), S. 53–109.
Bellone, Enrico, A World on Paper: Studies on the Second Scientific Revolution, übers. v. Mirella und Riccardo Giacconi, Cambridge MA, 1980.
Bender, John, Enlightenment Fiction and the Scientific Hypothesis, Representations 61 (1998), S. 6–28.
–, Matters of Fact: Virtual Witnessing and the Public in Hogarth's Narratives, in: Hogarth: Representing Nature's Machines, hg. v. David Bindman et al., Manchester UK 2001, S. 49–70.
–, The Novel as Modern Myth, in: In Defoe's Footprints: Essays in Honour of Maximillian E. Novak, hg. v. Robert M. Maniquis and Carl Fisher, Toronto 2009, S. 223–237.
Bender, John, und Michael Marrinan (Hg.), Regimes of Description: In the Archive of the Eighteenth Century, Stanford CA 2005.

Benjamin, Walter, Das Kunstwerk im Zeitalter seiner technischen Reproduzierbarkeit, in: ders., Gesammelte Schriften, Bd. I/2, Frankfurt/M. 1991.

Bergman, Gösta M., La grande mode des pantomimes à Paris vers 1740 et les spectacles d'optique de Servandoni, in: Theatre Research / Recherches Théâtrales 2 (1960), S. 71–81.

–, Lighting in the Theatre, Stockholm 1977.

Bernet, Jacques, La Cyclopaedia d'Ephraim Chambers (1728), ancêtre de l'Encyclopédie de Diderot et d'Alembert, in: Les sources anglaises de l'Encyclopédie, hg. v. Sylvaine Albertan-Coppola and Madeleine Descargues-Grant, Valenciennes 2005, S. 25–38.

Blackmore, John T. Ernst Mach: His Work, Life, and Influence, Berkeley 1972.

Bodner, Johannes, Florian Augustin, et al., The da Vinci Robotic System for General Surgical Applications: A Critical Interim Appraisal, Swiss Medical Weekly (19. November 2005), S. S. 674–678.

Bohr, Niels, Atomtheorie und Mechanik, in: Die Naturwissenschaften 1 (1926), S. 1–10.

–, Das Quantenpostulat und die neuere Entwicklung der Atomistik, in: ders., Atomtheorie und Naturbeschreibung. Vier Aufsätze mit einer einleitenden Übersicht, Berlin 1931.

–, Wirkungsquantum und Naturbeschreibung, in: ders., Atomtheorie und Naturbeschreibung, S. 60–66.

Boime, Albert, Marmontel's Bélisaire and the Pre-Revolutionary Progressivism of David, in: Art History 3, 1 (März 1980), S. 91–94.

Boltzmann, Ludwig, Weitere Studien über das Wärmegleichgewicht unter Gasmolekülen, in: Sitzungsberichte der Kaiserlichen Akademie der Wissenschaften, Wien, Math. Naturwiss. Classe 66 (1872). Hier zitiert nach: S. G. Brush, Kinetische Theorie II, Irreversible Prozesse. Einführung und Originaltexte, Berlin, Oxford, Braunschweig 1970, S. 115–225.

–, On Certain Questions of the Theory of Gases, in: Nature, 51 (1895), S. 413–415. Wiederabdruck in: Brian McGuinness, Theoretical Physics and Philosophical Problems, Dordrecht 1974, S. 201–209.

–, Die Bedeutung von Theorien, Rede, gehalten am 16. Juli 1890 in Graz, in Erwiderung auf die Abschiedsworte von A. Tewes und H. Streintz bei der Berufung nach München, veröffentlicht in: ders., Populäre Schriften, Braunschweig 1979.

–, Der zweite Hauptsatz der mechanischen Wärmetheorie, in: ders., Populäre Schriften, Leipzig 1905.

Bond, Donald F. (Hg.), The Spectator. 5 Bde., Oxford 1965.

Booker, Peter Jeffrey, A History of Engineering Drawing, London 1963.

Boyd, Richard, Philip Gasper, und J. D. Trout (Hg.), The Philosophy of Science, Cambridge MA 1997.

Boyer, Carl B. A History of Mathematics, 2., und durch Uta C. Merzbach überarbeitete Aufl., New York 1989.

Brann, Eva T. H. The World of the Imagination, Sum and Substance, Lanham, MD 1991.

Braun, Marta. Picturing Time: The Work of Etienne-Jules Marey, Chicago 1991.

Brewer, Daniel, The Discourse of Enlightenment in Eighteenth-Century France, Cambridge UK 1993.

Brewer, John, The Pleasures of Imagination, Chicago 1997.

Broda, Engelbert, Ludwig Bolzmann: Man, Physicist, Philosopher, übers. v. Larry Gay, Woodbridge CT 1983.

Brown, Harold I., Galileo on the Telescope and the Eye, in: Journal of the History of Ideas 46, 4 (1985), 487–501.

Brown, Marshall, The Gothic Text; Stanford CA 2005.

Brush, Stephen G., Kinetische Theorie. Einführung und Originaltexte, Berlin, Oxford, Braunschweig 1970, Band 1, Die Natur der Gase und der Wärme, Band 2, Irreversible Prozesse.
–, The Kind of Motion We Call Heat: A History of the Kinetic Theory of Gases in the 19th Century, 2 Bde., Amsterdam 1976.
Bryson, Norman, Tradition and Desire: From David to Delacroix, Cambridge UK 1984.
–, Word and Image: French Painting of the Ancien Régime, Cambridge UK 1981.
Buffat, Marc, L'âme contre les sens ou l'esthéthique spiritualiste des Éléments de littérature, in: Marmontel: Une rhétorique de l'apaisement, hg. v. Jacques Wagner, Louvain 2003, S. 35–49.
Buffon, Georges Louis Leclerc, comte de, Initial Discourse, in: From Natural History to the History of Nature: Readings from Buffon and His Critics, hg. u. übers. v. John Lyon und Philip R. Sloan. Notre Dame IN 1981.
–, La méthode des fluxions, et des suites infinies par M. le Chevalier Newton, Paris 1740.
Cardy, Michael. The Literary Doctrines of Jean-François Marmontel, Oxford 1982.
Cercignani, Carlo, Ludwig Boltzmann: The Man Who Trusted Atoms, Oxford 1998.
Clairon, Mlle Hippolyte, Mémoires de Mlle Clairon, 1822, Reprint Geneva 1968.
Cochin, Charles-Nicolas, Lettres sur l'Opéra, Paris 1781.
Cohen, Dorrit, Transparent Minds. Narrative Modes for Presenting Consciousness in Fiction, Princeton NJ 1978.
Cohen, I. Bernard, Revolution in Science, Cambridge MA 1985.
–, Scientific Revolutions, Revolutions in Science, and a Probabilistic Revolution 1800–1930, in: The Probabilistic Revolution, hg. v. Lorenz Krüger et al., 2 Bde., Cambridge MA 1987, I, S. 23–44.
–, The Triumph of Numbers: How Counting Shaped Modern Life, New York 2005.
Cohen, Robert S., Ernst Mach: Physics, Perception and the Philosophy of Science, in: Ernst Mach. Physicist and Philosopher, hg. v. Robert S. Cohen und Ray J. Seeger, Dordrecht 1970, S. 126–164.
Collé, Charles, Journal et Mémoires, 3 Bde., ND Paris 1868.
Collison, Robert, Encyclopaedias: Their History throughout the Ages, New York 1966^2.
Connon, Derek F., Innovation and Renewal: A Study of the Theatrical Works of Diderot, Oxford 1989.
Crary, Jonathan, Suspensions of Perceptions: Attention, Spectacle, and Modern Culture, Cambridge MA 1999.
–, Techniques of the Observer: On Vision and Modernity in the Nineteenth Century, Cambridge MA 1990; dtsch.: Techniken des Betrachters. Sehen und Moderne im 19. Jahrhundert, übers. v. von Anne Vonderstein, Dresden/Basel 1996.
Crow, Thomas, Emulation: Making Artists for Revolutionary France, New Haven CT 1995.
–, Painters and Public Life in Eighteenth Century Paris, New Haven CT 1985.
–, Painting and Pre-Revolutionary Radicalism in France, in: Art History 1, 4 (Dezember 1978), S. 424–471.
Dragonet, François, Étienne-Jules Marey: A Passion for the Trace, übers. v. Roberta Galeta und Jeanine Herman, New York 1992.
Damisch, Hubert, L'Origine de la perspective, Paris 1987.
Darnton, Robert, Mesmerism and the End of the Enlightenment in France, Cambridge MA 1968.
Daston, Lorraine, Classical Probability in the Enlightenment, Princeton 1988.
–, Objectivity and the Escape from Perspective, in: The Science Studies Reader, hg. v. Mario Biagioli, New York 1999, S. 110–123.
–, The Physicalist Tradition in Early Nineteenth Century French Geometry, in: Studies in History and Philosophy of Science 17 (1986), S. 269–295.

Daston, Lorraine, und Peter Galison, The Image of Objectivity, in: Representations 40 (Herbst 1992), S. 81–128.
Daub, Edward E., Maxwells Demon, in: Studies in the History and Philosophy of Science 1 (1970), S. 213–227.
Davies, B. L. et al., Active Compliance in Robotic Surgery – The Use of Force Control as a Dynamic Constraint, in: Proceedings of the Institution of Mechanical Engineers, Part H, in: Journal of Engineering in Medicine 211, 4 (1197), S. 285–292.
de Bolla, Peter, The Education of the Eye: Painting, Landscape, and Architecture in Eighteenth-Century Britain, Stanford CA 2003.
Dear, Peter, Discipline & Experience: The Mathematical Way in the Scientific Revolution, Chicago 1995.
Delécluze, Étienne, Louis David: Son école et son temps, Paris 1855.
Desrosières, Alain, La Politique des grands nombres, Paris 1993.
Diderot, Denis, und Jean Le Rond d'Alembert, Encyclopédie, ou dictionnaire raisonné des sciences, des arts et des métiers, 17 Bde., Paris 1751–1765.
–, Der natürliche Sohn, oder die Proben der Tugend, in: ders., Das Theater des Herrn Diderot, Erster Theil, übers. v. G. E. Lessing, 2. Aufl., Berlin 1781.
–, Prospekt der Enzyklopädie, in: ders., Enzyklopädie. Philosophische und politische Texte aus der „Enzyklopädie", München 1969.
–, Lettre sur les Aveugles, in: Œuvres, 1, hg. V. Laurent Versini, 5 Bde., Paris 1996, Bd. 1.
–, Gedanken zur Interpretation der Natur, in: ders., Philosophische Schriften, 2 Bde., Bd. 1, Berlin 1961.
–, Elemente der Physiologie, in: ders., Philosophische Schriften, Bd. 1.
–, Lobrede auf Richardson, in: ders., Ästhetische Schriften, 2 Bde., hg. v. F. Bassenge, Bd. 1, Berlin 1984.
–, Das Schöne, in: ders., Ästhetische Schriften, Bd. 1.
–, Brief über die Taubstummen, in: ders., Ästhetische Schriften, Bd. 1.
–, Von der dramatischen Dichtkunst, in: ders., Ästhetische Schriften, Bd. 1.
–, Antwort an Madame Riccoboni, in: ders., Ästhetische Schriften, Bd. 1.
–, Aus dem „Salon von 1781", VII. David, in: ders., Ästhetische Schriften, Bd. 2.
Dieckmann, Herbert, The Concept of Knowledge in the Encyclopédie, in: Essays in Comparative Literature, hg. v. Herbert Dieckmann et al., St. Louis MO 1961, S. 73–107.
Douard, John W., É.-J. Marey's Visual Rhetoric and the Graphic Decomposition of the Body, in: Studies in History and Philosophy of Science 26, 2 (Juni 1995), S. 175–204.
Douglas, R. S., Robotic Surgery in Ophthalmology: Reality or Fantasy?, in: British Journal of Ophthalmology 91, 1 (Januar 2007), 1.
Drake, James M., et al., Computer- and Robot-assisted Resection of Thalamic Astrocytomas in Children, in: Neurosurgery 29, 1 (1991), S. 27–33.
Dubos, Jean-Baptiste. Réflexions critiques sur la Poésie et sur la Peinture, 3 Bde., Paris 1770[7]. Reprint, Geneva 1967.
Edgerton, Samuel Y., The Renaissance Rediscovery of Linear Perspective, New York 1975, dtsch.: Die Entdeckung der Perspektive, übers. v. Heinz Jatho, München 2002.
Ehrard, Jean, L'Arbre et le labyrinthe, in: L'Encyclopédie, Diderot, l'esthétique: Mélanges en hommage à Jacques Chouillet, hg. v. Sylvain Auroux et al., Paris 1991, S. 233–239.
Eiffel, Gustave, La Tour de Trois Cents Métres, 2 Bde., Paris 1900.
Elkins, James, Clarification, Destruction, and Negation of Pictorial Space in the Age of Neoclassicism, 1750–1840, Zeitschrift für Kunstgeschichte 53 (1990): S. 650–582.
–, The Domain of Images, Ithaca NY 1999.
–, Logic and Images in Art History.» Perspectives on Science 7, 2 (Sommer 1999), S. 151–180.
–, The Poetics of Perspective, Ithaca NY 1994.

Ellenbogen, Josh, Camera and Mind, in: Representations 101 (Winter 2008), S. 86–115.
Engell, James. The Creative Imagination, Enlightenment to Romanticism. Cambridge MA 1981.
Fleury [Joseph-Abraham Bénard], Mémoires de Fleury de la Comédie Française, 1789–1820, 6 Bde., Paris 1835–1838.
Fliegelman, Jay, Declaring Independence: Jefferson, Natural Language, and the Culure of Performance, Stanford CA 1993.
Foucault, Die Ordnung der Dinge. Eine Archäologie der Humanwissenschaften, Frankfurt/M. 1990.
Frantz, Pierre, L'esthétique du tableau dans le théâtrale du XVIIIe siècle, Paris 1998.
Fried, Michael, Absorption and Theatricality: Painting and Beholder in the Age of Diderot. Berkeley 1980.
–, Courbet's Realism, Chicago 1990.
Friedman, Michael, Kant and the Exact Sciences, Cambridge MA 1992.
Funkhouser, Howard Gray, Historical Development of the Graphical Representation of Statistical Data, in: Osiris 3 (1938), S. 269–404.
Galison, Peter, Image and Logic: A Material Culture of Microphysics, Chicago 1997.
–, Reflections on Image and Logic: A Material Culture of Microphysics, in: Perspectives on Science 7, 2 (1999), 25, S. 5–84.
Gauss, Carl Friedrich, Theoria Motus Corporum Coelestium in Sectionibus Conicis Solem Ambientum. Hamburg 1809.
Gernsheim, Helmut, und Alison Gernsheim, L.-J.-M. Daguerre: The History of the Diorama and the Daguerreotype, New York 1989².
Gigerenzer, Gerd et al., The Empire of Chance: How Probability Changed Science and Everyday Life, Cambridge UK 1989.
Gillispie, Charles C., Pierre-Simon Laplace, 1749–1827: A Life in Exact Science, Princeton NJ 1997.
Gombrich, Ernst H., Lessing (Lecture on a Master Mind), in: Proceedings of the British Academy 43 (1957), 1, S. 3–56.
–, Moment and Movement in Art, in: Journal of the Warburg and Courtauld Institutes 27 (1964), S. 293–306.
Goodden, Angelica, Actio and Persuasion: Dramatic Performance in Eighteenth-Century France, Oxford 1986.
–, ‚Une Peinture Parlante': The Tableau and the Drame, in: French Studies 38, 4 (Oktober 1984), S. 397–413.
Goodman, Nelson, Languages of Art: An Approach to a Theory of Symbols, Indianapolis IN 1976; dtsch.: Sprachen der Kunst. Entwurf einer Symboltheorie, übers. v. Bernd Philippi, Frankfurt/M. 1997.
–, Ways of Worldmaking. Indianapolis IN 1978; dtsch.: Weisen der Welterzeugung, übers. v. Max Looser, Frankfurt/M. 1990.
Grabiner, Judith V., The Origins of Cauchy's Rigorous Calculus, Cambridge MA 1981.
Grattan-Guinness, Ivor, Mathematical Physics in France, 1800–1840: Knowledge, Activity, and Historiography, in: Mathematical Perspectives: Essays on Mathematics and Its Historical Development, hg. v. Joseph W. Dauben, New York 1981, S. 95–138.
–, The Norton History of the Mathematical Sciences: The Rainbow of Mathematics, New York 1997.
Greaves, Mark, The Philosophical Status of Diagrams, Stanford CA 2002.
Hacking, Ian, Representing and Intervening: Introductory Topics in the Philosophy of Natural Science, Cambridge 1983.
–, The Taming of Chance, Cambridge UK 1990.
Hahn, Roger, The Anatomy of a Scientific Institution: The Paris Academy of Sciences, 1666–1803, Berkeley 1971.

–, The Application of Science to Society: The Societies of Arts, in: Studies on Voltaire and the Eighteenth Century 25 (1963), S. 829–836.
–, Pierre Simon Laplace 1749–1827: A Determined Scientist, Cambridge MA 2005.
–, Le rôle de Laplace à l'École polytechnique, in: La Formation polytechnicienne, 1794–1994, Paris 1994.
–, Le système du monde: Pierre Simon Laplace, un itinéraire dans la science, übers. v. Patrick Hersant, Paris 2004.
Hammer, Eric M., Logic and Visual Information, Stanford CA 1995.
Hamon, Philippe, La Description Littéraire: Anthologie de textes théoriques et critiques, Paris 1991.
–, Introduction à l'analyse du descriptif, Paris, 1981, Neuausg. Paris 1993.
Hankins, Thomas L., Jean d'Alembert: Science and tbe Enlightenment, Oxford 1970.
–, A ‚Large and Graceful Sinuosity': John Herschel's Graphical Method, in: Isis 97 (2006), S. 605–633.
–, Science and the Enlightenment, Cambridge UK 1985.
Hankins, Thomas L. und Robert J. Silverman, Instruments and the Imagination, Princeton NJ 1995.
Hardesty, Kathleen, The Supplement to the Encyclopédie, The Hague 1977.
Harmon, Peter M., The Natural Philosophy of James Clerk Maxwell, Cambridge UK 1998.
Hassfeld, S., et al., Intraoperative Guidance in Maxillofacial and Craniofacial Surgery, Proceedings of the Institution of Mechanical Engineers. Part H, in: Journal of Engineering in Medicine 211, 4 (1997), S. 277–281.
Heilbron, John L. und Thomas S. Kuhn, The Genesis of the Bohr Atom, in: Historical Studies in the Physical Sciences 1 (1969), S. 211–290, Wiederabdruck in: John L. Heilbron, Historical Studies in the Theory of Atomic Structure, New York 1981.
Helmholtz, Hermann, Die Thatsachen in der Wahrnehmung, Berlin 1879.
–, Ueber den Ursprung und die Bedeutung der geometrischen Axiome, Vortrage gehalten im Doctorverein zu Heidelberg, in: ders., Vorträge und Reden, Braunschweig 1883⁴, S. 1–31.
–, Ueber den Ursprung und Sinn der geometrischen Sätze. Antwort gegen Herrn Professor Land, in: H. Helmholtz, Originaltext für die in „Mind" April 1878 No. X., S. 212–224 veröffentlichte englische Übersetzung, in: ders., Wissenschaftliche Abhandlungen, Bd. 2, Leipzig 1883, S. 640–660.
–, Über den Ursprung der richtigen Deutung unserer Sinneseindrücke, in: Zeitschrift für Psychologie und Physiologie der Sinnesorgane 7 (1894), S. 81–96.
–, Die neueren Fortschritte in der Theorie des Sehens, in: Preußische Jahrbücher, hg. v. H. v. Treitschke u. W. Wehrenpfennig, 21. Jahrgang, Berlin 1868, S. 149–170.
–, Handbuch der physiologischen Optik, Leipzig 1867.
–, Optisches über Malerei, Braunschweig 1876.
Herschel, John, Quetelet on Probabilities, in: The Edinburgh Review 92 (1850).
Hersey, George L., Architecture and Geometry in the Age of the Baroque, Chicago 2000.
Holmström, Kirsten Gram, Monodrama – Attitudes – Tableaux Vivants: Studies on Some Trends of Theatrical Fashion 1770–1815, Stockholm 1967.
Howell, Wilbur Samuel, Eighteenth-Century British Logic and Rhetoric, Princeton NJ 1971.
Hume, David, A Treatise of Human Nature, hg. v. L. A. Selby-Bigge und P. H. Nidditch, Oxford 1978², dtsch.: Ein Traktat über die menschliche Natur, Hamburg 1973.
Hunter, I. W., et al., Ophthalmic Microsurgical Robot and Associated Virtual Environment, in: Computers in Biology and Medicine 25, 2 (1995), S. 173–182.
Ivins, William M., On the Rationalization of Sight, 1938. Reprint New York 1973.
Jay, Martin, Cultural Semantics, Amherst 1998.

–, Downcast Eyes: The Denigration of Vision in Twentieth-Century French Thought, Berkeley 1993.
Johnson, Dorothy, Corporality and Communication: The Gestural Revolution of Diderot, David, and The Oath of the Horatii, in: Art Bulletin 71 (März 1989), S. 92–113.
Jullien, Adolphe, Les Spectateurs sur le Théâtre: Etablissement et suppression des Bancs sur les Scènes de la Comédie-Française et de l'Opéra. Paris 1875.
Kafker, Frank A. und Serena L. Kafker, The Encylopedists as Indiuiduals: A Biographical Dictionary of the Authors of the Encyclopédie, Oxford 1988.
Kahnweiler, Daniel-Henry, Der Weg zum Kubismus, Stuttgart 1958.
Kaiser, David, Drawing Theories Apart: The Dispersion of Feynman Diagrams in Postwar Physics, Chicago 2005.
Kemp, Jonathan (Hg.), Diderot, Interpreter of Nature, übers. v. Jonathan Kemp und Jean Stewart, Westport CT 1979.
Kirby, Joshua, Dr. Brook Taylor's Method of Perspective Made Easy, Ipswich 1754.
Klein, Ursula, Experiments, Models, Paper Tools: Cultures of Organic Chemistry in the Nineteenth Century, Stanford CA 2003.
Kline, Morris, Mathematical Thought from Ancient to Modern Times, New York u.a. 1972.
Krüger, Lorenz, The Probabilistic Revolution in Physics, an Overview, in: The Probabilistic Revolution, hg. v. Lorenz Krüger et al., 2 Bde., Cambridge MA, Bd. 2, 1987, S. 373–378.
–, The Slow Rise of Probabilism: Philosophical Arguments in the Nineteenth Century, in: The Probabilistic Revolution in Physics, an Overview, in: The Probabilistic Revolution, hg. v. Lorenz Krüger et al., 2 Bde., Cambridge MA, Bd. 1, S. 79–82.
Kuhn, Thomas S., Black-Body Theory and the Quantum Discontinuity, 1894–1912, Oxford 1978.
–, What Are Scientific Revolutions?, in: The Probabilistic Revolution in Physics, an Overview, in: The Probabilistic Revolution, hg. v. Lorenz Krüger et al., 2 Bde., Cambridge MA, Bd. 1, 1987, S. 7–22.
Langins, Janis, La République avait besoin de savants, Paris, 1987.
–, Sur l'enseignement et les examens à l'École polytechnique sous le Directoire: à propos d'une lettre inédite de Laplace, in: Revue d'histoire des sciences 40 (1987), 145–177.
Lagrange, Joseph-Louis, Œuvres de Lagrange, hg. v. Joseph-Alfred Serret, 14 Bde., Paris 1867–1892.
Laplace, Pierre-Simon, Essai philosophique sur les probabilités, Paris 1825[5].
–, Supplément au „Mémoire sur les approximations des formules qui sont fonctions de très grands nombres et sur leur application aux probabilités", in: Mémoires de l'Académie des sciences de Paris, 1ier série, 10 (1810), S. 559–565.
–, Œuvres complètes de Laplace, 14 Bde., Paris 1887–1912.
–, Théorie analytique des probabilités, Paris 1812, Reprint Brüssel 1967.
Laporte, Paul M., Cubism and Relativity with a Letter of Albert Einstein, in: Art Journal 25, 3 (Frühjahr 1966), S. 246–248.
–, Cubism and Science, Journal of Aesthetics and Art Criticism 7, 3 (März 1949), S. 243–256.
–, The Space-Time Concept in the Work of Picasso, Magazine of Art 41, 1 (Januar 1948), S. 26–32.
Latour, Bruno, Drawing Things Together, in: Representation in Scientific Practice, hg. v. Michael Lynch und Steve Woolgar, Cambridge MA 1990, S. 19–68.
Lavoisier, Antoine Laurent de, Mémoire sur la manière d'éclairer les salles de spectacles, Paris 1781.
Le Brun, Charles, L'expression des passions & autres conferences, hg. v. Julien Philipe, Paris 1994.

–, The Passions Of The Soul: As They Are Expressed In The Human Countenance, Shewing Its Various Changes & Appearances Under The Influence Of Different Passions: Engraved In A Manner Which Represents Real Drawings Almost As Large As Life From The Celebrated Designs Of Monsieur Le Brun, With Extracts From His Discourse On The Passions, Describing Their Influence On The Features And Muscles Of The Face. London: Robert Wilkinson, S. 177–?.
Lefèvre, Wolfgang (Hg.), Picturing Machines 1400–1700, Cambridge MA 2004.
Legendre, Adrien Marie, Nouvelles méthodes pour la détermination des orbites des comètes, Paris 1805.
Lekain, Henri-Louis, Mémoires de Lekain, précédé de réflexions sur cet acteur et sur l'art théâtral par François-Joseph Talma, Paris 1825.
Lenoir Timothy, The Eye as Mathematician: Clinical Practice, Instrumentation, and Helmholtz's Construction of an Empiricist Theory of Vision, in: Hermann von Helmholtz and the Foundations of Nineteenth-Century Science, hg. v. David Cahan, Berkeley1993, S. 109–153.
–, Instituting Science: The Cultural Production of Scientific Disciplines, Stanford CA 1997.
–, Operationalizing Kant: Manifolds, Models, and Mathematics in Helmholtz's Theories of Perception, in: The Kantian Legacy in Nineteenth-Century Science, hg. v. Michael Friedman und Alfred Nordmann, Cambridge MA 2006, S. 141–210.
Lessing, Gotthold Ephraim, Laokoon. Oder: Über die Grenzen der Malerei und Poesie. Mit beiläufigen Erläuterungen verschiedener Punkte der alten Kunstgeschichte, Stuttgart 1994.
Lévi-Strauss, Claude, Das wilde Denken, Frankfurt/M. 1973.
Lindley, David, Boltzmann's Atom: The Great Debate That Launched a Revolution in Physics, New York 2001.
Livingston, Donald W., Hume's Philosophy of Common Life, Chicago 1984.
Locke, John, An Essay Concerning Human Understanding, hg. v. Peter H. Nidditch, Oxford 1975; dtsch.: Versuch über den menschlichen Verstand. In vier Büchern. Bd. 1, Berlin 1872.
Locquin, Jean, La Peinture d'Histoire en France de 1747 à 1785. Paris 1912, Reprint Paris 1978.
Lough, John, The Encyclopédie, New York 1971.
Ludwig, Bernard, L'utilisation des renvois dans la lecture de 1'Encyclopédie, in: L'Encyclopédie et ses lecteurs. Caen 1987, S. 35–54.
Lynch, Michael, Discipline and the Material Form of Images: An Analysis of Scientific Visibility, in: Social Studies of Science 15 (1985), S. 37–63.
–, The Externalized Retina: Selection and Mathematization in the Visual Documentation of Objects in the Life Sciences, in: Representation in Scientific Practice, hg. v. Michael Lynch und Steve Woolgar, Cambridge MA 1990, 153–186.
–, Science in the Age of Mechanical Reproduction: Moral and Epistemic Relations between Diagrams and Photographs, in: Biology & Philosophy 6, 2 (April 1991), S. 205–226.
Lynch, Michael und Steve Woolgar (Hg.), Representation in Scientific Practice 1990.
Lyon, John und Phillip R. Sloan (Hg. und Übers.), From Natural History to the History of Nature: Readings from Buffon and His Critics, Notre Dame IN 1981.
Lyotard, Jean-François, Das Inhumane. Plaudereien über die Zeit, hg. v. Peter Engelmann, aus dem Franz. von Christine Pries, Wien 2006.
Maddox, Ernest Edmund, Tests and Studies of the Ocular Muscles, überarb. Aufl. Philadelphia 1907[3].
Mahoney, Michael S., Charting the Globe and Tracking the Heavens: Navigation and the Sciences in the Early Modern Era, in: The Heirs of Archimedes: Science and the Art

of War through the Age of Enlightenment, hg. v. Brett D. Steele und Tamera Dorland, Cambridge MA 2005, S. 221–230.
–, Drawing Mechanics, in: Picturing Machines: 1400–1700, hg. v. Wolfgang Lefèvre, Cambridge MA 2004, S. 281–306.
–, Huygens and the Pendulum: From Device to Mathematical Relation, in: The Growth of Mathematical Knowledge, hg. v. Herbert Breger and Emily Grosholz, Dordrecht 2000, S. 17–39.
Mallarmé, Stéphane, Collected Poems, übers. u. hg. v. Henry Weinfield, Berkeley 1994.
–, Un coup de Dès jamais n'abolira le Hasard, hg. v. Françoise Morel, Paris 2007; dtsch.: Ein Würfelwurf, übers. und erl. v. M.-L. Erlenmeyer, Olten und Freiburg 1966.
Marmontel, Jean-François, Bélisaire, hg. v. Robert Granderoute, Paris 1994.
–, Mémoires, hg. v. Jean-Pierre Guicciardi and Gilles Thierriat, Paris 1991.
–, Œuvres Complètes de Marmontel, 19 Bde., Paris 1818–1820.
Maxwell, James Clerk, Maxwell on Heat and Statistical Mechanics: On „Avoiding All Personal Enquiries“ of Molecules, hg. v. Elizabeth Garber et al., London 1995.
–, Maxwell on Molecules and Gases, hg. v. Elizabeth Garber et al., Cambridge MA 1986.
–, Über die dynamische Theorie von Gasen, in: S. G. Brush, Kinetische Theorie II, Irreversible Prozesse. Einführung und Originaltexte, Berlin, Oxford, Braunschweig 1970.
Miller, Karol und Kiyoyuki Chinzei, Constitutive Modeling of Brain Tissue: Experiment and Theory, in: Journal of Biomechanics 30, 11/12 (1997), S. 1115–1121.
Mohr, Catherine J. et al., Totally Robotic Roux-en-Y Gastric Bypass, in: Archives of Surgery 140 (2005), S. 779–786.
Monge, Gaspard, Géometrie descriptive: Leçons données aux écoles normales, l'an 3 de la république, Paris [1799].
Netz, Reviel, The Shaping of Deduction in Greek Mathematics: A Study in Cognitive History, Cambridge UK 1999.
Nisbet, H. B. und Claude Rawson (Hg.), The Cambridge History of Literary Criticism, Bd. 4: The Eighteenth Century, Cambridge UK 1997.
Noverre, Jean-Georges, Observations sur la construction d'une salle d'Opéra, Paris 1781.
Pairault, François, Gaspard Monge: Le fondateur de Polytechnique, Paris 2000.
Panofsky, Erwin, Die Perspektive als „symbolische Form“, in: ders., Aufsätze zur Kunstwissenschaft, Berlin 1980, S. 99–167.
Paris, Musée du Louvre, Jacques-Louis David 1748–1825, Ausstellungskatalog, Paris 1989.
Pascal, Roy, The Dual Voice: Free Indirect Speech and Its Functioning in the Nineteenth-Century European Novel, Manchester 1977.
Patte, Pierre. Essai sur l'architecture théâtrale, Paris 1782.
Paulson, Ronald, Hogarth, 3 Bde., New Brunswick NJ 1993.
–, Popular and Polite Art in the Age of Hogarth and Fielding, Notre Dame IN 1979.
Péron, Alexandre, Examen du tableau du serment des Horaces peint par David, Paris 1839.
Pinault, Madeleine, Diderot et les illustrateurs de l'Encyclopédie, in: Revue de l'Art 66 (1984), S. 17–38.
Poggenpohl, Sharon Helmer und Dietmar R. Winkler, Diagrams as Tools for „Worldmaking“, in: Visible Language 26, 3/4 (Sommer/Herbst 1992), S. 252–269.
Porter, Theodore M. The Rise of Statistical Thinking, 1820–1900, Princeton NJ 1986.
Priestley Joseph, The Theological and Miscellaneous Works of Joseph Priestley, hg. v. John Towill Rutt, 25 Bde., London 1817–1831, Reprint New York 1972.
Putnam, Hilary, Realism and Reason, Cambridge 1983.
–, Representation and Reality, Cambridge MA 1988; dtsch.: Repräsentation und Realität, übers. v. Joachim Schulte, Frankfurt/M. 1991.
Puttfarken, Thomas, The Discovery of Pictorial Composition: Theories of Visual Order in Painting, 1400–1800, New Haven CT 2000.

Quetelet, Adolphe, Recherches sur la population, les naissances, les décès, les prisons, les dépots de mendicité, etc., dans le royaume des Pays-Bas, Nouveaux mémoires de l'Académie Royale des Sciences et Belles-Lettres de Bruxelles 4 (1827), S. 118–192, mit zwei Tafeln.

–, Sur l'homme et le développement de ses facultés, ou Essai de physique sociale. 2 Bde., Paris 1835, Reprint Paris 1991.

Regnault-Warin, Jean-Joseph, Mémoires historiques et critiques sur F.-J. Talma et sur l'art théâtral, Paris 1827.

Renwick, John, Marmontel, Voltaire, and the Bélisaire Affair, in: Studies in Voltaire and the Eighteenth Century 121 (1975), S. 155–305.

Reynaud, Denis, Pour une Théorie de la Description au 18e siècle, in: Dix-Huitième Siècle 22, (1990), S. 347–366.

Rice, Shelley, Parisian Views, Cambridge MA 1997.

Ridley, Matt, Francis Crick: Discoverer of the Genetic Code, New York 2006.

Roger, Jacques, Buffon: A Life in Natural History, hg. v. L. Pearce Williams, übers. v. Sarah Lucille Bonnefoi, Ithaca NY 1997.

–, The Life Sciences in Eighteenth-Century French Thought, hg. v. Keith R. Benson, übers. v. Robert Ellrich, Stanford CA 1997.

Rosenberg, Pierre, und Udolpho van de Sandt, Pierre Peyron, 1744–1814, Paris 1983.

Rosenberg, Pierre, und Louis-Antoine Prat, Jacques-Louis David, 1748–1825 Catalogue raisonné des dessins, 2 Bde., Milano 2002.

Rosenblum, Robert, Gavin Hamilton's Brutus and Its Aftermath, in: Burlington Magazine 103 (Januar 1961), S. 8–16.

–, Transformations in Late Eighteenth-Century Art, Princeton NJ 1967.

Rosenfeld, Jeffrey V., Minimally Invasive Neurosurgery, in: Australian and New Zealand Journal of Surgery 66 (1996), S. 553–559.

Rotman, Brian, Thinking Dia-Grams: Mathematics, Writing, and Virtual Reality, in: Mathematics, Science, and Postclassical Theory, hg. v. Barbara Herrnstein Smith und Arkady Plotnitsky, Durham NC 1997, S. 17–39.

Sakarovitch, Joël, Épures d'architecture: De la coupe des pierres à la géométrie descriptive XVIe–XIXe siècles, Basel 1998.

Sawaya, Raymond, et al., Advances in Surgery for Brain Tumors, in: Neurologic Clinics 13, 4 (November 1995), S. 757–771.

Schaffer Simon, ‚The charter'd Thames': Naval Architecture and Experimental Spaces in Georgian Britain, in: The Mindful Hand: Inquiry and Invention from the Late Renaissance to Early Industrialisation, hg. v. Lissa Roberts et al., Amsterdam 2007, S. 279–305.

Sewell, William H., Visions of Labor: Illustrations of the Mechanical Arts before, in, and after Diderot's Encyclopédie, in: Work in France: Representations, Meaning, Organization, and Practice, hg. v. Steven L. Kaplan und Cynthia Koepp, Ithaca NY 1986, S. 258–286.

Shapin, Steven, A Social History of Truth: Civility and Science in Seventeenth-Century England, Chicago 1994.

Shapin, Steven, und Simon Schaffer, Leviathan and the Air-Pump: Hobbes, Boyle, and the Experimental Life, Princeton NJ 1985.

Sheridan, Thomas, A Course of Lectures on Elocution, London 1762, Reprint Menson UK 1968.

Shin, Sun-Joo, The Logical Status of Diagrams, Cambridge UK 1994.

Shin, Sun-Joo, und Oliver Lemon, Diagrams, in: Stanford Encyclopedia of Philosophy, hg. v. Edward N. Zalta, http ://plato.stanford.edu/entries/diagrams/.

Smith, Crosbie, The Science of Energy: A Cultural History of Energy Physics in Victorian Britain, London 1998.

Snyder, Joel, Visualization and Visibility, in: Picturing Science / Producing Art, hg. v. Caroline A. Jones und Peter Galison, New York 1998, S. 379–397.
Sobchak, Vivian, The Scene of the Screen, in: Materialities of Communication, hg. v. Hans Ulrich Gumbrecht und K. Ludwig Pfeiffer, Stanford CA 1994, S. 83–106.
Stafford, Barbara Maria, Artful Science: Enlightenment, Entertainment, and the Eclipse of Visual Education, Cambridge MA 1994.
–, Body Criticism: Imaging the Unseen in Enlightenment Art and Medicine, Cambridge MA 1991.
–, Good Looking: Essays on the Virtue of Images, Cambridge MA 1996.
Stalnaker, Joanna, In Visible Words: Epistemology and Poetics of Description in Enlightenment France, Ph.D. Diss., New York University 2002, Ann Arbor MI 2002.
–, The Unfinished Enlightenment: Description in the Age of the Encyclopedia. Ithaca NY 2010.
Starobinski, Jean, Remarques sur l'Éncyclopédie, in: Revue de Métaphysique et de Morale 75, 3 (1970), S. 284–291.
Steele, Brett D., Muskets and Pendulums: Benjamin Robins, Leonhard, Euler, and the Ballistics Revolution, in: Technology and Culture 35, 2 (1994), S. 348–382.
Stewart, Andrew, David's Oath of the Horatii and the Tyrannicides, in: Burlington Magazine 143 (April 2001), S. 212–219.
Stewart, Larry, The Rise of Public Science: Rhetoric, Technology, and Natural Philosophy in Newtonian Britain, 1660–1750, Cambridge UK 1992.
Stewart, Philip, Illustrations encyclopédiques: de la Cyclopaedia à l'Éncyclopédie, in: Recherches sur Diderot et sur l'Éncyclopédie 12 (1992), S. 70–98.
Stigler, Stephen M., The History of Statistics: The Measurement of Uncertainty before 1900, Cambridge MA 1986.
Swijtink, Zeno G., The Objectification of Observation: Measurement and Statistical Methods in the Nineteenth Century, in: The Probabilistic Revolution, Lorenz Krüger et al., 2 Bde., Cambridge MA 1990, S. 261–285.
Supplément à l'Encyclopédie, ou Dictionnaire raisonné des Sciences, des Arts et des Métiers par une Société de gens de lettres, hg. v. Jean-Baptiste Robinet, 4 Bde. Amsterdam 1776–1777.
Thomson, William (Lord Kelvin), The Dynamical Theory of Heat, in: Transactions of the Royal Society of Edinburgh (März 1851).
Thomson, William (Lord Kelvin), und Peter Guthrie Tait, A Treatise on Natural Philosophy, 2 Bde., Cambridge UK 1879.
Tischbein, Johann Heinrich Wilhelm, Briefe aus Rom, über neue Kunstwerke jeztlebender Künstler, in: Der Teutsche Merkur, 1. Vierteljahr 1786, S. 169–186.
Tsirbas, A. et al., Robotic Ocular Surgery, in: British Journal of Ophthalmology 91 (2007), S. 18–21.
Turner, R. Steven, Consensus and Controversy: Helmholtz on the Visual Perception of Space, in: In Hermann von Helmholtz and the Foundations of Nineteenth-Century Science, hg. v. David Cahan 1993, S. 154–244.
Universal Magazine of Knowledge and Pleasure, 113 Bde., London 1747–1803.
The Use and Principles on which the Hydrostatic Balance acts …, in: Universal Magazine of Knowledge and Pleasure (1749) S. 310–317.
Vasarius, H., et al., Man-Machine Interfaces in Computer Assisted Surgery, in: Computer Aided Surgery 2, 2 (1997), S. 102–107.
Vasna, T. R. K., et a1., Use of the NeuroMate Stereotactic Robot in Frameless Mode for Movement Disorder Surgery, in: Stereotactic and Functional Neurosurgery 80 (2003), S. 132–135.
Voltaire, Théâtre complet de M. Voltaire, 9 Bde., Caen 1788.

Wall, Cynthia, The Prose of Things: Transformations of Description in the Eighteenth Century, Chicago 2006.
Wellbery, David E., Lessing's Laocoon: Semiotics and Aesthetics in the Age of Reason, Cambridge UK 1984.
Werner, Stephen, Blueprint: A Study of Diderot and the Encyclopédie Plates, Birmingham AL 1993.
Wildenstein, Daniel, und Guy Wildenstein, Documents complémentaires au Catalogue de l'œuvre de Louis David, Paris 1973.
Wind, Edgar, The Sources of David's Horaces, in: Journal of the Warburg and Courtauld Institutes 4 (1940–1941), S. 124–138.
Yeo, Richard, Encyclopaedic Visions: Scientific Dictionaries and Enlightenment Culture, Cambridge UK 2001.

BILDNACHWEIS

Bild 1, 2: Mit freundlicher Genehmigung von Elsevier. **Bild 3–4, 6, 8–11, 13–23, 30–32, 45, 48:** Mit freundlicher Genehmigung des Department of Special Collections, Stanford University Libraries, Foto: Marrinan. **Bild 5:** © The National Museum of Fine Arts, Stockholm. **Bild 7:** © Réunion des Musées Nationaux / Art Resource, NY / © Gérard Blot / Hervé Lewandowski. **Bild 12:** Ashmolean Museum. **Bild 24:** The Whitworth Art Gallery, University of Manchester. **Bild 25–27, 42:** Freundlicherweise zur Verfügung gestellt durch die Bancroft Library, University of California, Berkeley. **Bild 28:** © The National Gallery, London. **Bild 29:** © Derby Museum and Art Gallery, 2008. **Bild 33:** © Réunion des Musées Nationaux/Art Resource, NY/© P. Bernard. **Bild 34:** © Réunion des Musées Nationaux/Art Resource, NY/© D. Arnaudet. **Bild 35:** © Collections École Polytechnique, Palaiseau, Frankreich. **Bild 36:** © Réunion des Musées Nationaux/Art Resource, NY/© G. Blot/Ch. Jean. **Bild 37–41:** © Réunion des Musées Nationaux/Art Resource, NY/© M. Coursaget. **Bild 43, 44:** Mit freundlicher Genehmigung des Department of Special Collections, Stanford University Libraries. **Bild 46:** Archives du Collège de France. **Bild 47:** The Metropolitan Museum of Art.

ACTUS
et IMAGO

Berliner Schriften für Bildaktforschung
und Verkörperungsphilosophie

Herausgegeben von Horst Bredekamp und Jürgen Trabant

Bilder sind keine Abbilder, sondern erzeugen im Bildakt, was sie darstellen. Sie verfügen über eine handlungsstiftende Kraft und wirken selbst lebendig. Bildkompetenz lässt sich keineswegs ausschließlich aus der traditionell überbewerteten Visualität des Menschen ableiten: Menschen reagieren auch deshalb auf Bilder, weil ihr unbewusstes neurologisches Körperschema, das aus der Integration taktiler, propriozeptiver, vestibulärer, visueller und akustischer Informationen entsteht, durch Bildschemata affiziert wird. Diese neuere Erkenntnis der Kognitionswissenschaften entspricht älteren Vorgaben der Verkörperungsphilosophie, die eine genuine Tradition im europäischen Sprachraum hat.

In den Studien der Reihe „Actus et Imago" wird eine Bild- und Verkörperungstheorie entwickelt, die in der Lage ist, Bildproduktion, Bildverstehen und Bildakte zu erklären. Im Ausgang vom belebten Leib leisten sie einen Beitrag zum Verständnis des menschlichen Reflexionsvermögens, das sich in ikonischen wie sprachlichen Formen und Interaktionen verkörpert.

In der Reihe sind bereits erschienen:

BAND I *Sehen und Handeln*
hrsg. von Horst Bredekamp und John M. Krois
ISBN 978-3-05-005090-4

BAND II *John Michael Krois. Bildkörper und Körperschema*
hrsg. von Horst Bredekamp und Marion Lauschke
ISBN 978-3-05-005208-3

BAND III Thomas Gilbhard
Vicos Denkbild. Studien zur „Dipintura" der „Scienza Nuova" und der Lehre vom Ingenium
ISBN 978-3-05-005209-0

BAND IV Stefan Trinks
Antike und Avantgarde. Skulptur am Jakobsweg im 11. Jahrhundert: Jaca – León – Santiago
ISBN 978-3-05-005695-1

BAND V *Das bildnerische Denken: Charles S. Peirce*
hrsg. von Franz Engel, Moritz Queisner und Tullio Viola
ISBN 978-3-05-005696-8

BAND VI *Verkörperungen*
hrsg. von André L. Blum, John M. Krois und Hans-Jörg Rheinberger
ISBN 978-3-05-005699-9

BAND VII *Das haptische Bild. Körperhafte Bilderfahrung in der Neuzeit*
hrsg. von Markus Rath, Jörg Trempler und Iris Wenderholm
ISBN 978-3-05-005765-1

BAND IX *Bodies in Action and Symbolic Forms. Zwei Seiten der Verkörperungstheorie*
hrsg. von Horst Bredekamp, Marion Lauschke und Alex Arteaga
ISBN 978-3-05-006140-5

BAND X Ulrike Feist
Sonne, Mond und Venus. Visualisierungen astronomischen Wissens im frühneuzeitlichen Rom
ISBN 978-3-05-006365-2

BAND XI *Paragone als Mitstreit*
hrsg. von Joris van Gastel, Yannis Hadjinicolaou und Markus Rath
ISBN 978-3-05-006425-3